# 试验设计与数据处理

郑少华　姜奉华　编著

中国建材工业出版社

**图书在版编目(CIP)数据**

试验设计与数据处理/郑少华,姜奉华编著.—北京:
中国建材工业出版社,2004.3 (2010.12 重印)
ISBN 978-7-80159-578-2

Ⅰ.试… Ⅱ.①郑…②姜… Ⅲ.①试验设计(数学)
②数据处理 Ⅳ.0212.6

中国版本图书馆 CIP 数据核字(2004)第 008452 号

**内 容 提 要**

本书涉及试验设计与数据处理以下四个方面的内容:试验数据的测量方法,误差理论及数理统计基础,正交试验设计与数据处理,回归分析。具体包括:试验数据的测量,误差理论,直接测量、间接测量、组合测量中的数学处理,统计假设检验,方差分析法,正交表及其用法,有交互作用的正交试验设计,正交表的构造法,正交试验设计的方差分析,正交试验设计中的效应计算与指标值的预估计,直线回归分析,曲线回归分析,多元回归分析,如何利用计算机技术解决试验设计与数据处理中的具体问题。内容简明扼要,以大量的实例详细介绍了试验设计与数据处理的方法。

本书可作为高等学校材料科学与工程、化工、机械、农业、医药等专业本科生的教材和研究生的参考书,亦可供在科学研究中需要进行大量试验设计与数据处理工作及相关学科的科研、工程技术、管理技术人员参考。

**试验设计与数据处理**
郑少华 姜奉华 编著

出版发行:中国建材工业出版社
地 址:北京市西城区车公庄大街6号
邮 编:100044
经 销:全国各地新华书店
印 刷:北京鑫正大印刷有限公司
开 本:787mm×1092mm 1/16
印 张:12.5
字 数:320千字
版 次:2004年3月第1版
印 次:2010年12月第4次
定 价:**21.00** 元

本社网址:www.jccbs.com.cn
**本书如出现印装质量问题,由我社发行部负责调换。联系电话:(010) 88386904**

# 自　　序

根据国家教委关于高等教育应面向21世纪的改革精神，高等学校应培养专业面宽、知识面广、综合素质高的现代化建设人才。鉴于此，我们编写了这本试验设计与数据处理。

正交试验设计与数据处理，对科技工作者来说是非常重要的知识，笔者多年来一直致力于把这门综合知识运用到材料学科的大学教学之中，使大学生在做毕业论文过程中，能够自主设计试验方案并利用计算机进行数据处理；同时，本书对研究生撰写毕业论文也可有非常大的帮助。

本书是材料科学与工程专业本科学生的专业基础课教材。在编写过程中，笔者综合了近年来在“试验设计与数据处理”中的教学经验和体会，力求理论的系统性和完整性，在工程应用方面力求通俗、实用，因此，本书还可作为相关工程技术人员的参考用书。

本书以概率论与数理统计的基本理论为基础，以数据的测量方法、试验设计方法（以正交试验设计方法为主）、试验数据处理方法（以直观分析法、方差分析法、效应分析法、回归分析法等为主）等为主要内容，力求简明易懂。本书还以大量的实例，详细地介绍了如何进行试验设计与数据处理；同时，将Microsoft公司的Office系列Excel电子表格软件用于试验设计与数据处理的方法、解题及查表的过程贯穿于全书。

本书由郑少华、姜奉华编著。具体的编写分工是：

第1章至第3章、习题集，姜奉华；第4章、第5章，郑少华。

任振对全书进行了详细的审阅和校对；在编写过程中，任振制作了附表1、附表2、附表3、附表4；王雪梅、于庆华对本书的编写也做了大量的工作，在本书出版之际，谨向他们表示衷心的感谢。

在编写过程中，本书参考了大量的资料文献，在此也向这些文献的作者们表示谢意。

由于作者水平所限，本书难免有不当之处，恳请读者批评指正。

作　　者

2003年11月于济南大学

# 目　　录

习　题

# 第1章　概　　论

## 1.1　数据测量的基本概念

### 1.1.1　基本概念

(1)物理量

物理量是反映物理现象的状态及其过程特征的数值量.一般物理量都是有因次的量,即它们都有相应的单位,数值为1的物理量称为单位物理量,或称为单位;同一物理量可以用不同的物理单位来描述,如能量可以用焦耳、千瓦小时等不同单位来表述.

(2)测量

以确定量值为目的的一组操作,操作的结果可以得到量值,即得到数据,这组操作称为测量.例如:用米尺测得桌子的长度为1.2m.

(3)测量结果

测量结果就是根据已有的信息和条件对被测物理量进行的最佳估计,即是物理量真值的最佳估计.在测量结果的完整表述中,应包括测量误差,必要时还应给出自由度及置信概率.测量结果还具有重复性和重现性.

重复性是指在相同测量条件下,对同一被测物理量进行连续多次测量所得结果之间的一致性.相同的测量条件即称之为“重复性条件”,主要包括:相同的测量程序、相同的测量仪器、相同的观测者、相同的地点、在短期内的重复测量、相同的测量环境.若每次的测量条件都相同,则在一定的误差范围内,每一次测量结果的可靠性是相同的,这些测量值服从同一分布.

重现性是指在改变测量条件下,对被测物理量进行多次测量时,每一次测量结果之间的一致性,即在一定的误差范围内,每一次测量结果的可靠性是相同的,这些测量值服从同一分布.

(4)测量方法

测量方法是指根据给定的测量原理,在测量中所用的并按类别描述的一组操作逻辑次序和划分方法,常见的有替代法、微差法、零位法、异号法等.

总之,数据测量就是用单位物理量去描述或表示某一未知的同类物理量的大小.

### 1.1.2　数据测量的分类

数据测量的方法很多,下面介绍常见的三种分类方法,即按计量的性质、测量的目的和测量值的获得方法分类.

(1)按计量的性质分

可分为:检定、检测和校准.

检定:由法定计量部门(或其他法定授权组织),为确定和证实计量器是否完全满足检定规程的要求而进行的全部工作.检定是由国家法制计量部门所进行的测量,在我国主要是由各级计量院所及其授权的实验室来完成,是我国开展量值传递最常用的方法.检定必须严格按照检定规程运作,对所检仪器给出符合性判断,即给出合格还是不合格的结论,而该结论具有法律效力.检定方法一般分为整体检定法和分项检定法两种.

检测(又称为测试或实验):对给定的产品、材料、设备、生物体、物理现象、工艺过程,按照一定的程序确定一种或多种特性或性能的技术操作.检测通常是依据相关标准对产品的质量进行检验,检验结果一般记录在称为检测报告或检测证书的文件中.

校准:在规定条件下,为确定测量仪器或测量系统所指示的量值,与对应的由标准所复现的量值之间关系的一组操作.

(2)按测量的目的分

可分为:定值测量和参数检验.

定值测量:按一种不确定度确定参数实际值的测量.其目的是确定被测物理量的量值是多少,通常预先限定允许的测量误差.

参数检验:以技术标准、规范或检定规程为依据,判断参数是否合格的测量.其目的是判断被检参数是否合格,通常预先限定参数允许变化的范围(如公差等).

(3)按测量值获得的方法分

可分为:直接测量、间接测量和组合测量.

直接测量:用一个标准的单位物理量或经过预先标定好的测量仪器去直接度量未知物理量的大小,这种方法就是直接测量法.其测量结果称为直接测量量.直接测量是实现物理量测量的基础,自然界可以直接测量的物理量很多,例如在工程技术领域中,用米尺或卡尺测量长度,用温度计测量温度,用表计量时间等.

直接测量可表示为

$$y = x \tag{1-1}$$

式中,$y$ 为被测量的未知量;$x$ 为直接测得的量.

在由若干基本物理单位导出的物理量中,有相当多的量是无法用仪表直接测出的,如透镜的焦距、金属的杨氏模量、物质的热量等.此时,只能用间接测量法进行测量.

间接测量:把直接测量量代入某一特定的函数关系式中,通过计算求出未知物理量的大小,这种方法就是间接测量法.计算出的结果称为间接测量量.

例如,凸透镜焦距 $f$ 的测量,是先通过测量出直接测量量物距 $u$ 和相距 $v$,然后根据公式

$$\frac{1}{f} = \frac{1}{u} + \frac{1}{v} \tag{1-2}$$

计算出焦距 $f$ 的值.$f$ 为间接测量量.

间接测量量可用如下通用的函数关系式表示

$$y = f(x_1, x_2, \cdots) \tag{1-3}$$

式中,$y$ 为被间接测量的量;$x_1, x_2 \cdots$ 为直接测量的量.

组合测量:用直接测量或间接测量的数值,将这些数值与相对应被测物理量按已知关系进行组合,列出联立方程组,然后解方程组,计算出被测物理量量值的方法,这种方法称为组合测量法.

例如,要测量出 $x, y$,分别对 $x - y$ 和 $x + y$ 进行直接测量,得到的测量值分别为 $l_1$ 和 $l_2$,可得测量方程组:

$$\left.\begin{aligned} x - y = l_1 \\ x + y = l_2 \end{aligned}\right\} \tag{1-4}$$

解方程组得:

$$\left.\begin{aligned} x &= \frac{l_1 + l_2}{2} \\ y &= \frac{l_2 - l_1}{2} \end{aligned}\right\} \tag{1-5}$$

组合测量可以用如下通用的联立方程组表示

$$\left.\begin{aligned} f_1(x_1, x_2, \cdots, y_1, y_2, \cdots, y_n) &= 0 \\ f_2(x_1, x_2, \cdots, y_1, y_2, \cdots, y_n) &= 0 \\ \cdots\cdots\cdots\cdots&\cdots\cdots \\ f_n(x_1, x_2, \cdots, y_1, y_2, \cdots, y_n) &= 0 \end{aligned}\right\} \tag{1-6}$$

式中,$f_1, f_2, \cdots, f_n$ 表示组合测量中的函数关系;$x_1, x_2, \cdots, x_n$ 表示直接测量的物理量;$y_1, y_2, \cdots, y_n$ 表示未知的物理量.

上述三种方法在工程技术和科学实验中有大量应用.不同的测量方法,所得数据的处理方法也不一样.一般说来,直接测量的数据处理是在正态分布规律的基础上,求出被测物理量的最可信赖值(或算术平均值)及其标准误差;间接测量的数据处理是依据误差传递的基本原理;组合测量的数据处理则普遍采用回归分析及统计检验的方法,求出测量未知量及其误差.这方面的详细内容将在以后各章中介绍.

在数据测量中,通常还有等精度测量和不等精度测量的概念.前者是指在多次、重复测量中,每一次测量都是在同样的环境和条件下,采用了相同的方法、相同的仪表,并且测量人员也以同样认真、负责、仔细的态度来进行数据的观测;否则,就算为不等精度测量.而且这两种测量数据的最可信赖值及其误差计算方法也是不同的.前者的最可信赖值是算术平均值,后者为加权平均值.

## 1.2 误差的基本知识

人们对自然现象的研究总是通过对有关物理量的测量来进行的.但是,无论测量仪器多么精密,方法多么先进,实验技术人员如何认真、仔细,观测值与真值之间总是存在着不一致的地方.这种差异就是误差(error).可以说,误差存在于一切科学试验的观测之中,测量结果都存在着误差.

### 1.2.1 误差的概念

(1)误差

即测量结果减去被测量的真值.

$$\delta = x - a \tag{1-7}$$

式中,$\delta$ 为测量误差;$x$ 为测量结果;$a$ 为被测量的真值.

(2)真值

真值是指某一时刻、某一状态下,某物理量客观存在的实际大小.一般说来,真值是不知道的,因为它是人们需要通过观测去求得的.而误差的普遍存在,使得测量值并不等于真值.

①理论真值

在实践中,有一些物理量的真值是已知的.如平面三角形三内角之和为180°,一个圆的圆心角为360°;某一物理量与本身之差为零或与本身之比值为1,这种真值称为理论真值.

②约定真值

因为真值无法获得,计算误差时必须找到真值的最佳估计值即约定真值.约定真值通常由以下方法获得：

计量单位制中的约定真值.国际单位制所定义的7个基本单位，根据国际计量大会的共同约定，凡是满足上述定义条件而复现出的有关量值都是真值.

标准器相对真值.凡高一级标准器的误差是低一级或普通测量仪器误差的1/3～1/20时，则可认为前者是后者的相对真值.如经国家级鉴定合格的标准器称为国家标准器，它在同一计量单位中精确度最高，从而作为全国该计量单位的最高依据.国际铂铱合金千克原器的质量将作为国际千克质量的真值.

在科学实验中，真值就是指在无系统误差的情况下，观测次数无限多时所求得的平均值.但是，实际测量总是有限的，故用有限次测量所求得的平均值作为近似真值(或称最可信赖值).

### 1.2.2 误差的表示方法

(1)绝对误差

某物理量值与其真值之差称为绝对误差，它是测量值偏离真值大小的反映，有时又称为真误差.即

$$\text{绝对误差} = \text{量值} - \text{真值}$$

$$\text{修正值} = -\text{绝对误差} = \text{真值} - \text{量值}$$

于是

$$\text{真值} = \text{量值} + \text{修正值}$$

这说明量值加上修正值后，就可以消除误差的影响.在精密计量中，常常用加一个修正值的方法来保证量值的准确性.

(2)相对误差

绝对误差与真值的比值所表示的误差大小称为相对误差或误差率，有时也表示为绝对误差与测量值的比值，这表示两组不同准确度的表示方法.所以采用相对误差更能清楚地表示出测量的准确程度.

按定义

$$\text{相对误差} = \frac{\text{绝对误差}}{\text{真值}} = \frac{\text{绝对误差}}{\text{测量值} - \text{绝对误差}} = \frac{1}{\text{测量值}/\text{绝对误差} - 1}$$

当绝对误差很小时，$\frac{\text{测量值}}{\text{绝对误差}} \geqslant 1$，此时

$$\text{相对误差} \approx \frac{\text{绝对误差}}{\text{测量值}} \tag{1-8}$$

(3)引用误差

相对误差还有一种简便实用的形式，即引用误差.它在多档或连续刻度的仪表中得到广泛应用.为了减少误差计算中的麻烦和划分仪表正确度等级的方便，一律取仪表的量程或测量范围上限值作为误差计算的分母(即基准值)，而分子一律取用仪表量程范围内可能出现的最大绝对误差值.于是，定义引用误差为

$$\text{引用误差} = \frac{\text{绝对误差}}{\text{仪表量程}} \times 100\%$$

在热工、电工仪表中，正确度等级一般都是用引用误差来表示的，通常分成0.1，0.2，0.5，1.0，1.5，2.5和5.0七个等级.上述数值表示该仪表最大引用误差的大小，但不能认为仪表在各个刻度上的测量都具有如此大的误差.例如某仪表正确度等级为 $R$ 级(即引用误差为 $R\%$)，满量程的刻度值为 $X$，实际使用时的测量值为 $x$(一般 $x \leqslant X$)，则

$$测量值的绝对误差 \leqslant \frac{X \cdot R}{100}$$

$$测量值的相对误差 \leqslant \frac{X \cdot R}{x}\% \tag{1-9}$$

通过上面的分析可知,为了减少仪表测量的误差,提高正确度,应该使仪表尽可能在靠近满量程刻度的区域内使用.这正是人们利用或选用仪表时,尽可能在满刻度量程的2/3以上区域内使用的原因.

### 1.2.3 误差的分类

根据误差产生的原因和性质将误差分为以下三大类.

(1)系统误差

系统误差是由于偏离测量规定的条件,或者测量方法不合适,按某一确定的规律所引起的误差.系统误差的符号或绝对值已经确定的称为已定系统误差;符号或绝对值未确定的称为未定系统误差.理论上讲已定系统误差可用修正值来消除,而未定系统误差则可用系统不确定度来估计.

(2)随机误差(或称偶然误差)

如果对系统误差进行修正之后,还出现观测值与真值之间的误差,则称此为随机误差.这种误差的特点是在相同条件下,少量地重复测量同一个物理量时,误差有时大有时小,有时正有时负,没有确定的规律,且不可能预先测定.但是当观测次数足够多时,随机误差完全遵守概率统计的规律.

对一个实际测量的结果进行统计分析(表1-1),就可以发现随机误差的特点和规律.

**表1-1 测量值分布表**

| 区　间 | 1 | 2 | 3 | 4 | 5 | 6 | 7 |
|---|---|---|---|---|---|---|---|
| 测量值 $x_i$ | 4.95 | 4.96 | 4.97 | 4.98 | 4.99 | 5.00 | 5.01 |
| 误差 $\Delta x_i$ | -0.07 | -0.06 | -0.05 | -0.04 | -0.03 | -0.02 | -0.01 |
| 出现次数 $n_i$ | 4 | 6 | 6 | 11 | 14 | 20 | 24 |
| 频率 $f_i$ | 0.027 | 0.04 | 0.04 | 0.073 | 0.093 | 0.133 | 0.16 |
| 区　间 | 8 | 9 | 10 | 11 | 12 | 13 | 14 |
| 测量值 $x_i$ | 5.02 | 5.03 | 5.04 | 5.05 | 5.06 | 5.07 | 5.08 |
| 误差 $\Delta x_i$ | 0 | 0.01 | 0.02 | 0.03 | 0.04 | 0.05 | 0.06 |
| 出现次数 $n_i$ | 17 | 12 | 12 | 10 | 8 | 4 | 2 |
| 频率 $f_i$ | 0.113 | 0.08 | 0.08 | 0.066 | 0.053 | 0.027 | 0.018 |

表1-1中观测总次数 $n=150$ 次,某测量值的算术平均值为5.02,共分14个区间,每个区间的间隔为0.01.为直观起见,把表中的数据画成频率分布的直方图(图1-1),从图中便可分析归纳出随机误差的以下四大分配律来.

①随机误差的有界性.在某确定的条件下,误差的绝对值不会超过一定的限度.表1-1中的 $\Delta x_i$ 均不大于0.07,可见绝对值很大的误差出现的概率近于零,即误差有一定限度.

②随机误差的单峰性.绝对值小的误差出现的概率比绝对值大的误差出现的概率大,最小误差出现的概率最大.表1-1中 $|\Delta x_i| \leqslant 0.03$ 的次数为110次,其中 $|\Delta x_i| \leqslant 0.01$ 的占61次,而 $|\Delta x_i| > 0.03$ 的仅40次.可见随机误差的分布呈单峰形.

③随机误差的对称性.绝对值相等的正负误差出现的概率相等.表 1-1 中正误差出现的次数为 65 次,而负误差为 61 次,两者出现的频率分别为 0.427 和 0.407,大致相等.

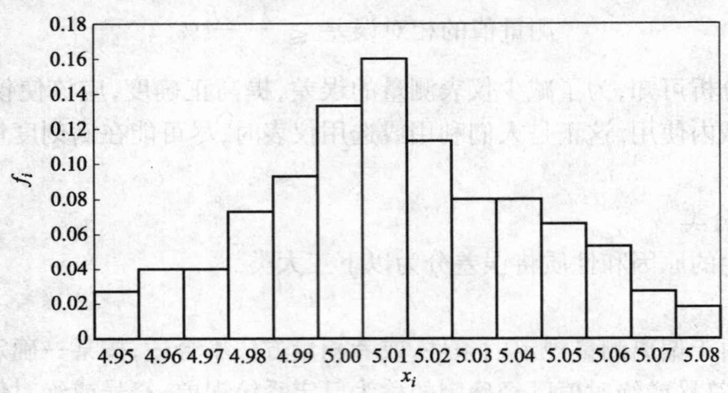


图 1-1　频率分布直方图

④随机误差的抵偿性.在多次、重复测量中,由于绝对值相等的正负误差出现的次数相等,所以全部误差的算术平均值随着测量次数的增加趋于零,即随机误差具有抵偿性.抵偿性是随机误差最本质的统计特性,凡是具有相互抵偿特性的误差,原则上都可以按随机误差来处理.

随机误差决定了测量的精密度.它产生的原因还不清楚,但由于它总体上遵守统计规律,因此理论上可以计算出它对测量结果的影响.

(3)粗差(或称过失误差)

明显歪曲测量结果的误差叫粗差.凡包含粗差的测量值称之为坏值.读错、测错、记错或者试验条件尚未达到要求就开始测量以及计算的错误等都会直接造成粗差.

科学研究是不允许由于疏忽而造成粗差的,正确的试验结果总是在剔除坏值的前提下求得的.

通过上面的讨论可知:①对试验结果进行误差分析时,只讨论系统误差和随机误差两大类,而坏值在试验过程和分析中随时剔除;②一个精密的测量(即精密度很高,随机误差很小的测量)可能是正确的,也可能是错误的(当系统误差很大,超出了允许的限度时).所以,只有消除了系统误差之后,随机误差愈小的测量才是既正确又精密的,此时称它是精确(或准确)的测量,这也正是人们在试验中所要努力争取达到的目标.

### 1.2.4　几种常见的误差

(1)最大误差系数

这种方法把测量中的最大值与最小值之差 $\Delta$ 作为最大的误差变化范围,通常用最大误差 $\Delta$ 与算术平均值 $\bar{x}$ 之比值 $k_\Delta$(最大误差系数)来表示:

$$k_\Delta = \frac{\Delta}{\bar{x}} \tag{1-10}$$

这种表示法很直观、清楚,但是 $\Delta$ 只取决于最大值和最小值,而与测量的次数 $n$ 无关,这样当测量次数 $n$ 增加时,随机误差的减小,不能给予反映.因此,它不能反映出测量的精密度水平.这是一种古老的误差表示方法.

(2)算术平均误差

在一组测量中,用全部测量值的随机误差绝对值的算术平均值表示.按定义

$$\overline{\Delta}=\frac{\sum_{i=1}^{n}|x_i-\overline{x}|}{n} \tag{1-11}$$

式中,$x_i$ 表示一组测量中的各个测量值,$i=1,2,\cdots,n$(测量的次数);$\overline{x}$ ($\overline{x}\ \frac{\sum_{i=1}^{n}x_i}{n}$) 表示一组测量值的算术平均值;$|x_i-\overline{x}|$($|\Delta x_i|$)表示第 $i$ 个测量值 $x_i$ 与平均值 $\overline{x}$ 之偏差(即误差)的绝对值.

这种表示方法已经考虑到了观测次数 $n$ 对随机误差的影响,但是各次观测中相互间符合的程度不能予以反映.因为一组测量中,偏差彼此接近的情况与另一组测量中偏差大、中、小的情况,两者的算术平均误差很可能相同.

(3)标准误差 $\sigma$

它是观测值与真值偏差的平方和与观测次数 $n$ 比值的平方根,按定义其公式为:

$$\sigma=\pm\sqrt{\frac{\sum_{i=1}^{n}(x_i-A)^2}{n}}=\pm\sqrt{\frac{\sum_{i=1}^{n}d_i^2}{n}} \tag{1-12}$$

式中,$A$ 为被测物理量的真值;$d_i(=x_i-A)$表示第 $i$ 个测量值 $x_i$ 与真值 $A$ 之偏差.

在实际测量中,观测次数 $n$ 总是有限的,真值只能用最可信赖(最佳)值来代替,此时的标准误差按下式计算:

$$s=\pm\sqrt{\frac{\sum_{i=1}^{n}(x_i-\overline{x})^2}{n-1}}=\pm\sqrt{\frac{\sum_{i=1}^{n}(\Delta x_i)^2}{n-1}} \tag{1-13}$$

标准误差 $\sigma$ 对一组测量中的特大或特小误差反映非常敏感,所以,标准误差能够很好地反映出测量的精密度.这正是标准误差在工程测量中被广泛采用的原因.

**例 1.1** 某实验测得两组数据如下:

第一组 4.9,5.1,5.0,4.9,5.1;

第二组 5.0,4.8,5.0,5.0,5.2.

求平均值 $\overline{x}$、算术平均误差 $\delta$、标准误差 $s$,并分析其准确度及精密度.

**解** 第一组测量:

算术平均值 $\overline{x}=\frac{4.9+5.1+5.0+4.9+5.1}{5}=5.0$

算术平均误差 $\delta=\frac{0.1+0.1+0+0.1+0.1}{5}=0.08$

标准误差 $s=\pm\sqrt{\frac{0.1^2+0.1^2+0^2+0.1^2+0.1^2}{5-1}}=\pm 0.1$

第二组测量:

算术平均值 $\overline{x}=\frac{5.0+4.8+5.0+5.0+5.2}{5}=5.0$

算术平均误差 $\delta=\frac{0+0.2+0+0+0.2}{5}=0.08$

标准误差 $s=\pm\sqrt{\frac{0.2^2+0.2^2}{5-1}}=\pm 0.141$

用 Excel 电子表格进行数据的计算步骤如下:

首先打开电子表格,在 A1 单元格到 E1 单元格内输入第一组数据

| | A | B | C | D | E |
|---|---|---|---|---|---|
| 1 | 4.9 | 5.1 | 5 | 4.9 | 5.1 |

,用鼠标单击 F1 单元格

| F |
|---|
| |

,然

后将鼠标指针移动到编辑栏图标 $f_x$ 插入函数 处，单击左键，弹出"插入函数"对话框，如图 1-2 所示，在"或选择类别(C):"项下选择"统计"，在"选择函数(N):"项下选择"AVERAGE"平均值函数后，单击"确定"按钮，弹出"函数参数"对话框，如图 1-3 所示，在"Number1"项内填入"A1:E1"，它表示选中了 A1到 E1 单元格中的数据进行平均值计算，单击"确定"按钮，即完成了平均值的计算；同理，在 F2、F3 单元中分别填入公式 $f_x$ =STDEV(A1:E1) 和 $f_x$ =AVEDEV(A1:E1)，可计算出 $s$ 和 $\delta$. 用上述方法计算出第二组数据如图 1-4 所示.

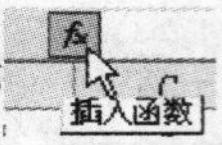

从图 1-4 的计算结果可知：①两组数据的平均值一样，即测量的准确度一样；②两组数据的测量精密度实际上不一样. 因为第一组数据的重现性较好，但此时的算术平均误差 $\delta$ 是一样的，显然 $\delta$ 未能反映出精密度来. 标准误差 $s$ 的计算结果说明第一组测量数据比第二组精密度高.

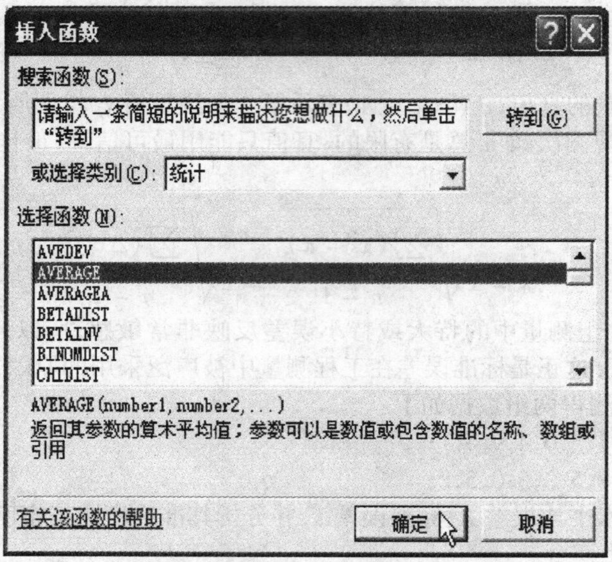

插入函数

搜索函数(S):

请输入一条简短的说明来描述您想做什么，然后单击"转到"　转到(G)

或选择类别(C): 统计

选择函数(N):

AVEDEV
AVERAGE
AVERAGEA
BETADIST
BETAINV
BINOMDIST
CHIDIST

AVERAGE(number1,number2,...)
返回其参数的算术平均值；参数可以是数值或包含数值的名称、数组或引用

有关该函数的帮助　确定　取消

图 1-2

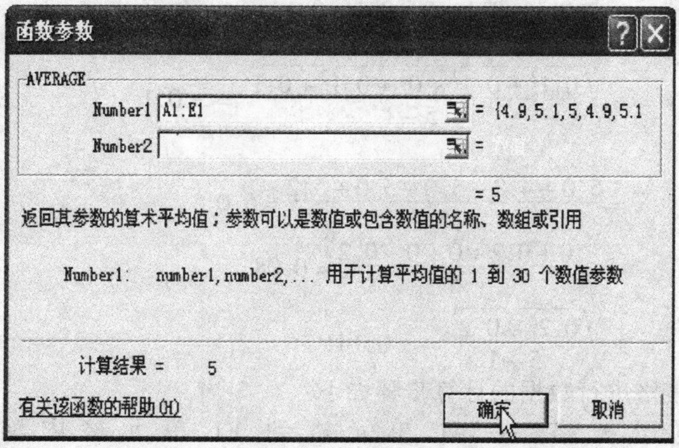

函数参数

AVERAGE
Number1 A1:E1 = {4.9,5.1,5,4.9,5.1
Number2 =

= 5
返回其参数的算术平均值；参数可以是数值或包含数值的名称、数组或引用

Number1: number1,number2,... 用于计算平均值的 1 到 30 个数值参数

计算结果 = 5

有关该函数的帮助(H)　确定　取消

图 1-3

| | A | B | C | D | E | F | |
|---|---|---|---|---|---|---|---|
| 1 | 4.9 | 5.1 | 5 | 4.9 | 5.1 | 5 | $\bar{x}$ |
| 2 | 第一组数据 | | | | | 0.1 | s |
| 3 | | | | | | 0.08 | δ |
| 4 | 5 | 4.8 | 5 | 5 | 5.2 | 5 | $\bar{x}$ |
| 5 | 第二组数据 | | | | | 0.141421 | s |
| 6 | | | | | | 0.08 | δ |

图 1-4

标准误差不仅仅是一组观测值的函数,而且更重要的是它对一组测量中的大误差及小误差反映比较敏感.因此,在试验中广泛采用标准误差来表示测量的精密度.

(4)或然误差

它的意义在于一组测量中,误差的绝对值不大于 $\gamma$ 的测量值与大于 $\gamma$ 的测量值各占总测量次数的 50%.亦即在一组测量中,误差落在 $+\gamma$ 和 $-\gamma$ 之间的观测次数占总观测次数的一半.

根据概率积分计算可得 $\gamma = 0.6745\sigma$,从统计概率的角度来看,用或然误差表示一组测量的精密度还不够可靠,所以近年来它已不再被使用而被标准误差所代替.

(5)极限误差

通常定义极限误差的范围为标准误差的 3 倍,即 $\pm 3s$.从统计的角度讲,所测物理量的真值落在 $[-3s,3s]$ 范围内的概率为 99.7%,而超出此范围的可能性实际上已不存在,故把它定义为极限误差.

### 1.2.5 几个重要概念

(1)精密度

它表示测量结果中随机误差大小的程度,即在一定条件下,进行多次、重复测量时,所得测量结果彼此之间符合的程度,通常用随机不确定度来表示.

(2)正确度

它表示测量结果中系统误差大小的程度.即在规定的条件下,测量中所有系统误差的综合.

(3)准确度

准确度是测量结果中系统误差与随机误差的综合,它表示测量结果与真值的一致程度.从误差的观点来看,准确度反映了测量的各类误差的综合.如果所有已定系统误差已经修正,那么准确度可由不确定度来表示.

(4)不确定度

不确定度是由于测量误差的存在而对被测量值不能肯定的程度.表达方式有系统不确定度、随机不确定度和总不确定度.可按估计值的不同方法把不确定度划分为 $A$、$B$ 两类分量.前者是多次重复测量后,用统计方法计算出的标准误差;后者是用其他方法估计出的近似的“标准误差”.

系统不确定度实质上就是系统误差限,常用未定系统误差可能不超过的界限或半区间宽度 $e$ 来表示.随机不确定度实质上就是随机误差对应于置信概率 $1-\alpha$ 时的置信区间 $[-k\sigma,+k\sigma]$($\alpha$ 为显著性水平).当置信因子 $k=1$ 时,标准误差 $\sigma$ 就是随机不确定度,此时的置信概率(按正态分布)为 68.27%.总不确定度是由系统不确定度与随机不确定度按方差合成的方法合成而得的.由于不确定度包括测量结果中无法进行修正的部分,所以它反映了测量结果中未能确定的量值的范围.

总之,不确定度是未定误差的特征描述,而不是指具体的误差大小和符号,故不确定度不能用来修正测量结果.图 1-5 给出了精密度、正确度和准确度示意图.

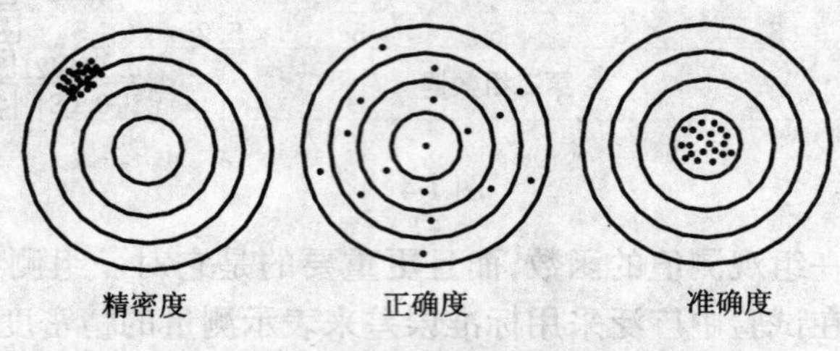


图 1-5　精密度、正确度、准确度示意图

# 第 2 章　误差理论及数理统计基础

## 2.1　误差理论

### 2.1.1　随机误差及其正态分布

在重复测量条件下，对同一被测物理量进行多次测量，若每一次的测量中无粗大误差和系统误差，则在测量结果中只有随机误差，这些随机误差是由很多暂时未能掌握或无法掌握的微小因素所引起的，主要有下列几个方面：

(1)测量设备方面的因素，如零部件配合的不稳定性，零部件的变形，零部件表面油膜不均匀、有摩擦等.

(2)环境方面的因素，如温度的微小波动、温度与气压的微量变化、光照强度的变化、灰尘以及电磁场的变化等.

(3)人员方面的因素，如瞄准、读数的不稳定，情绪的波动等.

这些误差表面上看来是毫无规律的，但从整体上观察是服从统计规律的，这种统计规律往往可以通过试验的方法得到.

在第 1 章中给出了一个实际测量结果的例子，如表 1-1 所示. 在重复条件下，观测总次数 $n=150$次，某测量值的算术平均值为 5.02，共分 14 个区间，每个区间的间隔为 0.01，落在各个小区间的误差个数为 $n_1$，出现的频率为 $f(n_1/n)$，以误差 $\Delta x_i$ 作为横坐标，以频率数 $f$ 作为纵坐标，把表中的数据画成频率分布的直方图，如图 2-1 所示.

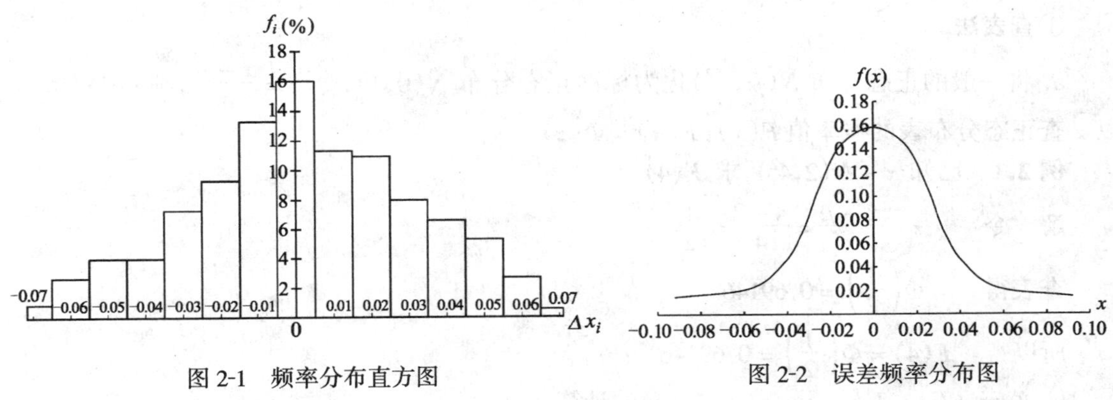


图 2-1　频率分布直方图　　图 2-2　误差频率分布图

从图 2-1 中可以看出，误差集中在零值附近，若进一步研究，增加试验的次数，区间宽度进一步缩小，则图 2-1 可以变成一条光滑的曲线，如图 2-2 所示.

(1)高斯误差定律

正态分布的分布密度函数为：

$$f(x)=\frac{1}{\sqrt{2\pi}\sigma}e^{-\frac{(x-\mu)^2}{2\sigma^2}}\qquad(-\infty<x<+\infty)\tag{2-1}$$

式中，$\mu$、$\sigma$ 为参数，可记为 $x \sim N(\mu,\sigma^2)$. 其分布函数为：

$$F(x)=\int_{-\infty}^{x}\frac{1}{\sqrt{2\pi}\sigma}e^{-\frac{(x-\mu)^2}{2\sigma^2}}dx \tag{2-2}$$

$F(x)$的图形关于中心轴对称，由此可以得出：

$$F(-x)=1-F(x) \tag{2-3}$$

图 2-3 表示 $f(x)$中不同 $\sigma$ 的正态密度曲线，图形是关于 $x=\mu$ 的轴对称，$\sigma$ 的大小影响图形的形状，$\sigma$ 大图形胖而矮，$\sigma$ 小图形瘦而高.

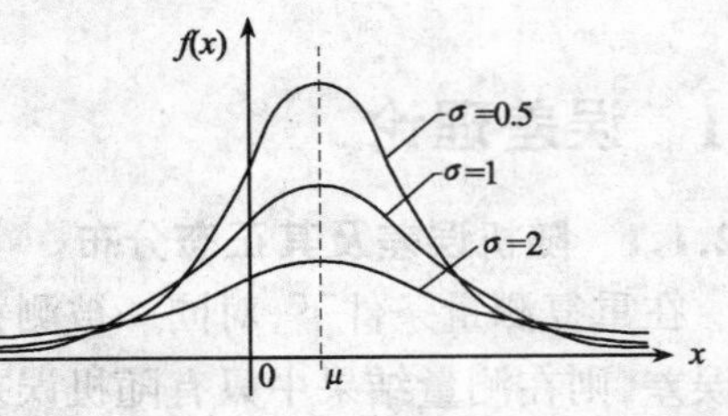

图 2-3　不同 $\sigma$ 的正态密度曲线

一般的正态分布可以通过适当的变换化为标准正态分布.

若 $x\sim N(\mu,\sigma^2)$，令 $z=\dfrac{x-\mu}{\sigma}$，则 $z\sim N(0,1)$符合标准正态分布，如下式：

$$F(x)=\Phi\left(\frac{x-\mu}{\sigma}\right)=\Phi(z)=\int_{-\infty}^{z}\frac{1}{\sqrt{2\pi}}e^{\frac{z^2}{2}}dz \tag{2-4}$$

其值见附表 1.

19 世纪德国科学家高斯研究大量的测量数据时发现，随机误差分布符合正态分布. 因此，在误差理论中将正态分布又称为高斯分布，图 2-2 中的曲线称为高斯曲线，其分布密度函数及概率分布函数分别表示为：

$$f(u)=\frac{1}{\sqrt{2\pi}\sigma}e^{-\frac{(u-\mu)^2}{2\sigma^2}} \tag{2-5}$$

$$F(u)=\int_{-\infty}^{u}\frac{1}{\sqrt{2\pi}\sigma}e^{-\frac{(u-\mu)^2}{2\sigma^2}}du \tag{2-6}$$

(2)高斯分布的概率计算

①查表法

a. 将一般的正态分布 $N(\mu,\sigma^2)$化为标准正态分布 $N(0,1)$，令 $z=\dfrac{x-\mu}{\sigma}$，则 $z\sim N(0,1)$. 以 $z$ 查正态分布表的概率值 $F(x)$：$F(x)=\Phi(z)$.

**例 2.1**　已知 $x\sim N(2,4^2)$，求 $F(4)$.

**解**　令　$z=\dfrac{x-\mu}{\sigma}=\dfrac{4-2}{4}=\dfrac{1}{2}$

查表得　$\Phi\left(\dfrac{1}{2}\right)=0.69146$

所以　$F(4)=\Phi\left(\dfrac{1}{2}\right)=0.69146$

b. 关于 $F(a-k_1\cdot\sigma\leqslant x\leqslant a+k_2\cdot\sigma)$的计算.

可以证明：若 $x\sim N(a,\sigma^2)$，$k_1$、$k_2>0$，则

$$F(a-k_1\cdot\sigma\leqslant x\leqslant a+k_2\cdot\sigma)=\Phi(k_1)+\Phi(k_2)-1$$

还可以证明：若 $x\sim N(a,\sigma^2)$，$k_1$、$k_2>0$，则

$$F(a-k_1\cdot\sigma\leqslant x\leqslant a+k_2\cdot\sigma)=\Phi(k_2)-\Phi(-k_1)$$

**例 2.2**　①$F(a-\sigma\leqslant x\leqslant a+\sigma)=2\Phi(1)-1=68.27\%$

或者，$F(a-\sigma\leqslant x\leqslant a+\sigma)=\Phi(1)-\Phi(-1)=68.27\%$

②$F(a-2\sigma \leqslant x \leqslant a+2\sigma)=2\Phi(2)-1=95.45\%$

或者，$F(a-2\sigma \leqslant x \leqslant a+2\sigma)=\Phi(2)-\Phi(-2)=95.45\%$

③$F(a-3\sigma \leqslant x \leqslant a+3\sigma)=2\Phi(3)-1=99.73\%$

或者，$F(a-3\sigma \leqslant x \leqslant a+3\sigma)=\Phi(3)-\Phi(-3)=99.73\%$

c. $F(a-k_1 \cdot \sigma \leqslant x \leqslant a+k_2 \cdot \sigma)$可以改写为 $F\left(-k_1 \leqslant \frac{x-a}{\sigma} \leqslant k_2\right)$，若 $k=k_1=k_2$，已知 $F\left(-k \leqslant \frac{x-a}{\sigma} \leqslant k\right)$的值，查表可求出 $k$.

**例 2.3** ①已知 $F\left(-k \leqslant \frac{x-a}{\sigma} \leqslant k\right)=95\%$，查表得 $k=1.96$

②已知 $F\left(-k \leqslant \frac{x-a}{\sigma} \leqslant k\right)=99\%$，查表得 $k=2.58$

d. 在数据处理中，如果 $x$ 为被测物理量的算术平均值$\bar{x}$，其正态分布可以表示为 $\bar{x} \sim N\left(a,\left(\frac{\sigma}{\sqrt{n}}\right)^2\right)$，其中$\frac{\sigma}{\sqrt{n}}$为算术平均值 $\bar{x}$ 的标准误差. 如：

$$F\left(\bar{x}-\frac{\sigma}{\sqrt{n}} \leqslant x \leqslant \bar{x}+\frac{\sigma}{\sqrt{n}}\right)=68.27\%$$

$$F\left(\bar{x}-2\frac{\sigma}{\sqrt{n}} \leqslant x \leqslant \bar{x}+2\frac{\sigma}{\sqrt{n}}\right)=95.45\%$$

$$F\left(\bar{x}-3\frac{\sigma}{\sqrt{n}} \leqslant x \leqslant \bar{x}+3\frac{\sigma}{\sqrt{n}}\right)=99.73\%$$

②电子表格计算法

利用电子表格 Excel 可直接计算标准正态分布概率值，计算步骤如下：

以例 2.1 为例，打开 Excel，将鼠标指到 A1 单元格内 [A | 1]，然后指到编辑栏的 [fx 插入函数] 处，在编辑窗口内填入公式 fx =NORMSDIST(0.5)，在单元格 A1 中即得出 $z=1/2$ 时 $F(4)$的概率值为 [A | 1 0.691462467].

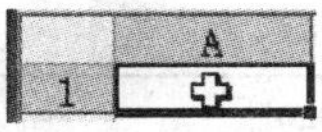

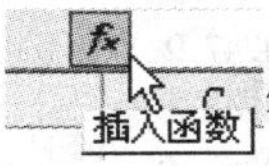

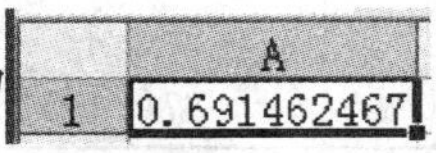

### 2.1.2 随机误差的数理统计

下面介绍数理统计中的基本概念，进一步研究随机误差的参数估计和假设检验.

(1)母体和子样

数理统计中将研究对象的全体称为母体，组成母体的每一个单元称为子样. 工程试验的重要任务就是从子样的试验中得到关于母体的结论.

(2)统计量与无偏估计

通过有限的子样观测值来计算母体最可信赖的平均值及方差，这种由子样计算出来的特征量又称作统计量，而统计量是随机变量，当子样容量足够大时(一般 $n>30$)，完全可以用子样的参数估计出母体参数(称为点估计)，子样平均值 $\bar{x}$ 可以代表母体平均值$A$，子样方差 $s$ 可以代表母体方差$\sigma$，这统称为母体参数的无偏估值.

在数据处理中，只提出母体参数的无偏估值还是不够的，因为任何一种估计，如果不附以某种偏差范围及在此区间内包含参数 $X$ 真值的可靠程度(或置信概率)，是没有多大意义的.

设有一组服从正态分布的数据 $X$，子样容量为 $n$，子样平均值为 $\bar{x}$，母体真值为 $a$，标准误

差为 $\sigma$，服从正态分布的随机变量可表示为 $\bar{x} \sim N\left(a,\left(\frac{\sigma}{\sqrt{n}}\right)^2\right)$，按正态分布概率积分表可查得：

$$F\left(\bar{x}-\frac{\sigma}{\sqrt{n}} \leqslant a \leqslant \bar{x}+\frac{\sigma}{\sqrt{n}}\right)=68.27\%$$

可改写为：

$$F\left(a-\frac{\sigma}{\sqrt{n}} \leqslant \bar{x} \leqslant a+\frac{\sigma}{\sqrt{n}}\right)=68.27\%$$

上式说明在区间 $\left(\bar{x}-\frac{\sigma}{\sqrt{n}}, \bar{x}+\frac{\sigma}{\sqrt{n}}\right)$ 内包含真值的可靠程度为 68.27%，或者说子样均值有 68.27% 的可能性落在以真值 $a$ 为中心、以 $\left(a-\frac{\sigma}{\sqrt{n}}, a+\frac{\sigma}{\sqrt{n}}\right)$ 为区间的范围内.

通常，区间 $\left(\bar{x}-\frac{\sigma}{\sqrt{n}}, \bar{x}+\frac{\sigma}{\sqrt{n}}\right)$ 称为置信区间(或置信限)，$\frac{\sigma}{\sqrt{n}}$ 为置信区间的半长，68.27% 为置信概率(或置信度)，常表示为 $1-\alpha$，这里的 $\alpha$ 叫作危险率(或显著性水平)，它是上述结论可能犯错误的概率.

概括起来，可以对测量结果作以下结论：

$$\text{测量结果}=\bar{x} \pm \frac{\sigma}{\sqrt{n}} \tag{2-7}$$

该结论说明，测量结果应该理解为在一定置信概率下，以子样平均值为中心、置信区间半长为界限的量.

**例 2.4** 某回转机械，在同一稳定工况下，反复测量其转速 36 次，实测数据(转速单位为：r/min)如下表所示.

**表 2-1 转速实测数据表**

| | | | | | |
|---|---|---|---|---|---|
| 4753.1 | 4749.2 | 4750.3 | 4748.4 | 4752.3 | 4751.6 |
| 4757.5 | 4750.6 | 4753.3 | 4752.5 | 4751.8 | 4747.9 |
| 4752.7 | 4751.0 | 4752.1 | 4754.7 | 4750.6 | 4748.3 |
| 4752.8 | 4753.9 | 4751.2 | 4750.0 | 4752.5 | 4753.4 |
| 4752.1 | 4751.2 | 4752.3 | 4751.0 | 4752.4 | 4753.5 |
| 4752.7 | 4755.6 | 4751.1 | 4754.0 | 4749.1 | 4750.2 |

试求出测量结果以及转速在子样平均值 ±0.5 范围内的概率.

**解** ①计算子样容量 $n=36$ 的子样平均值 $\bar{x}$：

$$\bar{x}=\frac{\sum_{i=1}^{36} x_i}{36}=4751.9$$

②计算有限次观测时的均方误差 $s$(此为母体均方误差的无偏估值)：

$$s=\pm\sqrt{\frac{\sum_{i=1}^{36}(\bar{x}-x_i)^2}{36-1}}=\pm 2.04$$

③母体的分布为：$X \sim N(4751.9, 2.04^2)$.

④子样平均值的分布为：

$$\bar{x} \sim N\left(4751.9,\left(\frac{2.04}{\sqrt{36}}\right)^2\right)$$

进行标准正态分布变换,引入新变量 $z=\frac{x-4751.9}{2.04/\sqrt{36}}$,则分布为$\frac{x-4751.9}{2.04/\sqrt{36}}\sim N(0,1)$.

⑤给定置信概率 $1-\alpha=0.95$,即:

$$F\left(-k\leqslant\frac{x-4751.9}{2.04/\sqrt{36}}\leqslant k\right)=0.95$$

查正态分布概率积分表,得 $k=\pm1.96$.

⑥置信区间半长为 $1.96\times2.04/\sqrt{36}=1.96\times0.36=0.66$.

⑦转速的测量结果 $=4751.9\pm0.66(1-\alpha=0.95)$.

⑧计算转速在 $4751.9\pm0.5$ 范围内的概率.计算新变量 $z=\frac{0.5}{2.04/\sqrt{36}}=1.47$,查正态分布表,有$\left(-1.47\leqslant\frac{x-4751.9}{2.04/\sqrt{36}}\leqslant+1.47\right)=F(+1.47)-F(-1.47)=0.85844$.

利用电子表格 Excel 计算如下:

打开 Excel,从 A1 单元开始,输入原始实测数据,如图 2-4 所示.

| | A | B | C | D | E | F |
|---|---|---|---|---|---|---|
| 1 | 4753.1 | 4749.2 | 4750.3 | 4748.4 | 4752.3 | 4751.6 |
| 2 | 4757.5 | 4750.6 | 4753.3 | 4752.5 | 4751.8 | 4747.9 |
| 3 | 4752.7 | 4751 | 4752.1 | 4754.7 | 4750.6 | 4748.3 |
| 4 | 4752.8 | 4753.9 | 4751.2 | 4750 | 4752.5 | 4753.4 |
| 5 | 4752.1 | 4751.2 | 4752.3 | 4751 | 4752.4 | 4753.5 |
| 6 | 4752.7 | 4755.6 | 4751.1 | 4754 | 4749.1 | 4750.2 |

图 2-4

在 A7 单元格中输入公式 fx =AVERAGE(A1:F6) ,即计算出了平均值 $\bar{x}$ 7 4751.858;在 B7 单元格中输入公式 fx =STDEV(A1:F6),即计算出了标准误差 $s=$ 2.035594;在 C7 单元格中输入公式 fx =NORMSINV(0.975) ($0.975=1-\alpha/2=1-0.05/2$),即得出 $k=$ 1.959963;在 D7 单元格中输入公式 fx =C7*B7/36^0.5 ,即得出置信区间半长为 0.664948;计算子样平均值在 ±0.5 范围时的概率值,在 E7 单元格中输入公式 fx =0.5/(B7/36^0.5),计算出新变量 $z=$ 1.473771 ,然后在 F7 单元格中输入公式 fx =NORMSDIST(1.47)-NORMSDIST(-1.47) ,即得出转速落在 $4751.9\pm0.5$ 区间的概率为 0.858438.最后得出计算数据汇总表如图 2-5 所示.

应当指出,上述结论是在子样容量足够大时,基于正态分布的理论得出的.在实际监测数据及分析测定数据中,尽管不是所有的测量值都严格遵守正态分布,但是,根据概率论的中心极限定理,$n$ 个相互独立且又服从同一分布的随机变量 $X$,当 $n$ 足够大时(如 $n>30$ 时,可称为大子样样本),测定值的平均值 $\bar{x}$ 渐近地服从正态分布.然而,实际测量中的子样容量一般都较小(小子样样本),特别是热工方面的试验往往如此,这时的 $n$ 一般只有 3~5.在这种情况下,不能用子样均方差 $s$ 来代表标准误差.因为 $s$ 是一个随机变量,不同的子样有不同的值,子样愈小,值愈不可靠,其统计量不再服从正态分布,而服从类似于正态分布的 $t$ 分布.

| | A | B | C | D | E | F |
|---|---|---|---|---|---|---|
| 1 | 4753.1 | 4749.2 | 4750.3 | 4748.4 | 4752.3 | 4751.6 |
| 2 | 4757.5 | 4750.6 | 4753.3 | 4752.5 | 4751.8 | 4747.9 |
| 3 | 4752.7 | 4751 | 4752.1 | 4754.7 | 4750.6 | 4748.3 |
| 4 | 4752.8 | 4753.9 | 4751.2 | 4750 | 4752.5 | 4753.4 |
| 5 | 4752.1 | 4751.2 | 4752.3 | 4751 | 4752.4 | 4753.5 |
| 6 | 4752.7 | 4755.6 | 4751.1 | 4754 | 4749.1 | 4750.2 |
| 7 | 4751.858 | 2.035594 | 1.959963 | 0.664948 | 1.473771 | 0.858438 |

图 2-5 例 2.4 数据处理结果

### 2.1.3 测量中的坏值及剔除

在实际测量中,由于偶然误差的客观存在,所得的数据总存在着一定的离散性.但也可能由于过失误差出现个别离散较远的数据,这通常称为坏值或可疑值.如果保留了这些数据,必然影响测量结果的精确性.反过来,如果把属于偶然误差的个别数据当作坏值处理,也许暂时可以报告出一个精确度较高的结果,但这是虚伪的、不科学的.正确区分坏值并去除它,是试验中经常遇到的实际问题,必须以科学的态度按统计学的原理来处理.

通常判别坏值常用的方法有两种:一是物理判别法,即在观测过程中及时发现并纠正由于仪表、人员及试验条件等情况变化而造成的错误;二是统计判别法,即规定一个误差范围($\pm k\sigma$)及相应的置信概率 $1-\alpha$,凡超出该误差范围的测量值都是小概率事件,都可以认为是坏值而予以剔除.关于 $k$ 值的求得,有下面几种方法.

(1)拉伊特方法

该方法按正态分布理论,以最大误差范围 $3\sigma$ 为依据进行判别.设有一组测量值 $x_i(i=1,2,\cdots,n)$,其子样平均值为 $\overline{x}$,偏差 $\Delta x_i = x_i - \overline{x}$,按贝塞尔公式

$$s = \pm\sqrt{\frac{\sum_{i=1}^{n}(x_i-\overline{x})^2}{n-1}} = \pm\sqrt{\frac{\sum_{i=1}^{n}(\Delta x_i)^2}{n-1}}$$

如果某测量值 $x_l(1\leqslant l\leqslant n)$ 的偏差 $|\Delta x_l| > 3s$ 时,则认为 $x_l$ 是含有粗差的坏值.

该方法的最大优点是简单、方便、不需查表.但对小子样不准,往往会把一些坏值隐藏下来而犯"存伪"的错误.例如,当 $n\leqslant 10$ 时:

$$s = \pm\sqrt{\frac{\sum_{i=1}^{n}(\Delta x_i)^2}{10-1}} \tag{2-8}$$

$$3s \geqslant |\Delta x_i| \tag{2-9}$$

此时,任意一个测量值引起的偏差 $\Delta x_i$ 都能满足 $|\Delta x_i| \leqslant 3s$,不可能出现大于 $3s$ 的情况,这当然就有可能把坏值隐藏下来.在一些要求较严的场合,也用 $2s$ 判别,但 $n\leqslant 5$ 的测量同样无法剔除坏值.

**例 2.5** 对某物理量进行 15 次等精度测量,测量值为:28.39,28.39,28.40,28.41,28.42,28.43,28.40,28.30,28.39,28.42,28.43,28.40,28.43,28.42,28.43;试用拉伊特方法判断该测量数据的坏值,并剔除.

**解**

$$\overline{x} = \frac{1}{15}\sum_{i=1}^{15} x_i = 28.404$$

$$s = \pm\sqrt{\frac{\sum_{i=1}^{n}(\Delta x_i)^2}{15-1}} = 0.033$$

$$3s = 3 \times 0.033 = 0.099$$

这组测量数据中的最大值 $x_{max} = 28.43$，最小值 $x_{min} = 28.30$.

最大值的偏差为：$\Delta x_8 = 28.30 - 28.404 = -0.104$.

最小值的偏差为：$\Delta x_6 = 28.43 - 28.404 = 0.026$.

由拉伊特方法可知：$\Delta x_8 = -0.104$ 不在区间$(-0.099, 0.099)$范围内，$x_8 = 28.30$ 是坏值，应剔除.

(2)肖维勒方法

该方法的基本原理是：认为在 $n$ 次测量中，坏值出现的次数为 1/2 次，即坏值出现的概率为 $1/2n$. 按概率积分：

$$\frac{1}{2n} = 1 - \frac{2}{\sqrt{2\pi}}\int_{-k}^{k} e^{-\frac{x^2}{2}}dx = 1 - F(x) \tag{2-10}$$

$$F(x) = 1 - \frac{1}{2n} = \frac{2n-1}{2n} \tag{2-11}$$

由不同的 $n$ 可计算出$\frac{2n-1}{2n}$之值，查概率积分表后便可求出 $k$(见表 2-2).

**表 2-2　肖维勒方法中的系数 $k$ 与 $n$ 的关系对照表**

| $n$ | $k$ | $n$ | $k$ | $n$ | $k$ | $n$ | $k$ |
|---|---|---|---|---|---|---|---|
| 3 | 1.38 | 9 | 1.92 | 15 | 2.13 | 25 | 2.33 |
| 4 | 1.53 | 10 | 1.96 | 16 | 2.15 | 30 | 2.39 |
| 5 | 1.65 | 11 | 2.0 | 17 | 2.17 | 40 | 2.49 |
| 6 | 1.73 | 12 | 2.03 | 18 | 2.20 | 50 | 2.58 |
| 7 | 1.80 | 13 | 2.07 | 19 | 2.22 | 75 | 2.71 |
| 8 | 1.86 | 14 | 2.13 | 20 | 2.24 | 100 | 2.81 |

对于一组观测值，其中的离差值 $|\Delta_i| > k(n, \alpha)\sigma$ 者为坏值，应予剔除.

(3)格拉布斯方法

本方法的原理是用显著性水平 $\alpha$ 来计算 $k$ 值. 这里把误差超过 $\pm k\sigma$ 的概率称为显著性水平 $\alpha = 1 - F(|\Delta x_i| \geqslant k\sigma)$，这样式(2-11)变为：

$$1 - F(x) = \alpha \tag{2-12}$$

或

$$F(x) = 1 - \alpha \tag{2-13}$$

现在绝大多数场合采用的显著性水平为 0.01 或 0.05(即有 1% 或 5% 的概率是超出范围 $k\sigma$ 的)，对精度高的测量一般都用 $\alpha = 0.01$. $k$ 由观测次数 $n$ 和 $\alpha$ 所决定，列于表 2-3 中.

一组观测值中的离差值 $|\Delta x_i| > k(n, \alpha)\sigma$ 者为坏值，应予剔除.

肖氏法是经典的方法，但概率上的意义不很科学，特别当 $n \to \infty$ 时，理论上 $k(n) \to \infty$，此时所有的粗差坏值都不能剔除. 而格氏方法被实践证明是效果最好的方法.

注意：① 不论上述哪一种方法，在计算离差 $\Delta x_i = x_i - \bar{x}$ 时，平均值 $\bar{x} = \frac{\sum_{i=1}^{n} x_i}{n}$. $\sum_{i=1}^{n} x_i$ 中包

括所有的数据(即包括要剔除但未判断清楚的可疑值),标准误差 $s$ 按贝塞尔公式计算.

②经检查确认为坏值者应予剔除,然后用剩下的值计算平均值及误差.

**表 2-3　格拉布斯方法中的 $k(n,\alpha)$ 值**

| $n$ | $\alpha$ | | $n$ | $\alpha$ | | $n$ | $\alpha$ | |
|---|---|---|---|---|---|---|---|---|
| | 0.01 | 0.05 | | 0.01 | 0.05 | | 0.01 | 0.05 |
| 3 | 1.15 | 1.15 | 11 | 2.48 | 2.24 | 20 | 2.88 | 2.56 |
| 4 | 1.49 | 1.46 | 12 | 2.55 | 2.29 | 22 | 2.94 | 2.60 |
| 5 | 1.75 | 1.67 | 13 | 2.61 | 2.33 | 24 | 2.99 | 2.64 |
| 6 | 1.94 | 1.82 | 14 | 2.66 | 2.37 | 25 | 3.01 | 2.66 |
| 7 | 2.10 | 1.94 | 15 | 2.70 | 2.41 | 30 | 3.10 | 2.74 |
| 8 | 2.22 | 2.03 | 16 | 2.74 | 2.44 | 35 | 3.18 | 2.81 |
| 9 | 2.32 | 2.11 | 17 | 2.78 | 2.48 | 40 | 3.24 | 2.87 |
| 10 | 2.41 | 2.18 | 18 | 2.82 | 2.50 | 50 | 3.34 | 2.96 |

**例 2.6**　以例 2.5 中的数据,用格拉布斯方法判断是否存在坏值($\alpha=0.05$).

**解**

$$\overline{x}=\frac{1}{15}\sum_{i=1}^{15}x_i=28.404$$

$$s=\pm\sqrt{\frac{\sum_{i=1}^{n}(\Delta x_i)^2}{15-1}}=0.033$$

当 $n=15$ 时,查表得 $k=2.41, k\cdot s=2.41\times0.033=0.080$.

这组测量数据中的最大值 $x_{\max}=28.43$,最小值 $x_{\min}=28.30$.

最大值的偏差为:$\Delta x_8=28.30-28.404=-0.104$.

最小值的偏差为:$\Delta x_6=28.43-28.404=0.026$.

由格拉布斯方法可知:$\Delta x_8=-0.104$ 不在区间$(-0.080,0.080)$范围内,$x_8=28.30$ 是坏值,应剔除.

(4)狄克逊方法

该法应用极差(两测值之差)比的方法得以简化复杂的计算公式.为提高判别坏值的效率,对不同的测量次数应用不同的极差比公式计算.本方法对数据较多的情况更显得简单方便.

在 $n$ 次测量中,各数据依大小顺序排列:

$$x_1\leqslant x_2\leqslant\cdots\leqslant x_n$$

当怀疑值为 $x_n$ 时,狄克逊方法为:

$$r_{10}=\frac{x_n-x_{n-1}}{x_n-x_1}, r_{11}=\frac{x_n-x_{n-1}}{x_n-x_2}, r_{21}=\frac{x_n-x_{n-2}}{x_n-x_2}, r_{22}=\frac{x_n-x_{n-2}}{x_n-x_3} \tag{2-14}$$

研究这些统计量的分布,当选定显著水平 $\alpha$,得各统计量的临界值 $r_0(n,\alpha)$,如果测量的统计量 $r_{ij}$满足

$$r_{ij}>r_0(n,\alpha) \tag{2-15}$$

则认为为坏值,应剔除.

当怀疑值为 $x_1$ 时,狄克逊方法为:

$$r_{10}=\frac{x_2-x_1}{x_n-x_1}, r_{11}=\frac{x_2-x_1}{x_{n-1}-x_1}, r_{21}=\frac{x_3-x_1}{x_{n-1}-x_1}, r_{22}=\frac{x_3-x_1}{x_{n-2}-x_1} \tag{2-16}$$

如果测量的统计量 $r_{ij}$满足

$$r_{ij} > r_0(n,\alpha) \tag{2-17}$$

则认为为坏值,应剔除.

狄克逊系数 $r_0(n,\alpha)$及统计量 $r_{ij}$的计算公式如表 2-4 所示.

**表 2-4 狄克逊系数 $r_0(n,\alpha)$及统计量 $r_{ij}$的计算公式**

| 统计量 $r_{ij}$ | $n$ | $\alpha$ 0.01 | $\alpha$ 0.05 | 统计量 $r_{ij}$ | $n$ | $\alpha$ 0.01 | $\alpha$ 0.05 |
|---|---|---|---|---|---|---|---|
| | | $r_0(n,a)$ | | | | $r_0(n,a)$ | |
| $r_{10}=\dfrac{x_n-x_{n-1}}{x_n-x_1}$ $\left(r_{10}=\dfrac{x_2-x_1}{x_n-x_1}\right)$ | 3 | 0.988 | 0.941 | $r_{22}=\dfrac{x_n-x_{n-2}}{x_n-x_3}$ $\left(r_{22}=\dfrac{x_3-x_1}{x_{n-2}-x_1}\right)$ | 14 | 0.641 | 0.546 |
| | 4 | 0.889 | 0.765 | | 15 | 0.616 | 0.525 |
| | 5 | 0.780 | 0.642 | | 16 | 0.595 | 0.507 |
| | 6 | 0.698 | 0.560 | | 17 | 0.577 | 0.490 |
| | 7 | 0.637 | 0.507 | | 18 | 0.561 | 0.475 |
| $r_{11}=\dfrac{x_n-x_{n-1}}{x_n-x_2}$ $\left(r_{11}=\dfrac{x_2-x_1}{x_{n-1}-x_1}\right)$ | 8 | 0.683 | 0.554 | | 19 | 0.547 | 0.462 |
| | 9 | 0.635 | 0.512 | | 20 | 0.535 | 0.450 |
| | 10 | 0.597 | 0.477 | | 21 | 0.524 | 0.440 |
| $r_{21}=\dfrac{x_n-x_{n-2}}{x_n-x_2}$ $\left(r_{21}=\dfrac{x_3-x_1}{x_{n-1}-x_1}\right)$ | 11 | 0.679 | 0.576 | | 22 | 0.514 | 0.430 |
| | 12 | 0.642 | 0.546 | | 23 | 0.505 | 0.421 |
| | 13 | 0.615 | 0.521 | | 24 | 0.497 | 0.413 |
| | | | | | 25 | 0.489 | 0.406 |

注:当 $n\leqslant 7$ 时使用 $r_{10}$效果好,当 $8\leqslant n\leqslant 10$ 时使用 $r_{11}$效果好,当 $11\leqslant n\leqslant 13$ 时使用 $r_{21}$效果好,当 $n\geqslant 14$ 时使用 $r_{22}$效果好

**例 2.7** 仍以例 2.5 中的数据,用狄克逊方法判断是否存在坏值($\alpha=0.05$).

**解** 由于 $n=15$,故选用 $r_{22}$,

因为 $r_0(15,0.05)=0.525$,

以最小值 $x_1$ 为对象

$$r_{22}=\frac{x_3-x_1}{x_{n-2}-x_1}=\frac{28.39-28.30}{28.43-28.30}=0.692$$

因为 $r_{22}>r_0(15,0.05)$,

所以 $x_1=28.30$ 为坏值,应予以剔除.

(5)$t$ 检验方法

该方法以 $t$ 分布为出发点,把可疑的坏值 $x_l$ 先暂时去掉,然后在所剩余的测量值中计算子样平均值 $\bar{x}$ 和均方差(标准误差)$s$.当$|\Delta x_l|=|x_l-\bar{x}|>k(\alpha,n)s$ 时,可疑值 $x_l$ 即为坏值.注意:

$$\bar{x}=\frac{1}{n-1}\sum_{i\neq l}x_i$$

$$s=\pm\sqrt{\frac{\sum\limits_{i\neq l}(x_i-\bar{x})^2}{n-1-1}}=\pm\sqrt{\frac{\sum\limits_{i\neq l}(\Delta x_i)^2}{n-2}} \tag{2-18}$$

$$k(\alpha,n)=t_\alpha(n-2)\sqrt{\frac{n}{n-1}} \tag{2-19}$$

$k(n,\alpha)$列于表 2-5 中.

表 2-5　$t$ 检验法中的系数 $k(n,\alpha)$

| $n$ | $\alpha$ | | $n$ | $\alpha$ | | $n$ | $\alpha$ | |
|---|---|---|---|---|---|---|---|---|
| | 0.01 | 0.05 | | 0.01 | 0.05 | | 0.01 | 0.05 |
| 4 | 11.46 | 4.97 | 13 | 3.23 | 2.29 | 22 | 2.91 | 2.14 |
| 5 | 6.53 | 3.56 | 14 | 3.17 | 2.26 | 23 | 2.90 | 2.13 |
| 6 | 5.04 | 3.04 | 15 | 3.12 | 2.24 | 24 | 2.88 | 2.12 |
| 7 | 4.36 | 2.78 | 16 | 3.08 | 2.22 | 25 | 2.86 | 2.11 |
| 8 | 3.96 | 2.62 | 17 | 3.04 | 2.20 | 26 | 2.85 | 2.10 |
| 9 | 3.71 | 2.51 | 18 | 3.01 | 2.18 | 27 | 2.84 | 2.10 |
| 10 | 3.54 | 2.43 | 19 | 3.00 | 2.17 | 28 | 2.83 | 2.09 |
| 11 | 3.41 | 2.37 | 20 | 2.95 | 2.16 | 29 | 2.82 | 2.09 |
| 12 | 3.31 | 2.33 | 21 | 2.93 | 2.15 | 30 | 2.81 | 2.08 |

### 2.1.4　系统误差

上述讨论的随机误差的处理方法，是以测量数据中不含有系统误差为前提的．实际上，测量过程中不仅存在随机误差，而且还存在着系统误差，在某种情况下，系统误差还比较大．因此，试验结果的正确性，不仅取决于随机误差，还取决于系统误差的影响．由于随机误差和系统误差同时存在于测量数据之中，而且系统误差不易被发现，多次重复测量又不能减小它对测量的影响，这种潜伏性使得系统误差比随机误差具有更大的危险性．因此，研究系统误差的规律，用一定的方法发现和减小或消除系统误差是很重要的．否则，对随机误差严格的数学处理将失去意义．在测量过程中，发现有系统误差存在，必须进一步分析比较，找出可能产生系统误差的因素，减少或消除系统误差．

(1)系统误差的分类

系统误差的存在将影响试验结果的正确性，因此应尽力消除．根据系统误差产生的特点可将其分为固定系统误差和变化系统误差两大类．凡是整个测量中始终存在着一个固定不变的偏差，便称之为固定系统误差；如果这个偏差经常变化(如累进变化、周期性变化等)，则称之为变化系统误差．消除系统误差一般可从下面三个方面着手：

①改进或选用适宜的测量方法来消除系统误差；

②用修正值来消除测量值中的系统误差；

③在测量过程中随时消除产生系统误差的因素．

(2)固定系统误差消除或减弱的方法

①交换抵消法

以天平测重为例说明如下(图 2-6)．由于天平两臂 $l_1$ 和 $l_2$ 实际不相等，因而尽管砝码标准，但也不能得到准确的结果．用交换抵消法来消除这种仪表实际存在的固定系统误差的步骤是：

a．写出图 2-6(a)中待知量 $X$ 的表达式：

$$X = \frac{l_2}{l_1} \cdot P \tag{2-20}$$

b．如图 2-6(b)，交换待测物与砝码，则

$$X = \frac{l_1}{l_2} \cdot P' \tag{2-21}$$

上面两式相乘，得 $X=\sqrt{PP'}$，当 $l_1 \approx l_2$ 时，可作如下变换：

$$\sqrt{PP'}=P\sqrt{\frac{P'}{P}}=P\left(1+\frac{P'-P}{P}\right)^{1/2}\approx P\left(1+\frac{P'-P}{2P}\right)=\frac{P+P'}{2}$$

所以，被测物的质量 $X$ 可近似为：

$$X=\frac{P+P'}{2} \tag{2-22}$$

即以两次交换测量的结果的平均值作为被测物的质量，这时实际不等臂产生的固定系统误差就已经被消除了.

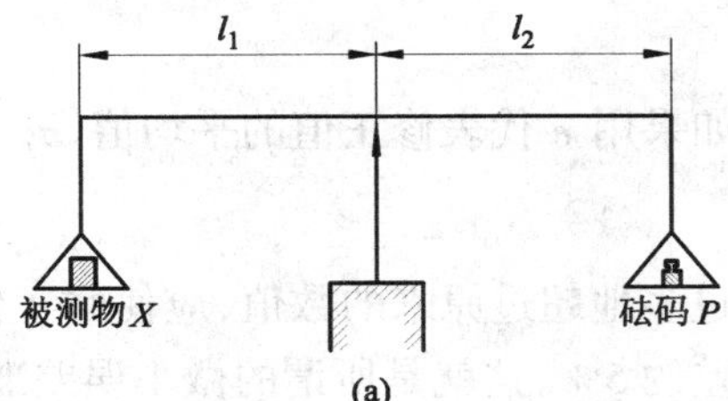


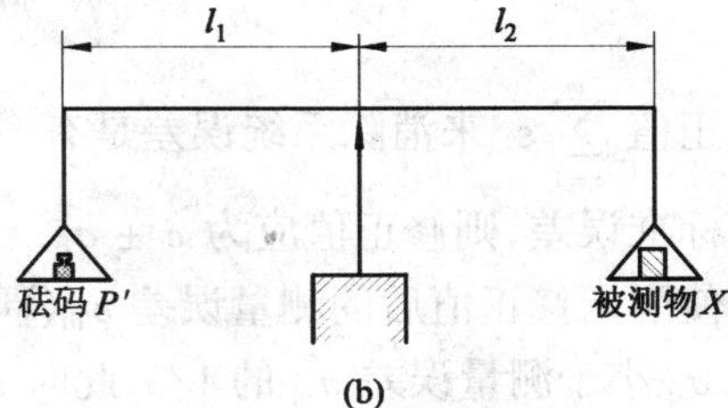


图 2-6　交换抵消法示意图

②替代消除法

替代法是进行两次测量，第一次测量达到平衡后，在不改变测量条件情况下，立即用一个已知标准量替代被测物理量，如果测量装置仍能达到平衡，则被测量就等于已知标准量；如果测量装置不能达到平衡，通过调整达到平衡，这时可得到被测量与标准量的差值，即

被测量 = 标准量 + 差值

(3)变化系统误差的消除方法

①对称测量法

对称测量法是消除线性系统误差的有效方法.线性系统误差的特点是，在相同的时间间隔内所产生的系统误差增量相等.利用这个特点，可安排对称测量，取各对称点两次读数的算术平均值作为测量值，即可消除线性系统误差.

②半周期偶数测量法

对于周期性变化的系统误差，可用半周期偶数测量法消除.方法为对于周期性变化的系统误差，可以每隔半个周期进行一次测量，取两次读数的平均值，即可消除周期性的系统误差.

周期性变化的系统误差表示为：

$$\varepsilon=a\sin(\omega t+\varphi_0)$$

当 $t=t_0$ 时

$$\varepsilon_1=a\sin(\omega t_0+\varphi_0)$$

当 $t=t_0+\dfrac{T}{2}$ 时$\left(T=\dfrac{2\pi}{\omega}\right)$

$$\begin{aligned}\varepsilon_2&=a\sin(\omega t+\varphi_0)\\&=a\sin\left(\omega t_0+\varphi_0+\frac{\omega T}{2}\right)\\&=a\sin(\omega t_0+\varphi_0+\pi)\\&=-a\sin(\omega t_0+\varphi_0)\\&=-\varepsilon_1\end{aligned}$$

所以,取两次读数的平均值,即可消除周期性的系统误差.

(4)修正值

在试验中不能用测量方法的改变来消除已定系统误差,只能通过仪器的标定引入修正值来实现准确的测量.

设 $\overline{m}$ 是含有系统误差的测量结果,$M$ 是修正后的最后结果,$\sum_{i=1}^{m}\varepsilon_i$ 是各种系统误差的修正值,则

$$M=\overline{m}+\sum_{i=1}^{m}\varepsilon_i \tag{2-23}$$

引入修正值 $\sum_{i=1}^{m}\varepsilon_i$ 来消除系统误差是有一定限度的.如果用 $c$ 代表修正值的平均值,$\sigma_c$ 代表修正值的标准误差,则修正值应为 $c\pm\sigma_c$.

为使引入修正值后的测量误差 $\sigma_m$(偶然误差)不过多地超过原来的数值,应使修正值的测量误差 $\sigma_c$ 小于测量误差 $\sigma_m$ 的 1/3,此时 $\sigma_M$ 与 $\sigma_m$ 偏差约 5%,这就是所谓的微小误差准则.如果能做到修正值 $c$ 不超过其误差 $\sigma_c$ 最后一位有效数字下一位的 1/2 的话,则可认为修正值为零.这时可认为系统误差在人所能及的范围内已被消除.

### 2.1.5 试验误差的合成方法

在试验过程中,常常会出现随机误差、固定系统误差和未定系统误差,且它们的绝对值和符号又常是未知的.对于随机误差,只能通过多次测量的办法估算出它的标准误差或极限误差(即随机不确定度);对于未定系统误差,只能估计它的误差界限(即系统不确定度).而这两种误差都只有借助概率统计的理论和方法才能进行误差的合成处理.

(1)已定系统误差 $\varepsilon$ 的合成方法——代数和合成

设有 $m$ 个已定系统误差,其绝对值和符号均已确知,分别为 $\varepsilon_i(i=1,2,\cdots,m)$,则

$$\varepsilon=\sum_{i=1}^{m}\varepsilon_i \tag{2-24}$$

(2)随机不确定度 $\Delta$ 的合成方法——方差合成

考虑到有 $n$ 个随机误差的绝对值或符号未知,故设随机不确定度为 $\Delta_i(i=1,2,\cdots,n)$.随机不确定度通常用 $3\sigma$(极限误差)来估计,这里的符号均指正值,所对应的误差范围为 $\pm\Delta_i$,则

$$\Delta=\sqrt{\sum_{i=1}^{n}\Delta_i^2} \tag{2-25}$$

(3)系统不确定度 $e$ 的合成方法

考虑到有 $p$ 个未定系统误差的绝对值或符号未知,故设系统误差限(或系统不确定度)为 $e_i(i=1,2,\cdots,p)$.这里 $e_i$ 均指正值,所对应的误差范围为 $\pm e_i$,则有如下两种合成方法:

①绝对值求和法

$$e=\sum_{i=1}^{p}e_i \tag{2-26}$$

②方差合成法

$$e=\sqrt{\sum_{i=1}^{p}e_i^2} \tag{2-27}$$

(4)总不确定度 $E$(随机不确定度 $\Delta$ 与系统不确定度 $e$)的合成

①绝对值求和法

$$E = \Delta + e \tag{2-28}$$

②方差求和法

$$E = \sqrt{\Delta^2 + e^2} \tag{2-29}$$

③广义方差求和法

$$E = k\sqrt{\sum_{i=1}^{n} \sigma_i^2 + \sum_{i=1}^{p}\left(\frac{e_i}{k_i}\right)^2} \tag{2-30}$$

式中,$k$ 为 $n$ 个随机误差与 $p$ 个未定系统误差之和分布的置信系数;$k_i$ 为对应于 $p$ 个未定系统误差概率分布的置信系数.对正态分布,$k = 2.58 \sim 3.0$.

在只需估计标准误差时,式(2-30)可变为:

$$\sigma = \frac{E}{k} = \sqrt{\sum_{i=1}^{n} \sigma_i^2 + \sum_{i=1}^{p}\left(\frac{e_i}{k_i}\right)^2} \tag{2-31}$$

$\sigma$ 代表$(n + p)$个误差引起的总标准误差.

(5)准确度 $A$

$$A = \varepsilon \pm E \tag{2-32}$$

当用已定系统误差 $\varepsilon$ 的反号值(即 $-\varepsilon$)来修正测量值后,该项误差即可消除,此时的总不确定度就是测量的准确度.

## 2.2 直接测量中误差的评价

### 2.2.1 等精度测量中的误差评价

(1)最可信赖值(算术平均值)

由于真值是不易测得的,所以在几乎所有的测量中都以最大或然值(即出现此值的概率最大)作为最佳值代替真值.

在一组测量中,如果测量的全部条件都相同,那么各个观测值都是同样可信、可取的,各个值相互之间是等价的;也就是说,它们的权是相同的,称这样的测量为等精度测量.或者说,凡标准误差 $s$ 相同的测量都称为等精度测量.

设 $a$ 为某测量的最佳值,而各个量值为 $x_1, x_2, \cdots, x_n$,$\overline{x}$ 为各测量值的算术平均值,则测量中各值与最佳值间和算术平均值的误差为:

$$\delta_i = x_i - a$$
$$\Delta x_i = x_i - \overline{x}$$
$$i = 1, 2, \cdots, n$$

取 $n$ 个误差的和:

$$\sum_{i=1}^{n} \delta_i = \sum_{i=1}^{n} x_i - na$$

根据误差的抵偿性,当 $n$ 的次数很大时,$\sum_{i=1}^{n} \delta_i \to 0$,则

$$\overline{x} = \frac{1}{n}\sum_{i=1}^{n} x_i = a \tag{2-33}$$

所以,$\overline{x}$ 就是最可信赖的最佳值,而 $\overline{x}$ 正是算术平均值.由此可得出结论:在等精度测量中,算术平均值为最能近似代表真值的最佳值.

(2)有限观测次数中标准误差 $s$ 的计算

设真值为 $a$，算术平均值为 $\bar{x}$，各观测值为 $x_i$，则有

$$\delta_i = x_i - a = x_i - \bar{x} + \bar{x} - a$$

$$\delta_{\bar{x}} = \bar{x} - a$$

$$\delta_i = x_i - \bar{x} + \delta_{\bar{x}} = \Delta x_i + \delta_{\bar{x}} \tag{2-34}$$

将式(2-34)求和得：

$$\sum_{i=1}^{n} \delta_i = \sum_{i=1}^{n} \Delta x_i + n\delta_{\bar{x}}$$

根据误差的抵偿性，当 $n$ 的次数很大时，$\sum\limits_{i=1}^{n} \Delta x_i = 0$，则

$$\delta_{\bar{x}} = \frac{1}{n}\sum_{i=1}^{n} \delta_i \tag{2-35}$$

将式(2-34)平方后求和得：

$$\sum_{i=1}^{n} \delta_i^2 = \sum_{i=1}^{n} \Delta x_i^2 + n\delta_{\bar{x}}^2 + 2\delta_{\bar{x}}\sum_{i=1}^{n} \Delta x_i = \sum_{i=1}^{n} \Delta x_i^2 + n\delta_{\bar{x}}^2$$

将式(2-35)平方后得：

$$\delta_{\bar{x}}^2 = \left(\frac{1}{n}\sum_{i=1}^{n} \delta_i\right)^2 = \frac{1}{n^2}\sum_{i=1}^{n} \delta_i^2 + \frac{1}{n^2}\sum_{1\leqslant i\leqslant j}^{n} \delta_i\delta_j$$

当 $n$ 的次数很大时，可认为$\frac{1}{n^2}\sum\limits_{1\leqslant i\leqslant j}^{n}\delta_i\delta_j = 0$，则

$$\sum_{i=1}^{n} \delta_i^2 = \sum_{i=1}^{n} \Delta x_i^2 + n\left(\frac{\sum\limits_{i=1}^{n} \delta_i^2}{n^2}\right) = \sum_{i=1}^{n} \Delta x_i^2 + \frac{\sum\limits_{i=1}^{n}\delta_i^2}{n}$$

$$\frac{(n-1)\sum\limits_{i=1}^{n}\delta_i^2}{n} = \sum_{i=1}^{n} \Delta x_i^2$$

所以

$$\frac{\sum\limits_{i=1}^{n}\delta_i^2}{n} = \frac{\sum\limits_{i=1}^{n}\Delta x_i^2}{n-1} \tag{2-36}$$

$$\sigma^2 = s^2$$

即

$$\sigma = s = \pm\sqrt{\frac{\sum\limits_{i=1}^{n}\Delta x_i^2}{n-1}} = \pm\sqrt{\frac{\sum\limits_{i=1}^{n}(x_i - \bar{x})^2}{n-1}} \tag{2-37}$$

这说明在有限次观测中，各观测值与算术平均值之差的平方和除以测量次数减 1(即 $n-1$)的方根为均方差(标准差 $s$). 这首先由贝塞尔导出，故又称贝塞尔方程. $\sigma$ 表示了测量中约有 68.3% 的点落在($\bar{x}-\sigma, \bar{x}+\sigma$)范围内，$\sigma$ 反映了测量的精密性. 当 $n$ 很大时，可以认为算术平均值等于真值，这个结论与前面的结论完全一致.

(3)算术平均值 $\bar{x}$ 的标准误差

上述方法可以证明，在一组等精度观测中，测量值的算术平均值 $\bar{x}$ 的标准误差为：

$$\sigma_{\bar{x}} = s_{\bar{x}} = \pm\sqrt{\frac{\sum\limits_{i=1}^{n}\Delta x_i^2}{n(n-1)}} = \pm\sqrt{\frac{\sum\limits_{i=1}^{n}(x_i - \bar{x})^2}{n(n-1)}} \tag{2-38}$$

由此可得到启示:对测量对象进行多次重复观测,所得结果的平均值(子样平均值)比单次测量结果要精确得多.

**例 2.8** 对某零件的长度进行9次重复测量,数据如下表.试计算出测量结果.

| 序号 | 1 | 2 | 3 | 4 | 5 | 6 | 7 | 8 | 9 |
|---|---|---|---|---|---|---|---|---|---|
| $X_i$(cm) | 11.5 | 11.7 | 11.4 | 11.5 | 11.3 | 11.6 | 11.5 | 11.6 | 11.4 |
| $V_i$(cm) | 0 | 0.2 | -0.1 | 0 | -0.2 | 0.1 | 0 | 0.1 | -0.1 |

**解** 计算该零件长度的最佳估计值 $\bar{x}$

$$\bar{x} = \frac{1}{n}\sum_{i=1}^{n} x_i = 11.5$$

计算测量值的标准误差 $s$

$$s = \pm\sqrt{\frac{\sum_{i=1}^{n}(x_i - \bar{x})^2}{n-1}} = 0.1225$$

计算算术平均值 $\bar{x}$ 的标准误差 $s_{\bar{x}}$

$$s_{\bar{x}} = \pm\sqrt{\frac{\sum_{i=1}^{n}(x_i - \bar{x})^2}{n(n-1)}} = 0.0408$$

所以,测量结果为 $11.5 \pm 0.0408$.

以下采用电子表格计算:①打开 Excel 电子表格;②在 A1 到 I1 的 9 个单元格内输入测量值 $X_i$;③在 A2 单元格中计算 $\bar{x}$,在此单元格中输入公式 fx =AVERAGE(A1:I1),即计算出的平均值为 2 11.5;④在单元格 B2 中输入公式 fx =STDEV(A1:I1),即计算出的标准偏差为 0.122474;⑤在单元格 C2 中输入公式 fx =STDEV(A1:I1)/9^0.5,即计算出的平均值的标准偏差为 0.040825.所以,测量结果为 $11.5 \pm 0.0408$.计算结果见图 2-7 所示.

| | A | B | C | D | E | F | G | H | I |
|---|---|---|---|---|---|---|---|---|---|
| 1 | 11.5 | 11.7 | 11.4 | 11.5 | 11.3 | 11.6 | 11.5 | 11.6 | 11.4 |
| 2 | 11.5 | 0.1225 | 0.0408 | | | | | | |

图 2-7 例 2.8 计算结果列表

### 2.2.2 不等精度测量中的误差评价

(1)不等精度测量中的权

试验中常常对同一物理量 $a$ 作多组的平行测量以提高准确度,而每一组均有足够的测量次数,设第一组测得的平均值为 $x_1$,次数为 $n_1$,标准误差为 $\pm\frac{\sigma_1}{\sqrt{n_1}}$…;第 $m$ 组平均值为 $x_m$,次数为 $n_m$,标准误差为 $\pm\frac{\sigma_m}{\sqrt{n_m}}$.显然,测量次数愈多,测量的结果愈可信赖,在决定该物理量的最后结果时应占有更重要的地位.用来表示测量值可信赖程度的数值称为权,因此必须用加权的办法来求得该物理量真值的最可信赖值.

既然权是用来表示测量值可信赖程度的一个量,而测量值可信赖程度又与标准误差有关,标准误差愈小,测量值可信赖程度愈大,因而其权也应该大.

对于一组不等精度的测量值 $x_1,x_2,\cdots,x_n$；对应的标准误差为 $s_1,s_2,\cdots,s_n$；对应的权数为 $m_1,m_2,\cdots,m_n$；每单位权的标准差为 $s$，则有

$$m_1:m_2:\cdots:m_n=\frac{s^2}{s_1^2}:\frac{s^2}{s_2^2}:\cdots:\frac{s^2}{s_n^2} \tag{2-39}$$

得出：

$$m_i=\frac{s^2}{s_i^2} \tag{2-40}$$

式(2-40)是根据标准误差计算权的公式.为了计算方便这里 $s$ 通常取 1.

(2)最佳估计值

按上节同样的原理，可得出在不等精度直接测量中 $x_i$ 的最佳估计值为各测量值的加权算术平均值 $\overline{x}$：

$$\overline{x}=\frac{\sum_{i=1}^{n}m_ix_i}{\sum_{i=1}^{n}m_i} \tag{2-41}$$

(3)不等精度测量中的标准误差 $s$ 及算术平均值的标准误差 $s_{\overline{x}}$

按上节同样的原理，可得出在不等精度直接测量中的标准误差 $s$ 及算术平均值的标准误差 $s_{\overline{x}}$：

$$s=\pm\sqrt{\frac{\sum_{i=1}^{n}m_i(x_i-\overline{x})^2}{n-1}} \tag{2-42}$$

$$s_{\overline{x}}=\frac{s}{\sqrt{\sum_{i=1}^{n}m_i}}=\frac{\pm\sqrt{\frac{\sum_{i=1}^{n}m_i(x_i-\overline{x})^2}{n-1}}}{\sqrt{\sum_{i=1}^{n}m_i}}=\pm\sqrt{\frac{\sum_{i=1}^{n}m_i(x_i-\overline{x})^2}{(n-1)\sum_{i=1}^{n}m_i}} \tag{2-43}$$

**例 2.9** 利用四台测角仪测量同一工件的角度，所得数据及其标准差如下：

$x_1=38°47'06''$，$s_1=0.2''$；

$x_2=38°47'11''$，$s_2=0.5''$；

$x_3=38°47'09''$，$s_3=0.4''$；

$x_4=38°47'08''$，$s_4=0.4''$.

求测量结果.

**解** 计算测量值 $x_i$ 的权 $m_i$：

由式(2-40)知

$$m_i=\frac{s^2}{s_i^2}$$

令 $s^2=1$，得

$$m_1=25,\qquad m_2=4,\qquad m_3=m_4=6.25$$

计算最佳估计值 $\overline{x}$：

$$\bar{x} = \frac{\sum_{i=1}^{n} m_i x_i}{\sum_{i=1}^{n} m_i}$$

$$= \frac{25 \times 38°47'06'' + 4 \times 38°47'11'' + 6.25 \times 38°47'09'' + 6.25 \times 38°47'08''}{25 + 4 + 6.25 + 6.25}$$

$$= 38°47'07'' = 38.7853°$$

计算测量中算术平均值的标准误差 $s_{\bar{x}}$:

$$s_{\bar{x}} = \frac{s}{\sqrt{\sum_{i=1}^{n} m_i}} = \frac{1}{\sqrt{25 + 4 + 6.25 + 6.25}} = \pm 0.155''$$

测量结果表示为:$38°47'07'' \pm 0.155''$.

以下采用电子表格计算:①打开 Excel 电子表格;②在 B2 到 E2 的 4 个单元格内输入角度测量值 $X_i$,在 B3 到 E3 单元格内输入对应的标准误差值 $s$;③在 B4 到 E4 单元格内计算测量值的权 $m$,在 B4 单元格内输入公式 `fx =1/B3^2` ,即计算出了 $m_1 =$ 25 ,然后将鼠标移动到此单元格的右下角,当出现"+"指针时,按下鼠标左键进行格式化复制 | 4 | 计算测量值的权 $m$ | 25 | 4 | 6.25 | 6.25 | ,即计算出了全部测量值的权;④在 B5 单元格中计算加权平均值 $\bar{x}$,在此单元格中输入公式 `fx =(B4*B2+C4*C2+D4*D2+E4*E2)/SUM(B4:E4)`,即计算出 $\bar{x} =$ 38.7853 ;⑤在单元格 D5 中输入公式 `fx =1/SUM(B4:E4)^0.5` ,即计算出 $\bar{x}$ 的标准偏差为 $s_{\bar{x}} = \pm$ 0.1552 .总的计算结果见图 2-8 所示.

| | A | B | C | D | E |
|---|---|---|---|---|---|
| 1 | | 1 | 2 | 3 | 4 |
| 2 | 角度测量值 $x$(度) | 38.7850 | 38.7864 | 38.7858 | 38.7856 |
| 3 | 对应的标准误差 $s$(秒) | 0.2 | 0.5 | 0.4 | 0.4 |
| 4 | 计算测量值的权 $m$ | 25 | 4 | 6.25 | 6.25 |
| 5 | 加权平均值(度) | 38.7853 | $S_{\bar{x}}$(秒) | 0.1552 | |

图 2-8 例 2.9 计算结果列表

## 2.3 间接测量中误差的数学处理

在实际测量中,往往有很多物理量是不能通过仪器、仪表直接测得的,而是要首先测得一些有关的直接测量量,然后再根据这些量之间的数学关系式,经过计算来求得.这就是间接测量的问题.

设间接测量量 $y$ 与直接测量量 $u,v,w$ 存在如下的函数关系式:

$$y = f(u,v,w) \tag{2-44}$$

任何物理量的测量都存在着误差,直接测量量 $u,v,w$ 的真值是未知的,实际能测得的值只能是其最可信赖值(即平均值)$\bar{u},\bar{v},\bar{w}$ 及其误差 $\Delta u,\Delta v,\Delta w$,而

$$\left.\begin{aligned} \bar{u} &= u + \Delta u \\ \bar{v} &= v + \Delta v \\ \bar{w} &= w + \Delta w \end{aligned}\right\} \tag{2-45}$$

所以间接测量中数学处理的任务就是通过实际测得的平均值及误差计算出间接测量量的最可信赖值 $\bar{y}$ 及其与真值间的误差大小 $\Delta y$.

### 2.3.1 间接测量量最可信赖值(即算术平均值)的误差求法

设有独立的物理量 $u,v,w$,其直接测量中的随机误差分别为 $\Delta u,\Delta v$ 及 $\Delta w$,那么间接测量量 $y$ 的大小将要受 $\Delta u,\Delta v,\Delta w$ 等随机误差的综合影响从而产生随机误差 $\Delta y$. 按式(2-44)有

$$y+\Delta y=f(u+\Delta u,v+\Delta v,w+\Delta w) \tag{2-46}$$

如果误差 $\Delta u,\Delta v,\Delta w$ 较小,那么上述可按泰勒级数展开为:

$$\begin{aligned}f(u+\Delta u,v+\Delta v,w+\Delta w)=&f(u,v,w)+\frac{\partial f}{\partial u}\Delta u+\frac{\partial f}{\partial v}\Delta v+\frac{\partial f}{\partial w}\Delta w\\&+\frac{1}{2!}\frac{\partial^2 f}{\partial u^2}(\Delta u)^2+\frac{1}{2!}\frac{\partial^2 f}{\partial v^2}(\Delta v)^2+\frac{1}{2!}\frac{\partial^2 f}{\partial w^2}(\Delta w)^2\\&+\frac{\partial^2 f}{\partial u\partial v}(\Delta u\Delta v)+\frac{\partial^2 f}{\partial u\partial w}(\Delta u\Delta w)+\frac{\partial^2 f}{\partial v\partial w}(\Delta v\Delta w)\\&+\cdots\end{aligned}$$

略去高阶无穷小量,则

$$\begin{aligned}y+\Delta y&=f(u+\Delta u,v+\Delta v,w+\Delta w)\\&=f(u,v,w)+\frac{\partial f}{\partial u}\Delta u+\frac{\partial f}{\partial v}\Delta v+\frac{\partial f}{\partial w}\Delta w\\&=y+\frac{\partial f}{\partial u}\Delta u+\frac{\partial f}{\partial v}\Delta v+\frac{\partial f}{\partial w}\Delta w\end{aligned}$$

所以

$$\Delta y=\frac{\partial f}{\partial u}\Delta u+\frac{\partial f}{\partial v}\Delta v+\frac{\partial f}{\partial w}\Delta w \tag{2-47}$$

或

$$\frac{\Delta y}{\bar{y}}=\frac{\partial f}{\partial u}\frac{\Delta u}{\bar{y}}+\frac{\partial f}{\partial v}\frac{\Delta v}{\bar{y}}+\frac{\partial f}{\partial w}\frac{\Delta w}{\bar{y}} \tag{2-48}$$

式中,$\frac{\partial f}{\partial u},\frac{\partial f}{\partial v},\frac{\partial f}{\partial w}$称为误差的传递系数.式(2-47)就是已定系统误差的传递公式,即总系统误差为各部分系统误差的代数和.用绝对值表示时,式(2-47)和式(2-48)可写成

$$\Delta y\leqslant\left|\frac{\partial f}{\partial u}\Delta u\right|+\left|\frac{\partial f}{\partial v}\Delta v\right|+\left|\frac{\partial f}{\partial w}\Delta w\right| \tag{2-49}$$

$$\frac{\Delta y}{\bar{y}}\leqslant\left|\frac{\partial f}{\partial u}\frac{\Delta u}{\bar{y}}\right|+\left|\frac{\partial f}{\partial v}\frac{\Delta v}{\bar{y}}\right|+\left|\frac{\partial f}{\partial w}\frac{\Delta w}{\bar{y}}\right| \tag{2-50}$$

称式(2-49)和(2-50)为间接测量中由直接测量量的误差 $\Delta u,\Delta v,\Delta w$ 所引起的间接测量值的最大绝对误差界或相对误差界,它们表示了系统的不确定度.

### 2.3.2 间接测量中标准误差传递的普遍公式

设有间接测量函数关系式,现进行了 $n$ 次观测,则按式(2-47)有:

$$\Delta y_i=\frac{\partial f}{\partial u}\Delta u_i+\frac{\partial f}{\partial v}\Delta v_i+\frac{\partial f}{\partial w}\Delta w_i$$

两端平方:

$$\begin{aligned}\Delta y_i^2=&\left(\frac{\partial f}{\partial u}\right)^2(\Delta u_i)^2+\left(\frac{\partial f}{\partial v}\right)^2(\Delta v_i)^2+\left(\frac{\partial f}{\partial w}\right)^2(\Delta w_i)^2+2\left(\frac{\partial f}{\partial u}\frac{\partial f}{\partial v}\right)(\Delta u_i\Delta v_i)\\&+2\left(\frac{\partial f}{\partial u}\frac{\partial f}{\partial w}\right)(\Delta u_i\Delta w_i)+2\left(\frac{\partial f}{\partial v}\frac{\partial f}{\partial w}\right)(\Delta v_i\Delta w_i)\end{aligned}$$

$n$ 次测量中所引起的误差 $\Delta y$ 的平方总和为:

$$\begin{aligned}\sum_{i=1}^{n}\Delta y_i^2=&\left(\frac{\partial f}{\partial u}\right)^2\sum_{i=1}^{n}\Delta u_i^2+\left(\frac{\partial f}{\partial v}\right)^2\sum_{i=1}^{n}\Delta v_i^2+\left(\frac{\partial f}{\partial w}\right)^2\sum_{i=1}^{n}\Delta w_i^2\\&+2\left(\frac{\partial f}{\partial u}\frac{\partial f}{\partial v}\right)\sum_{i=1}^{n}(\Delta u_i\Delta v_i)+2\left(\frac{\partial f}{\partial u}\frac{\partial f}{\partial w}\right)\sum_{i=1}^{n}(\Delta u_i\Delta w_i)+2\left(\frac{\partial f}{\partial v}\frac{\partial f}{\partial w}\right)\sum_{i=1}^{n}(\Delta v_i\Delta w_i)\end{aligned}$$

根据随机误差的四大分配律（对称性和抵偿性），当 $n\to\infty$ 时，上式中的非平方项 $\sum_{i=1}^{n}(\Delta u_i\Delta v_i)$，$\sum_{i=1}^{n}(\Delta u_i\Delta w_i)$，$\sum_{i=1}^{n}(\Delta v_i\Delta w_i)$均趋于零，平方项与误差的正、负无关.把上式两端除以 $n$ 后再开方，即得到：

$$\sigma_y=\pm\sqrt{\left(\frac{\partial f}{\partial u}\right)^2\sigma_u^2+\left(\frac{\partial f}{\partial v}\right)^2\sigma_v^2+\left(\frac{\partial f}{\partial w}\right)^2\sigma_w^2} \tag{2-51}$$

其中 $$D_u=\frac{\partial f}{\partial u}\sigma_u;\qquad D_v=\frac{\partial f}{\partial v}\sigma_v;\qquad D_w=\frac{\partial f}{\partial w}\sigma_w$$

称为间接测量中各个独立物理量的部分绝对误差.

由此可得出重要结论：在间接测量中，函数的绝对标准误差是各独立物理量部分绝对误差平方和的平方根值，这就是误差传递的基本规律.

在应用式(2-51)时需要注意各独立量的绝对标准误差 $\sigma_u,\sigma_v,\sigma_w$ 是有量纲的量，它们的单位分别与物理量 $u,v,w$ 相同，而与间接测量量 $y$ 的单位是不同的；部分绝对误差 $D_u,D_v,D_w$ 则与 $\sigma_y$ 有着相同的单位.

有时误差也用相对误差来表示，这只要把式(2-51)两端分别除以函数 $y$ 的平均值 $\bar{y}$，此时的相对标准误差 $\sigma_{0y}$ 为：

$$\sigma_{0y}=\frac{\sigma_y}{\bar{y}}=\pm\sqrt{\left(\frac{\partial f}{\partial u}\frac{\bar{u}}{\bar{y}}\right)^2\left(\frac{\sigma_u}{\bar{u}}\right)^2+\left(\frac{\partial f}{\partial v}\frac{\bar{v}}{\bar{y}}\right)^2\left(\frac{\sigma_v}{\bar{v}}\right)^2+\left(\frac{\partial f}{\partial w}\frac{\bar{w}}{\bar{y}}\right)^2\left(\frac{\sigma_w}{\bar{w}}\right)^2} \tag{2-52}$$

这些为间接测量中的部分相对误差，均为无量纲的量.

**例 2.10** 已知某空心圆柱体的外径 $D=3.600\pm0.004$ (mm)，内径 $d=2.880\pm0.004$ (mm)，高 $h=2.575\pm0.004$(mm).求体积 $V$ 及其误差，并写出结果的表达式.

**解** 其体积为：

$$V=\frac{\pi}{4}(D^2-d^2)h=\frac{\pi}{4}(3.600^2-2.880^2)2.575=9.436$$

求偏微分：

$$\frac{\partial V}{\partial D}=\frac{\pi}{2}Dh$$

$$\frac{\partial V}{\partial d}=\frac{\pi}{2}dh$$

$$\frac{\partial V}{\partial h}=\frac{\pi}{4}(D^2-d^2)$$

$$\begin{aligned}\Delta V&=\frac{\partial V}{\partial D}\Delta D+\frac{\partial V}{\partial d}\Delta d+\frac{\partial V}{\partial h}\Delta h\\&=\frac{\pi}{2}Dh\Delta D+\frac{\pi}{2}dh\Delta d+\frac{\pi}{4}(D^2-d^2)\Delta h\\&=0.119\end{aligned}$$

$$\frac{\Delta V}{V}=\frac{2D}{D^2-d^2}\Delta D+\frac{2d}{D^2-d^2}\Delta d+\frac{1}{h}\Delta h=1.27\%$$

则空心圆柱体的测量结果为 $V=9.436\pm0.119(\mathrm{mm}^3)$

以下采用电子表格计算：①打开 Excel 电子表格；②在 B2 到 D2 的 3 个单元格内输入圆柱体各参数，在 B3 到 D3 单元格内输入对应的误差值 $\delta$；③在 B4 单元格中计算体积 $V$，在此单元格中输入公式 `fx =3.1416/4*(B2^2-C2^2)*D2`，即计算出 $V=$ `9.435733` ；④在单元格 D4 中输入公式 fx =3.14/2*(B2*D2*B3+C2*D2*C3+1/2*(B2^2-C2^2)*D3),即计算出 $\Delta V$ = 0.119438;⑤在单元格 E4 中输入公式 fx =D4/B4,即计算出$\frac{\Delta V}{V}=1.27\%$.总的计算结果见图 2-9 所示.

|  | A | B | C | D | E |
|---|---|---|---|---|---|
| 1 |  | 外径D | 内径d | 高h |  |
| 2 | 圆柱体参数 | 3.6 | 2.88 | 2.575 | $\frac{\Delta V}{V}$ |
| 3 | 误差范围 δ(±) | 0.004 | 0.004 | 0.004 |  |
| 4 | 体积V | 9.435733 | ΔV | 0.119438 | 1.27% |

图 2-9 例 2.10 计算结果列表

## 2.4 组合测量中误差的评价

组合测量方法是一种比较复杂的常用测量方法,该方法的数据处理和误差的评价是根据最小二乘法进行的.最小二乘法在数据处理中有着非常重要的地位.

### 2.4.1 最小二乘法原理

最小二乘法的发展已有 200 多年的历史,大约在 1750 年,由于天文测量中的某些间接测量的增加,致使许多科学家都为之解决提出一些不同的方法.拉普拉斯、欧拉、辛普生、勒让德和艾德里安都做了大量的工作.直到 1809 年,高斯推证了误差的概率定律,并完整地发展了这一方法,诸如权、结果的精密度和条件观测等,使得最小二乘法成为科学分支中的一个重要主题.

最小二乘法的分类有以下几种:①按计算方法分为,一般计算法、高斯约化法、矩阵解法,这是本节讲解的重点;②按数据的相关性可分为,相关性最小二乘法和非相关性最小二乘法,这是第 5 章讲解的重点.

最小二乘法的原理:设 $l_1,l_2,\cdots,l_n$ 为被测物的测量值;$v_1,v_2,\cdots,v_n$ 是测量值 $l_1,l_2,\cdots,l_n$ 的残差,其中 $v_i=(l_i-\bar{l})^2$;$m_1,m_2,\cdots,m_n$ 是测量值 $l_1,l_2,\cdots,l_n$ 的权.

若 $l_1,l_2,\cdots,l_n$ 符合正态分布,则

$$\sum_{i=1}^{n} m_i v_i^2 = \min \tag{2-53}$$

一般算法是,将 $\sum_{i=1}^{n} m_i v_i^2$ 求导数并将其导数等于零,列出方程组,解方程组即可.

矩阵解法为,将 $\sum_{i=1}^{n} m_i v_i^2$ 用矩阵表示为:

$$\boldsymbol{V}^{\mathrm{T}}\boldsymbol{P}\boldsymbol{V}=\min$$

其中,$\boldsymbol{V}$ 为残差矩阵,$\boldsymbol{P}$ 为权矩阵.即

$$\boldsymbol{V}=\begin{bmatrix} v_1 \\ v_2 \\ \cdots \\ v_n \end{bmatrix},\boldsymbol{P}=\begin{bmatrix} m_1 & 0 & \cdots & 0 \\ 0 & m_2 & \cdots & 0 \\ \cdots & \cdots & \cdots & \cdots \\ 0 & 0 & \cdots & m_n \end{bmatrix}$$

当为等精度测量时,$m_1=m_2=\cdots=m_n=1$,$\boldsymbol{P}$ 为单位矩阵.

$$\sum_{i=1}^{n} m_i v_i^2 = \sum_{i=1}^{n} v_i^2 \tag{2-54}$$

还可以证明,测量值 $l_1,l_2,\cdots,l_n$ 符合正态分布; $\sum_{i=1}^{n} m_i v_i^2$ 的值最小; $l_1,l_2,\cdots,l_n$ 出现的概率最大.

### 2.4.2 组合测量中的数据处理及评价

在测量中,采用组合测量方法的目的是为了避免产生过多的测量次数和测量方程,利用误差的抵偿性以提高测量结果的准确性.

(1) 组合测量量的最佳值

设 $y_1,y_2,\cdots,y_n$ 是测量值 $l_1,l_2,\cdots,l_n$ 的最佳估计值; $x_1,x_2,\cdots,x_t$ 是未知量的最佳估计值,即是待求量.根据第1章中的组合测量定义知, $x_i$ 与 $y_i$ 有下列关系:

$$\left.\begin{aligned} y_1 &= a_{11}x_1 + a_{12}x_2 + \cdots + a_{1t}x_t \\ y_2 &= a_{21}x_1 + a_{22}x_2 + \cdots + a_{2t}x_t \\ &\cdots\cdots\cdots\cdots\cdots\cdots \\ y_n &= a_{n1}x_1 + a_{n2}x_2 + \cdots + a_{nt}x_t \end{aligned}\right\} \tag{2-55}$$

若 $v_1,v_2,\cdots,v_n$ 是测量值 $l_1,l_2,\cdots,l_n$ 的残差; $m_1,m_2,\cdots,m_n$ 是测量值 $l_1,l_2,\cdots,l_n$ 的权,则残差的方程为:

$$\left.\begin{aligned} v_1 &= l_1 - y_1 = l_1 - (a_{11}x_1 + a_{12}x_2 + \cdots + a_{1t}x_t) \\ v_2 &= l_2 - y_2 = l_2 - (a_{21}x_1 + a_{22}x_2 + \cdots + a_{2t}x_t) \\ &\cdots\cdots\cdots\cdots\cdots\cdots \\ v_n &= l_n - y_n = l_n - (a_{n1}x_1 + a_{n2}x_2 + \cdots + a_{nt}x_t) \end{aligned}\right\} \tag{2-56}$$

根据最小二乘法原理得: $\sum_{i=1}^{n} m_i v_i^2 = \min$,则

$$\begin{aligned} S &= \sum_{i=1}^{n} m_i v_i^2 \\ &= m_1 v_1^2 + m_2 v_2^2 + \cdots + m_n v_n^2 \\ &= m_1[l_1 - (a_{11}x_1 + a_{12}x_2 + \cdots + a_{1t}x_t)]^2 \\ &\quad + m_2[l_2 - (a_{21}x_1 + a_{22}x_2 + \cdots + a_{2t}x_t)]^2 \\ &\quad + \cdots \\ &\quad + m_n[l_n - (a_{n1}x_1 + a_{n2}x_2 + \cdots + a_{nt}x_t)]^2 \end{aligned}$$

上式对 $x_1,x_2,\cdots,x_t$ 求偏导数并且偏导数等于零,即

$$\frac{\partial S}{\partial x_1} = 0, \frac{\partial S}{\partial x_2} = 0, \cdots, \frac{\partial S}{\partial x_t} = 0$$

得出正规方程组:

$$\left.\begin{aligned} &[ma_1a_1]x_1 + [ma_1a_2]x_2 + \cdots + [ma_1a_t]x_t = [ma_1l] \\ &[ma_2a_1]x_1 + [ma_2a_2]x_2 + \cdots + [ma_2a_t]x_t = [ma_2l] \\ &\cdots\cdots\cdots\cdots\cdots\cdots \\ &[ma_ta_1]x_1 + [ma_ta_2]x_2 + \cdots + [ma_ta_t]x_t = [ma_tl] \end{aligned}\right\} \tag{2-57}$$

式中, $[ma_ia_j]$ 为正规方程未知数前的系数; $[ma_jl]$ 为正规方程的常数项.

残差方程中各残差 $x_i$ 前的系数 $a_i,a_j$ 和其对应的权 $m_k$ 三项乘积之和,其公式为:

$$[ma_ia_j] = \sum_{k=1}^{n} m_k a_{ki} a_{kj} \qquad (i,j,\cdots=1,2,\cdots,t;k=1,2,\cdots,n) \tag{2-58}$$

其中 $a_{ki}$，$a_{kj}$表示与权 $m_k$ 相对应的残差方程中各残差 $x_i$ 前的系数.并且又

$$[ma_ia_j] = [ma_ja_i]$$

$[ma_jl]$的值为残差方程中各残差 $x_i$ 前的系数 $a_j$，其对应的测量值 $l_k$ 和权 $m_k$ 三项乘积之和，其公式为：

$$[ma_jl] = \sum_{k=1}^{n} m_k a_{kj} l_k \qquad (j=1,2,\cdots,t) \tag{2-59}$$

解出正规方程组，求出未知量的最佳估计值.

解线性方程组的方法很多，如代入消元法、加减消元法等.下面介绍矩阵解法，分别计算出 $D, D_1, D_2, \cdots, D_t$ 的值.

$$D = \begin{vmatrix} [ma_1a_1] & [ma_1a_2] & \cdots & [ma_1a_t] \\ [ma_2a_1] & [ma_2a_2] & \cdots & [ma_2a_t] \\ \cdots & \cdots & \cdots & \cdots \\ [ma_ta_1] & [ma_ta_2] & \cdots & [ma_ta_t] \end{vmatrix}$$

$$D_1 = \begin{vmatrix} [ma_1l] & [ma_1a_2] & \cdots & [ma_1a_t] \\ [ma_2l] & [ma_2a_2] & \cdots & [ma_2a_t] \\ \cdots & \cdots & \cdots & \cdots \\ [ma_tl] & [ma_ta_2] & \cdots & [ma_ta_t] \end{vmatrix}$$

$$D_2 = \begin{vmatrix} [ma_1a_1] & [ma_1l] & \cdots & [ma_1a_t] \\ [ma_2a_1] & [ma_2l] & \cdots & [ma_2a_t] \\ \cdots & \cdots & \cdots & \cdots \\ [ma_ta_1] & [ma_tl] & \cdots & [ma_ta_t] \end{vmatrix}$$

……………………………………

$$D_t = \begin{vmatrix} [ma_1a_1] & [ma_1a_2] & \cdots & [ma_1l] \\ [ma_2a_1] & [ma_2a_2] & \cdots & [ma_2l] \\ \cdots & \cdots & \cdots & \cdots \\ [ma_ta_1] & [ma_ta_2] & \cdots & [ma_tl] \end{vmatrix}$$

未知量的最佳估计值的计算公式为：

$$x_1 = \frac{D_1}{D}, x_2 = \frac{D_2}{D}, \cdots, x_t = \frac{D_t}{D} \tag{2-60}$$

(2)组合测量的标准误差

设 $y_1, y_2, \cdots, y_n$ 是测量值 $l_1, l_2, \cdots, l_n$ 的最佳估计值；$x_1, x_2, \cdots, x_t$ 是未知量的最佳估计值；$s_1, s_2, \cdots, s_t$ 是测量值 $x_1, x_2, \cdots, x_t$ 的标准误差；$\sigma$ 是测量值 $x_1, x_2, \cdots, x_t$ 单位权的标准误差，它的计算为测量值 $l_1, l_2, \cdots, l_n$ 总的残差平方和 $\sum_{i=1}^{n} m_i v_i^2$ 除以自由度 $n-t$，即：

$$\sigma = \frac{\sum_{i=1}^{n} m_i v_i^2}{n-t} \tag{2-61}$$

下面采用矩阵法来推导各测量值 $x_1, x_2, \cdots, x_t$ 的标准误差 $s_1, s_2, \cdots, s_t$. 方程(2-56)写为矩阵的形式:

$$V = L - AX$$

其中 $$V = \begin{bmatrix} v_1 \\ v_2 \\ \vdots \\ v_n \end{bmatrix}, \quad L = \begin{bmatrix} l_1 \\ l_2 \\ \vdots \\ l_n \end{bmatrix}, \quad A = \begin{bmatrix} a_{11} & a_{12} & \cdots & a_{1t} \\ a_{21} & a_{22} & \cdots & a_{2t} \\ \cdots & \cdots & \cdots & \cdots \\ a_{n1} & a_{n2} & \cdots & a_{nt} \end{bmatrix}, \quad X = \begin{bmatrix} x_1 \\ x_2 \\ \vdots \\ x_t \end{bmatrix}$$

$\sum_{i=1}^{n} m_i v_i^2$ 写为矩阵的形式:

$$V^{\mathrm{T}} PV$$

其中 $$P = \begin{bmatrix} m_1 & 0 & \cdots & 0 \\ 0 & m_2 & \cdots & 0 \\ \cdots & \cdots & \cdots & \cdots \\ 0 & 0 & \cdots & m_n \end{bmatrix}.$$

由最小二乘法原理得:要使 $V^{\mathrm{T}} PV = \min$, 则 $\dfrac{\partial V^{\mathrm{T}} PV}{\partial X} = 0$, 即 $\dfrac{\partial (L - AX)^{\mathrm{T}} P (L - AX)}{\partial X} = 0$, 得:

$$(L - AX)^{\mathrm{T}} PA = 0 \tag{2-62}$$

由矩阵的法则化简为:

$$A^{\mathrm{T}} PAX - A^{\mathrm{T}} PL = 0 \tag{2-63}$$

令 $N = A^{\mathrm{T}} PA$, $U = A^{\mathrm{T}} PL$, 并代入上式得:

$$NX = U \tag{2-64}$$

式(2-64)就是正规方程的矩阵形式. 该式的解为:

$$X = N^{-1} U \tag{2-65}$$

下面根据权的定义 $m_i = \dfrac{\sigma^2}{s_i^2}$ 构造权逆阵, 现构造 $x_i$ 的方差矩阵 $D(X)$.

$$D(X) = \begin{bmatrix} s_1^2 & s_1 s_2 & \cdots & s_1 s_t \\ s_2 s_1 & s_2^2 & \cdots & s_2 s_t \\ \cdots & \cdots & \cdots & \cdots \\ s_t s_1 & s_t s_2 & \cdots & s_t^2 \end{bmatrix} \tag{2-66}$$

$$= \begin{bmatrix} \dfrac{\sigma^2}{m_1} & \dfrac{\sigma^2}{\sqrt{m_1 m_2}} & \cdots & \dfrac{\sigma^2}{\sqrt{m_1 m_t}} \\ \dfrac{\sigma^2}{\sqrt{m_2 m_1}} & \dfrac{\sigma^2}{m_2} & \cdots & \dfrac{\sigma^2}{\sqrt{m_2 m_t}} \\ \cdots & \cdots & \cdots & \cdots \\ \dfrac{\sigma^2}{\sqrt{m_t m_1}} & \dfrac{\sigma^2}{\sqrt{m_t m_2}} & \cdots & \dfrac{\sigma^2}{m_t} \end{bmatrix}$$

$$
=\sigma^2\begin{bmatrix} \frac{1}{m_1} & \frac{1}{\sqrt{m_1 m_2}} & \cdots & \frac{1}{\sqrt{m_1 m_t}} \\ \frac{1}{\sqrt{m_2 m_1}} & \frac{1}{m_2} & \cdots & \frac{1}{\sqrt{m_2 m_t}} \\ \cdots & \cdots & \cdots & \cdots \\ \frac{1}{\sqrt{m_t m_1}} & \frac{1}{\sqrt{m_t m_2}} & \cdots & \frac{1}{m_t} \end{bmatrix}
$$

$$
=\sigma^2\begin{bmatrix} Q_1 & Q_{12} & \cdots & Q_{1t} \\ Q_{21} & Q_2 & \cdots & Q_{2t} \\ \cdots & \cdots & \cdots & \cdots \\ Q_{t1} & Q_{t2} & \cdots & Q_t \end{bmatrix}
$$

$$
=\sigma^2\boldsymbol{Q}
$$

由上式可知:

$$
\boldsymbol{Q}=\begin{bmatrix} Q_1 & Q_{12} & \cdots & Q_{1t} \\ Q_{21} & Q_2 & \cdots & Q_{2t} \\ \cdots & \cdots & \cdots & \cdots \\ Q_{t1} & Q_{t2} & \cdots & Q_t \end{bmatrix} \tag{2-67}
$$

$\boldsymbol{Q}$ 叫做 $x_i$ 的权逆阵,根据 $x_i$ 的权逆阵中的 $Q_1, Q_2, \cdots, Q_t$,可以计算出 $x_i$ 的标准误差,公式为:

$$
s_i=\frac{\sigma}{\sqrt{m_i}}=\sigma\sqrt{Q_i} \tag{2-68}
$$

由矩阵的知识可以证明:$\boldsymbol{Q}=\boldsymbol{N}^{-1}$,利用这个式子可以求出 $Q_1, Q_2, \cdots, Q_t$. 计算公式如下:

对 $\boldsymbol{Q}=\boldsymbol{N}^{-1}$式子的两边同乘以矩阵 $\boldsymbol{N}$,则

$$
\boldsymbol{NQ}=\boldsymbol{N}^{-1}\boldsymbol{N}=\boldsymbol{E} \tag{2-69}
$$

即

$$
\begin{bmatrix} [ma_1a_1] & [ma_1a_2] & \cdots & [ma_1a_t] \\ [ma_2a_1] & [ma_2a_2] & \cdots & [ma_2a_t] \\ \cdots & \cdots & \cdots & \cdots \\ [ma_ta_1] & [ma_ta_2] & \cdots & [ma_ta_t] \end{bmatrix} \cdot \begin{bmatrix} Q_1 & Q_{12} & \cdots & Q_{1t} \\ Q_{21} & Q_2 & \cdots & Q_{2t} \\ \cdots & \cdots & \cdots & \cdots \\ Q_{t1} & Q_{t2} & \cdots & Q_t \end{bmatrix} = \begin{bmatrix} 1 & 0 & \cdots & 0 \\ 0 & 1 & \cdots & 0 \\ \cdots & \cdots & \cdots & \cdots \\ 0 & 0 & \cdots & 1 \end{bmatrix}
$$

将上式写成方程组的形式:

$$
\begin{cases} [ma_1a_1]Q_1+[ma_1a_2]Q_{21}+\cdots+[ma_1a_t]Q_{t1}=1 \\ [ma_2a_1]Q_1+[ma_2a_2]Q_{21}+\cdots+[ma_2a_t]Q_{t1}=0 \\ \cdots\cdots\cdots\cdots\cdots\cdots\cdots\cdots\cdots\cdots \\ [ma_ta_1]Q_1+[ma_ta_2]Q_{21}+\cdots+[ma_ta_t]Q_{t1}=0 \end{cases}
$$

$$
\begin{cases} [ma_1a_1]Q_{12}+[ma_1a_2]Q_2+\cdots+[ma_1a_t]Q_{t2}=0 \\ [ma_2a_1]Q_{12}+[ma_2a_2]Q_2+\cdots+[ma_2a_t]Q_{t2}=1 \\ \cdots\cdots\cdots\cdots\cdots\cdots\cdots\cdots\cdots\cdots \\ [ma_ta_1]Q_{12}+[ma_ta_2]Q_2+\cdots+[ma_ta_t]Q_{t2}=0 \end{cases}
$$

$$
\cdots\cdots\cdots\cdots\cdots\cdots\cdots\cdots\cdots\cdots
$$

$$\begin{cases} [ma_1a_1]Q_{1t}+[ma_1a_2]Q_{2t}+\cdots+[ma_1a_t]Q_t=0 \\ [ma_2a_1]Q_{1t}+[ma_2a_2]Q_{2t}+\cdots+[ma_2a_t]Q_t=0 \\ \cdots\cdots\cdots\cdots\cdots\cdots\cdots\cdots\cdots\cdots\cdots\cdots \\ [ma_ta_1]Q_{1t}+[ma_ta_2]Q_{2t}+\cdots+[ma_ta_t]Q_t=1 \end{cases}$$

用行列式法解上述方程组：

$$D=\begin{vmatrix} [ma_1a_1] & [ma_1a_2] & \cdots & [ma_1a_t] \\ [ma_2a_1] & [ma_2a_2] & \cdots & [ma_2a_t] \\ \cdots & \cdots & \cdots & \cdots \\ [ma_ta_1] & [ma_ta_2] & \cdots & [ma_ta_t] \end{vmatrix}$$

$$D_1=\begin{vmatrix} 1 & [ma_1a_2] & \cdots & [ma_1a_t] \\ 0 & [ma_2a_2] & \cdots & [ma_2a_t] \\ \cdots & \cdots & \cdots & \cdots \\ 0 & [ma_ta_2] & \cdots & [ma_ta_t] \end{vmatrix}$$

$$D_2=\begin{vmatrix} [ma_1a_1] & 0 & \cdots & [ma_1a_t] \\ [ma_2a_1] & 1 & \cdots & [ma_2a_t] \\ \cdots & \cdots & \cdots & \cdots \\ [ma_ta_1] & 0 & \cdots & [ma_ta_t] \end{vmatrix}$$

$$\cdots\cdots\cdots\cdots\cdots\cdots\cdots\cdots$$

$$D_t=\begin{vmatrix} [ma_1a_1] & [ma_1a_2] & \cdots & 0 \\ [ma_2a_1] & [ma_2a_2] & \cdots & 0 \\ \cdots & \cdots & \cdots & \cdots \\ [ma_ta_1] & [ma_ta_2] & \cdots & 1 \end{vmatrix}$$

方程组行列式解为：

$$Q_1=\frac{D_1}{D},Q_2=\frac{D_2}{D},\cdots,Q_t=\frac{D_t}{D} \tag{2-70}$$

所以，各测量值 $x_1,x_2,\cdots,x_t$ 的标准误差 $s_1,s_2,\cdots,s_t$ 为：

$$s_1=\sigma\sqrt{Q_1},s_2=\sigma\sqrt{Q_2},\cdots,s_t=\sigma\sqrt{Q_t} \tag{2-71}$$

**例 2.11** 已知某测量量 $x_1$ 和 $x_2$ 是组合测量量，测量方程为：

$$\begin{cases} y_1=2x_1+x_2 \\ y_2=3x_1+2x_2 \\ y_3=4x_1+x_2 \end{cases}$$

测量数据为 $l_1=3.0\text{mm},l_2=5.1\text{mm},l_3=4.6\text{mm}$.

求：①测量量 $x_1$ 和 $x_2$ 的测量结果；②测量量 $x_1$ 和 $x_2$ 的标准误差.

**解** ① 列出误差方程：

$$\begin{cases} v_1=l_1-y_1=3.0-(2x_1+x_2) \\ v_2=l_2-y_2=5.1-(3x_1+2x_2) \\ v_3=l_3-y_3=4.6-(4x_1+x_2) \end{cases}$$

② 组建正规方程：测量个数为3，未知数为2，正规方程的形式为

$$\begin{cases}[a_1a_1]x_1+[a_1a_2]x_2=[a_1l]\\ [a_2a_1]x_1+[a_2a_2]x_2=[a_2l]\end{cases}$$

计算正规方程的系数及常数项：

$$[a_1a_1]=a_{11}a_{11}+a_{21}a_{21}+a_{31}a_{31}=2\times2+3\times3+4\times4=29$$

同理可计算出：

$$[a_1a_2]=12,\qquad [a_2a_2]=6,\qquad [a_2a_1]=12$$

$l_i$ 是等精度测量计算出：

$$[a_1l]=39.7,\qquad [a_2l]=17.8$$

正规方程为：

$$\begin{cases}29x_1+12x_2=39.7\\ 12x_1+6x_2=17.8\end{cases}$$

解方程组得：

$$\begin{cases}x_1=0.82(\text{mm})\\ x_2=1.33(\text{mm})\end{cases}$$

③计算 $x_i$ 的标准误差

先计算出单位权的标准误差 $\sigma^2$，将 $x_1=0.82$ 和 $x_2=1.33$ 代入误差方程求得：

$$v_1=0.03,\qquad v_2=-0.02,\qquad v_3=-0.01$$

则

$$\sigma^2=\frac{\sum_{i=1}^{3}v_i^2}{3-2}=\frac{0.0014}{3-2}=0.0014$$

$x_1$ 的权倒数 $Q_1$ 的计算：由方程$\begin{cases}29Q_1+12Q_{12}=1\\ 12Q_1+6Q_{12}=0\end{cases}$计算出 $Q_1=0.2$

$x_2$ 的权倒数 $Q_2$ 的计算：由方程$\begin{cases}29Q_{21}+12Q_2=0\\ 12Q_{21}+6Q_2=1\end{cases}$计算出 $Q_2=0.97$

$x_1$ 的标准误差：

$$s_1=\sigma\sqrt{Q_1}=\sqrt{0.0014\times0.2}=0.017=0.02(\text{mm})$$

$x_2$ 的标准误差：

$$s_2=\sigma\sqrt{Q_2}=\sqrt{0.0014\times0.97}=0.037=0.04(\text{mm})$$

所以，测量结果表示为：

$$x_1=0.82\pm0.02(\text{mm})$$

$$x_2=1.33\pm0.04(\text{mm})$$

以下采用电子表格 Excel 计算：①打开 Excel 电子表格；②在 B2 到 D2 的 3 个单元格内输入测量数据，在 B4 到 G4 单元格内输入误差方程所对应的系数；③在 B6 到 G6 单元格中计算出正规方程的系数，在 B6 单元格中输入公式 fx =B4^2+D4^2+F4^2，即计算出 [a1a1] 29，同理可计算出其他的系数，见图 2-10 所示；④在单元格 B8 到 D8 中计算出正规方程的系数行列式，在 B8

单元格中输入公式 fx =B6*F6-C6*E6，即计算出了 D 30，同理可计算出其他两个系数值，如图 2-10 所示；⑤在单元格 E8 中输入公式 fx =C8/B8，即计算出 $x_1$ = 0.82，同理可计算出 $x_2$；⑥计算单位权方差，在 B10 单元格中输入公式 fx =B2-B4*E8-F8，即计算出 $v_1$ 0.033333，同理可计算出其他两个参数，在 E10 单元格中输入公式 fx =SUM(B10^2,C10^2,D10^2)/(3-2)，即计算出了单位权方差为 $s^2$ 0.001333；⑦计算 $x$ 的权倒数，在单元格 C13 中输入公式 fx =(D11*F6-D12*C6)/B8，即计算出了 $Q_1$ 0.2，同理在 E13 中可计算出 $Q_2$ 0.966667；⑧计算 $x_i$ 的标准误差，在单元格 C14 中输入公式 fx =(E10*C13)^0.5，即计算出了 $s_1$ 0.01633，同理，单元格 E14 中计算出 $s_2$ 0.035901．总的计算结果如图 2-10 所示．

| | A | B | C | D | E | F | G |
|---|---|---|---|---|---|---|---|
| 1 | 测量数据 | $l_1$ | $l_2$ | $l_3$ | | | |
| 2 | | 3 | 5.1 | 4.6 | | | |
| 3 | 误差方程的系数 | $a_{11}$ | $a_{12}$ | $a_{21}$ | $a_{22}$ | $a_{31}$ | $a_{32}$ |
| 4 | | 2 | 1 | 3 | 2 | 4 | 1 |
| 5 | 正规方程的系数 | $[a_1a_1]$ | $[a_2a_1]$ | $[a_1l]$ | $[a_1a_2]$ | $[a_2a_2]$ | $[a_2l]$ |
| 6 | | 29 | 12 | 39.7 | 12 | 6 | 17.8 |
| 7 | 解正规方程 | $D$ | $D_1$ | $D_2$ | $x_1$ | $x_2$ | |
| 8 | | 30 | 24.6 | 39.8 | 0.82 | 1.326667 | |
| 9 | 计算单位权方差 | $v_1$ | $v_2$ | $v_3$ | $s^2$ | | |
| 10 | | 0.033333 | -0.01333 | -0.00667 | 0.001333 | | |
| 11 | 计算$x$的权倒数 | $\begin{cases}29Q_1+12Q_{12}=1\\12Q_1+6Q_{12}=0\end{cases}$ | | 1 | $\begin{cases}29Q_{21}+12Q_2=0\\12Q_{21}+6Q_2=1\end{cases}$ | | 0 |
| 12 | | | | 0 | | | 1 |
| 13 | | $Q_1$ | 0.2 | $Q_2$ | 0.966667 | | |
| 14 | 计算$x_i$的标准误差 | $s_1$ | 0.01633 | $s_2$ | 0.035901 | | |
| 15 | 测量结果表示为 | $x_1=0.82\pm0.0163$ | | $x_2=1.327\pm0.0359$ | | | |

图 2-10 例 2.11 计算结果汇总

# 2.5 统计假设检验

## 2.5.1 预备知识

(1) $t$ 分布

在小子样测量中，由于试验数据有限，因而母体标准误差 $\sigma$ 是不能求得的．在 $\sigma$ 未知情况下，欲根据子样平均值 $\bar{x}$ 估计母体的参数 $a$，必须引入一个统计量 $t$，而它只决定于子样容量 $n$，与其标准误差 $\sigma$ 无关．此时的统计量 $t$ 有其独特的分布规律——$t$ 分布或学生分布（这是由英国化学家 W.S.Gosset 用 student 的笔名发表的，学生分布的名称由此而来）．Gosset 提出的新统计量 $t$ 定义为：

$$t=\frac{\bar{x}-a}{\left(\frac{s}{\sqrt{n}}\right)}=\frac{\bar{x}-a}{s_{\bar{x}}} \tag{2-72}$$

$t$ 分布的概率分布密度为：

$$S(t)=\frac{\Gamma\left(\frac{f+1}{2}\right)}{\sqrt{f\pi}\,\Gamma\left(\frac{f}{2}\right)}\left(1+\frac{t^2}{f}\right)^{-\frac{f+1}{2}} \qquad (-\infty<t<+\infty)$$

式中，$\Gamma$ 是伽玛函数：

$$\Gamma(\mu) = \int_0^{\infty} x^{\mu-1}\mathrm{e}^{-x}\mathrm{d}x$$

$f = n - 1$ 叫做自由度，当子样容量为 $n$ 时，在 $n$ 个重复观测的数据之间，它们要受到子样均值 $\bar{x}$ 的约束，所以 $n$ 个数据中有一个是不独立的，其余 $n-1$ 个可以独立变化，因此自由度 $f = n - 1$.

$t$ 分布的概率积分为：

$$P\{|t(f)| > t_{\alpha/2}(f)\} = \alpha \tag{2-73}$$

此式表明，在 $n$ 次测量中，$|t(f)| > t_{\alpha/2}(f)$ 值的概率为 $\alpha$，具体数值可查附表 2.

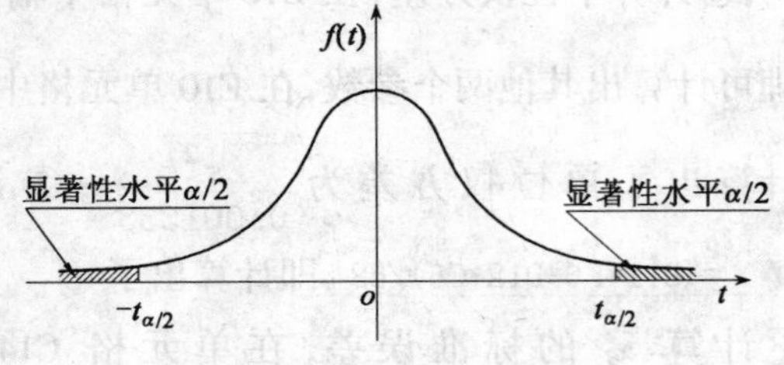

图 2-11　$t$ 分布示意图

$t$ 分布的概率分布图形如图 2-11 所示.

当给定一个自由度 $f$ 和显著性水平 $\alpha$ 时，查附表 2 求 $t$ 分布的置信区间半长 $t_{\alpha/2}$，如 $t_{0.01/2}(4) = 4.6041$，$t_{0.05/2}(4) = 2.7765$，$t_{0.10/2}(4) = 2.1318$.

用电子表格 Excel 进行计算：① 打开电子表格；② 在单元格 A1 内输入公式 fx =TINV(0.01,4)，在 B1 中输入公式 fx =TINV(0.05,4)，在 C1 中输入公式 fx =TINV(0.1,4)，即得出三个结果为：

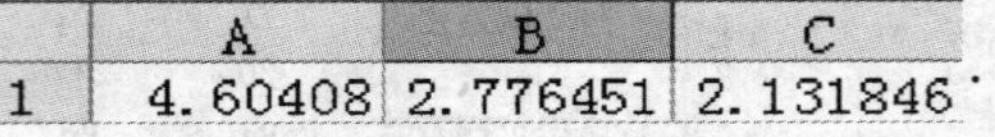

| | A | B | C |
|---|---|---|---|
| 1 | 4.60408 | 2.776451 | 2.131846 |

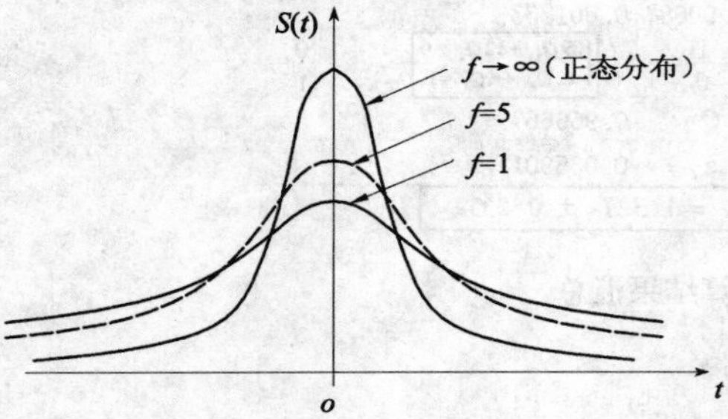

从图 2-12 可知，当自由度 $f$ 很小时，$t$ 分布的中心值较小，分散度大，如果用正态分布对小子样进行估计，则结果可能有存伪的错误，故 $t$ 分布主要用于小子样测量中的估计和推断. 当子样容量大于 30 后，$t$ 分布趋近于正态分布.

图 2-12　$t$ 分布曲线与正态分布曲线

对正态分布，用 $3\sigma$ 作为极限误差范围的半长，其置信概率 $1-\alpha = 0.9973$. 但是对小子样测量，其实际置信概率 $1-\alpha$ 将随自由度 $f = n - 1$ 的减小而减小，列表对照如下：

表 2-6　正态分布与 $t$ 分布对照表

| 自由度 $f = n-1$ | | 1 | 3 | 7 | ∞ |
|---|---|---|---|---|---|
| 置信区间半长 | | $3\sigma$ | | | |
| 置信概率 $1-\alpha$ | $t$ 分布 | 0.800 | 0.942 | 0.980 | 0.997 |
| | 正态分布 | 0.997 | | | |

(2) $F$ 分布

若 $x_1, x_2, \cdots, x_{n_1}$ 与 $y_1, y_2, \cdots, y_{n_2}$ 分别遵从正态分布 $N(\mu_1, \sigma_1^2)$ 与 $N(\mu_2, \sigma_2^2)$，且两样本相互独立，它们的方差分别为 $s_1^2$ 与 $s_2^2$，则统计量：

$$F = \frac{s_1^2}{s_2^2} \tag{2-74}$$

遵从第一自由度为 $f_1 = n_1 - 1$ 与第二自由度 $f_2 = n_2 - 1$ 的 $F$ 分布. $F$ 分布的概率密度函数为

$$\varphi(F)=\frac{\Gamma\left(\frac{f_1+f_2}{2}\right)}{\Gamma\left(\frac{f_1}{2}\right)\Gamma\left(\frac{f_2}{2}\right)}f_1^{f_1/2}f_2^{f_2/2}\frac{F^{f_1-2/2}}{(f_2+f_1F)^{f_1+f_2/2}}$$

式中，$\Gamma(f)$为伽玛函数．$F$ 分布只取决于计算方差 $s_1^2$ 与 $s_2^2$ 的自由度 $f_1$ 与 $f_2$．

$F$ 分布的一个重要性质为：

$$F_{\alpha}(f_1,f_2)=\frac{1}{F_{1-\alpha}(f_2,f_1)} \tag{2-75}$$

公式(2-75)的 $F$ 分布的概率密度函数示意如图 2-13．

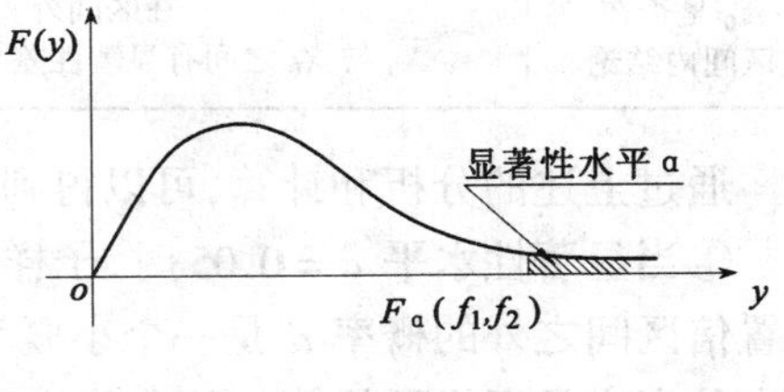

图 2-13　$F$ 分布的概率密度函数示意图

查表法求值：

$F_{0.05}(6,10)=3.22$，

$F_{0.01}(24,14)=3.43$，

$F_{0.10}(14,24)=1.80$．

利用电子表格 Excel 求上述三个值，打开电子表格在 A1 单元格中输入公式 `=FINV(0.05,6,10)`，在 B1 单元格中输入公式 `=FINV(0.01,24,14)`，在C1 单元格中输入公式 `=FINV(0.1,14,24)`，即计算出了三个值为

|  | A | B | C |
|---|---|---|---|
| 1 | 3.217181 | 3.427374 | 1.797416 |

．

### 2.5.2　统计检验的原理和基本思想

用子样观测值推论母体的参数特征属于统计推断的范畴，它包括两方面的内容：①参数的估计；②统计检验．由于试验研究工作的需要，往往先要对母体的某一统计特征进行假定，之后利用反复观测的子样数据，根据概率统计原理，用参数估计的方法进行计算，以判断假设是否成立，这就是统计检验或假设检验．

生产和试验中，反复观测同一个物理量时会发现，量值总是存在着差异和波动，而其性质不外乎两种：①随机(偶然)误差引起的差异和波动；②生产或试验条件发生变化而引起的差异——条件误差．这两种误差常常交叉、混杂在一起，一般用直观的方法很难分辨出来，而统计检验正是科学地处理和分辨这两种不同性质差异的方法．

为说明统计检验的原理和基本思想，举例说明如下．

**例 2.12**　某建筑陶瓷厂生产一种新产品，其抗压力 $X$ 服从正态分布，根据历史资料记录可知：$X\sim N(20,1^2)$，即抗压力 $X_0=20$MPa，标准误差 $\sigma_0=\pm1$MPa．今为增加新产量，改变了工艺，抽子样 $n=100$ 个进行估计后，得子样平均值 $\overline{X}_0=19.78$MPa．试判断 $\overline{X}_0$ 与 $X_0$ 之间的差异是什么性质？

**解**　用统计检验的方法进行分析和判断．先假设工艺的改变对产品的抗压力没有影响，就是说，$\overline{X}_0$ 与 $X_0$ 之间不存在条件差异，即 $\overline{X}_0$ 与 $X_0$ 之间的差异纯粹是随机误差，或者说子样仍可看作是从原来的母体中取出来的．既然如此，$\overline{X}_0$ 也应遵守正态分布．若 $\overline{X}_0=19.78$MPa 落在区间$\left(X_0-k\frac{\sigma_0}{\sqrt{n}},X_0+k\frac{\sigma_0}{\sqrt{n}}\right)$的置信概率为 $1-\alpha$，即

$$P\left(X_0-k\frac{\sigma_0}{\sqrt{n}}<\overline{X}_0<X_0+k\frac{\sigma_0}{\sqrt{n}}\right)=1-\alpha$$

如果取 $\alpha=0.05$,则 $k=1.96$(查正态分布表);同样取 $\alpha=0.01$,则 $k=2.58$.列表如下:

| 假　设 | $\overline{X}_0$ 与 $X_0$ 之间无显著性差异(即 $\overline{X}_0$ 与 $X_0$ 之间的差异纯粹是随机误差) | |
|---|---|---|
| 显著性水平 | 0.05 | 0.01 |
| 参数置信区间 | $\left(X_0-1.96\frac{\sigma_0}{\sqrt{n}},X_0+1.96\frac{\sigma_0}{\sqrt{n}}\right)$<br>$\left(20-1.96\frac{1}{\sqrt{100}},20+1.96\frac{1}{\sqrt{100}}\right)$<br>(19.804,20.196) | $\left(X_0-2.58\frac{\sigma_0}{\sqrt{n}},X_0+2.58\frac{\sigma_0}{\sqrt{n}}\right)$<br>$\left(20-2.58\frac{1}{\sqrt{100}},20+2.58\frac{1}{\sqrt{100}}\right)$<br>(19.742,20.258) |
| $\overline{X}_0$ 是否在区间内结论 | 在区间外<br>$\overline{X}_0$ 与 $X_0$ 之间有显著性差异(否定假设) | 在区间内<br>$\overline{X}_0$ 与 $X_0$ 之间无显著性差异(接受假设) |

通过上述的分析和计算,可以得到下面的启示:

①当显著性水平 $\alpha=0.05$ 时,子样平均值 $\overline{X}_0$ 与标准值 $X_0$ 之间存在着很大的差异. $\overline{X}_0$ 落在置信区间之外的概率 $\alpha$ 是一个小概率(这里 $\alpha=0.05$).小概率事件几乎是不可能发生的,而现在的事实是子样平均值的的确确出现在小概率区间内,这足以说明子样来自正态分布原母体的假设(或工艺的改变对产品的抗压力没有影响)已不能成立,从而否定原假设.即认为工艺的改变对产品的抗压力显著地减小了.这就是统计检验的基本思想.

②上面的结论是在 $\alpha=0.05$ 下得出的.反之,当 $\alpha=0.01$ 时却得出另一个完全相反的结论.即子样平均值 $\overline{X}_0$ 落在置信区间 $\left(X_0-2.58\frac{\sigma_0}{\sqrt{n}},X_0+2.58\frac{\sigma_0}{\sqrt{n}}\right)$ 内,说明在显著性水平 $\alpha=0.01$ 下,$\overline{X}_0$ 与 $X_0$ 之间无显著性差异,接受原假设.

这两个结论虽然不同,但并不矛盾.这是因为它们是在不同的显著性水平 $\alpha$ 下作出的.第一种情况是以显著性水平 $\alpha=0.05$ 来判定原假设不成立,即在 $\alpha=0.01$ 下,不能拒绝(否定)原假设.

由此可知,$\alpha$ 的大小是很重要的.在某一确定的子样容量下,选择的 $\alpha$ 太大,则置信概率(或置信区间)太小.此时,完全有可能把本来无显著性差异的事件(也就是说来自于同一母体的事件)错判为有显著性差异,从而犯了拒绝原假设的"弃真"错误,这称为第一类错误.反过来,如果 $\alpha$ 选得太小,则置信概率(或置信区间)很大,此时犯"弃真"错误的可能性减少,但可能把本来有显著性差异的事件错判为正常的、无显著性差异,从而犯接受原假设的"存伪"错误,这称为第二类错误.显然,犯两类错误的概率不可能同时减少,如果减少其中的一个,则必然增大犯另一个错误的可能性.要使它们同时减少,只有增大重复观测的次数 $n$.

归纳起来,上述统计检验问题可以叙述为在显著性水平 $\alpha$ 下,检验假设 $H_0:\mu=\mu_0$,如果 $|\overline{x}-\mu_0|<k\frac{\sigma_0}{\sqrt{n}}$,则接受假设 $H_0$(即认为未产生条件差异);如果 $|\overline{x}-\mu_0|>k\frac{\sigma_0}{\sqrt{n}}$,则拒绝(否定)假设 $H_0$(即认为已产生了条件差异).

在实际工作中,通常总是控制犯第一类错误的概率 $\alpha$,即

$$P(\text{拒绝 } H_0 \mid H_0 \text{ 为真})=P\left(|\overline{x}-\mu_0|>k\frac{\sigma_0}{\sqrt{n}}\bigg|_{\mu=\mu_0}\right)=\alpha$$

$\alpha$ 的大小应视具体情况而定.如工艺改变比较容易,而采用新工艺的优越性较大时,$\alpha$ 应取得大一些;相反,如检验药品等关系重大的事件时,$\alpha$ 可取得小一些.通常取0.1,0.05,0.01及0.001.

### 2.5.3 正态性检验

正态概率纸检验.设有一组子样容量为 $n$ 的观测数据 $x_1, x_2, \cdots, x_n$.为更直观地分析这一组数据的规律性,把数据适当分组(一般分组的间距 $\pm \Delta x_i$ 相等),并计算出各组数据出现的频率 $f$,作出直观的 $f(x \pm \Delta x)$图——频率直方图.如果直方图与正态曲线偏离很大,那就有充分理由否定该组数据分布的正态性.但是最简单的方法还是用正态概率纸来检验数据组的正态性.其基本原理是:如果某一组数据是遵守正态分布规律的,其均值为 $\bar{x}$,标准误差为 $\sigma$,则其概率积分为

$$
\begin{aligned}
F(x) &= \int_{-\infty}^{x} \frac{1}{\sqrt{2\pi}\sigma} e^{-\frac{(x-\bar{x})^2}{2\sigma^2}} dx \\
&= 1 - \int_{x}^{+\infty} \frac{1}{\sqrt{2\pi}\sigma} e^{-\frac{(x-\bar{x})^2}{2\sigma^2}} dx \\
&= 1 - \int_{u}^{+\infty} \frac{1}{\sqrt{2\pi}} e^{-\frac{u^2}{2}} du \\
&= 1 - Q(u)
\end{aligned}
\tag{2-76}
$$

当给定一个 $u = \dfrac{x - \bar{x}}{\sigma}$值后,就有相应的 $F(x) = 1 - Q(u)$与之对应.根据正态概率积分表可列表如下:

| $u = \dfrac{x - \bar{x}}{\sigma}$ | $-3$ | $-2.33$ | $-2$ | $-1$ | 0 | 1 | 2 | 2.33 | 3 |
|---|---|---|---|---|---|---|---|---|---|
| $F(x) = 1 - Q(u)$ | 0.001 | 0.010 | 0.023 | 0.159 | 0.5 | 0.841 | 0.977 | 0.99 | 0.999 |

做直角坐标,横坐标为 $x$,纵坐标为 $u$($u$ 为等刻度划分),在纵轴上对应于 $u$ 值刻度处标注上相应的$F(x) = 1 - Q(u)$值.这样,以 $F(x)$为纵坐标,$x$ 为横坐标的坐标纸为正态概率纸(图 2-14).如果随机变量 $X$ 是正态分布,则在正态概率纸上点出的点$[x, F(x)]$其连线是一条直线.如果图形与直线相差太大,就可以否定随机变量 $X$ 的正态性.

用正态概率纸进行正态性检验的步骤如下:

(1)把子样数据按大小顺序排列:

$$x_1 < x_2 < \cdots < x_n$$

(2)计算概率 $F(x_i) = 1 - Q\left(\dfrac{x_i - \bar{x}}{\sigma}\right)$,其可按 $F(x_i) = \dfrac{i - 0.3}{n + 0.4}$近似计算.

(3)在正态概率纸上,点出各点 $A[x_i, F(x_i)]$, $i = 1, 2, \cdots, n$.

(4)根据上述点的图形是否为直线加以判断,如果与直线差异太大,则可否定数据的正态性.

利用正态概率纸还可以估计随机变量的平均值 $\bar{x}$ 和标准误差 $s$,方法如下:

(1)用直线来拟合上述各点 $A[x_i, F(x_i)]$,拟合时应以中间的点为主,适当照顾两端的点.

(2)根据概率积分的关系可知:

$F(x_i) = 50\%$ 时, $x_{50\%} = \bar{x}$;

$F(x_i) = 15.85\%$ 时, $\sigma = \bar{x} - x_{15.85}$.

用正态概率纸检验随机变量正态性的关键在于如何判定各数据点偏离直线的差异大还是不大,目前这还没有一个通用的准则.

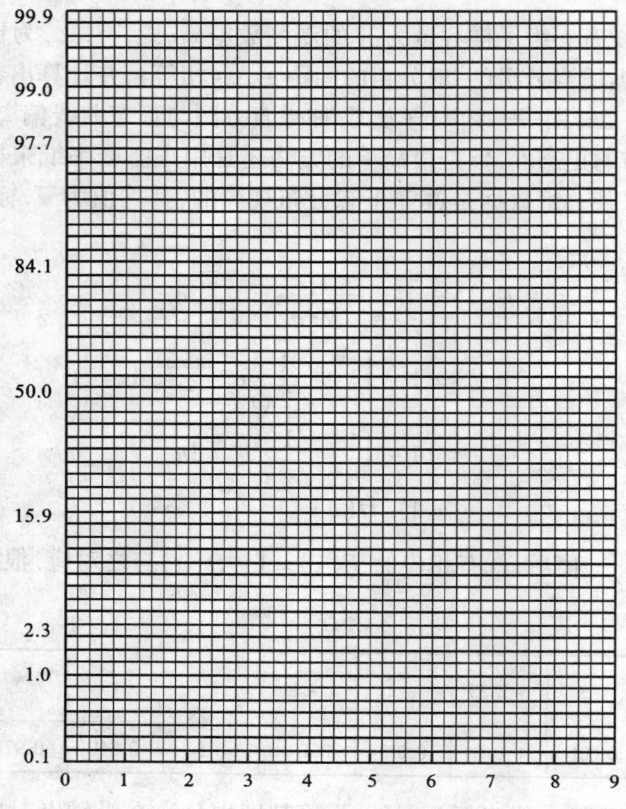


图 2-14 正态概率纸

**例 2.13** 设有一个样本容量 $n=20$ 的样本,样本值按顺序排列为 57,62,66,67,70,74,76,77,80,81,86,87,89,94,95,96,97,103,109,122;试用正态概率纸检验该组是否来自正态总体?

**解** 用式(2-76)计算相应于各测量值的 $F(x_i)$值,计算结果(%)为:3.4,8.3,13.2,18.1,23.0,27.9,32.8,37.7,42.6,47.5,52.5,57.3,62.3,67.2,72.1,77.0,81.9,86.8,91.7,96.6;将这些点描在正态概率纸上,得到如图 2-15 所示的直线.

图 2-15 说明样本来自正态分布.由纵坐标 50% 相对应的横坐标值求得总体 $\mu$ 的估计值 $\bar{x}=92$,由纵坐标 15.9% 相对应的横坐标值 $\bar{x}-\sigma=78$,求得总体 $\sigma$ 的估计值 $\sigma=14$.

由此得出结论,该组样本遵从正态分布 $N(92,14^2)$.

### 2.5.4 *u* 检验法

$u$ 检验法是对服从正态分布的随机变量,当母体的标准误差 $\sigma_0$ 比较稳定,且又为已知的条件下,对子样均值进行的一种检验方法.通过检验可以判断母体均值是否发生了改变以及两个母体均值是否一致.

(1)母体均值一致性检验

①双边检验

设母体遵守正态分布 $N(\mu_0,\sigma_0^2)$,现取出子样数据 $x_i(i=1,2,\cdots,n)$.

假设子样均值 $\mu$ 与母体均值 $\mu_0$ 相等,现计算子样平均值 $\bar{x}=\dfrac{1}{n}\sum\limits_{i=1}^{n}x_i$ 及统计检验量

$$u = \frac{\bar{x} - \mu_0}{\frac{\sigma_0}{\sqrt{n}}}.$$

如果母体均值没有改变，则子样均值 $\mu$ 等于母体均值 $\mu_0$，这样 $\bar{x}$ 应遵守正态分布 $N\left(\mu_0, \left(\frac{\sigma_0}{\sqrt{n}}\right)^2\right)$ 或 $u$ 遵守 $N(0,1)$. 在显著性水平 $\alpha$ 下，从正态分布概率积分表中查得 $u_{\alpha/2}$. 当 $|u| > u_{\alpha/2}$ 时否定假设.

在实际检验中，人们往往更感兴趣的是在采用了某种新的工艺或新的参数配比之后总体均值是否有显著地增大. 例如材料的强度、产品的使用寿命、热工设备的热效率等质量指标无疑是越高越好，而成本、原材料消耗等指标应尽可能地小一些，对这一类问题的处理涉及到单边检验.

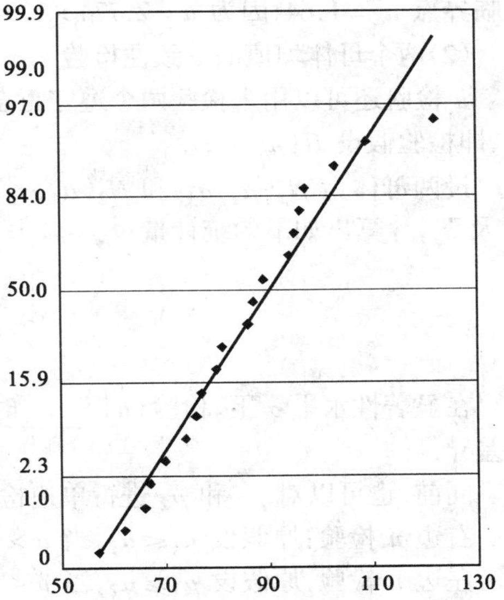

图 2-15　正态概率纸检验

②右边检验

在这种情况下，将检验新的总体均值 $\mu$ 是否比原总体均值 $\mu_0$ 大，即在显著性水平 $\alpha$ 下，检验假设 $H: \mu \geqslant \mu_0$，当 $u = \frac{\bar{x} - \mu_0}{\frac{\sigma_0}{\sqrt{n}}} > u_\alpha$ 时接受原假设，反之否定原假设. 此时认为总体均值 $\mu$ 比原均值 $\mu_0$ 显著地增大了.

这里的 $\alpha$ 仍然表示犯第一类（弃真）错误的概率，即当原假设 $H: \mu \geqslant \mu_0$ 为真，接受原假设.

③左边检验

同样，在显著性水平 $\alpha$ 下，将检验新的总体均值 $\mu$ 是否比原总体均值 $\mu_0$ 小，检验原假设 $H: \mu \leqslant \mu_0$，当 $u < -u_\alpha$ 时接受原假设，反之否定原假设.

**例 2.14**　已知水泥厂生产的普通硅酸盐水泥，此水泥水化后，28 天的抗压强度（MPa）在正常情况下遵守正态分布 $N(45.5, 1.08^2)$. 取 5 个样品测试，其值为 44.81，47.00，47.21，46.46，48.72，结果标准差不变. 试问总体均值有无显著性变化？

**解**　采用 $u$ 检验法，进行双边检验. 计算统计量：

子样均值　$\bar{x} = \frac{1}{n}\sum_{i=1}^{n} x_i = (44.81 + 47.00 + 47.21 + 46.46 + 48.72) = 46.84$;

统 计 量　$u = \frac{\bar{x} - \mu_0}{\frac{\sigma_0}{\sqrt{n}}} = \frac{46.84 - 45.5}{\frac{1.08}{\sqrt{5}}} = 2.774.$

假设总体均值无变化，即 $\mu = \mu_0$，则 $\bar{x}$ 应遵守正态分布 $N(45.5, 0.108^2)$，这样 $u$ 应遵守 $N(0,1)$. 取显著性水平 $\alpha = 0.05$，查附录中的正态分布概率积分表，有 $u_{\alpha/2} = 1.96$，比较得 $|u| = 2.774 > u_{\alpha/2} = 1.96$. 所以否定假设. 水泥的抗压强度发生了显著性变化.

下面再进行单边检验.

用右边检验：假设抗压强度比原来显著地增大 $\mu \geqslant \mu_0$，同样在显著性水平 $\alpha = 0.05$ 下，单

边临界点 $u_\alpha = 1.64$，因为 $u = 2.774 > 1.64$，故接受假设，抗压强度比原来显著地增加了.

(2)两个母体均值的一致性检验

$u$ 检验还可以用来检验两个遵守正态分布，标准偏差不相等的母体均值是否有显著性差异，即检验假设 $H:\mu_1 = \mu_2$.

设两母体为 $N_1(\mu_1,\sigma_1^2)$和 $N_2(\mu_2,\sigma_2^2)$，分别取出容量为 $n_1$ 和 $n_2$ 的子样样本，子样平均值 $\bar{x}_1$ 及 $\bar{x}_2$，计算出如下的统计量：

$$u = \frac{\bar{x}_1 - \bar{x}_2}{\sqrt{\dfrac{\sigma_1^2}{n_1} + \dfrac{\sigma_2^2}{n_2}}} \tag{2-77}$$

在显著性水平 $\alpha$ 下，检验 $|u| > u_{\alpha/2}$ 时否定假设 $H:\mu_1 = \mu_2$，此即认为两母体均值存在显著性差异.

同前，也可以对 $\mu_1$ 和 $\mu_2$ 进行单边检验.

右边 $u$ 检验：原假设 $\mu_1 \leqslant \mu_2$，当 $u > u_\alpha$ 时否定原假设.

左边 $u$ 检验：原假设 $\mu_1 \geqslant \mu_2$，当 $u < -u_\alpha$ 时否定原假设.

最后还应指出，对于观测数据很多，即子样容量 $n$ 较大(如 $n \geqslant 30$)的情况，因为总可以认为随机变量 $X$ 的子样均值 $\bar{x}$ 是近似遵守正态分布的，所以这时即使不假定随机变量遵守正态分布但仍可以应用 $u$ 检验法.

**例 2.15** 现有两批产品，从第一批中抽取 9 次进行检测，测得其平均值为 $\bar{x}_1 = 1532$. 从第二批中抽取 18 次进行检测，测得其平均值为 $\bar{x}_2 = 1412$. 已知 $\sigma_1 = 423$，$\sigma_2 = 380$，抽取的两批样品均符合正态分布. 试问这两批产品是否相同($\alpha = 0.05$)?

**解** 采用 $u$ 检验法进行双边检验.

假设这两批产品是相同的，即 $\mu_1 = \mu_2$. 计算统计量：

$$u = \frac{\bar{x}_1 - \bar{x}_2}{\sqrt{\dfrac{\sigma_1^2}{n_1} + \dfrac{\sigma_2^2}{n_2}}} = \frac{1532 - 1412}{\sqrt{\dfrac{423^2}{9} + \dfrac{380^2}{18}}} = 0.718$$

取显著性水平 $\alpha = 0.05$，查附录中的正态分布概率积分表，有 $u_{\alpha/2} = 1.96$，比较得 $|u| = 0.718 < u_{\alpha/2} = 1.96$. 所以接受原假设，认为这两批产品是相同的.

### 2.5.5 $t$ 检验法

在实际问题中，母体的标准差往往是不知道的，这时常采用服从 $t$ 分布的统计量来进行总体均值的检验，这就是 $t$ 检验法. $t$ 检验法与 $u$ 检验法的不同之处在于：①前者是按 $t$ 分布规律确定拒绝域的临界点，而后者是按正态分布规律确定 $u$ 的；②后者中的母体标准差 $\sigma_0$ 为已知，统计量 $u = \dfrac{\bar{x} - \mu_0}{\dfrac{\sigma_0}{\sqrt{n}}}$，而前者中的母体标准差未知，此时按子样计算 $s$ 及统计量 $t = \dfrac{\bar{x} - \mu_0}{\dfrac{s}{\sqrt{n}}}$.

(1) $t$ 检验的具体方法

检验假设 $H:\mu = \mu_0$. 计算统计量：

子样均值
$$\bar{x} = \frac{1}{n}\sum_{i=1}^{n} x_i$$

标准差
$$s = \sqrt{\frac{\sum_{i=1}^{n}(x_i - \bar{x})^2}{n-1}} \tag{2-78}$$

$$t=\frac{\overline{x}-\mu_0}{\left(\frac{s}{\sqrt{n}}\right)} \tag{2-79}$$

在显著性水平 $\alpha$ 下，按自由度 $f=n-1$ 及 $\alpha$ 查 $t$ 分布附表，确定拒绝域临界点 $t_{\alpha/2}(n-1)$，当 $|t|>t_{\alpha/2}(n-1)$ 时，则否定假设 $H:\mu=\mu_0$. 进行单边检验的方法和步骤同 $u$ 检验法.

(2)对两个母体均值一致性的检验

即检验假设 $H:\mu_1=\mu_2$. 设有两个母体 $X$ 和 $Y$，子样容量分别为 $n_1$ 和 $n_2$，计算如下的统计量.

①子样均量 $\overline{x}$ 和 $\overline{y}$.

②标准差

$$s_1=\sqrt{\frac{\sum_{i=1}^{n_1}(x_i-\overline{x})^2}{n_1-1}} \tag{2-80}$$

$$s_2=\sqrt{\frac{\sum_{i=1}^{n_2}(y_i-\overline{y})^2}{n_2-1}} \tag{2-81}$$

③用加权平均法求出一个共同的平均标准差 $s$

$$s^2=\frac{(n_1-1)s_1^2+(n_2-1)s_2^2}{n_1-1+n_2-1} \tag{2-82}$$

$$s=\sqrt{\frac{(n_1-1)s_1^2+(n_2-1)s_2^2}{n_1+n_2-2}} \tag{2-83}$$

④统计量 $t$

$$t=\frac{\overline{x}-\overline{y}}{\sqrt{\left(\frac{s}{\sqrt{n_1}}\right)^2+\left(\frac{s}{\sqrt{n_2}}\right)^2}}=\frac{\overline{x}-\overline{y}}{s\sqrt{\frac{1}{n_1}+\frac{1}{n_2}}} \tag{2-84}$$

在显著性水平 $\alpha$ 下，按总自由度 $f=n_1+n_2-2$ 及 $\alpha$ 查 $t$ 分布附表，确定拒绝域临界点 $t_{\alpha/2}(n_1+n_2-2)$，当 $|t|>t_{\alpha/2}(n_1+n_2-2)$ 时，否定假设 $H:\mu_1=\mu_2$. 进行单边检验的方法和步骤同 $u$ 检验法.

如果 $n_1$ 和 $n_2$ 都比较大，则可用下式近似计算统计量 $t$:

$$t=\frac{\overline{x}-\overline{y}}{\sqrt{\frac{s_1^2}{n_2}+\frac{s_2^2}{n_1}}} \tag{2-85}$$

这里的 $n_1$ 和 $n_2$ 不一定相等，但最好不要相差太大. 在显著性水平 $\alpha$ 下，当 $|t|>t_{\alpha/2}(n_1+n_2-2)$ 时，否定假设.

**例 2.16** 某玻璃厂生产一种新型玻璃，要求厚度为 2.40 mm，对某批产品随机抽样 5 次，实测数据(mm)为:2.37,2.41,2.39,2.39 及 2.41. 问这批产品是否合格(显著性水平 $\alpha=0.05$)?

**解** 已知 $\mu_0=2.40$，$n=5$，此为小子样测定，用 $t$ 检验法.

原假设 $H:\mu=\mu_0$，现计算如下的统计量.

子样均值:

$$\bar{x} = \frac{1}{n}\sum_{i=1}^{n} x_i = 2.39$$

标准误差:

$$s = \sqrt{\frac{\sum_{i=1}^{n}(x_i - \bar{x})^2}{n-1}} = 0.02$$

统计量:

$$t = \frac{\bar{x} - \mu_0}{\left(\frac{s}{\sqrt{n}}\right)} = -0.42$$

在显著性水平 $\alpha = 0.05$ 下,自由度 $f = n - 1 = 4$,临界值 $t_{\alpha/2}(f)$为:

$$t_{0.05/2}(4) = 2.776$$

$$|t| = 0.42 < t_{0.05/2}(4) = 2.776$$

所以,可以认为这批产品的厚度与总体的厚度没有显著性差异,即这批产品的厚度合格,平均厚度仍然是 2.40mm.

**例 2.17** 有甲、乙两水泥厂,对其生产的水泥进行抽样分析,其游离钙的含量(%)结果如下表:

| 子样 \ 次数 | 1 | 2 | 3 | 4 |
|---|---|---|---|---|
| 甲厂 | 1.26 | 1.25 | 1.22 | |
| 乙厂 | 1.35 | 1.31 | 1.33 | 1.34 |

问:考查两组数据有无显著性差异(显著性水平 $\alpha = 0.05$).

**解** 此为小子样下的两母体均值的一致性检验,用 $t$ 检验法.

原假设 $H:\mu_1 = \mu_2$,分别计算两组数据的子样平均值及统计量,计算结果列于下表:

| 子样 \ 参数 | $n$ | $\bar{x} = \frac{1}{n}\sum_{i=1}^{n} x_i$ | $t = \frac{\bar{x} - \mu_0}{\left(\frac{s}{\sqrt{n}}\right)}$ |
|---|---|---|---|
| 甲厂 | 3 | 1.24 | 0.021 |
| 乙厂 | 4 | 1.33 | 0.017 |

求共同的标准误差 $s$:

$$s = \sqrt{\frac{(n_1 - 1)s_1^2 + (n_2 - 1)s_2^2}{n_1 + n_2 - 2}} = 0.019$$

统计量 $t$:

$$t = \frac{\bar{x} - \bar{y}}{s\sqrt{\frac{1}{n_1} + \frac{1}{n_2}}} = -6.20$$

在显著性水平 $\alpha = 0.05$ 下,自由度 $f = n_1 + n_2 - 2 = 5$,查 $t$ 分布附表得 $t_{\alpha/2}(f) = t_{0.05/2}(5) = 2.571$,$|t| = 6.20 > t_{0.05/2}(5) = 2.571$,所以,由于 $|t| > t_{0.05/2}(5)$ 而否定原假设.这说明两组数据之间存在着显著性差异,这里甲厂的数据比乙厂显著减小了.

**例 2.18** 两实验室同时分析钢材中的含碳量(%),每次将同一批试样分两个实验室试验,分析结果列于下表.试问两实验室之间是否存在显著性差异(取显著性水平 $\alpha=0.05$).

| 试验号 | 1 | 2 | 3 | 4 | 5 | 6 | 7 | 8 | 9 | 10 | 11 | 12 | 13 |
|---|---|---|---|---|---|---|---|---|---|---|---|---|---|
| 实验室 1 | 0.18 | 0.12 | 0.12 | 0.08 | 0.08 | 0.12 | 0.19 | 0.32 | 0.27 | 0.22 | 0.34 | 0.14 | 0.46 |
| 实验室 2 | 0.16 | 0.09 | 0.08 | 0.05 | 0.13 | 0.10 | 0.14 | 0.30 | 0.31 | 0.24 | 0.28 | 0.11 | 0.42 |
| 差值 $\Delta_i$ | +0.02 | +0.03 | +0.04 | +0.03 | -0.05 | +0.02 | +0.05 | +0.02 | -0.04 | -0.02 | +0.06 | +0.03 | +0.04 |

**解** 测定结果的差异只反映两实验室间的差异,如果两实验室之间不存在系统误差,则当测定次数足够大时,两室测定差值的平均值 $\overline{\Delta}_0$ 应为零.

$$\overline{\Delta}=\frac{1}{n}\sum_{i=1}^{n}\Delta_i=0.018$$

$$s=\sqrt{\frac{\sum_{i=1}^{n}(\Delta_i-\overline{\Delta})^2}{n-1}}=0.034$$

两实验室测定差值平均值的标准误差:

$$s_{\overline{\Delta}}=\frac{s}{\sqrt{n}}=\frac{0.034}{\sqrt{13}}=0.0094$$

由于差值 $\Delta$ 的平均值实际上不为零,因此,有偶然误差存在,用 $t$ 检验法.计算统计量 $t$:

$$t=\frac{\overline{\Delta}-\Delta_0}{\left(\frac{s}{\sqrt{n}}\right)}=1.91$$

查 $t$ 分布表得:$t_{0.05/2}(13-1)=2.179>t=1.91$.

故可得出结论:在显著性水平 $\alpha=0.05$ 下,两实验室之间不存在显著性差异,没有理由认为两实验室之间有系统误差存在.

本例题属于另一种类型的 $t$ 检验,即配对研究的试验数据判断.

### 2.5.6 *F* 检验法

从前两节 $u$ 检验和 $t$ 检验法的介绍可知,总体均值的检验与标准误差有着极密切的关系,而一组数据标准误差的大小正反映了生产和试验状况的波动程度,它是反映产品质量稳定性的重要指标.$F$ 检验法正是用服从 $F$ 分布的统计量 $F$,在显著性水平 $\alpha$ 下检验两个正态总体标准误差一致性的检验方法,具体程序如下:

(1)检验假设 $H: s_1=s_2$.

(2)分别计算两总体的方差 $s_1^2$ 和 $s_2^2$(设 $s_1^2>s_2^2$).

(3)计算统计量 $F=\frac{\text{大方差}}{\text{小方差}}=\frac{s_1^2}{s_2^2}>1$.

如果两总体的标准误差相等($s_1=s_2$),即两者的方差(或标准差)没有显著性差异,那么统计量 $F$ 应接近于 1,当 $F$ 大于 1 而超过某一个界限值时,就必然否定假设 $s_1=s_2$.

(4)本书附表 3 给出了在不同的显著性水平 $\alpha$ 下 $F$ 的上限临界值 $F_\alpha(n_1-1,n_2-1)$,其中 $(n_1-1)$ 代表统计量 $F$ 中分子这一总体的自由度;$(n_2-1)$ 代表 $F$ 中分母这一总体的自由度.当 $F>F_\alpha(n_1-1,n_2-1)$ 时,否定假设.

在 $F$ 检验中,同样可进行单边检验 $s_1\leqslant s_2$ 或 $s_1\geqslant s_2$.对于假设 $H: s_1\leqslant s_2$,用统计量 $F=\frac{s_1^2}{s_2^2}$;对于假设 $H: s_1\geqslant s_2$,则采用统计量 $F=\frac{s_2^2}{s_1^2}$.在单边检验中,都是当 $F>F_\alpha$(分子自由度,

分母自由度)时,否定原假设.

**例 2.19** 某橡胶配方中,原用氧化锌 5g,现改为氧化锌 1g,分别对两种配方抽样试验,测得橡胶的指标值如下:

| 配方 1 | 氧化锌 5g | 540 | 533 | 525 | 520 | 545 | 531 | 541 | 529 | 534 | – |
|---|---|---|---|---|---|---|---|---|---|---|---|
| 配方 2 | 氧化锌 1g | 565 | 577 | 580 | 575 | 556 | 542 | 560 | 532 | 570 | 561 |

求在显著性水平 $\alpha = 0.05$ 下,两种配方指标值的总体标准误差有无显著性差异.

**解** 假设两种配方下的总体标准差无显著性差异,即

$$H: s_1 = s_2$$

计算两组数据的方差:$s = \sqrt{\dfrac{\sum\limits_{i=1}^{n}(x_i - \overline{x})^2}{n-1}}$,得

$$s_1^2 = 63.86, \quad s_2^2 = 236.8$$

计算统计量 $F = \dfrac{s_2^2}{s_1^2} = 3.71$

求临界值 $F_\alpha(n_2 - 1, n_1 - 1)$

$$F_{0.05}(10-1, 9-1) = 3.39$$

$$F = 3.71 > F_{0.05}(9,8) = 3.39$$

所以,在显著性水平 $\alpha = 0.05$ 下否定原假设,即认为两总体的标准误差是不等的,存在着显著性差异.

## 2.6 方差分析法

### 2.6.1 概述

对试验进行多次测量所得到的一组数据 $x_1, x_2, \cdots, x_n$,由于受到各种因素的影响,各个测量值通常都是参差不齐的,它们之间的差异称为误差.从误差的性质考虑,测量中的误差,既可能是由于随机因素引起的,也可能是由于试验条件的改变引起的.如果是随机因素引起的则属于试验误差,反映了测试结果的精密度,是衡量测试条件稳定性的一个重要标志;如果是由于试验条件的改变引起的,则属于系统误差,反映测试条件对测试结果的影响,可用来评价与衡量因素效应.

误差大小的表示方法是用测量值 $x_i$ 与其平均值$\overline{x}$的离差平方和表示的,即误差平方和:

$$S = \sum_{i=1}^{n}(x_i - \overline{x})^2$$

误差平方和简称为平方和,表示每一个测量值 $x_i$ 与其平均值$\overline{x}$偏离程度的一个总的量度,它的数值越大,表示测量值之间的差异越大.用误差平方和表征误差的优点是能充分利用测试数据所提供的信息,缺点是误差平方和随着测量数目的增多而增大.为了克服这一缺点,用方差来表征误差的大小,公式为:

$$s^2 = \frac{S}{f}$$

式中,$f$ 为自由度.方差表征了误差大小的统计平均值,其优点是既能充分利用测试数据所提供的信息,又能避免对测量数目的依赖性.

方差具有加和性，如果我们能从随机因素与试验条件改变所形成的总方差中，将属于试验误差范畴的方差与由于试验条件改变而引起的条件方差分解出来，并将两类方差在一定置信概率下进行 $F$ 检验，就可以确定试验因素效应对试验结果的影响程度；如果测量结果同时受到多个因素的影响，通过方差分解可以了解每个因素对测量结果的影响程度及几个因素影响的大小，从而为优选与有针对性的控制试验条件提供了科学依据.

方差分析在分析测试中有着广泛的应用. 在对比性试验中，用来检查测试精度的变化；在优选试验条件时，用来判断因素效应；在建立坐标曲线时，用来检验所建立的标准曲线是否有意义，与曲线的拟合程度等等.

### 2.6.2 方差分析的原理

(1)数据的数学模型

对于一个试验，测量值的波动包括两部分：一是随机误差引起的波动，二是水平变化引起的波动. 当后者超过前者时，即可以判断出水平变化有显著影响. 要比较误差和水平变化引起的系统误差，首先要从试验数据的波动中把两者分离出来，给出两者的数值大小. 下面结合单因素试验介绍方差分析的有关原理.

表 2-7 是催化剂对某化学反应产物转化率影响的试验数据. 催化剂为五水平，每一水平下重复试验三次，共计 $3\times5=15$ 次试验. 表中括号中的数字为试验顺序，是按随机化方法确定的. 这种试验设计方法称作完全随机化试验设计.

**表 2-7 催化剂对某化学反应产物转化率(%)的影响**

| 催化剂 | $A_1$(0.2%) | $A_2$(0.3%) | $A_3$(0.4%) | $A_4$(0.5%) | $A_5$(0.6%) |
|---|---|---|---|---|---|
| 1 | 90(2) | 97(10) | 96(4) | 84(3) | 84(6) |
| 2 | 92(12) | 93(1) | 96(14) | 83(8) | 86(5) |
| 3 | 88(9) | 92(15) | 93(7) | 88(13) | 82(11) |

每一水平条件下的三次试验数据都可以认为是某个总体的一个样本. 假设 $A_i$ 水平条件下的总体真值为 $\mu_i$，则 $A_i$ 水平条件下的全部数据就可以表示为：

$$x_{ij}=\mu_i=\varepsilon_{ij} \tag{2-86}$$

式中，$j$ 为重复次数，$\varepsilon_{ij}$为随机误差.

假设各个样本之间没有明显差异，则在这种条件下 $p$ 个样本的平均值也可以认为是一个随机样本，其平均值的真值

$$\mu=\frac{1}{p}\sum_{i=1}^{n}\mu_i$$

$\mu$ 称为一般平均值. 把 $A_i$ 水平条件下的总体真值 $\mu_i$ 与 $p$ 个总体真值的平均值 $\mu$ 之差，定义为效应 $\alpha_i$：

$$\alpha_i=\mu_i-\mu \tag{2-87}$$

$\alpha_i$ 为因素取第 $i$ 水平时的效应，它表示因素取第 $i$ 水平时试验结果与“中等”水平相比，好多少或差多少的一个量. 则

$$x_{ij}=\mu+\alpha_i+\varepsilon_{ij} \tag{2-88}$$

这就是单因素试验数据的数学模型.

下面根据表 2-7 中给出的数据，利用数学模型计算 $\mu$，$\alpha_i$ 和 $\varepsilon_{ij}$的估计值.

①$\mu$ 的估计值. 如果试验误差 $\varepsilon_{ij}$是相互独立的随机变量，它服从正态分布 $N(0,\sigma^2)$，则组

间误差平均值

$$\varepsilon_i = \frac{1}{\gamma}\sum_{j=1}^{\gamma}\varepsilon_{ij} \quad (\gamma \text{ 为总重复次数}) \tag{2-89}$$

总偏差平均值

$$\overline{\varepsilon} = \frac{1}{n}\sum_{i=1}^{p}\sum_{j=1}^{\gamma}\varepsilon_{ij} = 0 \quad (n = p\gamma) \tag{2-90}$$

而且

$$\sum_{i=1}^{p}\alpha_i = 0$$

可以证明$\overline{x}$是一般平均值$\mu$的无偏估计值：

$$\overline{x} = \frac{1}{p\gamma}\sum_{i=1}^{p}\sum_{j=1}^{\gamma}(\mu + \alpha_i + \varepsilon_{ij}) = \mu + \frac{1}{p\gamma}\sum_{i=1}^{p}\sum_{j=1}^{\gamma}\alpha_i + \frac{1}{p\gamma}\sum_{i=1}^{p}\sum_{j=1}^{\gamma}\varepsilon_{ij} \tag{2-91}$$

由于式中第二项与第三项等于零，故可得$\mu$的估计值：

$$\overline{x} = \mu = 89.6$$

②效应$\alpha_i$的估计值．$A_i$水平时的平均值：

$$\overline{x}_i = \frac{1}{\gamma}\sum_{j=1}^{\gamma}x_{ij} = \frac{1}{\gamma}\sum_{j=1}^{\gamma}(\mu + \alpha_i + \varepsilon_{ij}) = \mu + \alpha_i + \frac{1}{\gamma}\sum_{j=1}^{\gamma}\varepsilon_{ij} \tag{2-92}$$

式中，$\frac{1}{\gamma}\sum_{j=1}^{\gamma}\varepsilon_{ij} = 0$，则

$$\overline{x}_i = \mu + \alpha_i$$

把上面得到的一般平均值$\mu$的估计值$\overline{x}$代入上式，移项，可得各水平效应的估计值：

$$\alpha_i = \overline{x}_i - \overline{x}$$

③残差$\varepsilon_{ij}$的估计．按照残差的定义，各观测值$x_{ij}$与相应的样本平均之差即为残差，故

$$\varepsilon_{ij} = x_{ij} - \overline{x}_i$$

总偏差可以用下式表示：

$$(x_{ij} - \overline{x}) = (\overline{x}_i - \overline{x}) + (x_{ij} - \overline{x}_i) \tag{2-93}$$

总偏差＝组间误差＋组内误差

全部数据分解如表 2-8 所示．

**表 2-8　数据分解表**

| 次数 | $A_1$ | | | $A_2$ | | | $A_3$ | | |
|---|---|---|---|---|---|---|---|---|---|
| | $x_{ij}-\overline{x}$ | $\overline{x}_i-\overline{x}$ | $x_{ij}-\overline{x}_i$ | $x_{ij}-\overline{x}$ | $\overline{x}_i-\overline{x}$ | $x_{ij}-\overline{x}_i$ | $x_{ij}-\overline{x}$ | $\overline{x}_i-\overline{x}$ | $x_{ij}-\overline{x}_i$ |
| 1 | 0.4 | 0.4 | 0 | 7.4 | 4.4 | 3 | 6.4 | 5.4 | 1 |
| 2 | 2.4 | 0.4 | 2 | 3.4 | 4.4 | −1 | 6.4 | 5.4 | 1 |
| 3 | −1.6 | 0.4 | −2 | 2.4 | 4.4 | −2 | 3.4 | 5.4 | −2 |
| 次数 | $A_4$ | | | $A_5$ | | | | | |
| | $x_{ij}-\overline{x}$ | $\overline{x}_i-\overline{x}$ | $x_{ij}-\overline{x}_i$ | $x_{ij}-\overline{x}$ | $\overline{x}_i-\overline{x}$ | $x_{ij}-\overline{x}_i$ | | | |
| 1 | −5.6 | −4.6 | 1 | −5.6 | −5.6 | 0 | | | |
| 2 | −6.6 | −4.6 | −2 | −3.6 | −5.6 | 2 | | | |
| 3 | −1.6 | −4.6 | 3 | −7.6 | −5.6 | −2 | | | |

通过数据的分解，可由每一个数据看到温度对试验结果的影响，即由试验数据的总偏差中

分离出了试验误差和条件误差，并实现了数值化.

(2)平方和及自由度的计算方法

方差分析中所讨论的问题是多个样本的问题，通常用 $F$ 检验法检验样本间差异的显著性. 用样本间的方差代替平均值之差，用样本内的方差代替试验误差，即用

$$F=\frac{\text{样本间方差}}{\text{样本内方差}}$$

判断差异的显著性. 前面已经把总偏差分解成组内误差和组间误差，因而就不难计算它们的方差. 方差计算中除分别计算误差平方和及其相应的自由度外，两者的加法定理也是很有用的.

①平方和加法定理

a. 总偏差平方和. 试验数据总的波动可用总偏差的平方和 $S_T$ 表示：

$$S_T=\sum_{i=1}^{n}(x_i-\overline{x})^2 \qquad (n=\gamma p) \tag{2-94}$$

b. 样本间的误差平方和. 因素的影响可以用样本的平均值的差异来表示，即用样本间的误差来表示. 即：

$$S_A=\gamma\sum_{i=1}^{p}(\overline{x}_i-\overline{x})^2 \tag{2-95}$$

c. 误差平方和. 同一水平条件下的 $\gamma$ 个数据可以认为是一个样本，样本值的差异就是试验误差.

$$S_E=S_T-S_A \tag{2-96}$$

②自由度加法定理

a. 总平方和的自由度 $f_T$. 总平方和是 $n(n=p\gamma)$ 个偏差的平方和，计算总平方和时存在一个约束条件，故按自由度的规定，总平方和的自由度为

$$f_T=n-1 \tag{2-97}$$

b. 误差平方和的自由度 $f_A$. 同样，误差平方和的自由度，由于存在一个约束条件，故其自由度应为：

$$f_A=p-1 \tag{2-98}$$

c. 试验误差的自由度 $f_E$. 试验误差的自由度为

$$f_E=f_T-f_A \tag{2-99}$$

(3)显著性检验

计算平方和与自由度后，就可以进行显著性检验. 按照假设检验原理，首先计算统计量 $F$ 的值：

$$F=\frac{S_A/f_A}{S_E/f_E} \tag{2-100}$$

如果 $F$ 值大于选定显著性水平 $\alpha$ 时的表查 $F$ 值，就说明因素变化的影响大于误差的影响，即该因素影响显著.

以下规定：

①当 $F>F_{0.01}$时，因素的影响特别显著，记为“* * *”；

②当 $F_{0.01}\geqslant F>F_{0.05}$时，因素的影响显著，记为“* *”；

③当 $F_{0.05}\geqslant F>F_{0.10}$时，有一定的影响，记为“*”；

④当 $F_{0.10}\geqslant F$ 时，影响不大或没有影响.

### 2.6.3 单因素方差分析法

单因素方差分析法是处理单因素多水平试验数据的一种有效方法，在分析测试中有着广泛的应用．在优化试验参数时，研究试验各个因素不同水平的影响；研究干扰效应时，考察干扰物质浓度的影响，确定干扰物质浓度的允许界限；研制标准物质时，考察标准物质的均匀性等等，都要应用单因素方差分析．

在设计单因素多水平试验时，最好设计为等重复测试次数，这样，处理数据要简单，而且，在总测试次数相同的条件下，各水平等重复测试次数试验的精度要优于不重复测试次数试验．

各误差平方和及自由度的计算公式如下：

总偏差平方和

$$S_T = \sum_{i=1}^{n}(x_i - \bar{x})^2 = \sum_{i=1}^{n} x_i^2 - \frac{1}{n}\left(\sum_{i=1}^{n} x_i\right)^2 = Q_T - P \tag{2-101}$$

式中，$Q_T = \sum_{i=1}^{n} x_i^2$，$P = \frac{1}{n}\left(\sum_{i=1}^{n} x_i\right)^2$．

因素的误差平方和

$$S_A = \gamma\sum_{i=1}^{p}(\bar{x}_i - \bar{x})^2 = \gamma\sum_{i=1}^{p}\bar{x}_i^2 - \frac{1}{n}\left(\sum_{i=1}^{n} x_i\right)^2 = Q_A - P \tag{2-102}$$

式中，$Q_A = \gamma\sum_{i=1}^{p}\bar{x}_i^2$，$P = \frac{1}{n}\left(\sum_{i=1}^{n} x_i\right)^2$．

误差平方和

$$S_E = S_T - S_A \tag{2-103}$$

总平方和的自由度 $f_T$

$$f_T = n - 1 \tag{2-104}$$

误差平方和的自由度 $f_A$

$$f_A = p - 1 \tag{2-105}$$

误差的自由度 $f_E$

$$f_E = f_T - f_A \tag{2-106}$$

将上述方差分析的计算结果列成表，即方差分析表，进行显著性检验．

下面以表 2-7 催化剂对产品转化率的影响试验数据为例，进行方差分析．计算步骤如下：

(1)将表 2-7 试验数据按等差变换法进行简化，所有数据均减去 85，所得结果列于表 2-9 中．

(2)计算 $P = \frac{1}{n}\left(\sum_{i=1}^{n} x_i\right)^2 = 317.4$．

(3)计算 $Q_T = \sum_{i=1}^{n} x_i^2 = 671$．

(4)计算 $Q_A = \gamma\sum_{i=1}^{p}\bar{x}_i^2 = 621$．

(5)计算各平方和：

$S_T = Q_T - P = 671 - 317.4 = 353.6$；

$S_A = Q_A - P = 621 - 317.4 = 303.6$；

$S_E = S_T - S_A = 353.6 - 303.6 = 50$．

(6)方差分析表,如表 2-9 和表 2-10 所示.

**表 2-9　方差分析计算**

| 水平 \ 因素 | $A_1$ | $A_2$ | $A_3$ | $A_4$ | $A_5$ | |
|---|---|---|---|---|---|---|
| 1 | 5 | 12 | 11 | −1 | −1 | $P=\frac{1}{n}\left(\sum_{i=1}^{n}x_i\right)^2=317.4$ |
| 2 | 7 | 8 | 11 | −2 | 1 | $Q_T=\sum_{i=1}^{n}x_i^2=671$ |
| 3 | 3 | 7 | 8 | 3 | −3 | |
| $\overline{x_i}$ | 5 | 9 | 10 | 0 | −1 | $Q_A=\gamma\sum_{i=1}^{p}\overline{x_i}^2=621$ |
| $\overline{x_i^2}$ | 25 | 81 | 100 | 0 | 1 | |

**表 2-10　方差分析表**

| 方差来源 | 平方和 | 自由度 | 方差 | 统计量 $F$ | 临界值 $F_\alpha$ | 显著性 |
|---|---|---|---|---|---|---|
| 因素 $A$ | 303.6 | 4 | 75.9 | 15.18 | $F_{0.01}(4,10)=5.994$ | * * * |
| 误差 $E$ | 50 | 10 | 5.0 | | | |
| 总和 $T$ | 353.6 | 14 | | | | |

由表 2-10 分析可知,$F>F_{0.01}$,说明催化剂的用量改变后对产物的转化率影响特别显著.

### 2.6.4　方差分析的基本假设

方差分析是在数理统计的基础上建立起来的,作了一些基本假设,只有符合这些基本假设才能使用这一方法处理数据.利用方差分析进行数据处理必须满足下列四个基本假设:

一是,误差应保证其随机性、独立性,并且服从正态分布;

二是,各样本的方差应满足齐性;

三是,各样本的方差与其样本平均值不相关;

四是,效应满足线性可加性.

(1)正态性

在讨论数据结构模型时,曾假设误差项 $\varepsilon_{ij}$互相独立,并且服从正态分布.这实质上就是假设数据 $X_{ij}$都是来自某一正态分布 $N(\mu,\sigma^2)$,计算平均值、各误差平方和、自由度和 $F$ 检验等都是在这一假设基础上建立起来的.

独立性是说误差项的大小与它们属于哪一个样本无关,而随机性,它是数理统计理论建立的基础.

正态性可以按数理统计中介绍的方法进行检验.根据大数定理和中心极限定理可知,这一假设大多可以得到保证.另外,正态性的偏离对方差分析的影响也不大.所以,一般并不进行正态性的检验.保证这一假设的方法就是在设计试验、组织试验时实行随机化的原则.

(2)方差齐性

方差齐性是指各样本的总体方差相等,就是说各样本值都是来自方差为 $\sigma^2$ 的同一个正态总体.回顾显著性检验可知,所检验的正是这一点,即 $H_0:\alpha_i=0$.只有在此假设的条件下,才可以进行这样的检验.用样本值估计总体方差 $\sigma^2$,估计值是不会相等的,但不会超出随机因素的影响范围.事实上,正是因为它们的不等才用各样本误差的加权平均来估计总体方差的.

同时,还要保证各样本方差的估计量应来自于同一总体.如果两个样本,一个来自方差大的总体,另一个来自方差小的总体,这时如用方差分析得到的误差方差进行显著性检验,就会得出非常错误的结论.方差大的样本容易被判断为显著,而方差小的样本会被判断为不显著.

因此,在失去方差齐性时就不能用方差分析法来进行显著性检验.

(3)平均值与方差的独立性

某些分布的样本平均值与其方差之间存在一定的关系,这种情况的产生原因往往与方差失掉齐性的原因相同.一般当样本平均值范围较大时就可能出现样本平均值与方差成比例的情况,这时不可轻易认为数据满足这一假设.这一假设可以认为是方差不满足齐性的特殊场合.所以,不满足这一假设的后果和方差失去齐性的后果相同.

在工程技术中,比例数据、百分数数据是常见的平均值与其方差相关的数据.这时,对数据进行变换后,方可应用方差分析法.

(4)线性可加性

线性可加性是指数据结构模型中,总平均值、效应与误差项之间具有线性关系,这些项加在一起就是数据结构模型.方差分析方法的论证就是在这一假设条件下完成的,所以这一假设必须得到保证.

这一假设在农业、医学等科学领域中得不到满足是常见的.失去可加性的主要原因是各因素之间存在交互作用.而正交试验设计的出现和受到重视的原因也就在这里.倍增性效应的数据结构也不满足线性可加性这一假设,对这一类数据必须进行相应的数据变换.

分析违反上述四个基本假设的各种情况可知,多数是数据不服从正态分布(服从其他分布)造成的.例如服从泊松分布的数据,方差等于样本平均值;服从二项分布的数据,方差为 $p(1-p)/n$,随 $p$ 变化而变化,使数据失掉了方差齐性的假设.检验数据服从何种分布,这在概率论中有相应的检验方法,这里不再叙述.对违反四个基本假设的数据必须进行相应的变换,下面介绍几种常见的数据变换方法.

(1)对数变换

对以下两种数据通常采用对数变换:

①样本的标准偏差与样本平均值大体上成比例;

②具有倍增性效应的数据.

对数变换是将所有数据一一取对数.但进行对数变换时应注意以下几点:

①不可对原始数据进行等差变换;

②数据中有负数时,不能应用这种变换;

③数据中有零时,为避免出现无穷大的变换值,变换前可在每个数据上加 1,然后再进行对数变换.

(2)Ω 变换

Ω 变换是一种较为实用的变换方法.这种方法主要用于对百分数数据进行变换.因为接近 0% 和 100% 的百分数据,它们的方差较小,而中间值的方差较大,不满足方差齐性的基本假设.这一变换采用的公式是倒数减 1 再取对数,即:

$$\lg\left(\frac{100}{x}-1\right)$$

(3)累积频数法

在工程实践中还有一类数据,如产品的等级:上、中、下,容易和困难等.处理这类数据可采用累积频数法.采用这一方法进行变换时,必须按表 2-11 进行类似的变换.

表中的原始数据是优、良、中,即试验时对每一抽样进行评定,定出优、良、中,显然三者必居其一.6 次抽样中,优出现 2 次、良出现 3 次、中出现 1 次,这样就把优、良、中这种实验结果转化成数字数据,即为密度频数数据,如表 2-11 所示.

**表 2-11 频数变换表**

| 密度频数数据 | 累积频数数据 | | |
|---|---|---|---|
| 优 良 中 | A(优的数目) | B(优+良的数目) | C(优+良+中的数目) |
| 2 3 1 | 2 | 5 | 6 |

数据变换的方法很多,采用何种方法必须根据数据的性质来选定,但变换后应须做相应的检验.因为变换后的数据不一定满足四个基本假设,有时还会使数据失去意义.例如锅炉的热效率不可能超过 100%,如果变换后经方差分析得到的结果大于 100%,那么还不如不变换.

应当指出,进行数据变换不是为了"好看",而是为了符合四个基本假设,确保方差分析的理论基础和结论的可靠性.另外,方差分析、显著性检验、效应估计等都应按变换后的数据进行计算,特别是最佳工况的估计值要用变换后的数据给出.

### 2.6.5 多因素方差分析法

多因素试验是分析测试中经常遇到的问题,方差分析是处理多因素试验数据的基本方法之一.两因素试验是多因素试验的最简单的情况,下面研究两因素试验数据的方差分析.

各误差平方和及自由度的计算公式如下:

总偏差平方和

$$S_T=\sum_{i=1}^{n}(x_i-\overline{x})^2=\sum_{i=1}^{n}x_i^2-\frac{1}{n}\Big(\sum_{i=1}^{n}x_i\Big)^2=Q_T-P \tag{2-107}$$

式中,$Q_T=\sum_{i=1}^{n}x_i^2, P=\frac{1}{n}\Big(\sum_{i=1}^{n}x_i\Big)^2$.

因素的误差平方和

$$S_A=\gamma\sum_{i=1}^{p}(\overline{x}_i-\overline{x})^2=\gamma\sum_{i=1}^{p}\overline{x}_i^2-\frac{1}{n}\Big(\sum_{i=1}^{n}x_i\Big)^2=Q_A-P \tag{2-108}$$

式中,$Q_A=\gamma\sum_{i=1}^{p}\overline{x}_i^2,\ P=\frac{1}{n}\Big(\sum_{i=1}^{n}x_i\Big)^2$.

$$S_B=\gamma\sum_{i=1}^{p}(\overline{x}_i-\overline{x})^2=\gamma\sum_{i=1}^{p}\overline{x}_i^2-\frac{1}{n}\Big(\sum_{i=1}^{n}x_i\Big)^2=Q_B-P \tag{2-109}$$

式中,$Q_B=\gamma\sum_{i=1}^{p}\overline{x}_i^2, P=\frac{1}{n}\Big(\sum_{i=1}^{n}x_i\Big)^2$.

误差平方和

$$S_E=S_T-(S_A+S_B) \tag{2-110}$$

总平方和的自由度 $f_T$

$$f_T=n-1$$

因素误差平方和的自由度

$$f_A=p-1$$

$$f_B=p-1$$

误差的自由度 $f_E$

$$f_E=f_T-(f_A+f_B)$$

将上述方差分析的计算结果列成表，即方差分析表，进行显著性检验.

仍选用提高某化学产品转化率的试验为例. 影响转化率的因素很多，其中合成温度和催化剂用量的影响最大，所以拟重点研究这两个因素对指标的影响，通过试验寻找最佳工况. 这里用 $A_i$ 代表合成温度，用 $B_j$ 代表催化剂用量，根据化学原理和经验，温度在 200 ~ 300℃，催化剂用量在 0.2% ~ 0.8% 之间，转化率较高. 由于温度和催化剂用量的范围较大，因此决定温度取五水平，催化剂用量取四水平，如表 2-12 和表 2-13 所示.

**表 2-12　两因素各水平**

| $A_1$ | $A_2$ | $A_3$ | $A_4$ | $A_5$ |
|---|---|---|---|---|
| 200℃ | 225℃ | 250℃ | 275℃ | 300℃ |
| $B_1$ | $B_2$ | $B_3$ | $B_4$ | |
| 0.2% | 0.4% | 0.6% | 0.8% | |

**表 2-13　两元组合表**

| 因素 A / 因素 B | | $A_1$ 200℃ | $A_2$ 225℃ | $A_3$ 250℃ | $A_4$ 275℃ | $A_5$ 300℃ |
|---|---|---|---|---|---|---|
| $B_1$ | 0.2% | 64(15) | 67(19) | 76(3) | 76(7) | 73(18) |
| $B_2$ | 0.4% | 65(1) | 81(8) | 81(14) | 84(12) | 80(6) |
| $B_3$ | 0.6% | 76(17) | 82(5) | 88(10) | 83(2) | 84(16) |
| $B_4$ | 0.8% | 64(11) | 91(13) | 90(4) | 92(20) | 91(9) |

各因素水平确定后，就可以进行组合确定各试验的工况参数. 各工况参数示于表 2-13 中，表中括号内的数字是随机化确定的试验次序.

试验要求达到以下目的：

(1)合成温度、催化剂用量对转化率的影响；

(2)确定最佳工况；

(3)温度和催化剂用量改变后，是否对转化率有显著影响.

下面进行方差分析，其计算步骤如下：

(1)将表 2-13 试验数据按等差变换法进行简化，所有数据均减去 80，所得结果列于表2-14中.

**表 2-14　方差分析计算**

| 因素 A / 因素 B | $A_1$ | $A_2$ | $A_3$ | $A_4$ | $A_5$ | $\overline{x}_j$ | $\overline{x}_j^2$ |
|---|---|---|---|---|---|---|---|
| $B_1$ | −16 | −13 | −4 | −4 | −7 | −8.8 | 77.44 |
| $B_2$ | −15 | 1 | 1 | 4 | 0 | −1.8 | 3.24 |
| $B_3$ | −4 | 2 | 8 | 3 | 4 | 2.6 | 6.76 |
| $B_4$ | −16 | 11 | 10 | 12 | 11 | 5.6 | 31.36 |
| $\overline{x}_i$ | −12.75 | 0.25 | 3.75 | 3.75 | 2 | $\gamma\sum_{i=1}^{p}\overline{x}_i = -12$ | |
| $\overline{x}_i^2$ | 162.5625 | 0.0625 | 14.0625 | 14.0625 | 4 | $\sum_{j=1}^{p}\overline{x}_j^2 = 118.8$<br>$\sum_{i=1}^{p}\overline{x}_i^2 = 194.75$ | |

(2)计算 $P=\frac{1}{n}(\sum_{i=1}^{n}x_i)^2=\frac{1}{4\times5}(-12)^2=7.2$.

(3)计算 $Q_T=\sum_{i=1}^{n}x_i^2=[(-16)^2+(-15)^2+(-4)^2+\cdots+(4)^2+(11)^2]=1600$.

(4)计算 $Q_A=\gamma\sum_{i=1}^{p}\overline{x}_i^2=4\times194.75=779$, $Q_B=\gamma\sum_{j=1}^{p}\overline{x}_j^2=5\times118.8=594$.

(5)计算各平方和:

$S_T=Q_T-P=1600-7.2=1592.8$;

$S_A=Q_A-P=779-7.2=771.8$;

$S_B=Q_B-P=594-7.2=586.8$;

$S_E=S_T-(S_A+S_B)=1592.8-(771.8+586.8)=234.2$.

(6)方差分析表,如表 2-15 所示.

**表 2-15　方差分析表**

| 方差来源 | 平方和 $S$ | 自由度 $f$ | 方差 $S/f$ | 统计量 $F$ | 临界值 $F_\alpha$ | 显著性 |
|---|---|---|---|---|---|---|
| 因素 $A$ | 771.8 | 4 | 192.95 | 9.885 | $F_{0.01}(4,12)=5.412$<br>$F_{0.01}(3,12)=5.953$ | * * * |
| 因素 $B$ | 586.8 | 3 | 195.60 | 10.021 | | * * * |
| 误差 $E$ | 234.2 | 12 | 19.52 | | | |
| 总和 $T$ | 1592.8 | 19 | | | | |

由表 2-15 分析可知, $F_A>F_{0.01}(4,12)$, $F_B>F_{0.01}(3,12)$,说明温度和催化剂用量改变后,对产物的转化率的影响特别显著.

# 第3章 试验设计

科学试验的目的,是获得对客观事物规律性的认识.试验设计是试验者进行试验获取可靠试验资料的第一步,试验安排合理,试验次数就少,不需花费大量的人力物力就能得到满意的结果.反之,试验安排不合理,花费量大,有时甚至花费了大量的劳动亦未必能得到可靠的试验资料.因此,如何安排试验是一个很重要的问题.

## 3.1 试验设计概述

所谓试验设计,是指以概率论与数理统计学为理论基础,为获得可靠试验结果和有用信息,科学安排试验的一种方法论,亦是研究如何高效而经济地获取所需要的数据与信息和分析处理的方法.试验设计是20世纪初由英国生物统计学家费歇尔(R.A.Fisher)首先提出来的,最先应用于农业和生物学方面,很快推广到其他领域.在农业种植方面,为了提高农作物的单位面积产量,要进行品种对比试验、施肥对比试验;在工业生产中,为了提高产品的产量或质量,常常需要先做试验,改变原料配比或工艺生产条件,寻求最佳工况;在医学上,为了观察新药的效果,要做动物试验、临床试验等等.

在试验中,用来衡量试验效果的质量指标(如产量、成活率、废品率、转化率等),称为试验指标.它可以是单一指标,也可以是多个指标.试验指标按其性质来分,可分为定性试验指标和定量试验指标两类.通常我们研究的是定量试验指标.

影响试验指标的要素或原因称之为因素,因素在试验中所取的状态称之为水平.如某化学反应温度对其转化率有影响,温度就是因素,温度的不同取值,如100℃,150℃,200℃,250℃即为因素的水平.因素水平的变化可以引起试验指标的变化.试验设计的目的就是找出影响试验指标值的诸因素,或者说是寻找最佳工况.但是,不同试验的指标值和影响指标值的因素是不同的.为达到试验目的,总是人为地选定某些因素,让它们在一定的范围内变化,来考察它们对指标值的影响.怎样组织试验,才能以最小的代价获得最多的信息,这就是试验设计的任务.当然,还包括如何处理试验数据.

因此归纳起来,试验设计包括如下三个方面的内容:

(1) 工况选择——因素与水平的选取方法;

(2) 误差控制——试验方案的制定;

(3) 数据处理——分析试验结果.

### 3.1.1 因素的选取

表3-1 影响水泥胶砂试验的因素

| 影响试验指标值的诸因素 | | 试验指标值 |
| --- | --- | --- |
| 原料的组成 | 水泥的强度等级,砂子,灰砂比,水灰比 | 水泥的抗压强度 |
| 操作条件 | 机械操作,手工操作 | |
| 结构条件 | 大试块,小试块,条形试块,方形试块 | |

如表 3-1 所示,影响水泥胶砂试验的因素很多,如水泥的强度等级、砂子、灰砂比、水灰比;因素在试验中所取的状态称为水平,如水泥的强度等级可取 32.5 级、42.5 级、52.5 级,水灰比这一因素可取 30%,35%,40%,灰砂比这一因素可取 1:1,1:2,1:3 等等.每一个具体的试验,由于试验目的不同或者因现场条件的限制等,通常只选取所有影响因素中的某些因素进行试验.试验过程中改变这些因素的水平而让其余因素保持不变.按所取因素的多少把试验分为单因素试验、两因素试验和多因素试验.表 3-2 是单因素试验,表 3-3 是两因素试验.

**表 3-2　单因素试验**

| $A_1$ | $A_2$ | $A_3$ | $A_4$ |
|---|---|---|---|
| ○ | ○ | ○ | ○ |
| ○ | ○ | ○ | ○ |
| ○ | ○ | ○ | ○ |

**表 3-3　两因素试验**

| | $B_1$ | $B_2$ | $B_3$ | $B_4$ |
|---|---|---|---|---|
| $A_1$ | ○ | ○ | ○ | ○ |
| $A_2$ | ○ | ○ | ○ | ○ |
| $A_3$ | ○ | ○ | ○ | ○ |

表 3-2 所示的单因素试验,因素 $A$ 为四个水平,重复试验三次.表 3-3 所示为两因素试验,因素 $A$ 取三水平、因素 $B$ 取四水平,共做 $3\times4=12$ 次试验;这一试验也可用两个单因素试验代替,如表 3-4 所示.

**表 3-4　两个单因素试验方案**

| $A_1$ | $A_2$ | $A_3$ | $B_1$ | $B_2$ | $B_3$ | $B_4$ |
|---|---|---|---|---|---|---|
| ○ | ○ | ○ | ○ | ○ | ○ | ○ |
| ○ | ○ | ○ | ○ | ○ | ○ | ○ |
| ○ | ○ | ○ | ○ | ○ | ○ | ○ |

为了说明这两种试验方案的优劣,在表 3-5 中给出一组具体的试验数据,数据是两种原料合成某一产品的转化率.当 $A$ 固定在 140℃时,$B$ 为 $B_2$(5%)时最好,此时转化率为 80%.这样,可得出工况 $A_3B_2$ 最好.同样,当 $B$ 固定在 7%,$A$ 为 100℃时,转化率最高,为 85%,即 $A_1B_4$ 工况最好.显然,这两个单因素试验所得到的结论不一样.而且,从该组合试验表中可知,两个工况都不是最佳工况,最佳工况应该是 $A_2B_3$.可见两个单因素试验方案的可靠性比全组合试验方案要差.

**表 3-5　转化率全组合试验**

| 温　度 / 催化剂用量 | $A_1$ (100℃) | $A_2$ (120℃) | $A_3$ (140℃) |
|---|---|---|---|
| $B_1$(4%) | 40 | 60 | 70 |
| $B_2$(5%) | 60 | 85 | 80 |
| $B_3$(6%) | 70 | 90 | 70 |
| $B_4$(7%) | 85 | 80 | 55 |

然而选部分工况进行试验,也能够得出正确的结论.例如在催化反应中,通常是温度高的时候催化剂的用量少,反之亦然.基于这种知识,选取部分工况做试验应当说是比较高明的.但是,这并不是容易做的事,因为这种方法需要有深厚的理论基础和丰富的实践经验.否则,是难以获得正确结论的.所以,当把握不大时,最好做全组合试验.从信息利用率的角度来看,全组合试验数据的利用率高.一个数据在单因素试验中只被利用一次,而在全组合试验中就被利用两次.

这里只选取了影响因素中的两个因素,其他因素在试验过程中保持不变.但是,为保证结论的可靠性，在选取因素时应把所有影响较大的因素选入试验. 这里应当指出，某些因素之间还存在着交互作用. 所谓交互作用，就是这些因素在同时改变水平时，其效果会超过单独改变某一因素水平时的效果. 所以，影响较大的因素还应包括那些单独变化水平时效果不显著，而与其他因素同时变化水平时交互作用较大的因素. 这样试验结果才具有代表性. 如果设计试验时，漏掉了影响较大的因素，那么只要这些因素水平一变，结果就会改变，最佳工况是否是 $A_2B_3$ 就成问题了. 所以，为保证结论的可靠性，设计试验时就应把所有影响较大的因素选入试验，进行全组合试验. 一般而言，选入的因素越多越好. 在近代工程中，20 ~ 50 个因素的试验并不罕见，但从充分发挥试验设计方法的效果看，以 7 ~ 8 个因素为宜. 当然，不同的试验，选取因素的数目也会不一样，因素的多少决定于客观事物本身和试验目的的要求. 而当因素有交互作用影响时，如何处理交互作用是试验设计中另一个极为重要的问题. 关于交互作用的处理方法将在正交试验中介绍.

### 3.1.2 水平的选取

水平的选取也是试验设计的主要内容之一. 对影响因素，可以从质和量两方面来考虑，如原材料、触媒、添加剂的种类等就属于质的方面，对于这一类因素，选取水平时就只能根据实际情况有多少种就取多少种；相反，诸如温度、触媒的用量等就属于量的方面，这类因素的水平以少为佳. 因为随水平数的增加，试验次数会急剧增多. 图 3-1 是转化率与温度的关系. 图 3-1(a)是温度取两水平时的情况，可见两点间可以是直线，也可以是曲线. 如果两个水平的间距较大，那么中间的转化率就难以判断，为防止产生这样的后果，水平应当靠近. 图 3-1(b)是温度取三水平的情况，通过试验可以得到三个点，当真实关系是抛物线时，如图中实线所示，中间一点的转化率就最高，但会不会是更复杂的三次曲线呢(如图中虚线所示)？一般来说是不可能的. 因为一般情况下，水平的变化范围不会很大，局部范围内真实关系曲线应当较为接近于直线或者二次抛物线. 所以，为减少试验次数，一般取二水平或三水平，只有在特殊情况下才取更多的水平.

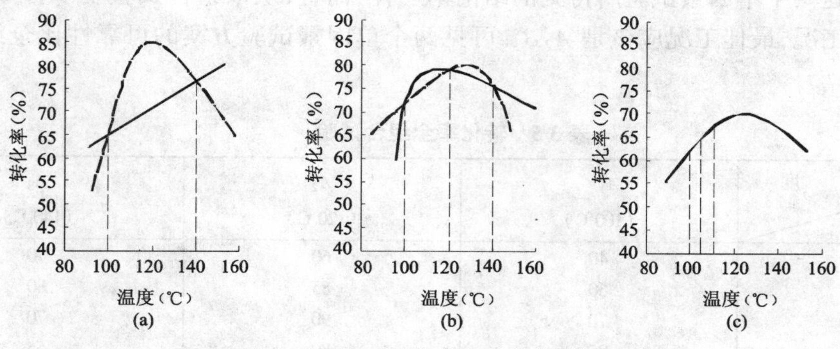


图 3-1　转化率与温度的关系

不同的试验，水平的选取方法不一样. 在新旧工艺对比试验中，往往是取二水平，即新工艺条件和现行工艺条件. 一般可按以下方法选取：

二水平 $\begin{cases}\text{现行工艺水平}\\ \text{新工艺水平}\end{cases}$

三水平 $\begin{cases}\text{现行工艺水平或理论值减少 10\%}\\ \text{现行工艺水平或理论值}\\ \text{现行工艺水平或理论值增加 10\%}\end{cases}$

但在寻找最佳工况的试验中，试验初期阶段由于心中无数，试验范围往往较大，这时就不得不取多水平. 而随着试验的进行，试验的范围会逐渐缩小，试验后期阶段为减少试验次数，就可以取两水平或三水平.

上面已经涉及到水平变化的幅度问题，从减少试验次数看，当水平间距不太大时取两水平或三水平就可满足要求. 但也应当注意，水平靠近时指标的变化较小，尤其是那些影响不大的因素，水平靠近就可能检测不出水平的影响，从而得不到任何结论. 所以，水平幅度在开始阶段可取大些，然后再逐渐靠近. 如图 3-1(c)所示，如果温度水平不是 100℃，120℃，140℃，而是 100℃，105℃，110℃，就很难得出正确的结论. 此时，即使仪器能够分辨出水平变化所引起的指标波动，但从统计方法来看，这是没有什么意义的.

还应当指出，选取的水平必须在技术上现实可行. 如在寻找最佳工况的试验中，最佳水平应在试验范围内；在工艺对比试验中，新工艺必须具有工程实际使用价值. 再如研究燃烧问题时，温度水平就必须高于着火温度，若环境温度低于着火温度，试验将无法进行. 有时还有安全问题，如某些化学反应在一定条件下会发生爆炸等.

水平数越多，试验的次数也就越多. 如某一化学反应，其反应的完全程度与反应温度和触媒的用量有关，如图 3-2 所示. 当温度 $A$ 取三水平，触媒用量取六水平时，就要做 $3 \times 6 = 18$ 次试验. 在很多情况下，考虑到经济因素和试验的复杂程度，应尽量减少试验次数，以达到试验的最终目的. 而减少试验次数在很多情况下决定于试验设计人员的专业水平和经验. 根据化学反应动力学原理，温度水平较高时，触媒的用量可以少些；相反，温度水平低时，触媒用量必须多些. 也就是说，可以去掉那些温度低、触媒用量少和温度高、触媒用量多的组合，如表 3-6 所示. 这样，试验次数就可以减少，试验费用就会降低. 但是如果把握不大，那就只好做 18 次试验.

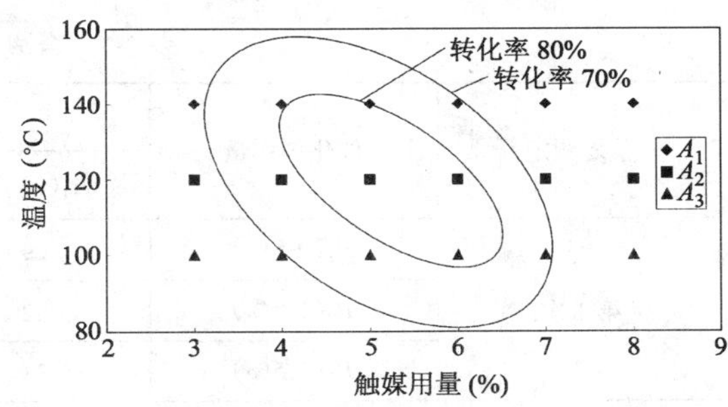

图 3-2　转化率曲线

**表 3-6　触媒选用量(%)**

| | $A_1$ | $A_2$ | $A_3$ |
|---|---|---|---|
| $B_1$ | 3 | 4 | 5 |
| $B_2$ | 4 | 5 | 6 |
| $B_3$ | 5 | 6 | 7 |

通常把一个组合称为工况，但在本课程中称作处理. 在一个处理条件下所做的试验次数称作“重复数”.

## 3.2　试验设计方法

试验设计时，要明确试验的目的. 根据不同的试验目的，选择合适的试验指标. 一般而言，应选择最关键的因素效应、最敏感的参数作为试验指标. 为了充分利用试验所得数据和信息，利用综合评价参数作为试验指标是值得推荐的. 确定因素时，不能遗漏有显著性的因素，同时要考虑因素之间的交互作用. 当因素的水平数不同时，应采用完全区组试验设计，即全组合试验设计. 要安排适当的重复试验，减少试验的误差，提高试验指标的精度.

最常见的试验设计方法有：析因试验设计方法、分割试验设计方法、正交试验设计方法、均匀试验设计方法、正交回归试验设计方法等等.下面简单的介绍几种常见的试验设计方法.

(1)析因试验设计方法

在多因素试验中,将因素的全部水平相互组合按随机的顺序进行试验,以考察各因素的主效应与因素之间的交互效应,这种安排试验的方法称为析因试验设计法.二因素的析因试验安排方式如表3-5、表3-6所示.析因试验的数据处理通常采用的是方差分析方法.

析因试验设计方法的特点是,各因素的所有水平都有机会相互组合,能全面的显示和反映各因素对试验指标的影响,每个因素的重复次数增多,提高了试验的精度.当因素的水平数增多时,试验的工作量迅速增大,因此,这种试验设计的方法适用于因素与水平数较少的设计.

表3-7是一个典型的析因试验设计.这是一个人工合成材料试验,它的考查指标是测试的强度值.有两个因素:即合成温度 $A$ 和催化剂用量 $B$,合成温度有3个水平,催化剂用量有4个水平,若进行全组合试验,要进行12次试验;若要重复3次,要进行36次试验.这说明析因试验设计方法,其工作量很大.判定合成温度 $A$ 和催化剂用量 $B$ 显著性的方法,用方差分析方法.

**表3-7　合成材料的强度(MPa)**

| 重复测定 | 催化剂用量 | 合成的温度 | | | |
|---|---|---|---|---|---|
| | | $A_1$(80℃) | $A_2$(90℃) | $A_3$(100℃) | $A_4$(110℃) |
| 第1次 | $B_1$(0.5%) | 29 | 31 | 34 | 31 |
| | $B_2$(1.0%) | 32 | 33 | 33 | 30 |
| | $B_3$(1.5%) | 34 | 34 | 32 | 32 |
| 第2次 | $B_1$(0.5%) | 31 | 32 | 34 | 34 |
| | $B_2$(1.0%) | 32 | 33 | 33 | 33 |
| | $B_3$(1.5%) | 34 | 36 | 35 | 32 |
| 第3次 | $B_1$(0.5%) | 30 | 33 | 34 | 35 |
| | $B_2$(1.0%) | 32 | 35 | 31 | 33 |
| | $B_3$(1.5%) | 34 | 34 | 32 | 32 |

(2)分割试验设计方法

前面研究的是将各因素的全部水平相互组合按随机的顺序进行试验.但是,在有些情况下,由于条件限制,或为节省费用与试验时间,以提高某个或某些因素的试验精度,不便或不宜采用全组合试验设计,这时可采用分割试验设计.在分割试验设计中,不是将全部因素随机组合,而是将其中某一因素 $A$ 先随机化安排,在此前提下,再将另一因素 $B$ 随机化安排,组合成各种试验设计条件.在分割试验设计中,因素 $A$ 和因素 $B$ 在试验中的地位是不等同的,因素 $A$ 称为一次因素,因素 $B$ 称为二次因素.

下面以二因素试验为例,说明分割试验设计方法.因素 $A$ 为三水平,因素 $B$ 为二水平,进行三次重复试验,全组合试验设计与分割试验设计方法如表3-8、表3-9所示.在全组合试验设计中因素 $A$ 要变化6次,而在分割试验设计中因素 $A$ 只变化3次.如果在试验中改变因素 $A$ 难以实现,或者耗费较大,采用分割试验设计比采用全组合试验设计显然更具有优越性.

**表 3-8　全组合试验设计**

| | 区组 | | |
|---|---|---|---|
| | 第 1 次 | 第 2 次 | 第 3 次 |
| 试验顺序 | $A_2B_1$<br>$A_1B_2$<br>$A_3B_1$<br>$A_1B_1$<br>$A_3B_2$<br>$A_2B_2$ | $A_1B_2$<br>$A_3B_1$<br>$A_3B_2$<br>$A_2B_2$<br>$A_1B_1$<br>$A_2B_1$ | $A_3B_1$<br>$A_2B_1$<br>$A_1B_2$<br>$A_2B_2$<br>$A_3B_2$<br>$A_1B_1$ |

**表 3-9　分割试验设计**

| | 区组 | | |
|---|---|---|---|
| | 第 1 次 | 第 2 次 | 第 3 次 |
| 试验顺序 | $A_2\begin{cases}B_1\\B_2\end{cases}$ | $A_1\begin{cases}B_2\\B_1\end{cases}$ | $A_3\begin{cases}B_1\\B_2\end{cases}$ |
| | $A_3\begin{cases}B_2\\B_1\end{cases}$ | $A_3\begin{cases}B_2\\B_1\end{cases}$ | $A_1\begin{cases}B_1\\B_2\end{cases}$ |
| | $A_1\begin{cases}B_1\\B_2\end{cases}$ | $A_2\begin{cases}B_1\\B_2\end{cases}$ | $A_2\begin{cases}B_2\\B_1\end{cases}$ |

试验设计可以是一段分割试验设计，如表 3-9 所示的试验安排；也可以是两段分割试验设计，如图 3-3 所示．一次因素与二次因素可以是单因素，也可以是组合因素，如图 3-4 所示．分割试验设计是一种系统分组试验法．

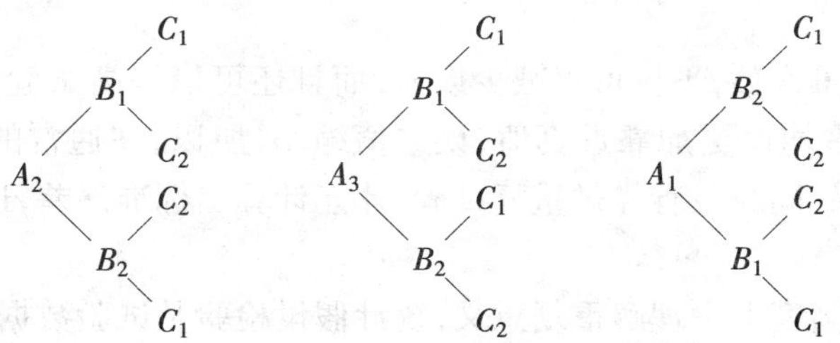


图 3-3　两段分割试验设计示意图

分割试验设计的优点是能够节省费用．从表 3-8、表 3-9 所示的两因素试验来看，在全组合试验设计中，因素 $A$ 要重复试验 6 次，而在分割试验设计中因素 $A$ 只重复试验 3 次，这样，因素 $A$ 将减少一半原材料的消耗和试验经费．分割试验设计的缺点是试验的数据不是相互独立的，因素 $B$ 的试验效果有赖于因素 $A$ 所处的水平．

(3)正交试验设计方法

用正交表安排多因素试验的方法，称之为正交试验设计方法．19 世纪初，正交试验设计方法首次应用于农业，不久推广到工业领域，取得了显著的效果．采用正交试验设计方法安排

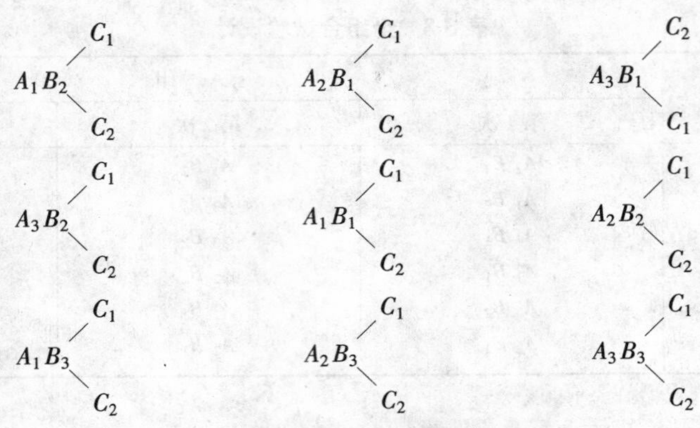


图 3-4　组合因素分割试验设计示意图

试验优点很多,下面以 $A,B,C$ 三因素三水平的试验为例说明,如果采用单因素轮换法安排试验,要对 $A,B,C$ 三个数进行有重复的全排列,试验的次数为 $3^3=27$ 次,如果采用 $L_9(3^4)$ 正交表来安排试验,只需要 9 次试验.所以,正交试验设计方法安排试验效率高,即能够减少试验次数,节约人力、物力、财力.这种方法的缺点是,当因素的水平数不同时,没有现成的正交表可以选用,就不能使用正交试验设计方法.关于正交试验设计方法的详细分析将在第 4 章进行说明.

## 3.3　试验误差控制方法

统计判断是利用试验数据提供的信息进行的.不管是误差,还是平均值之差都来源于试验数据,因此如何保证试验数据的真实可靠性,便成了一个极为重要的问题.

所谓真实可靠,就是要实现结果的再现性,正确地估计出误差值.这就要求在进行试验设计时,对试验的设计和各种误差加以妥善的处理,这就是通常所说的试验误差控制问题.在试验设计中其有一套独特的方法,称之为费希尔(Fisher)三原则.下面对 Fisher 三原则作一简单介绍.

(1)重复测量

增加试验重复测量次数,不仅可以减少误差,而且还可以提高试验指标的精度.随试验重复测定次数的增加,平均值更加靠近真值,误差值缩小.所以,在通常的条件下都进行重复测量,以达到满意的效果.同时只有经过重复试验,才能计算出标准误差,进一步进行无偏估计和统计假设检验.

可从统计理论的高度上去理解重复意义.统计假设检验及试验数据的处理,都是在随机样本的前提下建立起来的,而数理统计理论就是建立在大量观测基础上的一门理论.大量观测本身就是重复,样本容量也是重复,所以,重复是实现统计判断的必要条件.

(2)随机化

在试验过程中,环境变化也会造成系统误差.因而要求在试验过程中保持环境条件稳定.但是,某些条件的变化难以控制,因此如何组织试验,消除或尽量减轻环境等条件变化所带来的影响,就成了一个值得注意的问题.

例如,用两台台秤称重时,由于零点调整的不同,其中一台测得的数值可能偏大,而另一台称出的数值却始终偏低,结果将产生系统误差.在这种情况下,可以在试验结束时,再校正一次零点进行修正.随机化就是解决这种问题的有效方法.打乱测定的次序,不按固定的次序进行读数,这就是随机化方法.所以,随机化是使系统误差转化为偶然误差的有效方法.系统误差的种类很多,环境条件的变化、试验人员的水平和习惯、原材料的材质、设备条件等等,这些都会引起系统误差.有的系统误差既容易发现,也容易消除;有的系统误差虽然可以发现,但消除它却很困难,有时甚至不能消除;还有一些系统误差却很难发现.上述天平零点不准而引起的误差就属于第一类.再如农业试验中由于地理差异所引起的系统误差,虽然知道它存在,但消除它要消耗很大物力,而且效果也是值得怀疑的,这类系统误差就属于第二类.总之,在试验设计中都把随机化作为一个重要原则加以贯彻实施.随机化的方法,除抽签和掷骰子外,还常用随机数法.同样,也要从统计理论的高度去理解它的意义.统计学中所处理的样本都是随机样本,不管是有意识地或者是无意识地破坏了样本的随机性质,都破坏了统计的理论基础.

(3)局部控制

对某些系统误差,虽然实行随机化的方法使系统误差具有了随机误差的性质,使系统误差的影响降低,但有时还是很大.为了更有效地消除它们的影响,对诸如地理、原材料以及试验日期等,除实行随机化外,还在组织或设计试验时实施区组控制的原则.区组控制是按照某一标准将试验对象加以分组,所分的组称为区组.在区组内试验条件一致或者相似,试验精度较高,区组之间的差异较大,这种将待比较的水平,设置在差异较小的区组内以减少试验误差的原则,称为局部控制.当试验规模大,各试验之间差异较大,采用完全随机化设计,会使试验误差过大,有碍于因素效应的判断,在这种情况下,常根据局部控制的原则,将整个试验区划分为若干个区组,在同一区组内按随机顺序进行试验,此种试验叫做随机区组试验设计法.区组试验实际上是配对试验法的推广.在每一个区组中,如果每一个因素的所有水平都出现,称为完全区组试验.

Fisher 三原则是设计试验、组织试验应遵循的重要原则,按照这一原则组织与设计试验可以得到满意的信息,能够消除某些因素带来的影响,防止各种因素相互混杂.所以,任何一个试验,在设计和组织试验过程中,都应根据具体情况尽量实现 Fisher 三原则.但是,事物往往是复杂的,试验设计的方法也很多,如何分析和评价一种试验方案的优劣,就是一项基本训练.下面通过一个具体试验方案的分析和讨论,说明如何应用这一原则.

某化工厂为提高产量,选取三个工况进行试验,分别用 $A$,$B$,$C$ 代表三个工况,每一个工况做三次试验,试验方案示于表 3-10 中.方案 $a$ 显然是没有学过试验设计的人员提出来的.这一方案,如果从方便的角度来看,可以说是最简便的.然而,如果三天的条件不一样时就会带来系统误差,使天与天之间的效果与每天的处理效果混杂在一起,无法分开.例如,试验结果是 $A$ 工况的产量高,但这也可能是由于这一天其他条件好的原因,因而难以肯定 $A$ 工况好,还是第一天的条件好.可见,当存在这种混杂现象时,即使增加重复试验的次数也无济于事.解决这种混杂的办法就是用随机化分组,如方案 $b$ 所示,这就避免了一天重复三次的缺点.这一方案,虽然比方案 $a$ 好,但问题解决得还是不彻底,如第二天工况 $B$ 就进行了两次,而第三天工况 $A$ 也进行两次.如果天与天之间的差异较大时,这还是会引起混杂.而方案 $c$ 就可以完全避免天与天之间的差异和因素效果混杂的现象.这个方案同时还考虑了随机化原则和区组控制原则,但其缺点是没有考虑日内试验次序可能带来的系统误差.如果每天试验时,都是开始时条件差些,结束时条件好些的,那么由于工况 $B$ 有两天排在第三次,这样测试效果就偏好.为避免这种问题的产生,把日内试验次序也按区组控制原则重新安排,即方案 $d$.可见三个工况不论是在三天之间,还是在一天的试验次序上都不重叠.把这一方案单独表示出来,列于表 3-11 中.这种方案设计称作拉丁方格法(L-tin square ).

由拉丁方格法设计的试验又称之为完备型试验.相反,如表 3-12 所示,对于四个工况的试验,由于具体条件的限制,一天内只能安排三个工况,这样一天之内就不可能包括全部工况.这种试验设计称为不完备型试验设计.试验设计的方法还有很多,在这里就不再一一介绍.

**表 3-10　方案比较**

| | 第一天 | 第二天 | 第三天 |
|---|---|---|---|
| 方案 *a* | *AAA* | *BBB* | *CCC* |
| 方案 *b* | *BCA* | *CBB* | *ACA* |
| 方案 *c* | *CBA* | *CAB* | *ACB* |
| 方案 *d* | *BCA* | *CAB* | *ABC* |

**表 3-11　拉丁方格法**

| | 1 | 2 | 3 |
|---|---|---|---|
| 第一天 | *B* | *C* | *A* |
| 第二天 | *C* | *A* | *B* |
| 第三天 | *A* | *B* | *C* |

**表 3-12　不完备型试验**

| | 1 | 2 | 3 |
|---|---|---|---|
| 第一天 | *B* | *C* | *D* |
| 第二天 | *C* | *D* | *A* |
| 第三天 | *D* | *A* | *B* |
| 第四天 | *A* | *B* | *C* |

## 3.4　试验结果的数据处理方法

(1)直观分析方法

直观分析方法又称为极差法,极差是指某因素在不同水平下的指标值的最大值与最小值之间的差值.极差的大小反映了试验中各个因素影响的大小,极差大表明该因素对试验结果的影响大,是主要因素;反之,极差小表明该因素对试验结果的影响小,是次要因素或不重要因素.直观分析方法首先要计算出每一个水平的试验指标值的总和与平均值,然后求出极差,根据极差的大小,分析各个因素对试验指标值的影响程度,确定哪些因素是主要因素,哪些因素是次要因素,从而找出主要因素的最好水平.

直观分析方法的优点是简便、工作量小,而缺点是判断因素效应的精度差,不能给出试验误差大小的估计,在试验误差较大时,往往可能造成误判.

(2)方差分析方法

方差分析方法在第 2 章中已经介绍,其本质是总的变差平方和被分解为各个因素的变差平方和与误差的变差平方和,然后求出它们所对应的自由度,求出平均方差,计算出统计量 $F$,根据显著性水平查出临界值 $F_\alpha$ 从而进行判定.对于正交设计方法,正交表能够将变差平方和分解,可根据因素所在列计算出各个因素的变差平方和,没有安排因素的列可用来估计误差的变差平方和.

方差分析方法的优点是能够充分地利用试验所得的数据估计试验误差,并且分析判断因素效应的精度很高.

(3)回归分析方法

回归分析方法是用来寻找试验因素与试验指标之间是否存在函数关系的一种方法.一般回归方程的表示方法如下:

$$y = b_0 + b_1x_1 + b_2x_2 + b_3x_3 + b_4x_4 + \cdots + b_nx_n$$

在试验过程当中,试验的误差越小,则各因素 $x_i$ 变化时,得出的考察指标 $y$ 越精确.因此,利用最小二乘法原理,列出正规方程组,解这个方程组,求出回归方程的系数,代入并求出回归方程.对于所建立的回归方程是否有意义,要进行统计假设检验.回归分析方法的详细研究见第 5 章.

# 第 4 章　正交实验设计与数据处理

在科学研究和生产实践中,研发新材料和新仪器设备及研制新产品、改革工艺、寻求好的生产条件等等,都需要先做试验;而做试验总要花费时间,消耗人力、物力,因此人们总是希望做试验的次数尽量少,而得到的结果则尽可能的好,要达到这个目的,就必须事先对试验做合理的安排,也就是要进行试验设计.

实际问题是复杂的,对试验有影响的因素往往也是多方面的,我们要考察各个因素对试验的影响情况.在多因素、多水平试验中,如果对每个因素的每个水平都互相搭配进行全面试验,需要做的试验次数就会很多,比如对两个 7 水平的因素,如果两因素的各个水平都互相搭配进行全面试验,要做 $7^2=49$ 次试验,而三个 7 水平的因素要进行全面试验,就要做 $7^3=343$ 次试验,照这样,对六个 7 水平的因素,进行全面试验就要做 $7^6=117649$ 次试验,做这么多次试验,既花费大量的人力、物力,还要用相当长的时间,显然是非常困难的.有时,由于时间过长,条件改变,还会使试验失效.人们在长期的实践中发现,要得到理想的结果,并不需要进行全面试验,即使因素个数、水平都不太多,也不必做全面试验,尤其对那些试验费用很高,或是具有破坏性的试验,更不要做全面试验,我们应当在不影响试验效果的前提下,尽可能地减少试验次数,正交设计就是解决这个问题的有效方法.正交设计的主要工具是正交表,用正交表安排试验是一种较好的方法,在实践中已得到广泛应用.

## 4.1　正交表及其用法

正交表是一种特制的表格,这里先介绍表的记号、特点及用法,下面以 $L_9(3^4)$ 为例来说明.这个正交表的格式如表 4-1 所示.

表 4-1　正交表 $L_9(3^4)$

| 试验号 \ 列号 | 1 | 2 | 3 | 4 |
|---|---|---|---|---|
| 1 | 1 | 1 | 1 | 1 |
| 2 | 1 | 2 | 2 | 2 |
| 3 | 1 | 3 | 3 | 3 |
| 4 | 2 | 1 | 2 | 3 |
| 5 | 2 | 2 | 3 | 1 |
| 6 | 2 | 3 | 1 | 2 |
| 7 | 3 | 1 | 3 | 2 |
| 8 | 3 | 2 | 1 | 3 |
| 9 | 3 | 3 | 2 | 1 |

$L_9(3^4)$是什么意思呢？字母 $L$ 表示正交表;数字 9 表示这张表共有 9 行,说明用这张表来安排试验要做 9 次试验;数字 4 表示这张表共有 4 列,说明用这张表最多可安排 4 个因素;数字 3 表示在表中主体部分只出现 1,2,3 三个数字,它们分别代表因素的 3 个水平.一般的正交表记为 $L_n(m^k)$,$n$ 是表的行数,也就是要安排的试验次数;$k$ 是表中的列数,表示因素的个数;$m$ 是各因素的水平数.

常见的正交表中,2 水平的有 $L_4(2^3)$,$L_8(2^7)$,$L_{12}(2^{11})$,$L_{16}(2^{15})$等,这几张表中的数字 2 表示各因素是 2 水平的;试验要做的次数分别为 4,8,12,16;最多可安排的因素分别为 3,7,11,15.

3 水平的正交表有 $L_9(3^4)$,$L_{27}(3^{13})$,这两张表中的数字 3 表示各因素都是 3 水平的;要做的试验次数分别为 9,27;最多可安排的因素分别为 4,13.

还有 4 水平的正交表如 $L_{16}(4^5)$,5 水平的正交表如 $L_{25}(5^6)$等等,详细情况见附表 4.

正交表有下面两条重要性质:

(1)每列中不同数字出现的次数是相等的,如 $L_9(3^4)$正交表每列中不同的数字是 1,2,3,它们各出现 3 次,见表 4-1 所示;

(2)在任意两列中,将同一行的两个数字看成有序数对时,每种数对出现的次数是相等的,如 $L_9(3^4)$,有序数对共有 9 个:(1,1),(1,2),(1,3),(2,1),(2,2),(2,3),(3,1),(3,2),(3,3),它们各出现一次.

由于正交表有这两条性质,因此用它来安排试验时,各因素的各种水平的搭配是均衡的,这是正交表的优点.

下面通过具体例子来说明如何用正交表进行试验设计.

**例 4.1** 某水泥厂为了提高水泥的强度,需要通过试验选择最好的生产方案,经研究,有 3 个因素影响水泥的强度,这 3 个因素分别为生料中矿化剂的用量、烧成温度、保温时间,每个因素都考虑 3 个水平,具体情况如表 4-2,试验的考察指标为 28 天的抗压强度(MPa),分别为 44.1,45.3,46.7,48.2,46.2,47.0,45.3,43.2,46.3. 问:对这 3 个因素的 3 个水平如何安排,才能获得最高的水泥抗压强度?

**表 4-2**

| 因素 \ 水平 | A 矿化剂用量(%) | B 烧成温度(℃) | C 保温时间(min) |
|---|---|---|---|
| 1 | 2 | 1350 | 20 |
| 2 | 4 | 1400 | 30 |
| 3 | 6 | 1450 | 40 |

**解** 在这个问题中,人们关心的是水泥的抗压强度,我们称它为试验指标,如何安排试验才能获得最高的水泥抗压强度,这只有通过试验才能解决.这里有 3 个因素,每个因素有 3 个水平,是一个 3 因素、3 水平的问题,如果每个因素的每个水平都互相搭配着进行全面试验,必须做试验 $3^3 = 27$ 次,我们把所有可能的搭配试验编号写出,列在表 4-3 中.

进行 27 次试验要花很多时间,耗费不少的人力、物力,我们想减少试验次数,但又不能影响试验的效果,因此,不能随便地减少试验,应当把有代表性的搭配保留下来,为此,我们按 $L_3(3^4)$正交表(表 4-1)中前3 列的情况从 27 个试验中选出 9 个,它们的序号分别为 1,5,9,11,15,16,21,22,26,将这 9 个试验按新的编号 1 ~ 9 写出来,正好是正交表 $L_9(3^4)$的前 3 列,如表 4-1 所示.

由前面对正交表 $L_9(3^4)$的分析可知,这 9 个试验中各因素的每个水平的搭配都是均衡的,每个因素的每个水平都做了 3 次试验;每两个因素的每一种水平搭配都做了一次试验,从这 9 个试验的结果就可以分析清楚每个因素对试验指标的影响,虽然只做了 9 个试验(只占全部试验的 1/3),但是能够了解到全面情况,可以说这 9 个试验代表了全部试验.

表 4-3

| 序号 | A | B | C | 序号 | A | B | C |
|---|---|---|---|---|---|---|---|
| 1 | 1 | 1 | 1 | 15 | 2 | 2 | 3 |
| 2 | 1 | 1 | 2 | 16 | 2 | 3 | 1 |
| 3 | 1 | 1 | 3 | 17 | 2 | 3 | 2 |
| 4 | 1 | 2 | 1 | 18 | 2 | 3 | 3 |
| 5 | 1 | 2 | 2 | 19 | 3 | 1 | 1 |
| 6 | 1 | 2 | 3 | 20 | 3 | 1 | 2 |
| 7 | 1 | 3 | 1 | 21 | 3 | 1 | 3 |
| 8 | 1 | 3 | 2 | 22 | 3 | 2 | 1 |
| 9 | 1 | 3 | 3 | 23 | 3 | 2 | 2 |
| 10 | 2 | 1 | 1 | 24 | 3 | 2 | 3 |
| 11 | 2 | 1 | 2 | 25 | 3 | 3 | 1 |
| 12 | 2 | 1 | 3 | 26 | 3 | 3 | 2 |
| 13 | 2 | 2 | 1 | 27 | 3 | 2 | 3 |
| 14 | 2 | 2 | 2 | | | | |

按表 4-2 中各因素水平的试验参数填入表 4-1 中的前 3 列，将第 4 列改为试验考查指标列，就得到了正交试验方案表，将每次试验测得的抗压强度记录下来，填入第 4 列中（表 4-4）.

表 4-4

| 因　素<br>编　号 | A<br>矿化剂用量(%) | B<br>烧成温度(℃) | C<br>保温时间(min) | 考查指标<br>抗压强度(MPa) |
|---|---|---|---|---|
| 1 | 2 | 1350 | 20 | 44.1 |
| 2 | 2 | 1400 | 30 | 45.3 |
| 3 | 2 | 1450 | 40 | 46.7 |
| 4 | 4 | 1350 | 40 | 48.2 |
| 5 | 4 | 1400 | 20 | 46.2 |
| 6 | 4 | 1450 | 30 | 47.0 |
| 7 | 6 | 1350 | 30 | 45.3 |
| 8 | 6 | 1400 | 40 | 43.2 |
| 9 | 6 | 1450 | 20 | 46.3 |

为便于分析计算，我们在表 4-4 的下边进行计算分析，做成一个新的表，如表 4-5，这张表便于对试验结果进行分析计算.

表 4-5 中下面的 8 行是分析计算过程中需要分析的内容.

极差为同一列中 $k_1,k_2,k_3$ 三个数中的最大者减去最小者所得的差值，一般来说，各列的极差是不同的，这说明各因素的水平改变时对试验指标的影响是不同的，极差越大，说明这个因素的水平改变时对试验指标的影响越大. 极差最大的那一列，说明那个因素的水平改变时对试验指标的影响最大，那个因素就是我们要考虑的主要因素.

这里算出 3 列的极差分别为 2.20，1.77，1.83，显然第 1 列，因素 $A$（矿化剂用量）的极差 2.20 最大. 这说明因素 $A$ 的水平改变时对试验指标的影响最大，因此，因素 $A$ 是我们要考虑的主要因素，它的 3 个水平所对应的抗压强度平均值分别为45.37，47.13，44.93，以第 2 水平所对应的数值 47.13 为最大，所以取它的第 2 水平最好. 第 3 列，因素 $C$（保温时间）的极差为 1.83，仅次于因素 $A$，它的 3 个水平所对应的指标平均值分别为 44.77，46.60，46.07，以第 2 水平所对应的数值 46.60 为最大，所以取它的第 2 水平最好. 第 2 列，因素 $B$（烧成温度）的极差为 1.77，是 3 个因素中极差最小的，说明它的水平改变时对试验指标的影响最小，它的 3 个水平所对应的指标平均值分别为45.87,44.90,46.67,以第3水平所对应的数值46.67为最大,所以取它的第3水平最好.

表 4-5

| 因素 / 试验号 | 1 A(矿化剂用量) | 2 B(烧成温度) | 3 C(保温时间) | 考查指标 抗压强度(MPa) |
|---|---|---|---|---|
| 1 | 1 | 1 | 1 | 44.1 |
| 2 | 1 | 2 | 2 | 45.3 |
| 3 | 1 | 3 | 3 | 46.7 |
| 4 | 2 | 1 | 2 | 48.2(9个试验中最好的一个) |
| 5 | 2 | 2 | 3 | 46.2 |
| 6 | 2 | 3 | 1 | 47.0 |
| 7 | 3 | 1 | 3 | 45.3 |
| 8 | 3 | 2 | 1 | 43.2 |
| 9 | 3 | 3 | 2 | 46.3 |
| $K_1$ | 136.1 | 137.6 | 134.3 | 各因素水平指标求和 |
| $K_2$ | 141.4 | 134.7 | 139.8 | |
| $K_3$ | 134.8 | 140 | 138.2 | |
| $k_1=K_1/3$ | 45.37 | 45.87 | 44.77 | 各因素水平指标和平均值 |
| $k_2=K_2/3$ | 47.13 | 44.90 | 46.60 | |
| $k_3=K_3/3$ | 44.93 | 46.67 | 46.07 | |
| 极差 | 2.20 | 1.77 | 1.83 | 此方案正交表中没有出现,表中最好的方案是第9号试验,为 $A_2B_3C_2$ |
| 优方案 | $A_2$ | $B_3$ | $C_2$ | |

注 $K_1$——因素 $A,B,C$ 的第1水平所在的试验中考查指标:抗压强度之和;$K_2$——因素 $A,B,C$ 的第2水平所在的试验中考查指标:抗压强度之和;$K_3$——因素 $A,B,C$ 的第3水平所在的试验中考查指标:抗压强度之和;$k_1,k_2,k_3$——$K_1,K_2,K_3$ 的平均值,因为是三个指标相加,所以应除以3,得到表中的结果.

从以上分析可以得出结论:各因素对试验指标(抗压强度)的影响按大小次序来说应当是 $A$(矿化剂用量)→$C$(保温时间)→$B$(烧成温度);最好的方案应当是 $A_2B_3C_2$,即

$A_2$:矿化剂用量,　　第2水平,4%;

$B_3$:烧成温度,　　第3水平,1450℃;

$C_2$:保温时间,　　第2水平,30min.

可以看出,这时分析出来的最好方案在已经做过的9次试验中没有出现,与它比较接近的是第4号试验,在第4号试验中只有烧成温度 $B$ 不是处在最好水平,而烧成温度对抗压强度的影响是3个因素中最小的.从实际做出的结果看出第4号试验中的抗压强度是48.2MPa,是9次试验中最高的,这也说明我们找出的最好方案是符合实际的.

为了最终确定上面找出的试验方案 $A_2B_3C_2$ 是不是最好方案,可以按这个方案再试验一次,看是否会得出比第4号试验更好的结果.若比第4号试验的效果好,就确定上述方案为最好方案;若不比第4号试验的效果好,可以取第4号试验为最好方案.如果出现后一种情况,说明我们的理论分析与实践有一些差距,最终还是要接受实践的检验.

现将利用正交表安排试验,并将分析试验结果的步骤归纳如下:

(1) 明确试验目的,确定要考核的试验指标.

(2) 根据试验目的,确定要考察的因素和各因素的水平;要通过对实际问题的具体分析选出主要因素,略去次要因素,这样可使因素个数少些.如果对问题不太了解,因素个数可适当地多取一些,经过对试验结果的初步分析,再选出主要因素.因素被确定后,随之确定各因素的水

平数.

以上两条主要靠实践来决定,不是数学方法所能解决的.

(3) 选用合适的正交表,安排试验计划.首先根据各因素的水平选择相应水平的正交表.同水平的正交表有好几个,究竟选哪一个要看因素的个数.一般只要正交表中因素的个数比试验要考察的因素的个数稍大或相等就行了.这样既能保证达到试验目的,而试验的次数又不至于太多,省工省时.

(4) 根据安排的计划进行试验,测定各试验指标.

(5) 对试验结果进行计算分析,得出合理的结论.

以上这种方法称为直观分析法.这种方法比较简单,计算量不大,是一种很实用的分析方法.

最后再说明一点,这种方法的主要工具是正交表,而在因素及其水平都确定的情况下,正交表并不是惟一的,常见的正交表被列在本书末的附表 4 中.

## 4.2 多指标的分析方法

在例 4.1 的问题中,试验指标只有一个,考察起来比较方便,但在实际问题中,需要考察的指标往往不止一个,有时有两个、三个,甚至更多,这就是多指标的问题.下面介绍两种解决多指标试验的方法:综合平衡法和综合评分法.这两种方法都能找出使每个指标都尽可能好的试验方案.

### 4.2.1 综合平衡法

我们通过具体例子来说明这种方法.

**例 4.2** 某陶瓷厂为提高产品质量,要对生产该产品的原料进行配方试验.要检验 3 项指标:抗压强度、落下强度和裂纹度,前两个指标越大越好,指标值见表 4-7(a),(b),第 3 个指标越小越好,指标值见表 4-7(c).根据以往的经验,配方有 3 个重要因素:水分、粒度和碱度.它们各有 3 个水平,具体数据如表 4-6 所示.试进行试验分析,找出最好的配方方案.

**表 4-6**

| 因素<br>水平 | $A$<br>水分(%) | $B$<br>粒度(%) | $C$<br>碱度(%) |
|---|---|---|---|
| 1 | 8 | 4 | 1.1 |
| 2 | 9 | 6 | 1.3 |
| 3 | 7 | 8 | 1.5 |

**解** 这是 3 因素 3 水平的问题,应当选用正交表 $L_9(3^4)$来安排试验.把这里的 3 个因素依次放在 $L_9(3^4)$表的前 3 列(第 4 列不要),把各列的水平和该列相应因素的具体水平对应起来,得出一张具体的试验方案表,按照这个方案进行试验,测出需要检验的指标的结果,列出表 4-7(a)、(b)、(c),然后用直观分析法对每个指标分别进行计算分析.

用和例 4.1 完全一样的方法,对 3 个指标分别进行计算分析,得出 3 个好的方案:对抗压强度是 $A_2B_3C_1$;对落下强度是 $A_3B_3C_2$;而对裂纹度是 $A_2B_3C_1$. 这 3 个方案不完全相同,对这个指标是好方案,而对另一个指标却不一定是好方案,如何找出对各个指标都较好的一个共同方案呢? 这正是我们下面要解决的问题.

表 4-7(a)

| 试验号＼因素 | 1 A | 2 B | 3 C | 各指标的试验结果 抗压强度(kg/个) |
|---|---|---|---|---|
| 1 | 1 | 1 | 1 | 11.5 |
| 2 | 1 | 2 | 2 | 4.5 |
| 3 | 1 | 3 | 3 | 11.0 |
| 4 | 2 | 1 | 2 | 7.0 |
| 5 | 2 | 2 | 3 | 8.0 |
| 6 | 2 | 3 | 1 | 18.5 |
| 7 | 3 | 1 | 3 | 9.0 |
| 8 | 3 | 2 | 1 | 8.0 |
| 9 | 3 | 3 | 2 | 13.4 |
| 抗压强度 $K_1$ | 27.0 | 27.5 | 38.0 | |
| $K_2$ | 33.5 | 20.5 | 24.9 | |
| $K_3$ | 30.4 | 42.9 | 28.0 | |
| $k_1$ | 9.0 | 9.2 | 12.7 | |
| $k_2$ | 11.2 | 6.8 | 8.3 | |
| $k_3$ | 10.1 | 14.3 | 9.3 | |
| 极差 | 2.2 | 7.5 | 4.4 | |
| 优方案 | $A_2$ | $B_3$ | $C_1$ | |

表 4-7(b)

| 试验号＼因素 | 1 A | 2 B | 3 C | 各指标的试验结果 落下强度(0.5m/次) |
|---|---|---|---|---|
| 1 | 1 | 1 | 1 | 1.1 |
| 2 | 1 | 2 | 2 | 3.6 |
| 3 | 1 | 3 | 3 | 4.6 |
| 4 | 2 | 1 | 2 | 1.1 |
| 5 | 2 | 2 | 3 | 1.6 |
| 6 | 2 | 3 | 1 | 15.1 |
| 7 | 3 | 1 | 3 | 1.1 |
| 8 | 3 | 2 | 1 | 4.6 |
| 9 | 3 | 3 | 2 | 20.2 |
| 落下强度 $K_1$ | 9.3 | 3.3 | 20.8 | |
| $K_2$ | 17.8 | 9.8 | 24.9 | |
| $K_3$ | 25.9 | 39.9 | 7.3 | |
| $k_1$ | 3.1 | 1.1 | 6.9 | |
| $k_2$ | 5.9 | 3.3 | 8.3 | |
| $k_3$ | 8.6 | 13.3 | 2.4 | |
| 极差 | 5.5 | 12.2 | 5.9 | |
| 优方案 | $A_3$ | $B_3$ | $C_2$ | |

表 4-7(c)

| 试验号＼因素 | 1 A | 2 B | 3 C | 各指标的试验结果 裂纹度 |
|---|---|---|---|---|
| 1 | 1 | 1 | 1 | 3 |
| 2 | 1 | 2 | 2 | 4 |
| 3 | 1 | 3 | 3 | 4 |
| 4 | 2 | 1 | 2 | 3 |
| 5 | 2 | 2 | 3 | 2 |
| 6 | 2 | 3 | 1 | 0 |
| 7 | 3 | 1 | 3 | 3 |
| 8 | 3 | 2 | 1 | 2 |
| 9 | 3 | 3 | 2 | 1 |
| 裂纹度 $K_1$ | 11 | 9 | 5 | |
| $K_2$ | 5 | 8 | 8 | |
| $K_3$ | 6 | 5 | 9 | |
| $k_1$ | 3.7 | 3.0 | 1.7 | |
| $k_2$ | 1.7 | 2.7 | 2.7 | |
| $k_3$ | 2.0 | 1.7 | 3.0 | |
| 极差 | 2.0 | 1.3 | 1.3 | |
| 优方案 | $A_2$ | $B_3$ | $C_1$ | |

为便于综合分析，我们将考察指标随因素的水平变化的情况用图形表示出来，画在图 4-1 中(为了看得清楚，我们将各点用直线连起来，实际上并不一定是直线).

把图 4-1 和表 4-7 结合起来分析，看每一个因素对各指标的影响.

(1)粒度 $B$ 对各指标的影响．从表 4-7 看出，对抗压强度和落下强度来讲，考查指标是越大越好，粒度的极差都是最大的，也就是说粒度是影响最大的因素. 从图 4-1 看出，显然以取 8

为最好;对裂纹度来讲,考查指标是越小越好,粒度的极差不是最大,即不是影响最大的因素,但也是以取 8 为最好.总的说来,对 3 个指标来讲,粒度都是以取 8 为最好.

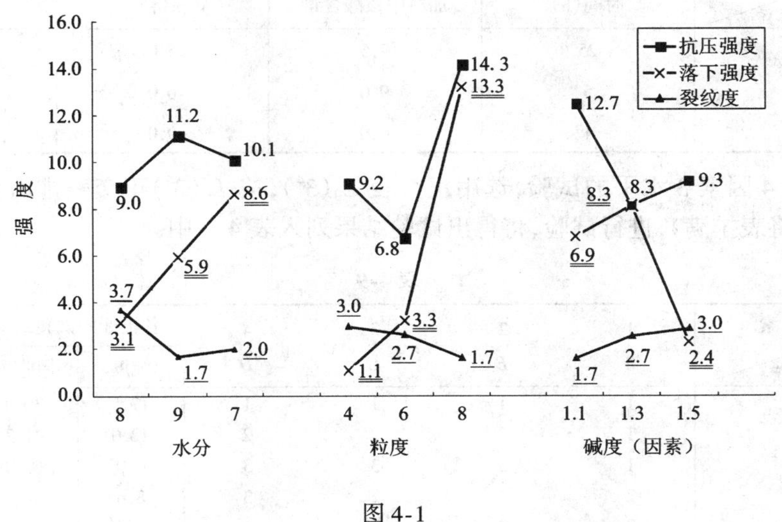


图 4-1

(2) 碱度 $C$ 对各指标的影响 . 从表 4-7 看出,对 3 个指标来说,碱度的极差都不是最大的,也就是说,碱度不是影响最大的因素,是较次要的因素.从图 4-1 看出,对抗压强度和裂纹度来讲,碱度取 1.1 最好;对落下强度来讲,碱度取 1.3 最好,但取 1.1 也不是太差.对 3 个指标综合考虑,碱度取 1.1 为好.

(3) 水分 $A$ 对各指标的影响.从表 4-7 看出,对裂纹度来讲,水分的极差最大,即水分是影响最大的因素.从图 4-1 看出,水分取 9 最好,但对抗压强度和落下强度来讲,水分的极差都是最小的,即是影响较小的因素.从图 4-1 还可看出,对抗压强度来讲,水分取 9 最好,取 7 次之;对落下强度来讲,水分取 7 最好,取 9 次之.对 3 个指标综合考虑,应照顾水分对裂纹度的影响,还是取 9 为好.

通过各因素对各指标影响的综合分析,得出较好的试验方案是:

$B_3$:粒度,第 3 水平,8;

$C_1$:碱度,第 1 水平,1.1;

$A_2$:水分,第 2 水平,9.

由此可见,分析多指标的方法是:先分别考察每个因素对各指标的影响,然后进行分析比较,确定出最好的水平,从而得出最好的试验方案,这种方法就叫综合平衡法.

对多指标的问题,要做到真正好的综合平衡,有时是很困难的,这也是综合平衡法的缺点.我们下面要介绍的综合评分法,从一定意义上来讲,可以克服综合平衡法的这个缺点.

### 4.2.2 综合评分法

下面用一个例题来说明综合评分法.

**例 4.3** 某厂生产一种化工产品,需要检验两个指标:核酸纯度和回收率,这两个指标都是越大越好,指标值见表 4-9.有影响的因素有 4 个,各有 3 个水平,具体情况如表 4-8 所示.试通过试验分析找出较好方案,使产品的核酸含量和回收率都有提高.

表 4-8

| 水平 \ 因素 | A 时间(h) | B 加料中核酸含量 | C pH值 | D 加水量 |
|---|---|---|---|---|
| 1 | 25 | 7.5 | 5.0 | 1:6 |
| 2 | 5 | 9.0 | 6.0 | 1:4 |
| 3 | 1 | 6.0 | 9.0 | 1:2 |

**解** 这是4因素3水平的试验,选用正交表 $L_9(3^4)$,按 $L_9(3^4)$ 正交表排出方案(这里有4个因素,正好将表排满),进行试验,将得出试验结果列入表4-9中.

表 4-9

| 试验号 \ 因素 | 1 A | 2 B | 3 C | 4 D | 各指标的试验结果 纯度 | 回收率 | 综合评分 |
|---|---|---|---|---|---|---|---|
| 1 | 1 | 1 | 1 | 1 | 17.5 | 30.0 | 100.0 |
| 2 | 1 | 2 | 2 | 2 | 12.0 | 41.2 | 89.2 |
| 3 | 1 | 3 | 3 | 3 | 6.0 | 60.0 | 84.0 |
| 4 | 2 | 1 | 2 | 3 | 8.0 | 24.2 | 56.2 |
| 5 | 2 | 2 | 3 | 1 | 4.5 | 51.0 | 69.0 |
| 6 | 2 | 3 | 1 | 2 | 4.0 | 58.4 | 74.4 |
| 7 | 3 | 1 | 3 | 2 | 8.5 | 31.0 | 65.0 |
| 8 | 3 | 2 | 1 | 3 | 7.0 | 20.5 | 48.5 |
| 9 | 3 | 3 | 2 | 1 | 4.5 | 73.5 | 91.5 |
| | | | | | | | $\sum 677.8$ |
| $K_1$ | 273.2 | 221.2 | 222.9 | 260.5 | | | |
| $K_2$ | 199.6 | 206.7 | 236.9 | 228.6 | | | |
| $K_3$ | 205.0 | 249.9 | 218.0 | 188.7 | | | |
| $k_1$ | 91.1 | 73.7 | 74.3 | 86.8 | | | |
| $k_2$ | 66.5 | 68.9 | 79.0 | 76.2 | | | |
| $k_3$ | 68.3 | 83.3 | 72.7 | 62.9 | | | |
| 极差 | 24.5 | 14.4 | 6.3 | 23.9 | | | |
| 优方案 | $A_1$ | $B_3$ | $C_2$ | $D_1$ | | | |

综合评分法就是根据各个指标的重要性的不同,按照得出的试验结果综合分析,给每一个试验评出一个分数,作为这个试验的总指标.根据这个总指标(分数),利用例4.1的方法(直观分析法)作进一步的分析,从而选出较好的试验方案.

这个方法的关键是如何评分,下面着重介绍评分的方法.在这个试验中,两个指标的重要性是不同的,根据实践经验知道,纯度的重要性比回收率的重要性大,如果化成数量来看,从实际分析可认为纯度是回收率的4倍.也就是说,论重要性若将回收率看成1,纯度就是4,这个4和1分别叫两个指标的权,按这个权给出每个试验的总分为:

$$总分 = 4\times纯度 + 1\times回收率$$

根据这个算式,算出每个试验的分数,列在表4-9最右边,再根据这个分数,用直观分析法作进一步的分析,整个分析过程都记录在表4-9中.

根据综合评分的结果,直观上看,第1号试验的分数是最高的,那么能不能肯定它就是最好的试验方案呢?还要作进一步的分析.

从表4-9看出,$A$,$D$两个因素的极差都很大,是对试验影响很大的两个因素,还可以看出，$A$，$D$ 都是第 1 水平为好；$B$ 因素的极差比 $A$，$D$ 的极差小，对试验的影响比 $A$，$D$ 都小；$B$ 因素取第 3 水平为好；$C$ 因素的极差最小，是影响最小的因素，$C$ 取第 2 水平为好. 综合考虑，最好的试验方案应当是 $A_1B_3C_2D_1$，按影响大小的次序列出应当是：

$A_1$：时间，　　　　　　第 1 水平，25h；

$D_1$：加水量，　　　　　第 1 水平，1∶6；

$B_3$：加料中核酸含量，第 3 水平，6.0；

$C_2$：pH 值，　　　　　　第 2 水平，6.0.

可以看出，这里分析出来的最好方案，在已经做过的 9 个试验中是没有的，可以按这个方案再试验一次，看能不能得出比第 1 号试验更好的结果，从而确定出真正最好的试验方案.

总的来说，综幌评分法是将多指标的问题，通过加权计算总分的方法转化为一个指标的问题，这样对结果的分析和计算都比较方便、简单. 但是，如何合理地评分，也就是如何合理地确定各个指标的权，是最关键的问题，也是最困难的问题. 这一点只能依据实际经验来解决，单纯从数学上是无法解决的.

## 4.3　混合水平的正交试验设计

前两节介绍的多因素试验中，各因素的水平数都是相同的，解决这类问题比较简单. 但是在实际问题中，由于具体情况不同，有时各因素的水平数是不相铜的，这就是混合水平的多因素试验问题. 解决这类问题一般比较复杂，介绍两个主要的方法：①直接利用混合水平的正交表；②拟水平法，即把水平数不同的问题化成水平数相同的问题来处理.

### 4.3.1　混合水平正交表及其用法

混合水平正交表就是各因素的水平数不完全相等的正交表. 这种正交表有好多种，比如 $L_8(4^1 \times 2^4)$ 就是一个混合水平的正交表，如表 4-10.

**表 4-10　正交表 $L_8(4^1 \times 2^4)$**

| 试验号＼因素 | 1 | 2 | 3 | 4 | 5 |
|---|---|---|---|---|---|
| 1 | 1 | 1 | 1 | 1 | 1 |
| 2 | 1 | 2 | 2 | 2 | 2 |
| 3 | 2 | 1 | 1 | 2 | 2 |
| 4 | 2 | 2 | 2 | 1 | 1 |
| 5 | 3 | 1 | 2 | 1 | 2 |
| 6 | 3 | 2 | 1 | 2 | 1 |
| 7 | 4 | 1 | 2 | 2 | 1 |
| 8 | 4 | 2 | 1 | 1 | 2 |
| | 4 水平列 | 2 水平列 | | | |

这张 $L_8(4^1 \times 2^4)$ 表有 8 行 5 列(注意 $5 = 1 + 4$)，表示用这张表要做 8 次试验，最多可安排 5 个因素，其中一个是 4 水平的(第 1 列)，四个是 2 水平的(第 2 列至第 5 列).

这个表有两个特点：①第一列中不同数字出现的次数是相同的. 例如，第 1 列中有 4 个数字 1，2，3，4，它们各出现两次；第 2 列到第 5 列中，都只有两个数字 1，2，它们各出现 4 次. ②每两列各水平搭配次数是相同的. 但要注意一点：每两列不同水平的搭配个数是不完全相同的. 比如，第 1 列是 4 水平的列，它和其他任何一个 2 水平的列放在一起，由行组成的不同数对一共有 8 个:(1,1),(1,2),(2,1),(2,2),(3,1),(3,2),(4,1),(4,2),它们各出现 1 次;第 2 列到第5列,它们之间的任何两列的不同水平的搭配共有 4 个:(1,1),(1,2),(2,1),(2,2),它们各出现两次.

从这两点看出,用这张表安排混合水平的试验时,每个因素的各水平之间的搭配也是均衡的.

其他混合水平的正交表还有 $L_{12}(3^1 \times 2^4)$,$L_{16}(4^1 \times 2^{12})$,$L_{16}(4^3 \times 2^8)$,$L_{18}(2^1 \times 3^7)$等等(如附表 4),它们都具有上面所说的两个特点.

举例说明用混合正交表安排试验的方法.

**例 4.4** 某农科站进行品种试验,共有 4 个因素:$A$(品种),$B$(氮肥量),$C$(氮、磷、钾肥比例),$D$(规格).因素 $A$ 是 4 水平的,另外 3 个因素都是 2 水平的,具体数值如表 4-11 所示.试验指标是产量(指标值见表 4-12),数值越大越好.试用混合正交表安排试验,找出最好的试验方案.

**表 4-11**

| 因素 \ 水平 | $A$ 品种 | $B$ 氮肥量(kg) | $C$ 氮、磷、钾肥比例 | $D$ 规格 |
|---|---|---|---|---|
| 1 | 甲 | 2.5 | 3:3:1 | 6×6 |
| 2 | 乙 | 3 | 2:1:2 | 7×7 |
| 3 | 丙 | | | |
| 4 | 丁 | | | |

**解** 这个问题中有 4 个因素,1 个是 4 水平的,3 个是 2 水平的,正好可以选用混合正交表 $L_8(4^1 \times 2^4)$,因素 $A$ 为 4 水平,放在第 1 列,其余 3 个因素 $B$,$C$,$D$,都是 2 水平的,顺序放在 2,3,4 列上,第 5 列不用.按这个方案进行试验,将得出的试验结果放在正交表 $L_8(4^1 \times 2^4)$的右边,然后进行分析,整个分析过程记在表 4-12 中.

**表 4-12**

| 因素 \ 试验号 | 1 $A$ | 2 $B$ | 3 $C$ | 4 $D$ | 试验指标(产量)(kg) |
|---|---|---|---|---|---|
| 1 | 1 | 1 | 1 | 1 | 195 |
| 2 | 1 | 2 | 2 | 2 | 205 |
| 3 | 2 | 1 | 1 | 2 | 220 |
| 4 | 2 | 2 | 2 | 1 | 225 (8 个试验中最好的一个) |
| 5 | 3 | 1 | 2 | 1 | 210 |
| 6 | 3 | 2 | 1 | 2 | 215 |
| 7 | 4 | 1 | 2 | 2 | 185 |
| 8 | 4 | 2 | 1 | 1 | 190 |
| $K_1$ | 400 | 810 | 820 | 820 | |
| $K_2$ | 425 | 835 | 825 | 825 | |
| $K_3$ | 445 | | | | |
| $K_4$ | 435 | | | | |
| $k_1$ | 200 | 202.5 | 205.0 | 205.0 | |
| $k_2$ | 212.5 | 208.8 | 206.3 | 206.3 | |
| $k_3$ | 222.5 | | | | |
| $k_4$ | 217.5 | | | | |
| 极差 | 22.5 | 6.3 | 1.3 | 1.3 | |
| 优方案 | $A_3$ | $B_2$ | $C_2$ | $D_2$ | |

这里分析计算的方法和例 4.1 基本上相同,但是要特别注意,由于各因素的水平数不相等,各水平出现的次数也不相等,因此计算各因素各水平的平均值 $k_1,k_2,k_3,k_4$ 时和例 4.1 中不同.比如,对于因素 $A$,它有 4 个水平,每个水平出现两次,它的各水平的平均值 $k_1,k_2,k_3,k_4$ 是相应的 $K_1,K_2,K_3,K_4$ 分别除以 2 得到;而对于因素 $B,C,D$,它们都只有两个水平,因此,只有两个平均值 $k_1,k_2$,又因为每个水平出现 4 次,所以它们的平均值 $k_1,k_2$ 是相应的 $K_1,K_2$ 分别除以 4 得到.从表 4-12 看出,因素 $A$ 的极差最大,因此因素 $A$ 对试验的影响最大,并且以取 3 水平为好;因素 $B$ 的极差仅次于因素$A$,对试验的影响比因素 $A$ 小,取 2 水平为好;因素 $C,D$ 的极差都很小,对试验的影响也就很小,都是以取 2 水平为好.总的说来,试验方案应以 $A_3B_2C_2D_2$ 为好.但这个方案在做过的 8 个试验中是没有的.应当照这个方案再试验一次,从而确定出真正最好的试验方案.

### 4.3.2 拟水平法

**例 4.5** 今有某一试验,试验指标只有一个,它的数值是越大越好,这个试验有 4 个因素 $A,B,C,D$,其中因素 $C$ 是 2 水平的,其余 3 个因素都是 3 水平的,具体数值如表 4-13 所示.按正交表 $L_9(3^4)$安排试验,试验结果按试验序号依次为 2.05,2.04,2.24,1.30,1.50,1.35,1.26,2.00,1.97.对试验结果进行分析,找出最好的试验方案.

**表 4-13**

| 因素 / 水平 | $A$ | $B$ | $C$ | $D$ |
|---|---|---|---|---|
| 1 | 0.6 | 13 | 3 | 20 |
| 2 | 0.35 | 17 | 4 | 25 |
| 3 | 0.1 | 21 |  | 30 |

**解** 这个问题是 4 个因素的试验,其中因素 $C$ 是 2 水平的,因素 $A,B,D$ 是 3 水平的.这种情况没有合适的混合水平正交表,因此不能用例 4.4 的方法解决.对这个问题可作这样的设想:假若因素$C$ 也有 3 个水平,那么这个问题就变成 4 因素 3 水平的问题,因此可以选正交表 $L_9(3^4)$来安排试验.但是实际上因素 $C$ 只有 2 个水平,不能随便安排第 3 个水平.如何将 $C$ 变成 3 水平的因素呢?从第 1、第 2 两个水平中选出一个水平让它重复一次作为第 3 水平,这就叫虚拟水平.取哪个水平作为第 3 水平呢?一般来说,是要根据实际经验,选取一个较好的水平.比如,如果认为第 2 水平比第 1 水平好,就选第 2 水平作为第 3 水平.这样因素水平表4-13就变为表 4-14 的样子,它比表 4-13 多了一个虚拟的第 3 水平(用虚框把它围起来).

**表 4-14**

| 因素 / 水平 | $A$ | $B$ | $C$ | $D$ |
|---|---|---|---|---|
| 1 | 0.6 | 13 | 3 | 20 |
| 2 | 0.35 | 17 | 4 | 25 |
| 3 | 0.1 | 21 | [4] | 30 |

(用第 2 水平虚拟的第 3 水平)

下面就按 $L_9(3^4)$表安排试验,测出结果,并进行分析,整个分析过程记录在表 4-15 中.

这里要注意的是,因素 $C$ 的"第 3 水平"实际上就是第 2 水平,我们把正交表中第 3 列的 $C$ 因素的水平安排又重写一次,两边用虚线标出,对应地列在右边,这一列是真正的水平安排.由于这一列没有第 3 水平,因此在求和时并无 $K_3$,只出现 $K_1,K_2$.又因为这里 $C$ 的第 2 水平共出现 6 次,因此平均值 $k_2$ 是 $K_2$ 除以 6,即 $k_2 = K_2/6$;$C$ 的第 1 水平出现 3 次,平均值 $k_1$ 是 $K_1$ 除以 3,即 $k_1 = K_1/3$.因素 $A,B,D$ 都是 3 水平的,各水平都出现 3 次,因此求平均值 $k_1,k_2,k_3$ 时,都是 $K_1,K_2,K_3$ 除以 3.

**表 4-15**

| 试验号 \ 因素 | 1 $A$ | 2 $B$ | 3 $C$ | 虚拟列 | 4 $D$ | 试验指标测试结果 |
|---|---|---|---|---|---|---|
| 1 | 1 | 1 | 1 | 1 | 1 | 2.05 |
| 2 | 1 | 2 | 2 | 2 | 2 | 2.04 |
| 3 | 1 | 3 | 3 | 2 | 3 | 2.24 (9 个试验中最好的一个) |
| 4 | 2 | 1 | 2 | 2 | 3 | 1.30 |
| 5 | 2 | 2 | 3 | 2 | 1 | 1.50 |
| 6 | 2 | 3 | 1 | 1 | 2 | 1.35 |
| 7 | 3 | 1 | 3 | 2 | 2 | 1.26 |
| 8 | 3 | 2 | 1 | 1 | 3 | 2.00 |
| 9 | 3 | 3 | 2 | 2 | 1 | 1.97 |
| $K_1$ | 6.33 | 4.610 | | 5.40 | 5.52 | |
| $K_2$ | 4.15 | 5.540 | | 10.31 | 4.65 | (6个2水平指标相加) |
| $K_3$ | 5.23 | 5.560 | | | 5.54 | |
| $k_1$ | 2.11 | 1.537 | | 1.80 | 1.84 | |
| $k_2$ | 1.38 | 1.847 | | 1.72 | 1.55 | (6个2水平指标和除以6) |
| $k_3$ | 1.74 | 1.853 | | | 1.85 | |
| 极差 | 0.73 | 0.32 | | 0.08 | 0.30 | |
| 优方案 | $A_1$ | $B_3$ | | $C_1$ | $D_3$ | |

从表 4-15 中的极差可以看出,因素 $A$ 对试验的影响最大,取第 1 水平最好;其次是因素 $B$ 取第 3 水平为好;再者是因素 $D$,取第 3 水平为好;因素 $C$ 的影响最小,取第 1 水平为好.总的说来,这个试验的最优方案应当是 $A_1B_3C_1D_3$.但是这个方案在做过的 9 个试验中是没有的.从试验结果看,效果最好的是第 3 号试验,在这个试验中只有因素 $C$ 不是处在最好情况,而因素 $C$ 对试验的影响是最小的.因此我们选出的最优方案是合乎实际的.我们可以按这个方案再试验一次,看是否会得到比第 3 号试验更好的结果,从而确定出真正的最优方案.

从上面的讨论可以看出,拟水平法是将水平数少的因素归入水平数多的正交表中的一种处理问题的方法.在没有合适的混合水平的正交表可用时,拟水平法是一种比较好的处理多因素混合水平试验的方法.这种方法不仅可以对一个因素虚拟水平,也可以对多个因素虚拟水平,具体做法和上面相同,不再重复.在这里要指出的是:虚拟水平以后的表对所有因素来说不具有均衡搭配的性质,但是,它具有部分均衡搭配的性质(部分均衡搭配的精确含义我们就不细讲了).所以拟水平法仍然保留着正交表的优点.

## 4.4 有交互作用的正交试验设计

在多因素试验中,各因素不仅各自独立地在起作用,而且各因素还经常联合起来起作用.也就是说,不仅各个因素的水平改变时,对试验指标有影响,而且各因素的联合搭配对试验指标也有影响.这后一种影响就叫因素的交互作用.因素 $A$ 和因素 $B$ 的交互作用记为 $A \times B$,下面举一个简单的例子.

**例 4.6** 有 4 块试验田,土质情况基本一样,种植同样的作物.现将氮肥、磷肥采用不同的方式分别加在 4 块地里,收获后算出平均亩产,记在表 4-16 中.

表 4-16

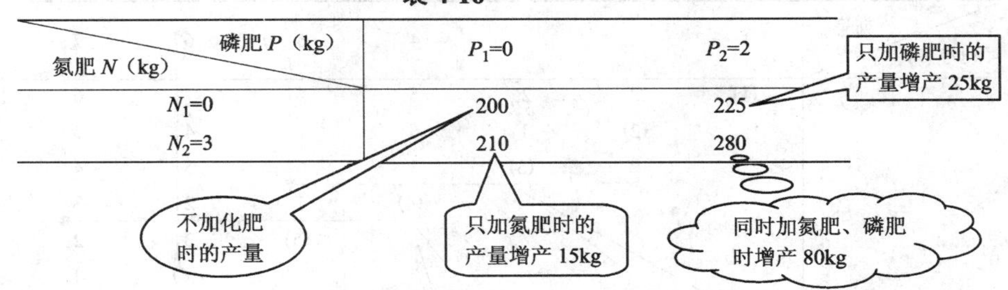

| 氮肥 N（kg） \ 磷肥 P（kg） | $P_1$=0 | $P_2$=2 |
|---|---|---|
| $N_1$=0 | 200 | 225 |
| $N_2$=3 | 210 | 280 |



从表 4-16 看出，不加化肥时，平均亩产只有 200kg；只加 2kg 磷肥时，平均亩产 225kg，每亩增产 25kg；只加 3kg 氮肥时，平均亩产 215kg，每亩增产 15kg. 这两种情况下的总增产值合计为 40kg. 但是，同时加 2kg 磷肥、3kg 氮肥时，平均亩产 280kg，每亩增产 80kg，比前两种情况的总增产量又增加 40kg，显然这后一个 40kg 就是 2kg 磷肥、3kg 氮肥联合起来所起的作用，叫做磷肥、氮肥这两个因素的交互作用. 由上面的情况可知，应有下面的公式：

氮肥磷肥交互作用的效果 = 氮肥、磷肥的总效果 −（只加氮肥的效果 + 只加磷肥的效果）

交互作用是多因素试验中经常遇到的问题，是客观存在的现象. 前面的几节没有提到它是出于两方面的考虑：一是使问题单纯、简化，让读者尽快掌握正交设计的最基本的方法；二是在许多试验中，交互作用的影响有时确实很小，可以忽略不计，这样对问题的影响也不大. 下面我们就来讨论多因素的交互作用. 在多因素的试验中，交互作用影响的大小主要来自实际经验. 如果确有把握认定交互作用的影响很小，就可以忽略不计；如果不能确认交互作用的影响很小，就应该通过试验分析交互作用的大小.

### 4.4.1 交互作用表

安排有交互作用的多因素试验，必须使用交互作用表. 许多正交表的后面都附有相应的交互作用表. 它是专门用来安排交互作用试验的. 表 4-17 就是正交表 $L_8(2^7)$所对应的交互作用表.

用正交表安排有交互作用的试验时，把两个因素的交互作用当成一个新的因素来看待，让它占有一列，称为交互作用列. 交互作用列的安排可以查交互作用表. 比如，从表 4-17 就可以查出正交表 $L_8(2^7)$中的任意两列的交互作用列. 查法如下：表 4-17 中写了两种列号，第 1 个列号是带(　)的从左往右看；第 2 个列号是不带括号的，从上往下看，表中交叉处的数字就是两列的交互作用列的列号. 比如要查第 2 列和第 4 列的交互作用列，先找到(2)，从左往右查，再从表的最上端的列号中找到 4，从上往下查，两者交叉处的数字是 6，它表示第 2 列和第 4 列的交互作用列就是第 6 列. 类似地，可查出第 1 列和第 2 列的交互作用列是第 3 列，这表示，用 $L_8(2^7)$表安排试验时，如果因素 $A$ 放在第 1 列，因素 $B$ 放在第 2 列，则 $A\times B$ 就占有第 3 列. 从表 4-17 还可以看出下面的情况：第 1 列和第 3 列的交互作用列是第 2 列，第 4 列和第 6 列的交互作用列也是第 2 列，第 5 列和第 7 列的交互作用列还是第 2 列. 这说明不同列的交互作用列有可能在同一列. 表 4-17 中还有不少这样类似的情况，这是没有关系的. 其他正交表的交互作用表的查法与表 4-17 一样，在此不再赘述.

所谓自由度，就是独立的数据或变量的个数. 对正交表来说，确定自由度有两条原则：

(1) 正交表每列的自由度 $f$ 等于各列的水平数减 1，由于因素和列是等同的，从而每个因素的自由度等于该因素的水平数减去 1；

(2) 两因素交互作用的自由度等于两因素的自由度的乘积，即：

$$f_{A\times B}=f_A\times f_B$$

表 4-17

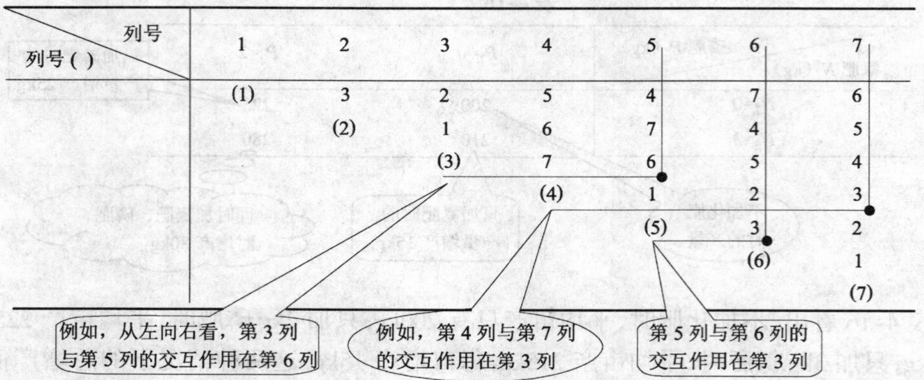

| 列号( ) \ 列号 | 1 | 2 | 3 | 4 | 5 | 6 | 7 |
|---|---|---|---|---|---|---|---|
| | (1) | 3 | 2 | 5 | 4 | 7 | 6 |
| | | (2) | 1 | 6 | 7 | 4 | 5 |
| | | | (3) | 7 | 6 | 5 | 4 |
| | | | | (4) | 1 | 2 | 3 |
| | | | | | (5) | 3 | 2 |
| | | | | | | (6) | 1 |
| | | | | | | | (7) |



根据上面所述的原则可以确定,两个 2 水平因素的交互作用列只有一列.这是因为 2 水平正交表每列的自由度为 $2-1=1$,而两列的交互作用的自由度等于两列自由度的乘积,即 $1\times1=1$,交互作用列也是 2 水平的,故交互作用列只有一个.对于两个 3 水平的因素,每个因素的自由度为 2,交互作用列的自由度就是 $2\times2=4$,交互作用列也是 3 水平的,所以交互作用列就要占两列;同理,两个 $n$ 水平的因素,由于每个因素的自由度为 $n-1$,两因素的交互作用的自由度就是 $(n-1)(n-1)$,交互作用列也是 $n$ 水平的,故交互作用列就要占 $(n-1)$ 列.

### 4.4.2 水平数相同的有交互作用的正交设计

用一个 3 因素 2 水平的有交互作用的例子加以说明.

**例 4.7** 某产品的产量取决于3个因素 $A,B,C$,每个因素都有两个水平,具体数值如表 4-18所示.每两个因素之间都有交互作用,必须加以考虑.试验指标为产量(指标值见表4-19),越高越好.试安排试验,并分析试验结果,找出最好的方案.

表 4-18

| 水平 \ 因素 | $A$ | $B$ | $C$ |
|---|---|---|---|
| 1 | 60 | 1.2 | 20% |
| 2 | 80 | 1.5 | 30% |

**解** 这是 3 因素 2 水平的试验.3 个因素 $A,B,C$ 要占 3 列,它们之间的交互作用 $A\times B$,$B\times C$,$A\times C$ 又占 3 列,共占 6 列,可以用正交表 $L_8(2^7)$来安排试验.若将 $A,B$ 分别放在第 1,2 列,从表 4-17 查出 $A\times B$ 应在第 3 列,因此 $C$ 就不能放在第 3 列,否则就要和 $A\times B$ 混杂.现将 $C$ 放在第 4 列,由表 4-17 查出 $A\times C$ 应在第 5 列,$B\times C$ 应在第 6 列.按这种安排进行试验.测出结果,用直观分析法进行分析,把交互作用当成新的因素看待.整个分析过程记录在表 4-19中.

从极差大小看出,影响最大的因素是 $C$,以 2 水平为好;其次是 $A\times B$,以 2 水平为好(交互作用对应的是 $A_1\times B_2, A_2\times B_1$);第 3 是因素 $A$,以 1 水平为好;第 4 是因素 $B$,以 1 水平为好.由于因素 $B$ 影响较小,1 水平和 2 水平差别不大,但考虑到 $A\times B$ 是 2 水平好,它的影响比 $B$ 大,所以因素 $B$ 取 2 水平为好.$A\times C$,$B\times C$ 的极差很小,对试验的影响很小,忽略不计.综合分析考虑,最好的方案应当是 $C_2A_1B_2$,从试验结果看出,这个方案确实是 8 个试验中最好的一个试验.

最后要说明一点,在这里只考虑两列间的交互作用 $A\times B$,$A\times C$,$B\times C$,3 个因素的交互作用 $A\times B\times C$ 一般很小,在这里不去考虑它.

**表 4-19**

| 试验号＼因素 | 1 $A$ | 2 $B$ | 3 $A\times B$ | 4 $C$ | 5 $A\times C$ | 6 $B\times C$ | 7 | 产量 |
|---|---|---|---|---|---|---|---|---|
| 1 | 1 | 1 | 1 | 1 | 1 | 1 | 1 | 65 |
| 2 | 1 | 1 | 1 | 2 | 2 | 2 | 2 | 73 |
| 3 | 1 | 2 | 2 | 1 | 1 | 2 | 2 | 72 |
| 4 | 1 | 2 | 2 | 2 | 2 | 1 | 1 | 75（8个试验中最好的一个） |
| 5 | 2 | 1 | 2 | 1 | 2 | 1 | 2 | 70 |
| 6 | 2 | 1 | 2 | 2 | 1 | 2 | 1 | 74 |
| 7 | 2 | 2 | 1 | 1 | 2 | 2 | 1 | 60 |
| 8 | 2 | 2 | 1 | 2 | 1 | 1 | 2 | 71 |
| | | | | | | | | $\sum 560$ |
| $K_1$ | 285 | 282 | 269 | 267 | 282 | 281 | | |
| $K_2$ | 275 | 278 | 291 | 293 | 278 | 279 | | |
| $k_1$ | 71.3 | 70.5 | 67.3 | 66.8 | 70.5 | 70.3 | | |
| $k_2$ | 68.8 | 69.5 | 72.8 | 73.3 | 69.5 | 69.8 | | |
| 极差 | 2.5 | 1.0 | 5.5 | 6.5 | 1.0 | 0.5 | | |
| 优方案 | $A_1$ | $B_1$ | 2水平 | $C_2$ | 1水平 | 1水平 | | |

## 4.5 正交表的构造法

从前面几节的内容已看到了正交表的用处和好处.读者一定会问:正交表是怎么来的呢?下面来介绍构造正交表的几种基本方法.

### 4.5.1 阿达玛矩阵法

#### 4.5.1.1 阿达玛矩阵

定义:以+1、-1为元素,并且任意两列都正交的矩阵,叫阿达玛(Hadamard)矩阵,简称阿阵.

阿阵的性质:

(1) 阿阵中每列元素的个数都是偶数;

(2) 阿阵中的任意两行(或两列)交换后,仍为阿阵;

(3) 阿阵中的任一行(或列)乘-1以后,仍为阿阵.

对于任意一个阿阵,总可以用对行乘-1的方法使第一列变成全1列,这样的阿阵称为标准阿阵,并且把这个过程称作标准化.

行数与列数相等的阿阵叫阿达玛方阵,以后就把阿达玛方阵简称为阿阵.阿阵必定是偶数阶方阵.$n$ 阶阿阵记为 $H_n$.为今后使用方便考虑,我们感兴趣的是第1列、第1行全为1的阿阵.比如有 $H_2$,$H_4$ 如下:

$$H_2=\begin{bmatrix}1 & 1\\ 1 & -1\end{bmatrix},\qquad H_4=\begin{bmatrix}1 & 1 & 1 & 1\\ 1 & 1 & -1 & -1\\ 1 & -1 & 1 & -1\\ 1 & -1 & -1 & 1\end{bmatrix}$$

下面介绍用直积构造高阶阿阵的方法.

定义:设两个2阶方阵 $A$,$B$.

$$A=\begin{bmatrix}a_{11} & a_{12}\\ a_{21} & a_{22}\end{bmatrix},\qquad B=\begin{bmatrix}b_{11} & b_{12}\\ b_{21} & b_{22}\end{bmatrix}$$

它们的直积记为 $A\otimes B$.定义如下：

$$\begin{aligned}A\otimes B&=\begin{bmatrix}a_{11} & a_{12}\\ a_{21} & a_{22}\end{bmatrix}\otimes\begin{bmatrix}b_{11} & b_{12}\\ b_{21} & b_{22}\end{bmatrix}\\ &=\begin{bmatrix}a_{11}B & a_{12}B\\ a_{21}B & a_{22}B\end{bmatrix}\\ &=\begin{bmatrix}a_{11}b_{11} & a_{11}b_{12} & a_{12}b_{11} & a_{12}b_{12}\\ a_{11}b_{21} & a_{11}b_{22} & a_{12}b_{21} & a_{12}b_{22}\\ a_{21}b_{11} & a_{21}b_{12} & a_{22}b_{11} & a_{22}b_{12}\\ a_{21}b_{21} & a_{21}b_{22} & a_{22}b_{21} & a_{22}b_{22}\end{bmatrix}\end{aligned}$$

这是一个 4 阶方阵.

有下面两个定理.

定理 1:设 2 阶方阵 $A,B$,如果它们中的两列是正交的,则它们的直积 $A\otimes B$ 的任意两列也是正交的(可验证,此处略去).

定理 2:两个阿阵的直积是一个高阶的阿阵,这可由定理 1 直接得出.

据此,可以从简单的低阶阿阵,用求直积的方法得出高阶的阿阵,例如有：

$$H_2\otimes H_2=\begin{bmatrix}1 & 1\\ 1 & -1\end{bmatrix}\otimes\begin{bmatrix}1 & 1\\ 1 & -1\end{bmatrix}=\begin{bmatrix}1 & 1 & 1 & 1\\ 1 & -1 & 1 & -1\\ 1 & 1 & -1 & -1\\ 1 & -1 & -1 & 1\end{bmatrix}=H_4$$

依次类推有：

$$H_2\otimes H_4=H_8,\qquad H_2\otimes H_8=H_{16}\quad 或\ H_4\otimes H_4=H_{16},\cdots$$

因为没有 $H_3$,所以不能说 $H_2\otimes H_3=H_6$,$H_6$ 只能从阿阵的定义直接构造出来.

一个固定阶的阿阵并不是惟一的.比如：

$$\begin{bmatrix}1 & 1\\ 1 & -1\end{bmatrix},\qquad \begin{bmatrix}1 & 1\\ -1 & 1\end{bmatrix},\qquad \begin{bmatrix}1 & -1\\ 1 & 1\end{bmatrix},\qquad \begin{bmatrix}-1 & 1\\ 1 & 1\end{bmatrix},$$

都是 2 阶阿阵 $H_2$,但我们最感兴趣的是第一个,因为它是标准阿阵.

#### 4.5.1.2 水平正交表的阿达玛矩阵法

有了第 1 列第 1 行全为 1 的标准阿阵,构造 2 水平的正交表就非常方便了.

(1) $L_4(2^3)$正交表的构造法

①取标准阿阵 $H_4$：
$$H_4=\begin{bmatrix}1 & 1 & 1 & 1\\ 1 & 1 & -1 & -1\\ 1 & -1 & 1 & -1\\ 1 & -1 & -1 & 1\end{bmatrix}.$$

②将全 1 列去掉,得出：
$$\begin{bmatrix}1 & 1 & 1\\ 1 & -1 & -1\\ -1 & 1 & -1\\ -1 & -1 & 1\end{bmatrix}$$

③将 $-1$ 改写为 2,按顺序配上列号、行号,就得到 2 水平正交表 $L_4(2^3)$,如表 4-20 所示.

**表 4-20**

| 行号 \ 列号 | 1 | 2 | 3 |
|---|---|---|---|
| 1 | 1 | 1 | 1 |
| 2 | 1 | 2 | 2 |
| 3 | 2 | 1 | 2 |
| 4 | 2 | 2 | 1 |

(2) $L_8(2^7)$ 正交表的构造法

①取标准阿阵 $H_8$：
$$H_8 = \begin{bmatrix} 1 & 1 & 1 & 1 & 1 & 1 & 1 & 1 \\ 1 & 1 & 1 & 1 & -1 & -1 & -1 & -1 \\ 1 & 1 & -1 & -1 & 1 & 1 & -1 & -1 \\ 1 & 1 & -1 & -1 & -1 & -1 & 1 & 1 \\ 1 & -1 & 1 & -1 & 1 & -1 & 1 & -1 \\ 1 & -1 & 1 & -1 & -1 & 1 & -1 & 1 \\ 1 & -1 & -1 & 1 & 1 & -1 & -1 & 1 \\ 1 & -1 & -1 & 1 & -1 & 1 & 1 & -1 \end{bmatrix}$$

②去掉全 1 列，得出：
$$\begin{bmatrix} 1 & 1 & 1 & 1 & 1 & 1 & 1 \\ 1 & 1 & 1 & -1 & -1 & -1 & -1 \\ 1 & -1 & -1 & 1 & 1 & -1 & -1 \\ 1 & -1 & -1 & -1 & -1 & 1 & 1 \\ -1 & 1 & -1 & 1 & -1 & 1 & -1 \\ -1 & 1 & -1 & -1 & 1 & -1 & 1 \\ -1 & -1 & 1 & 1 & -1 & -1 & 1 \\ -1 & -1 & 1 & -1 & 1 & 1 & -1 \end{bmatrix}$$

③将 $-1$ 改写为 2，并按顺序配上列号、行号，就得到正交表 $L_8(2^7)$，如表 4-21 所示.

**表 4-21**

| 行号 \ 列号 | 1 | 2 | 3 | 4 | 5 | 6 | 7 |
|---|---|---|---|---|---|---|---|
| 1 | 1 | 1 | 1 | 1 | 1 | 1 | 1 |
| 2 | 1 | 1 | 1 | 2 | 2 | 2 | 2 |
| 3 | 1 | 2 | 2 | 1 | 1 | 2 | 2 |
| 4 | 1 | 2 | 2 | 2 | 2 | 1 | 1 |
| 5 | 2 | 1 | 2 | 1 | 2 | 1 | 2 |
| 6 | 2 | 1 | 2 | 2 | 1 | 2 | 1 |
| 7 | 2 | 2 | 1 | 1 | 2 | 2 | 1 |
| 8 | 2 | 2 | 1 | 2 | 1 | 1 | 2 |

总结以上做法，得出 2 水平正交表的阿阵法：首先取一个合适的标准阿阵 $H_n$；去掉全 1 列；再将 $-1$ 改写为 2，配以列号、行号，就得出正交表 $L_n(2^{n-1})$. 用这种方法构造出的正交表，它的列数比行数总是少 1. 由于阿阵的阶数都是偶数，所以 2 水平正交表的行数总是偶数. 其中还有一种特殊的情况，即如果所取的阿阵是由 $H_2$ 用直积方法求出的，这时 $H_n$ 的 $n = 2k$，$(k = 2,4,\cdots)$，这些正交表就是 $L_{2k}(2^{2k-1})$.

前面介绍的两种方法都是构造 2 水平正交表的方法，用这两种方法只能构造出 2 水平的正交表，更多水平的正交表怎么做呢？下面将要介绍一种名叫正交拉丁方的方法，可以解决多水平正交表的构造问题.

### 4.5.2 正交拉丁方的方法

#### 4.5.2.1 拉丁方

用拉丁字母 $A,B,C,\cdots$,可以排出方阵,有各种各样的排法,满足一定条件的排法就能排出拉丁方.

定义:用 $n$ 个不同的拉丁字母排成一个 $n$ 阶方阵($n\leqslant 26$),如果每个字母在任一行、任一列中只出现一次,则称这种方阵为 $n\times n$ 拉丁方,简称为 $n$ 阶拉丁方.

例如,用3个字母 $A,B,C$ 可排成:

$$\begin{matrix} A & B & C \\ B & C & A \\ C & A & B \end{matrix}$$

称为 $3\times 3$ 拉丁方.

用4个字母 $A,B,C,D$ 可排成:

$$\begin{matrix} A & B & C & D \\ D & A & B & C \\ C & D & A & B \\ B & C & D & A \end{matrix}$$

称为 $4\times 4$ 拉丁方.

$3\times 3,4\times 4$ 拉丁方都不是惟一的,同样字母的不同排法能构成不同的拉丁方.在众多不同的拉丁方中,我们感兴趣的是一种正交拉丁方.

两个同阶拉丁方的行数相同,列数也相同,在行与列的交汇点处,称为相同位置.

定义:设有两个同阶的拉丁方,如果对第一个拉丁方排列着相同字母的各个位置上,第二个拉丁方在同样位置排列着不同的字母,则称这两个拉丁方为互相正交的拉丁方,简称正交拉丁方.

例如,在3阶拉丁方中:

$$\begin{matrix} A & B & C \\ B & C & A \\ C & A & B \end{matrix} \quad 与 \quad \begin{matrix} A & B & C \\ C & A & B \\ B & C & A \end{matrix}$$

是正交拉丁方.

在4阶拉丁方中:

$$\begin{matrix} A & B & C & D \\ B & A & D & C \\ C & D & A & B \\ D & C & B & A \end{matrix} \quad 与 \quad \begin{matrix} A & B & C & D \\ D & C & B & A \\ B & A & D & C \\ C & D & A & B \end{matrix}$$

是正交拉丁方.

在各阶拉丁方中,正交拉丁方的个数是确定的.在3阶拉丁方中,正交拉丁方只有2个;4阶拉丁方中,正交拉丁方只有3个;5阶拉丁方中,正交拉丁方只有4个;6阶拉丁方中没有正交拉丁方.数学上已经证明,对 $n$ 阶拉丁方,如果有正交拉丁方,最多只能有($n-1$)个.比如说,7阶正交拉丁方最多有6个,9阶正交拉丁方最多有8个….

为了方便,可将字母拉丁方改写为数字拉丁方,这对问题的性质是没有影响的.比如两个3阶正交拉丁方可写为:

$$\begin{matrix} 1 & 2 & 3 \\ 2 & 3 & 1 \\ 3 & 1 & 2 \end{matrix} \quad 与 \quad \begin{matrix} 1 & 2 & 3 \\ 3 & 1 & 2 \\ 2 & 3 & 1 \end{matrix}$$

#### 4.5.2.2 3水平正交表构造法

首先考虑两个3水平因素 $A,B$,把它们所有的水平搭配都写出来,按下面的方式排成两列:

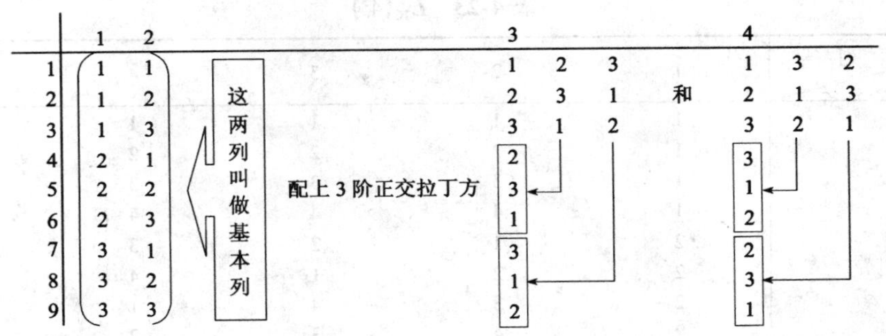


这两列叫做基本列.然后写出两个 3 阶的正交拉丁方(只有两个正交拉丁方).

将这两个正交拉丁方的 1,2,3 列,分别按顺序连成一列(共得两列),放在两个基本列的右面,构成一个 4 列 9 行的矩阵,再配上列号、行号,就得出正交表 $L_9(3^4)$,如表 4-22 所示.

**表 4-22　$L_9(3^4)$正交表**

| 列　号<br>试验号 | 1 | 2 | 3 | 4 |
|---|---|---|---|---|
| 1 | 1 | 1 | 1 | 1 |
| 2 | 1 | 2 | 2 | 2 |
| 3 | 1 | 3 | 3 | 3 |
| 4 | 2 | 1 | 2 | 3 |
| 5 | 2 | 2 | 3 | 1 |
| 6 | 2 | 3 | 1 | 2 |
| 7 | 3 | 1 | 3 | 2 |
| 8 | 3 | 2 | 1 | 3 |
| 9 | 3 | 3 | 2 | 1 |

#### 4.5.2.3　4 水平正交表构造法

与 3 水平情况类似,考虑两个 4 水平的因素 $A,B$,把它们所有的水平搭配都写出来,构成两个基本列,然后再写出 3 个正交拉丁方(只有 3 个正交拉丁方),将这 3 个正交拉丁方的 1,2,3,4 列分别按顺序连成 1 列(共得 3 列),再顺序放在两基本列的右面,构成一个 5 列 16 行的矩阵,再配上列号、行号,就得出 $L_{16}(4^5)$正交表,如表 4-23 所示.

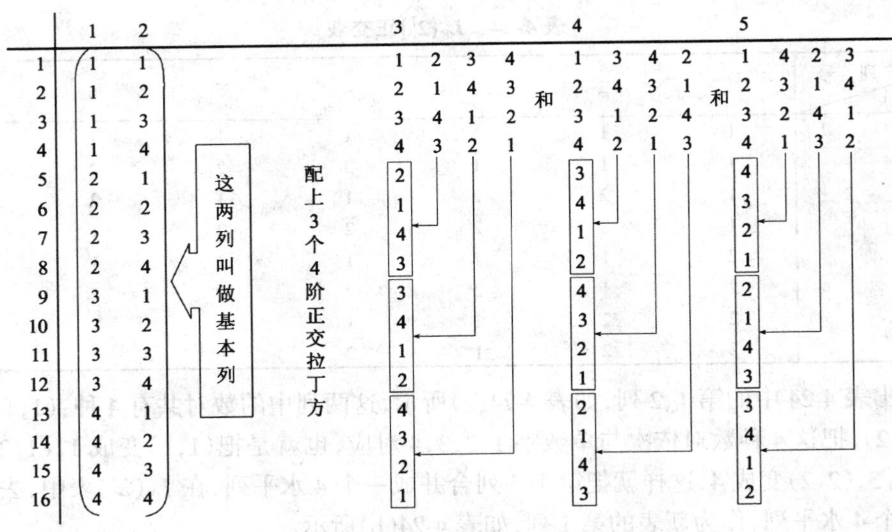

表 4-23　$L_{16}(4^5)$

| 列号<br>行号 | 1 | 2 | 3 | 4 | 5 |
|---|---|---|---|---|---|
| 1 | 1 | 1 | 1 | 1 | 1 |
| 2 | 1 | 2 | 2 | 2 | 2 |
| 3 | 1 | 3 | 3 | 3 | 3 |
| 4 | 1 | 4 | 4 | 4 | 4 |
| 5 | 2 | 1 | 2 | 3 | 4 |
| 6 | 2 | 2 | 1 | 4 | 3 |
| 7 | 2 | 3 | 4 | 1 | 2 |
| 8 | 2 | 4 | 3 | 2 | 1 |
| 9 | 3 | 1 | 3 | 4 | 2 |
| 10 | 3 | 2 | 4 | 3 | 1 |
| 11 | 3 | 3 | 1 | 2 | 4 |
| 12 | 3 | 4 | 2 | 1 | 3 |
| 13 | 4 | 1 | 4 | 2 | 3 |
| 14 | 4 | 2 | 3 | 1 | 4 |
| 15 | 4 | 3 | 2 | 4 | 1 |
| 16 | 4 | 4 | 1 | 3 | 2 |

从 3 水平、4 水平正交表的做法,可以得出用正交拉丁方构造正交表的一般方法:首先根据水平数 $k$ 写出两个基本列($k^2$ 行),然后写出 $k$ 阶的全部正交拉丁方(最多 $k-1$ 个),把这些正交拉丁方的各列连成 1 列,放在基本列的右边,就构成 $k$ 水平的正交表 $L_{k^2}(k^{2+t})$. 其中 $t$ 是 $k$ 阶正交拉丁方的个数. 比如,5 水平的正交表为 $L_{25}(5^6)$,因为这里 $t = 4$;7 水平的正交表为 $L_{49}(7^8)$,因为这里 $t = 6$;9 水平的正交表为 $L_{81}(9^{10})$,因为这里 $t = 8$. 因为 6 阶正交拉丁方不存在,所以没有 6 水平的正交表.

#### 4.5.2.4　混合型正交表构造法

混合型正交表可以由一般水平数相等的正交表通过"并列法"改造而成. 下面举几个典型的例子.

**例 4.8**　混合型正交表 $L_8(4\times 2^4)$的构造法.

**解**　构造步骤如下:

①先列出正交表 $L_8(2^7)$,如表 4-24 所示;

表 4-24　$L_8(2^7)$正交表

| 列号<br>行号 | 1 | 2 | 3 | 4 | 5 | 6 | 7 |
|---|---|---|---|---|---|---|---|
| 1 | 1 | 1 | 1 | 1 | 1 | 1 | 1 |
| 2 | 1 | 1 | 1 | 2 | 2 | 2 | 2 |
| 3 | 1 | 2 | 2 | 1 | 1 | 2 | 2 |
| 4 | 1 | 2 | 2 | 2 | 2 | 1 | 1 |
| 5 | 2 | 1 | 2 | 1 | 2 | 1 | 2 |
| 6 | 2 | 1 | 2 | 2 | 1 | 2 | 1 |
| 7 | 2 | 2 | 1 | 1 | 2 | 2 | 1 |
| 8 | 2 | 2 | 1 | 2 | 1 | 1 | 2 |

②取出表 4-24 中的第 1、2 列,如表 4-24(a)所示,这两列中的数对共有 4 种:(1,1),(1,2),(2,1),(2,2),把这 4 种数对依次与单数字 1,2,3,4 对应,也就是把(1,1)变成 1,(1,2)变成 2,(2,1)变成 3,(2,2)变成 4,这样就把第 1、2 列合并成一个 4 水平列. 在 $L_8(2^7)$表中,去掉第 1、2 列换成这个 4 水平列,作为新表的第 1 列,如表 4-24(b)所示.

③将表 4-24 中第 1,2 列的交互作用列第 3 列去掉,如表 4-24(c)所示.

④将表 4-24 中其余的第 4、5、6、7 列依次改为新表的第 2、3、4、5 列,这样就得到混合型正交表 $L_8(4^1 \times 2^4)$.此表共 5 列,第 1 列是 4 水平列,其余 4 列仍是 2 水平列,如表 4-25 所示.

**表 4-24(a)**

| 行号 \ 列号 | 1 | 2 | 3 | 4 | 5 | 6 | 7 |
|---|---|---|---|---|---|---|---|
| 1 | | | 1 | 1 | 1 | 1 | 1 |
| 2 | | | 1 | 2 | 2 | 2 | 2 |
| 3 | | | 2 | 1 | 1 | 2 | 2 |
| 4 | | | 2 | 2 | 2 | 1 | 1 |
| 5 | | | 2 | 1 | 2 | 1 | 2 |
| 6 | | | 2 | 2 | 1 | 2 | 1 |
| 7 | | | 1 | 1 | 2 | 2 | 1 |
| 8 | | | 1 | 2 | 1 | 1 | 2 |

**表 4-24(b)**

| 行号 \ 列号 | 1 | 3 | 4 | 5 | 6 | 7 |
|---|---|---|---|---|---|---|
| 1 | 1 | 1 | 1 | 1 | 1 | 1 |
| 2 | 1 | 1 | 2 | 2 | 2 | 2 |
| 3 | 2 | 2 | 1 | 1 | 2 | 2 |
| 4 | 2 | 2 | 2 | 2 | 1 | 1 |
| 5 | 3 | 2 | 1 | 2 | 1 | 2 |
| 6 | 3 | 2 | 2 | 1 | 2 | 1 |
| 7 | 4 | 1 | 1 | 2 | 2 | 1 |
| 8 | 4 | 1 | 2 | 1 | 1 | 2 |

**表 4-24(c)**

| 行号 \ 列号 | 1 | 4 | 5 | 6 | 7 |
|---|---|---|---|---|---|
| 1 | 1 | 1 | 1 | 1 | 1 |
| 2 | 1 | 2 | 2 | 2 | 2 |
| 3 | 2 | 1 | 1 | 2 | 2 |
| 4 | 2 | 2 | 2 | 1 | 1 |
| 5 | 3 | 1 | 2 | 1 | 2 |
| 6 | 3 | 2 | 1 | 2 | 1 |
| 7 | 4 | 1 | 2 | 2 | 1 |
| 8 | 4 | 2 | 1 | 1 | 2 |

**表 4-25 $L_8(4^1 \times 2^4)$正交表**

| 行号 \ 列号 | 1 | 2 | 3 | 4 | 5 |
|---|---|---|---|---|---|
| 1 | 1 | 1 | 1 | 1 | 1 |
| 2 | 1 | 2 | 2 | 2 | 2 |
| 3 | 2 | 1 | 1 | 2 | 2 |
| 4 | 2 | 2 | 2 | 1 | 1 |
| 5 | 3 | 1 | 2 | 1 | 2 |
| 6 | 3 | 2 | 1 | 2 | 1 |
| 7 | 4 | 1 | 2 | 2 | 1 |
| 8 | 4 | 2 | 1 | 1 | 2 |

**例 4.9**　混合型正交表 $L_{16}(4^1 \times 2^{12})$的构造法.

**解**　①先列出正交表 $L_{16}(2^{15})$,如表 4-26 所示.

②取出表 4-26 中的第 1、2 列,这两列中的数对共 4 种:(1,1),(1,2),(2,1),(2,2),把这 4 种数对依次变成 1,2,3,4,就把第 1、2 列合并成一个 4 水平列,作为新表的第 1 列.

③去掉第 1、2 列的交互作用列第 3 列.

④将表 4-26 中的第 4 至 15 列依次改为新表的第 2 至 13 列.

这样就得到一个混合型正交表 $L_{16}(4^1 \times 2^{12})$.此表共 13 列,第 1 列是 4 水平列,其余 12 列仍是 2 水平列,如表 4-27 所示.

**表 4-26**　$L_{16}(2^{15})$

| 行号＼列号 | 1 | 2 | 3 | 4 | 5 | 6 | 7 | 8 | 9 | 10 | 11 | 12 | 13 | 14 | 15 |
|---|---|---|---|---|---|---|---|---|---|---|---|---|---|---|---|
| 1 | 1 | 1 | 1 | 1 | 1 | 1 | 1 | 1 | 1 | 1 | 1 | 1 | 1 | 1 | 1 |
| 2 | 1 | 1 | 1 | 1 | 1 | 1 | 1 | 2 | 2 | 2 | 2 | 2 | 2 | 2 | 2 |
| 3 | 1 | 1 | 1 | 2 | 2 | 2 | 2 | 1 | 1 | 1 | 1 | 2 | 2 | 2 | 2 |
| 4 | 1 | 1 | 1 | 2 | 2 | 2 | 2 | 2 | 2 | 2 | 2 | 1 | 1 | 1 | 1 |
| 5 | 1 | 2 | 2 | 1 | 1 | 2 | 2 | 1 | 1 | 2 | 2 | 1 | 1 | 2 | 2 |
| 6 | 1 | 2 | 2 | 1 | 1 | 2 | 2 | 2 | 2 | 1 | 1 | 2 | 2 | 1 | 1 |
| 7 | 1 | 2 | 2 | 2 | 2 | 1 | 1 | 1 | 1 | 2 | 2 | 2 | 2 | 1 | 1 |
| 8 | 1 | 2 | 2 | 2 | 2 | 1 | 1 | 2 | 2 | 1 | 1 | 1 | 1 | 2 | 2 |
| 9 | 2 | 1 | 2 | 1 | 2 | 1 | 2 | 1 | 2 | 1 | 2 | 1 | 2 | 1 | 2 |
| 10 | 2 | 1 | 2 | 1 | 2 | 1 | 2 | 2 | 1 | 2 | 1 | 2 | 1 | 2 | 1 |
| 11 | 2 | 1 | 2 | 2 | 1 | 2 | 1 | 1 | 2 | 1 | 2 | 2 | 1 | 2 | 1 |
| 12 | 2 | 1 | 2 | 2 | 1 | 2 | 1 | 2 | 1 | 2 | 1 | 1 | 2 | 1 | 2 |
| 13 | 2 | 2 | 1 | 1 | 2 | 2 | 1 | 1 | 2 | 2 | 1 | 1 | 2 | 2 | 1 |
| 14 | 2 | 2 | 1 | 1 | 2 | 2 | 1 | 2 | 1 | 1 | 2 | 2 | 1 | 1 | 2 |
| 15 | 2 | 2 | 1 | 2 | 1 | 1 | 2 | 1 | 2 | 2 | 1 | 2 | 1 | 1 | 2 |
| 16 | 2 | 2 | 1 | 2 | 1 | 1 | 2 | 2 | 1 | 1 | 2 | 1 | 2 | 2 | 1 |

**表 4-27**　$L_{16}(4^1 \times 2^{12})$

| 行号＼列号 | 1 | 2 | 3 | 4 | 5 | 6 | 7 | 8 | 9 | 10 | 11 | 12 | 13 |
|---|---|---|---|---|---|---|---|---|---|---|---|---|---|
| 1 | 1 | 1 | 1 | 1 | 1 | 1 | 1 | 1 | 1 | 1 | 1 | 1 | 1 |
| 2 | 1 | 1 | 1 | 1 | 1 | 2 | 2 | 2 | 2 | 2 | 2 | 2 | 2 |
| 3 | 1 | 2 | 2 | 2 | 2 | 1 | 1 | 1 | 1 | 2 | 2 | 2 | 2 |
| 4 | 1 | 2 | 2 | 2 | 2 | 2 | 2 | 2 | 2 | 1 | 1 | 1 | 1 |
| 5 | 2 | 1 | 1 | 2 | 2 | 1 | 1 | 2 | 2 | 1 | 1 | 2 | 2 |
| 6 | 2 | 1 | 1 | 2 | 2 | 2 | 2 | 1 | 1 | 2 | 2 | 1 | 1 |
| 7 | 2 | 2 | 2 | 1 | 1 | 1 | 1 | 2 | 2 | 2 | 2 | 1 | 1 |
| 8 | 2 | 2 | 2 | 1 | 1 | 2 | 2 | 1 | 1 | 1 | 1 | 2 | 2 |
| 9 | 3 | 1 | 2 | 1 | 2 | 1 | 2 | 1 | 2 | 1 | 2 | 1 | 2 |
| 10 | 3 | 1 | 2 | 1 | 2 | 2 | 1 | 2 | 1 | 2 | 1 | 2 | 1 |
| 11 | 3 | 2 | 1 | 2 | 1 | 1 | 2 | 1 | 2 | 2 | 1 | 2 | 1 |
| 12 | 3 | 2 | 1 | 2 | 1 | 2 | 1 | 2 | 1 | 1 | 2 | 1 | 2 |
| 13 | 4 | 1 | 2 | 2 | 1 | 1 | 2 | 2 | 1 | 1 | 2 | 2 | 1 |
| 14 | 4 | 1 | 2 | 2 | 1 | 2 | 1 | 1 | 2 | 2 | 1 | 1 | 2 |
| 15 | 4 | 2 | 1 | 1 | 2 | 1 | 2 | 2 | 1 | 2 | 1 | 1 | 2 |
| 16 | 4 | 2 | 1 | 1 | 2 | 2 | 1 | 1 | 2 | 1 | 2 | 2 | 1 |

继续使用并列法：再将 $L_{16}(2^{15})$表中的第4、8列合并成1列，同时去掉第4、8列的交互作用列第12列，将其余各列顺序写成3,4,…,11列，就得到混合型正交表 $L_{16}(4^2\times2^9)$（如附表4），它有2个4水平列，其余9个仍为2水平列. 再合并第5、10列，去掉其交互作用列第15列，得到 $L_{16}(4^3\times2^6)$表（附表4）. 再合并第7、9列，去掉其交互作用列第14列，得到 $L_{16}(4^4\times2^3)$表（附表4）. 在 $L_{16}(4^4\times2^3)$表中对3个2水平列再用并列法就得出 $L_{16}(4^5)$表（附表4），这就都变成了4水平列，不再是混合型正交表了.

还可用并列法造出混合型正交表 $L_{16}(8\times2^8)$，具体做法如下.

在 $L_{16}(2^{15})$表中：

(1)将第1、2、4列合并，这3列构成的有序数组为(1,1,1),(1,1,2),(1,2,1),(1,2,2),(2,1,1),(2,1,2),(2,2,1),(2,2,2),将这8个数组依次换为1,2,3,4,5,6,7,8,就得到一个8水平列，将其定为新表中的第1列；

(2)去掉1,2,4列的两两交互作用列，即第3,5,6,7列；

(3)将余下的8到15列，依次改为2到9列.

这就得出混合正交表 $L_{16}(8\times2^8)$，它共有9列，第1列为8水平列，其余8列仍为2水平列，如表4-28所示.

**表4-28　$L_{16}(8\times2^8)$**

| 行号＼列号 | 1 | 2 | 3 | 4 | 5 | 6 | 7 | 8 | 9 |
|---|---|---|---|---|---|---|---|---|---|
| 1 | 1 | 1 | 1 | 1 | 1 | 1 | 1 | 1 | 1 |
| 2 | 1 | 2 | 2 | 2 | 2 | 2 | 2 | 2 | 2 |
| 3 | 2 | 1 | 1 | 1 | 1 | 2 | 2 | 2 | 2 |
| 4 | 2 | 2 | 2 | 2 | 2 | 1 | 1 | 1 | 1 |
| 5 | 3 | 1 | 1 | 2 | 2 | 1 | 1 | 2 | 2 |
| 6 | 3 | 2 | 2 | 1 | 1 | 2 | 2 | 1 | 1 |
| 7 | 4 | 1 | 1 | 2 | 2 | 2 | 2 | 1 | 1 |
| 8 | 4 | 2 | 2 | 1 | 1 | 1 | 1 | 2 | 2 |
| 9 | 5 | 1 | 2 | 1 | 2 | 1 | 2 | 1 | 2 |
| 10 | 5 | 2 | 1 | 2 | 1 | 2 | 1 | 2 | 1 |
| 11 | 6 | 1 | 2 | 1 | 2 | 2 | 1 | 2 | 1 |
| 12 | 6 | 2 | 1 | 2 | 1 | 1 | 2 | 1 | 2 |
| 13 | 7 | 1 | 2 | 2 | 1 | 1 | 2 | 2 | 1 |
| 14 | 7 | 2 | 1 | 1 | 2 | 2 | 1 | 1 | 2 |
| 15 | 8 | 1 | 2 | 2 | 1 | 2 | 1 | 1 | 2 |
| 16 | 8 | 2 | 1 | 1 | 2 | 1 | 2 | 2 | 1 |

用完全类似的方法，还可构造出混合型正交表 $L_{32}(4^5\times2^{16})$，$L_{32}(4^9\times2^4)$，$L_{32}(8\times4^8)$，$L_{32}(8\times4^6\times2^6)$，$L_{32}(16\times2^{16})$，等等.

**例4.10**　混合型正交表 $L_{27}(9\times3^9)$的构造法.

**解**　由 $L_{27}(3^{13})$正交表用并列法构成. 具体做法如下：

①首先列出 $L_{27}(3^{13})$正交表，如表4-29所示.

②取出表中的第1、2列，这两列中的数对共9种：(1,1),(1,2),(1,3),(2,1),(2,2),(2,3),(3,1),(3,2),(3,3),把这9种数对依次变成1,2,3,4,5,6,7,8,9.

③去掉第1、2列的交互作用列第3、4列.

④将其余的5到13列依次改为2到10列.

这样就得出混合型正交表 $L_{27}(9\times3^9)$，如表4-30所示.

表 4-29　$L_{27}(3^{13})$

| 行号 \ 列号 | 1 | 2 | 3 | 4 | 5 | 6 | 7 | 8 | 9 | 10 | 11 | 12 | 13 |
|---|---|---|---|---|---|---|---|---|---|---|---|---|---|
| 1 | 1 | 1 | 1 | 1 | 1 | 1 | 1 | 1 | 1 | 1 | 1 | 1 | 1 |
| 2 | 1 | 1 | 1 | 1 | 2 | 2 | 2 | 2 | 2 | 2 | 2 | 2 | 2 |
| 3 | 1 | 1 | 1 | 1 | 3 | 3 | 3 | 3 | 3 | 3 | 3 | 3 | 3 |
| 4 | 1 | 2 | 2 | 2 | 1 | 1 | 1 | 2 | 2 | 2 | 3 | 3 | 3 |
| 5 | 1 | 2 | 2 | 2 | 2 | 2 | 2 | 3 | 3 | 3 | 1 | 1 | 1 |
| 6 | 1 | 2 | 2 | 2 | 3 | 3 | 3 | 1 | 1 | 1 | 2 | 2 | 2 |
| 7 | 1 | 3 | 3 | 3 | 1 | 1 | 1 | 3 | 3 | 3 | 2 | 2 | 2 |
| 8 | 1 | 3 | 3 | 3 | 2 | 2 | 2 | 1 | 1 | 1 | 3 | 3 | 3 |
| 9 | 1 | 3 | 3 | 3 | 3 | 3 | 3 | 2 | 2 | 2 | 1 | 1 | 1 |
| 10 | 2 | 1 | 2 | 3 | 1 | 2 | 3 | 1 | 2 | 3 | 1 | 2 | 3 |
| 11 | 2 | 1 | 2 | 3 | 2 | 3 | 1 | 2 | 3 | 1 | 2 | 3 | 1 |
| 12 | 2 | 1 | 2 | 3 | 3 | 1 | 2 | 3 | 1 | 2 | 3 | 1 | 2 |
| 13 | 2 | 2 | 3 | 1 | 1 | 2 | 3 | 2 | 3 | 1 | 3 | 1 | 2 |
| 14 | 2 | 2 | 3 | 1 | 2 | 3 | 1 | 3 | 1 | 2 | 1 | 2 | 3 |
| 15 | 2 | 2 | 3 | 1 | 3 | 1 | 2 | 1 | 2 | 3 | 2 | 3 | 1 |
| 16 | 2 | 3 | 1 | 2 | 1 | 2 | 3 | 3 | 1 | 2 | 2 | 3 | 1 |
| 17 | 2 | 3 | 1 | 2 | 2 | 3 | 1 | 1 | 2 | 3 | 3 | 1 | 2 |
| 18 | 2 | 3 | 1 | 2 | 3 | 1 | 2 | 2 | 3 | 1 | 1 | 2 | 3 |
| 19 | 3 | 1 | 3 | 2 | 1 | 3 | 2 | 1 | 3 | 2 | 1 | 3 | 2 |
| 20 | 3 | 1 | 3 | 2 | 2 | 1 | 3 | 2 | 1 | 3 | 2 | 1 | 3 |
| 21 | 3 | 1 | 3 | 2 | 3 | 2 | 1 | 3 | 2 | 1 | 3 | 2 | 1 |
| 22 | 3 | 2 | 1 | 3 | 1 | 3 | 2 | 2 | 1 | 3 | 3 | 2 | 1 |
| 23 | 3 | 2 | 1 | 3 | 2 | 1 | 3 | 3 | 2 | 1 | 1 | 3 | 2 |
| 24 | 3 | 2 | 1 | 3 | 3 | 2 | 1 | 1 | 3 | 2 | 2 | 1 | 3 |
| 25 | 3 | 3 | 2 | 1 | 1 | 3 | 2 | 3 | 2 | 1 | 2 | 1 | 3 |
| 26 | 3 | 3 | 2 | 1 | 2 | 1 | 3 | 1 | 3 | 2 | 3 | 2 | 1 |
| 27 | 3 | 3 | 2 | 1 | 3 | 2 | 1 | 2 | 1 | 3 | 1 | 3 | 2 |

表 4-30　$L_{27}(9 \times 3^{9})$

| 行号 \ 列号 | 1 | 2 | 3 | 4 | 5 | 6 | 7 | 8 | 9 | 10 |
|---|---|---|---|---|---|---|---|---|---|---|
| 1 | 1 | 1 | 1 | 1 | 1 | 1 | 1 | 1 | 1 | 1 |
| 2 | 1 | 2 | 2 | 2 | 2 | 2 | 2 | 2 | 2 | 2 |
| 3 | 1 | 3 | 3 | 3 | 3 | 3 | 3 | 3 | 3 | 3 |
| 4 | 2 | 1 | 1 | 1 | 2 | 2 | 2 | 3 | 3 | 3 |
| 5 | 2 | 2 | 2 | 2 | 3 | 3 | 3 | 1 | 1 | 1 |
| 6 | 2 | 3 | 3 | 3 | 1 | 1 | 1 | 2 | 2 | 2 |
| 7 | 3 | 1 | 1 | 1 | 3 | 3 | 3 | 2 | 2 | 2 |
| 8 | 3 | 2 | 2 | 2 | 1 | 1 | 1 | 3 | 3 | 3 |
| 9 | 3 | 3 | 3 | 3 | 2 | 2 | 2 | 1 | 1 | 1 |
| 10 | 4 | 1 | 2 | 3 | 1 | 2 | 3 | 1 | 2 | 3 |
| 11 | 4 | 2 | 3 | 1 | 2 | 3 | 1 | 2 | 3 | 1 |
| 12 | 4 | 3 | 1 | 2 | 3 | 1 | 2 | 3 | 1 | 2 |
| 13 | 5 | 1 | 2 | 3 | 2 | 3 | 1 | 3 | 1 | 2 |
| 14 | 5 | 2 | 3 | 1 | 3 | 1 | 2 | 1 | 2 | 3 |
| 15 | 5 | 3 | 1 | 2 | 1 | 2 | 3 | 2 | 3 | 1 |
| 16 | 6 | 1 | 2 | 3 | 3 | 1 | 2 | 2 | 3 | 1 |
| 17 | 6 | 2 | 3 | 1 | 1 | 2 | 3 | 3 | 1 | 2 |
| 18 | 6 | 3 | 1 | 2 | 2 | 3 | 1 | 1 | 2 | 3 |
| 19 | 7 | 1 | 3 | 2 | 1 | 3 | 2 | 1 | 3 | 2 |

续表

| 行号＼列号 | 1 | 2 | 3 | 4 | 5 | 6 | 7 | 8 | 9 | 10 |
|---|---|---|---|---|---|---|---|---|---|---|
| 20 | 7 | 2 | 1 | 3 | 2 | 1 | 3 | 2 | 1 | 3 |
| 21 | 7 | 3 | 2 | 1 | 3 | 2 | 1 | 3 | 2 | 1 |
| 22 | 8 | 1 | 3 | 2 | 2 | 1 | 3 | 3 | 2 | 1 |
| 23 | 8 | 2 | 1 | 3 | 3 | 2 | 1 | 1 | 3 | 2 |
| 24 | 8 | 3 | 2 | 1 | 1 | 3 | 2 | 2 | 1 | 3 |
| 25 | 9 | 1 | 3 | 2 | 3 | 2 | 1 | 2 | 1 | 3 |
| 26 | 9 | 2 | 1 | 3 | 1 | 3 | 2 | 3 | 2 | 1 |
| 27 | 9 | 3 | 2 | 1 | 2 | 1 | 3 | 1 | 3 | 2 |

以上介绍的是一些简单的特殊方法.实际上正交表的构造理论是很复杂的,有很多问题至今尚未解决,这里就不再多述了.

## 4.6 正交试验设计的方差分析

前面几节介绍了用正交表安排多因素试验的方法,并用直观分析法对试验结果进行了必要的分析.直观分析法的优点是简单、直观、易做、计算量较少.在这一节用方差分析法对正交试验的结果作进一步的分析.

### 4.6.1 正交设计方差分析的步骤与格式

设用正交表安排 $m$ 个因素的试验,试验总次数为 $n$,试验结果分别为 $x_1,x_2,\cdots,x_n$.假定每个因素有 $n_a$ 个水平,每个水平做 $a$ 次试验,则 $n=a\cdot n_a$.现分析下面几个问题.

(1)计算离差的平方和

①总离差的平方和 $S_T$;

②各因素离差的平方和 $S_{因}$;

③试验误差的离差平方和 $S_E$.

(2)计算自由度

(3)计算平均离差平方和(均方)$MS$

(4)求 $F$ 比

(5)对因素进行显著性检验

下面通过例题加以解释说明.

### 4.6.2 3水平正交设计的方差分析

3水平正交设计是最一般的正交设计,它的方差分析法最具有代表性,下面举例说明.

**例4.11** 为提高某产品的产量,需要考虑3个因素:反应温度、反应压力和溶液浓度,每个因素都取3个水平,具体数值如表4-31所示,产量的指标值见表4-32.考虑因素之间的所有一级交互作用,试进行方差分析,找出最好的工艺条件.

**表4-31**

| 水平＼因素 | $A$<br>温度(℃) | $B$<br>压力($10^5$Pa) | $C$<br>浓度(%) |
|---|---|---|---|
| 1 | 60 | 2.0 | 0.5 |
| 2 | 65 | 2.5 | 1.0 |
| 3 | 70 | 3.0 | 2.0 |

**解** 这是3因素3水平的试验.

所有一级交互作用:$A\times B,A\times C,B\times C$;

自由度:$f_A=$(水平数$-1$)$=3-1=2=f_B=f_C$;

$f_{A\times B}=f_A\times f_B=2\times2=4=f_{B\times C}=f_{A\times C}$各占两列,要占6列.连同3个因素 $A,B,C$,在正交表中共占9列.选用正交表 $L_{27}(3^{13})$,如表4-32所示.

**表4-32　$L_{27}(3^{13})$试验数据分析计算**

| 试验号 \ 列号 | 1<br>$A$ | 2<br>$B$ | 3<br>$(A\times B)_1$ | 4<br>$(A\times B)_2$ | 5<br>$C$ | 6<br>$(A\times C)_1$ | 7<br>$(A\times C)_2$ | 8<br>$(B\times C)_1$ | 11<br>$(B\times C)_2$ | 产量<br>$x_k$ | $x_k^2$ |
|---|---|---|---|---|---|---|---|---|---|---|---|
| 1 | 1 | 1 | 1 | 1 | 1 | 1 | 1 | 1 | 1 | 1.30 | 1.69 |
| 2 | 1 | 1 | 1 | 1 | 2 | 2 | 2 | 2 | 2 | 4.63 | 21.44 |
| 3 | 1 | 1 | 1 | 1 | 3 | 3 | 3 | 3 | 3 | 7.23 | 52.27 |
| 4 | 1 | 2 | 2 | 2 | 1 | 1 | 1 | 2 | 3 | 0.50 | 0.25 |
| 5 | 1 | 2 | 2 | 2 | 2 | 2 | 2 | 3 | 1 | 3.67 | 13.47 |
| 6 | 1 | 2 | 2 | 2 | 3 | 3 | 3 | 1 | 2 | 6.23 | 38.81 |
| 7 | 1 | 3 | 3 | 3 | 1 | 1 | 1 | 3 | 2 | 1.37 | 1.88 |
| 8 | 1 | 3 | 3 | 3 | 2 | 2 | 2 | 1 | 3 | 4.73 | 22.37 |
| 9 | 1 | 3 | 3 | 3 | 3 | 3 | 3 | 2 | 1 | 7.07 | 49.98 |
| 10 | 2 | 1 | 2 | 3 | 1 | 2 | 3 | 1 | 1 | 0.47 | 0.22 |
| 11 | 2 | 1 | 2 | 3 | 2 | 3 | 1 | 2 | 2 | 3.47 | 12.04 |
| 12 | 2 | 1 | 2 | 3 | 3 | 1 | 2 | 3 | 3 | 6.13 | 37.58 |
| 13 | 2 | 2 | 3 | 1 | 1 | 2 | 3 | 2 | 3 | 0.33 | 0.11 |
| 14 | 2 | 2 | 3 | 1 | 2 | 3 | 1 | 3 | 1 | 3.40 | 11.56 |
| 15 | 2 | 2 | 3 | 1 | 3 | 1 | 2 | 1 | 2 | 5.80 | 33.64 |
| 16 | 2 | 3 | 1 | 2 | 1 | 2 | 3 | 3 | 2 | 0.63 | 0.40 |
| 17 | 2 | 3 | 1 | 2 | 2 | 3 | 1 | 1 | 3 | 3.97 | 15.76 |
| 18 | 2 | 3 | 1 | 2 | 3 | 1 | 2 | 2 | 1 | 6.50 | 42.25 |
| 19 | 3 | 1 | 3 | 2 | 1 | 3 | 2 | 1 | 1 | 0.03 | 0.00 |
| 20 | 3 | 1 | 3 | 2 | 2 | 1 | 3 | 2 | 2 | 3.40 | 11.56 |
| 21 | 3 | 1 | 3 | 2 | 3 | 2 | 1 | 3 | 3 | 6.80 | 46.24 |
| 22 | 3 | 2 | 2 | 3 | 1 | 3 | 2 | 2 | 3 | 0.75 | 0.56 |
| 23 | 3 | 2 | 2 | 3 | 2 | 1 | 3 | 3 | 1 | 3.97 | 15.76 |
| 24 | 3 | 2 | 2 | 3 | 3 | 2 | 1 | 1 | 2 | 6.83 | 46.65 |
| 25 | 3 | 3 | 1 | 1 | 1 | 3 | 2 | 3 | 2 | 1.07 | 1.14 |
| 26 | 3 | 3 | 1 | 1 | 2 | 1 | 3 | 1 | 3 | 3.97 | 15.76 |
| 27 | 3 | 3 | 1 | 1 | 3 | 2 | 1 | 2 | 1 | 6.57 | 43.16 |
| $K_1$ | 36.73 | 33.46 | 35.87 | 34.30 | 6.45 | 32.94 | 34.21 | 33.33 | 32.98 | | |
| $K_2$ | 30.70 | 31.48 | 32.02 | 31.73 | 35.21 | 34.66 | 33.31 | 33.22 | 33.43 | $\sum x_k=100.82$ | |
| $K_3$ | 33.39 | 35.88 | 32.93 | 34.79 | 59.16 | 33.22 | 33.30 | 34.27 | 34.41 | | |
| $K_1^2$ | 1349.09 | 1119.57 | 1286.66 | 1176.49 | 41.60 | 1085.04 | 1170.32 | 1110.89 | 1087.68 | $\sum x_k^2=536.57$ | |
| $K_2^2$ | 942.49 | 990.99 | 1025.28 | 1006.79 | 1239.74 | 1201.32 | 1109.56 | 1103.57 | 1117.56 | $P=376.47$ | |
| $K_3^2$ | 1114.89 | 1287.37 | 1084.38 | 1210.34 | 3499.91 | 1103.57 | 1108.89 | 1174.43 | 1184.05 | $Q_T=536.57$ | |
| $Q$ | 378.50 | 377.55 | 377.37 | 377.07 | 531.25 | 376.66 | 376.53 | 376.54 | 376.59 | $S_T=160.10$ | |
| $S$ | 2.03 | 1.08 | 1.500 | | 154.781 | 0.250 | | 0.193 | | | |

$m$ 个因素的试验($m=9$);试验次数($n=27$);试验结果分别为:$x_1,x_2,\cdots,x_k,\cdots,x_n$;每个因素有 $n_{\mathrm{a}}$ 个水平($n_{\mathrm{a}}=3$);每个水平做 $a$ 次试验($a=9$),则 $n=a\cdot n_{\mathrm{a}}=9\cdot3=27$.

将所有的试验结果、分析计算过程列在表4-32中.下面是计算过程:

(1)计算离差的平方和

①总离差的平方和 $S_T$

记:

$$\overline{x}=\frac{1}{n}\sum_{k=1}^{n}x_k$$

$$S_T = \sum_{k=1}^{n} (x_k - \overline{x})^2 = \sum_{k=1}^{n} x_k^2 - \frac{1}{n}\left(\sum_{k=1}^{n} x_k\right)^2$$

记为

$$S_T = Q_T - P$$

其中，$Q_T = \sum_{k=1}^{n} x_k^2, P = \frac{1}{n}\left(\sum_{k=1}^{n} x_k\right)^2$.

$S_T$ 反映了试验结果的总差异，它越大，说明各次试验的结果之间的差异越大．试验的结果之所以会有差异，一是由因素水平的变化所引起，二是因为有试验误差．因此差异是不可避免的．

②各因素离差的平方和 $S_{因}$

以因素 $A$ 为例——$S_A$，设因素 $A$ 安排在正交表的某列，可看作单因素试验，用 $x_{ij}$ 表示 $A$ 的第 $i$ 水平第 $j$ 个试验结果（$i = 1,2,3,\cdots,n_a; j = 1\cdots a$）．则有：

$$\sum_{i=1}^{n_a}\sum_{j=1}^{a} x_{ij} = \sum_{k=1}^{n} x_k$$

由单因素方差分析可知：

$$S_A = \sum_{i=1}^{n_a}\sum_{j=1}^{a} (\overline{x}_i - \overline{x})^2$$

$$\overline{x}_i = \frac{1}{a}\sum_{i=1}^{n_a} x_{ij}$$

$$S_A = \frac{1}{a}\sum_{i=1}^{n_a}\left(\sum_{j=1}^{a} x_{ij}\right)^2 - \frac{1}{n}\left(\sum_{i=1}^{n_a}\sum_{j=1}^{a} x_{ij}\right)^2 = \frac{1}{a}\sum_{i=1}^{n_a} K_i^2 - \frac{1}{n}\left(\sum_{i=1}^{n} x_k\right)^2$$

记为：

$$S_A = Q_A - P$$

其中，$Q_A = \frac{1}{a}\sum_{i=1}^{n_a} K_i^2$（$K_i$ 为第 $i$ 个水平 $a$ 次试验结果的和），$P = \frac{1}{n}\left(\sum_{i=1}^{n} x_k\right)^2$.

用同样的方法可以计算其他因素的离差平方和．对两因素的交互作用，把它当成一个新的因素看待．如果交互作用占两列，则交互作用的离差平方和等于这两列的离差平方和之和．比如：

$$S_{A\times B} = S_{(A\times B)_1} + S_{(A\times B)_2}$$

③试验误差的离差平方和 $S_E$

设 $S_{因+交}$ 为所有因素以及要考虑的交互作用的离差平方和，因为：

$$S_T = S_{因+交} + S_E$$

所以：

$$S_E = S_T - S_{因+交}$$

以上计算结果，如表 4-32 所示．

(2) 计算自由度

根据自由度的概念，各自由度可按下面的公式计算：

试验总自由度：

$$f_{总} = n - 1 \qquad (n\text{ 为试验总次数})$$

各因素自由度：

$$f_{因} = n_a - 1 \qquad (n_a 为水平数)$$

两因素交互作用的自由度：

$$f_{A\times B} = f_A \times f_B$$

试验误差自由度：

$$f_E = f_{总} - f_{因+交}$$

以上计算结果，如表 4-33 所示.

**表 4-33 方差分析表**

| 方差来源 | 离差平方和 | 自由度 | 平均离差平方和 $MS$ | $F$ 值 | 临界值 | 显著性 | 优方案 |
|---|---|---|---|---|---|---|---|
| $A$ | 2.03 | 2 | 1.014 | 30.55 |  | *** | $A_1$ |
| $B$ | 1.08 | 2 | 0.540 | 16.26 | $F_{0.01}(2,8)=8.65$ | *** | $B_3$ |
| $C$ | 154.78 | 2 | 77.390 | 2332.14 |  | *** | $C_3$ |
| $A\times B$ | 1.50 | 4 | 0.375 | 11.30 | $F_{0.01}(4,8)=7.01$ | *** | $A_1B_3$ |
| $A\times C$ | 0.25 | 4 | 0.062 | 1.88 |  |  |  |
| $B\times C$ | 0.19 | 4 | 0.048 | 1.45 | $F_{0.10}(4,8)=2.806$ |  |  |
| 试验误差 | 0.27 | 8 | 0.033 |  |  |  |  |
| 总和 | 160.10 | 26 |  |  |  |  |  |

(3)计算平均离差平方和(均方)$MS$

在计算各因素离差平方和时，我们知道，它们是若干项平方的和，它们的大小与项数有关，因此不能确切地反映各因素的情况. 为了消除项数的影响，引入平均离差平方和 $MS$：

$$MS_{因} = 因素的平均离差平方和 = \frac{S_{因}}{f_{因}}$$

$$MS_{误差} = 试验误差的平均离差平方和 = \frac{S_E}{f_E}$$

以上计算结果，如表 4-33 所示.

(4)求 $F$ 比

$$F = \frac{MS_{因}}{MS_{误差}} = \frac{S_{因}/f_{因}}{S_E/f_E}$$

其大小反映了各因素对试验结果影响程度的大小.

(5)对因素进行显著性检验

给出检验水平 $\alpha$，以 $F_\alpha(f_{因}, f_E)$ 查 $F$ 分布表：

比较若 $F > F_\alpha(f_{因}, f_E)$，说明该因素对试验结果的影响显著；

$F > F_{0.01}(f_{因}, f_E)$，说明影响高度显著，记为“＊＊＊”；

$F_{0.01}(f_{因}, f_E) > F > F_{0.05}(f_{因}, f_E)$，说明影响显著，记为“＊＊”；

$F_{0.05}(f_{因}, f_E) > F > F_{0.10}(f_{因}, f_E)$，说明影响显著，记为“＊”；

$F < F_{0.10}(f_{因}, f_E)$，说明影响不显著.

计算结果，如表 4-33 所示.

从表 4-33 中的 $F$ 值与临界值比较看出，因素 $A, B, C$ 和交互作用 $A\times B$ 对试验结果的影响都是显著的；从 $F$ 值的大小看出，因素 $C$ 最显著，以下依次为 $A, B, A\times B$.

由于这里的试验指标是产品的产量，当然是越大越好，所以最优方案应取各因素中 $K$ 的最大值所对应的水平.从表4-32看出,因素$A$应取第1水平$A_1$,因素$B$应取第3水平$B_3$,因素$C$应取第3水平$C_3$.交互作用$A\times B$也是显著的,但由于$A\times B$占两列,直观分析法有些困难,因此把$A$和$B$的各种组合的试验结果对照起来分析.如表4-34所示.

**表 4-34**

| B \ A | 1 | 2 | 3 |
|---|---|---|---|
| 1 | 13.16 | 10.07 | 10.23 |
| 2 | 10.40 | 9.53 | 11.37 |
| 3 | 13.17（最大值） | 11.10 | 11.61 |

从表4-34看出,当$A$取第1水平、$B$取第3水平时,试验结果为13.17,是所有结果中的最大值,因此可取$A_1B_3$,这与前面单独考虑因素$A$,$B$时所得的结果是一致的.于是最优方案就取$A_1B_3C_3$.在这里需要指出的是,从表4-34看出,$A_1B_1$的试验结果为13.16,与13.17差不多,因此也可取$A_1B_1C_3$.从前面27次试验结果看,$A_1B_1C_3$的结果为7.23,$A_1B_3C_3$的结果为7.07,$A_1B_1C_3$比$A_1B_3C_3$还好.之所以会出现这种情况,是因为我们的分析计算本身是有误差的,得出的结论不能认为是绝对准确的.真正的最优方案要经实践检验后确定.

### 4.6.3 2水平正交设计的方差分析

由于2水平正交设计比较简单,它的方差分析可以采用特殊的分析方法,计算也可以简化.

2水平正交设计,各因素离差平方和为:

$$S_{因}=\frac{1}{a}\sum_{i=1}^{2}K_i^2-\frac{1}{n}\Big(\sum_{k=1}^{n}x_k\Big)^2$$

因为$n=2a$,$\frac{1}{a}=\frac{2}{n}$,又因为$\sum_{k=1}^{n}x_k=K_1+K_2$,所以上式可以简化为:

$$S_{因}=\frac{1}{n}(K_1-K_2)^2$$

上式同样适用于交互作用.下面通过例题加以说明.

**例4.12** 某厂生产水泥花砖,其抗压强度取决于3个因素:$A$水泥的含量,$B$水分,$C$添加剂,每个因素都有两个水平,具体数值如表4-35(a)所示.每两个因素之间都有交互作用,必须考虑.试验指标为抗压强度(kg/cm$^2$),分别为66.2,74.3,73.0,76.4,70.2,75.0,62.3,71.2,越高越好.试安排试验,并用方差分析对试验结果进行分析,找出最好的方案.

**表 4-35(a)**

| 水平 \ 因素 | $A$ 水泥含量 | $B$ 水分 | $C$ 添加剂 |
|---|---|---|---|
| 1 | 60 | 2.5 | 1.1:1 |
| 2 | 80 | 3.5 | 1.2:1 |

**解** 列出正交表$L_8(2^7)$和试验结果,如表4-35(b).

将因素$A$,$B$,$C$分别放在1,2,4列,则$A\times B$应放在第3列,$A\times C$应放在第5列,$B\times C$应放在第6列.

说明:误差项$S_E$有两种计算方法:

(1) $S_E = S_T - (S_{因} + S_{交})$；

(2) $S_E = S_{空列} = S_{7例}$.

**表 4-35(b)　$L_8(2^7)$正交表**

| 行号＼列号 | 1 | 2 | 3 | 4 | 5 | 6 | 7 | 试验结果(%) | $x_k^2$ |
|---|---|---|---|---|---|---|---|---|---|
| | $A$ | $B$ | $A\times B$ | $C$ | $A\times C$ | $B\times C$ | | $x_k$ | |
| 1 | 1 | 1 | 1 | 1 | 1 | 1 | 1 | 66.2 | 4382.44 |
| 2 | 1 | 1 | 1 | 2 | 2 | 2 | 2 | 74.3 | 5520.49 |
| 3 | 1 | 2 | 2 | 1 | 1 | 2 | 2 | 73.0 | 5329 |
| 4 | 1 | 2 | 2 | 2 | 2 | 1 | 1 | 76.4 最大值 | 5836.96 |
| 5 | 2 | 1 | 2 | 1 | 2 | 1 | 2 | 70.2 | 4928.04 |
| 6 | 2 | 1 | 2 | 2 | 1 | 2 | 1 | 75.0 | 5625 |
| 7 | 2 | 2 | 1 | 1 | 2 | 2 | 1 | 62.3 | 3881.29 |
| 8 | 2 | 2 | 1 | 2 | 1 | 1 | 2 | 71.2 | 5069.44 |
| $K_1$ | 289.9 | 285.7 | 274 | 271.7 | 285.4 | 284 | 279.9 | $\sum x_k = 568.6$ | |
| $K_2$ | 278.7 | 282.9 | 294.6 | 296.9 | 283.2 | 284.6 | 288.7 | $Q_T = 40572.66$ | |
| $S$ | 15.680 | 0.980 | 53.045 | 79.380 | 0.605 | 0.045 | 9.680 | $P = 71.075$ | |

下面计算自由度：

总自由度 $f_T = 8 - 1 = 7$；

$$f_A = f_B = f_C = 2 - 1 = 1;$$

$$f_{A\times B} = f_A \times f_B = f_{A\times C} = f_{B\times C} = 1;$$

$$f_E = f_T - (f_{因} + f_{交}) = 7 - 6 = 1.$$

计算均方值：由于各因素和交互作用 $A\times B$ 的自由度都是 1，因此它们的均方值与它们各自的平方和相等.

计算 $F$ 比：$F = \dfrac{MS}{MS_E}$.

以上计算结果如表 4-36 方差分析表.

**表 4-36　方差分析表**

| 方差来源 | 离差平方和 $S$ | 自由度 $f$ | 平均离差平方和 $MS = S/f$ | $F$ 值 $MS_{因}/MS_E$ | 临界值 | 显著性 | 优方案 |
|---|---|---|---|---|---|---|---|
| $A$ | 15.680 | 1 | 15.680 | 1.620 | $F_{0.05}(1,1) = 161.4$ | | |
| $B$ | 0.980 | 1 | 0.980 | 0.101 | | | |
| $A\times B$ | 53.045 | 1 | 53.045 | 5.480 | | | |
| $C$ | 79.380 | 1 | 79.380 | 8.200 | $F_{0.1}(1,1) = 39.9$ | | |
| $A\times C$ | 0.605 | 1 | 0.605 | 0.063 | | | |
| $B\times C$ | 0.045 | 1 | 0.045 | 0.005 | | | |
| 试验误差 | 9.680 | 1 | 9.680 | | | | |
| 总和 | 159 | 7 | | | | | |

从表 4-36 中的 $F$ 值的大小看出，各因素对试验影响大小的顺序为 $C, A\times B, A, B, A\times C, B\times C$. $C$ 影响最大，其次是交互作用 $A\times B$，$B\times C$ 的影响最小. 但从表 4-36 的分析看没有影响显著的因素. 由平均离差平方和 $MS$ 的大小可以发现，因素 $B, A\times C, B\times C$ 的平均离差平方和都比试验误差的平均离差平方和小得多，所以将这 3 个因素并入误差项，再进行一次方差分析，计算结果如表 4-37 所示.

表 4-37　方差分析表

| 方差来源 | 离差平方和 $S$ | 自由度 $f$ | 平均离差平方和 $MS=S/f$ | $F$ 值 $MS_{因}/MS_E$ | 临界值 | 显著性 | 优方案 |
|---|---|---|---|---|---|---|---|
| $A$ | 15.680 | 1 | 15.680 | 5.546 | $F_{0.05}(1,4)=7.7$ | * | $A_1$ |
| $A\times B$ | 53.045 | 1 | 53.045 | 18.760 | $F_{0.01}(1,4)=21.2$ | * * | $(A\times B)_2$ |
| $C$ | 79.380 | 1 | 79.380 | 28.074 | $F_{0.1}(1,4)=4.5$ | * * * | $C_2$ |
| 试验误差 | 11.310 | 4 | 2.827 | | | | |
| 总和 | 159 | 7 | | | | | |

由表 4-37 的计算分析可知，$C$ 因素影响非常显著，$A\times B$ 有显著影响，$A$ 有一定的显著性.若各因素分别选取最优条件，应当是 $C_2$，$A_1$，$B_1$，但考虑到交互作用 $A\times B$ 的影响较大，且它的第 2 水平为好，在 $C_2$，$(A\times B)_2$ 的情况下，有 $A_1$，$B_2$ 和 $A_2$，$B_1$，考虑到 $A$ 的影响比 $B$ 的影响大，而 $A$ 选 $A_1$ 为好.当然随之只能选 $B_2$ 了.这样最后确定下来的最优方案应当是 $A_1B_2C_2$.这个方案与正交表中的第 4 号试验正相吻合，从试验结果看，第 4 号试验是 8 个试验中最好的方案.

### 4.6.4　混合型正交设计的方差分析

混合型正交设计的方差分析，其本质与一般水平数相同的正交设计的方差分析一致，只要在计算时注意到各列水平数的差别就行了.

现以 $L_8(4\times 2^4)$ 混合型正交表为例加以说明.

总离差平方和仍为：

$$S_T=Q_T-P=\sum_{k=1}^{n}x_k^2-\frac{1}{n}\Big(\sum_{k=1}^{n}x_k\Big)^2$$

因素偏差平方和有两种情况：

2 水平因素
$$S_{因}=\frac{1}{n}(K_1-K_2)^2$$

4 水平因素
$$S_{因}=\frac{1}{a}\sum_{i=1}^{n_a}K_i^2-\frac{1}{n}\Big(\sum_{i=1}^{n}x_k\Big)^2$$

下面通过例题，加以分析说明.

**例 4.13**　为提高某矿物的烧结质量，做下面配料试验.各因素及其水平如表 4-38 所示(单位：t)，反映质量好坏的试验指标为含铁量(%)，分别为 50.9，47.1，51.4，51.8，54.3，49.8，51.5，51.3，越高越好.试安排试验，并进行方差分析，找出最好的方案.

表 4-38　因素水平表

| 水平＼因素 | $A$ 矿物 | $B$ 焦粉 | $C$ 石灰 | $D$ 白云石 |
|---|---|---|---|---|
| 1 | 5 | 0.8 | 2 | 1 |
| 2 | 6 | 0.9 | 3 | 0.5 |
| 3 | 7 | | | |
| 4 | 9 | | | |

试验结果列于表 4-39 中.

列出方差分析表 4-40.

从表 4-40 中的 $F$ 值和临界值的比较看出，各因素均有显著影响，因素影响从大到小的顺序为 $DBAC$，按表 4-39 选定的最优方案应为 $A_3B_1C_2D_1$.这一最优方案与 8 个试验中的第 5 号试验正好吻合，而且第 5 号试验也是 8 个试验中效果最好的一个.

**表 4-39　$L_8(4^1\times2^7)$正交表**

| 试验号＼因素 | 1<br>$A$ | 2<br>$B$ | 3<br>$C$ | 4<br>$D$ | 5 | 试验结果<br>$x_k$ | $x_k^2$ |
|---|---|---|---|---|---|---|---|
| 1 | 1 | 1 | 1 | 1 | 1 | 50.9 | 2590.81 |
| 2 | 1 | 2 | 2 | 2 | 2 | 47.1 | 2218.41 |
| 3 | 2 | 1 | 1 | 2 | 2 | 51.4 | 2641.96 |
| 4 | 2 | 2 | 2 | 1 | 1 | 51.8 | 2683.24 |
| 5 | 3 | 1 | 2 | 1 | 2 | 54.3（最大值） | 2948.49 |
| 6 | 3 | 2 | 1 | 2 | 1 | 49.8 | 2480.04 |
| 7 | 4 | 1 | 2 | 2 | 1 | 51.5 | 2652.25 |
| 8 | 4 | 2 | 1 | 1 | 2 | 51.3 | 2631.69 |
| 求和＼因素 | 1<br>$A$ | 2<br>$B$ | 3<br>$C$ | 4<br>$D$ | 5 | | |
| $K_1$ | 98.00 | 208.10 | 203.40 | 208.30 | 204.00 | | |
| $K_2$ | 103.20 | 200.00 | 204.70 | 199.80 | 204.10 | | |
| $K_3$ | 104.10 | | | | | 试验结果的和 $\sum x_k=408.10$ | |
| $K_4$ | 102.80 | | | | | | |
| $K_1^2$ | 9604.00 | 43305.61 | 41371.56 | 43388.89 | 41616.00 | 平方和 $Q_T=20846.89$ | |
| $K_2^2$ | 10650.24 | 40000.00 | 41902.09 | 39920.04 | 41656.81 | $P=20818.2$ | |
| $K_3^2$ | 10836.81 | | | | | | |
| $K_4^2$ | 10567.84 | | | | | | |
| $S$ | 11.2437 | 8.2012 | 0.2112 | 9.0313 | 0.0013 | | |

**表 4-40　方差分析表**

| 方差来源 | 离差平方和<br>$S$ | 自由度<br>$f$ | 平均离差平方和<br>$MS=S/f$ | $F$ 值<br>$MS_{因}/MS_E$ | 临界值 | 显著性 | 优方案 |
|---|---|---|---|---|---|---|---|
| $A$ | 11.24375 | 3 | 3.7479 | 2998.3333 | $F_{0.05}(3,1)=215.7$ | * * | $A_3$ |
| $B$ | 8.20125 | 1 | 8.2012 | 6561.0000 | $F_{0.01}(1,1)=4052.2$ | * * * | $B_1$ |
| $C$ | 0.21125 | 1 | 0.2112 | 169.0000 | $F_{0.05}(1,1)=161.45$ | * * | $C_2$ |
| $D$ | 9.03125 | 1 | 9.0313 | 7225.0000 | $F_{0.01}(3,1)=5403.5$ | * * * | $D_1$ |
| 误差 $E$ | 0.00125 | 1 | 0.0013 | | | | |
| 总和 | 28.68875 | 7 | | | | | |

### 4.6.5　拟水平法的方差分析

拟水平法的方差分析与一般的方差分析没有本质的区别，只是在计算拟水平列时要注意各水平重复的次数不同.

**例 4.14**　钢片在镀锌前要用酸洗的方法除锈.为了提高除锈效率，缩短酸洗时间，先安排酸洗试验，考察指标(见表 4-42)是酸洗时间.在除锈效果达到要求的情况下，酸洗时间越短越好.要考虑的因素及其水平如表 4-41 所示.

**表 4-41**

| 水平＼因素 | $A$<br>$H_2SO_4$(g/L) | $B$<br>$CH_4N_2O_5$(g/L) | $C$<br>洗涤剂(70g/L) | $D$<br>槽温(℃) |
|---|---|---|---|---|
| 1 | 300 | 12.0 | OP 牌 | 60 |
| 2 | 200 | 4.0 | 海鸥牌 | 70 |
| 3 | 250 | 8.0 | [海鸥牌] | 80 |

选取正交表 $L_9(3^4)$，将因素 $C$ 虚拟 1 个水平.据经验知，海鸥牌比 OP 牌的效果好，故虚拟第 2 水平(海鸥牌)安排在第 1 列，因素 $B,A,D$ 依次安排在第 2,3,4 列，表已排满，进行试验，测试结果列于表 4-42 右边，计算结果列于表的下面.

**表 4-42**

| 试验号 \ 因素 | 1 | $C$ 1′ | $B$ 2 | $A$ 3 | $D$ 4 | 试验结果（酸洗时间）$x_k$(min) | $x_k^2$ |
|---|---|---|---|---|---|---|---|
| 1 | 1 | 1 | 1 | 1 | 1 | 36 | 1296 |
| 2 | 1 | 1 | 2 | 2 | 2 | 32 | 1024 |
| 3 | 1 | 1 | 3 | 3 | 3 | 20 | 400 |
| 4 | 2 | 2 | 1 | 2 | 3 | 22 | 484 |
| 5 | 2 | 2 | 2 | 3 | 1 | 34 | 1156 |
| 6 | 2 | 2 | 3 | 1 | 2 | 21 | 441 |
| 7 | 3 | 2 | 1 | 3 | 2 | 16 | 256 |
| 8 | 3 | 2 | 2 | 1 | 3 | 19 | 361 |
| 9 | 3 | 2 | 3 | 2 | 1 | 37 | 1369 |
| $K_1$ | | 88 | 74 | 76 | 107 | | |
| $K_2$ | | 149 | 85 | 91 | 69 | | |
| $K_3$ | 6个2水平指标相加 | | 78 | 70 | 61 | $T=237$ | |
| $K_1^2$ | | 7744 | 5476 | 5776 | 11449 | $Q_T=6787$ | |
| $K_2^2$ | | 22201 | 7225 | 8281 | 4761 | $P=6241$ | |
| $K_3^2$ | 6个2水平指标平方和 | | 6084 | 4900 | 3721 | | |
| $S$ | | 40.5 | 20.67 | 78 | 402.67 | | |

注：因素 $C$ 两个水平指标的平均值分别为：$k_1=\dfrac{K_1}{3}=29.3$；

$$k_2=\frac{K_2}{6}=24.8.$$

表 4-42 中虚拟水平的因素 $C$ 的第 1 水平重复 3 次，第二水平重复 6 次．因此，离差平方和要按表中的注释进行计算．

列出方差分析表，如表 4-43 所示．要注意的是：$C$ 因素的自由度 = 水平数 − 1 = 2．

**表 4-43　方差分析表**

| 方差来源 | 离差平方和 $S$ | 自由度 $f$ | 平均离差平方和 $MS=S/f$ | $F$ 值 $MS_{因}/MS_E$ | 临界值 | 显著性 | 优方案 |
|---|---|---|---|---|---|---|---|
| $A$ | 78.00 | 2 | 39.00 | 9.36 | $F_{0.05}(2,1)=199.5$ | | $A_2$ |
| $B$ | 20.67 | 2 | 10.33 | 2.48 | $F_{0.10}(2,1)=49.50$ | | $B_1$ |
| $C$ | 40.50 | 1 | 40.50 | 9.72 | $F_{0.05}(1,1)=161.4$ | | $C_2$ |
| $D$ | 402.67 | 2 | 201.33 | 48.32 | $F_{0.10}(1,1)=39.9$ | (*) | $D_2$ |
| 误差 $E$ | 4.167 | 1 | 4.167 | | | | |
| 总和 | 546 | 8 | | | | | |

由表 4-43 中的 $F$ 值和临界值比较看出，各因素均无显著影响，相对来说，因素 $D$ 的影响大些．我们把影响最小的因素 $B$ 并入误差，使得新的误差平方和为 $S_{E'}=S_E+S_B$，再列方差分析表，如表 4-44 所示．

**表 4-44　方差分析表**

| 方差来源 | 离差平方和 $S$ | 自由度 $f$ | 平均离差平方和 $MS=S/f$ | $F$ 值 $MS_{因}/MS_E$ | 临界值 | 显著性 | 优方案 |
|---|---|---|---|---|---|---|---|
| $A$ | 78.00 | 2 | 39.00 | 4.71 | $F_{0.05}(2,3)=9.55$ | | $A_3$ |
| | | | | | $F_{0.01}(2,3)=30.82$ | | $B_1$ |
| $C$ | 40.50 | 1 | 40.50 | 4.89 | $F_{0.10}(2,3)=5.46$ | | $C_2$ |
| $D$ | 402.67 | 2 | 201.33 | 24.32 | $F_{0.05}(1,3)=10.13$ | * * | $D_3$ |
| 误差 $E'$ | 24.83 | 3 | 8.28 | | $F_{0.10}(1,3)=5.54$ | | |
| 总和 | 546 | 8 | | | | | |

由表 4-44 的分析看出，因素 $D$ 有显著影响，因素 $A$，$B$ 均无显著影响．因素重要性的顺序为 $DCAB$，最优方案为 $A_3B_1C_2D_3$，正交表中没有这个方案，从试验结果看出，在这 9 次试验中，最好的是第 7 号试验，它的水平组合是 $A_3B_1C_2D_2$．

### 4.6.6 重复试验的方差分析

重复试验就是对每个试验号重复多次，这样能很好地估计试验误差，它的方差分析与无重复试验基本相同．但要注意几点：

(1)计算 $K_1,K_2,\cdots$时，要用各号试验重复 $r$ 次的数据之和．

(2)计算离差平方和时，公式中的"水平重复数 $a$"要改为"水平重复数 $a$ 与重复试验数 $r$ 之积"$(a\cdot r)$．

$$S_{因} = \frac{1}{a\cdot r}\sum_{i=1}^{n_a} K_i^2 - \frac{1}{n\cdot r}\left(\sum_{i=1}^{n} x_k\right)^2$$

(3)总体误差的离差平方和 $S_E$ 由两部分构成：第一类误差，即空列误差 $S_{E1}$；第二类误差即重复试验误差 $S_{E2}$．

$$S_E = S_{E1} + S_{E2}$$

自由度

$$f_E = f_{E1} + f_{E2}$$

$S_{E2}$的计算公式为：

$$S_{E2} = \sum_{i=1}^{n}\sum_{j=1}^{r} x_{ij}^2 - \frac{1}{r}\sum_{i=1}^{n}\left(\sum_{j=1}^{r} x_{ij}\right)^2$$

式中，$r$ 为各号试验的重复次数，$n$ 为试验号总数．

$$f_{E2} = n(r-1)$$

**例 4.15** 硅钢带取消空气退火工艺试验．空气退火能脱除一部分碳，但钢带表面会生成一层很厚的氧化皮，增加酸洗的困难．欲取消这道工序，为此要做试验，考察指标(见表 4-45)是钢带的磁性，看一看取消空气退火工艺后钢带磁性有没有大的变化．本试验考虑 2 个因素，每个因素 2 个水平，退火工艺 $A$，$A_1$ 为进行空气退火，$A_2$ 为取消空气退火；成品厚度 $B$，$B_1$ 为 0.20mm，$B_2$ 为 0.35mm．选用 $L_4(2^3)$正交表安排试验，每个试验号重复 5 次，试验结果列于表 4-45．

**表 4-45 试验结果计算表**

| 因素 / 水平 | $A$ 1 | $B$ 2 | 3 | 试验结果 $x_{ij}$ = (原数% − 184) $i=1,2,3,4;\ j=1,2,3,4,5$ | | | | | 合计 $x_i$ | $x_i^2$ |
|---|---|---|---|---|---|---|---|---|---|---|
| 1 | 1 | 1 | 1 | 2.5 | 5.0 | 1.0 | 2.0 | 1.0 | 11.5 | 132.25 |
| 2 | 1 | 2 | 2 | 8.0 | 5.0 | 3.0 | 7.0 | 2.0 | 25.0 | 625.00 |
| 3 | 2 | 1 | 2 | 4.0 | 7.0 | 0.0 | 5.0 | 6.5 | 22.5 | 506.25 |
| 4 | 2 | 2 | 1 | 7.5 | 7.0 | 5.0 | 4.0 | 1.5 | 25.0 | 625.00 |
| $K_1$ | 36.5 | 34.0 | 36.5 | $x_{ij}^2$ | | | | | | |
| $K_2$ | 47.5 | 50.0 | 47.5 | 6.3 | 25.0 | 1.0 | 4.0 | 1.0 | $T=84.0$ | |
| $(K_1-K_2)^2$ | 121 | 256 | 121 | 64.0 | 25.0 | 9.0 | 49.0 | 4.0 | $Q_T=1888.50$ | |
| $S=\dfrac{(K_1-K_2)^2}{4\times5}$ | 6.05 | 12.8 | | 16.0 | 49.0 | 0.0 | 25.0 | 42.3 | | |
| | | | | 56.3 | 49.0 | 25.0 | 16.0 | 2.3 | | |

$$S_{E1} = 6.05$$

$$S_{E2} = \sum_{i=1}^{4}\sum_{j=1}^{5} x_{ij}^2 - \frac{1}{5}\sum_{i=1}^{4}\left(\sum_{j=1}^{5} x_{ij}\right)^2 = 469.0 - 377.7 = 91.3$$

$$S_E = S_{E1} + S_{E2} = 97.35$$

$$f_{E1} = 2-1 = 1$$

$$f_{E2} = 4\times(5-1) = 16$$

$$f_E = f_{E1} + f_{E2} = 17$$

方差分析及计算结果列于表 4-46. 从方差分析的结果看出,两个因素对试验结果均无显著影响,所以可以取消空气退火工序.

表 4-46 方差分析表

| 方差来源 | 离差平方和 $S$ | 自由度 $f$ | 平均离差平方和 $MS=S/f$ | $F$ 值 $MS_{因}/MS_E$ | 临界值 | 显著性 |
|---|---|---|---|---|---|---|
| $A$ | 6.05 | 1 | 6.05 | 1.06 | $F_{0.05}(1,17)=4.45$ | |
| $B$ | 12.80 | 1 | 12.80 | 2.24 | $F_{0.10}(1,17)=3.03$ | 无显著性 |
| 误差 $E$ | 97.35 | 17 | 5.73 | | | |
| 总和 | 116.20 | 19 | | | | |

### 4.6.7 重复取样的方差分析

前面介绍的重复试验法的缺点是增加了试验次数,这样会使试验费用增加,时间延长,对问题不利. 如果试验得出的产品是多个,可以采取重复取样的方法来考察因素的影响. 重复取样和重复试验法在计算误差平方和时,方法是一样的,但要注意的是:重复取样误差反映的是产品的不均匀性与试样的测量误差(称为局部试验误差). 一般说,这种误差较小,应该说不能用它来检验各因素水平之间是否存在差异,但是如果符合下面两种情况,可以把重复取样得出的误差平方和 $S_{E2}$作为试验误差.

(1)正交表的各列都已排满,无空列提供第一类误差. 这时用 $S_{E2}$作为试验误差检验各因素及交互作用. 检验结果如果有一半左右的因素及交互作用的影响不显著,就可以认为这种检验是合理的.

(2)若重复取样得到的局部试验误差 $S_{E2}$与整体试验误差 $S_{E1}$(不妨就这样记)相差不大,就可以把 $S_{E1}$, $S_{E2}$合并起来作为试验误差 $S_E$.

什么是"相差不大"? 考虑两类误差的 $F$ 比:

$$F=\frac{S_{E1}/f_{E1}}{S_{E2}/f_{E2}}\Leftrightarrow F(f_{E1},f_{E2})$$

求出 $F$ 值,对给定的检验水平 $\alpha$,查出 $F_\alpha(f_{E1},f_{E2})$,如果 $F<F_\alpha(f_{E1},f_{E2})$,就说 $S_{E1}$, $S_{E2}$差异不显著,或说相差不大,这时就把 $S_{E1}$, $S_{E2}$合起来作为试验误差 $S_E$,即:

$$S_E=S_{E1}+S_{E2},\qquad f_E=f_{E1}+f_{E2}$$

如果 $F>F_\alpha(f_{E1},f_{E2})$则两类误差有显著差异,不能合并使用.

**例 4.16** 用烟灰和煤矸石作原料制造烟灰砖的试验研究. 考察指标(见表 4-48)是干坯的扯断力($10^5$Pa). 考虑 3 个因素,每个因素 3 个水平,具体情况如表 4-47.

表 4-47 因素水平表

| 因素 / 水平 | $A$ 成型水分(%) | $B$ 碾压时间(min) | $C$ 料重(kg/盘) |
|---|---|---|---|
| 1 | 9 | 8 | 330 |
| 2 | 10 | 10 | 360 |
| 3 | 11 | 12 | 400 |

选用 $L_9(3^4)$正交表做试验. 每号试验生产出若干块干坯,采用重复取样的方法,每号试验取 5 块,测出结果列于表 4-48 右边,进行分析,找出最优方案. 计算过程列于表 4-48 的下面.

方差分析如表 4-49 所示.

**表 4-48 试验结果计算表**

| 因素 / 试验号 | A 1 | B 2 | C 3 | 4 | 试验结果 $x_{ij}$(扯断力 - 20) $i=1,2,\cdots,9$; $j=1,2,3,4,5$ | | | | | 合计 $x_i$ | $x_i^2$ |
|---|---|---|---|---|---|---|---|---|---|---|---|
| 1 | 1 | 1 | 1 | 1 | −3.2 | −3.8 | −1.7 | −2.1 | −4.5 | −15.3 | 234 |
| 2 | 1 | 2 | 2 | 2 | −3.0 | −4.4 | −1.8 | 5.3 | −0.7 | −4.6 | 21 |
| 3 | 1 | 3 | 3 | 3 | −3.3 | −2.3 | −2.4 | −2.6 | −5.7 | −16.3 | 266 |
| 4 | 2 | 1 | 2 | 3 | −1.8 | 1.3 | −1.4 | −1.2 | −7.9 | −11.0 | 121 |
| 5 | 2 | 2 | 3 | 1 | 4.5 | 1.0 | 7.2 | 4.7 | 1.0 | 18.4 | 339 |
| 6 | 2 | 3 | 1 | 2 | −2.9 | −1.6 | 0.9 | 0.6 | −1.9 | −4.9 | 24 |
| 7 | 3 | 1 | 3 | 2 | 5.7 | −0.7 | 3.0 | 18.6 | −0.3 | 26.3 | 692 |
| 8 | 3 | 2 | 1 | 3 | 3.6 | −4.8 | −0.6 | 2.0 | 1.8 | 2.0 | 4 |
| 9 | 3 | 3 | 2 | 1 | 2.0 | 3.4 | 7.0 | 2.4 | 0.5 | 15.3 | 234 |

9个试验中最好的一个

| | A | B | C | |
|---|---|---|---|---|
| $K_1$ | −36.2 | 0.0 | −18.2 | 18.4 |
| $K_2$ | 2.5 | 15.8 | −0.3 | 16.8 |
| $K_3$ | 43.6 | −5.9 | 28.4 | −25.3 |
| $K_1^2$ | 1310.44 | 0.00 | 331.24 | 338.56 |
| $K_2^2$ | 6.25 | 249.64 | 0.09 | 282.24 |
| $K_3^2$ | 1900.96 | 34.81 | 806.56 | 640.09 |
| $S$ | 212.3 | 16.8 | 73.7 | 81.9 |

| $x_{ij}^2$ | | | | |
|---|---|---|---|---|
| 10.2 | 14.4 | 2.9 | 4.4 | 20.3 |
| 9.0 | 19.4 | 3.2 | 28.1 | 0.5 |
| 10.9 | 5.3 | 5.8 | 6.8 | 32.5 |
| 3.2 | 1.7 | 2.0 | 1.4 | 62.4 |
| 20.3 | 1.0 | 51.8 | 22.1 | 1.0 |
| 8.4 | 2.6 | 0.8 | 0.4 | 3.6 |
| 32.5 | 0.5 | 9.0 | 346.0 | 0.1 |
| 13.0 | 23.0 | 0.4 | 4.0 | 3.2 |
| 4.0 | 11.6 | 49.0 | 5.8 | 0.3 |

$T=9.9$

$Q_T=1934.29$

$P=2.178$

$S_{E1}=81.9$

$$S_{E2}=\sum_{i=1}^{9}\sum_{j=1}^{5}x_{ij}^2-\frac{1}{5}\sum_{i=1}^{9}\left(\sum_{j=1}^{5}x_{ij}\right)^2=\sum_{i=1}^{9}\sum_{j=1}^{5}x_{ij}^2-\frac{1}{5}Q_T=858.5-386.86=471.61$$

$f_{E2}=9\times(5-1)=36$

**表 4-49 方差分析表**

| 方差来源 | 离差平方和 $S$ | 自由度 $f$ | 平均离差平方和 $MS=S/f$ | $F$ 值 $MS_{因}/MS_E$ | 临界值 | 显著性 | 优方案 |
|---|---|---|---|---|---|---|---|
| $A$ | 212 | 2 | 106.17 | 6.92 | $F_{0.01}(2,42)=4.6$ | ** | $A_3$ |
| $B$ | 16.79 | 2 | 8.39 | | | | $B_2$ |
| $C$ | 73.7 | 2 | 36.84 | | | | $C_3$ |
| $E_1$ | 81.88 | 2 | 40.94 | | | | |
| $E_2$ | 471.61 | 36 | 13.10 | | | | |
| $E\begin{Bmatrix}B\\C\\E_1\\E_2\end{Bmatrix}$ | 644.0 | 42 | 15.3 | | | | |
| 总和 | 856.3 | 44 | | | | | |

从表 4-49 中的上半部看出，因素 $B$，$C$ 的均方 $MS$ 值都小于 $E_1$ 的均方值，且和因素 $A$ 的均方值相差甚多，所以把 $S_B$，$S_C$ 并入到 $S_{E1}$ 中，使得新的 $S_{E1}=S_B+S_C+S_{4列}=172.4$，新的 $f_{E1}=6$．比较两类误差，可知，两类误差可以合并在一起成为整个误差．从上表中的 $F$ 值检验可知，$A$ 因素的影响特别显著．本试验中，因素的主次顺序为：$ACB$，对照表 4-49 可知，最优方案为：$A_3B_2C_3$．这一方案在 9 次试验中并没有出现，与之相近的是 7 号试验 $A_3B_1C_3$，是 9 个试验中最好的一个，可按最优方案再做一次试验与 7 号试验对比．

$$F=\frac{S_{E1}/f_{E1}}{S_{E2}/f_{E2}}=2.19<F_{0.05}(f_{E1},f_{E2})=2.36\qquad(\alpha=0.05)$$

# 4.7 正交试验设计中的效应计算与指标值的预估计

## 4.7.1 正交设计的数据结构

在正交设计中，若以 $\mu_t$ 表示第 $t$ 号试验各因素水平搭配对指标值 $x_t$ 影响的总体真值，也叫 $x_t$ 的理论值，以 $\varepsilon_t$ 表示第 $t$ 号试验的随机误差，则有：

$$x_t = \mu_t + \varepsilon_t \qquad (t = 1,2,3,\cdots,n)$$

$$\varepsilon_t \Rightarrow N(0,\sigma^2)\text{，相互独立}$$

这种数据结构式称为在 $L_n(m^k)$ 型正交表上安排试验的数学模型，由于各正交表的具体情况不同，数据结构的具体形式也不同. 下面对几个常用的正交表，分别写出它们的数据结构式.

### 4.7.1.1 $L_4(2^3)$ 正交表的数据结构

为了方便，列出正交表 $L_4(2^3)$，如表 4-50 所示.

表 4-50 $L_4(2^3)$ 正交表

| 试验号＼列号 | 1 | 2 | 3 |
|---|---|---|---|
| 1 | 1 | 1 | 1 |
| 2 | 1 | 2 | 2 |
| 3 | 2 | 1 | 2 |
| 4 | 2 | 2 | 1 |

假设安排两个因素 $A$、$B$，$A$ 安排在第 1 列，$B$ 安排在第 2 列，根据各试验号因素水平组合的不同，数据结构的形式如表 4-50(a)所示.

表 4-50(a) $L_4(2^3)$ 正交表的数据结构形式

| 试验号＼列号 | 1<br>$A$ | 2<br>$B$ | 3 | 指标<br>$x_t$ | | 数据结构形式 |
|---|---|---|---|---|---|---|
| 1 | 1 | 1 | 1 | $x_1$ | = | $\mu_{11}+\varepsilon_1$ |
| 2 | 1 | 2 | 2 | $x_2$ | = | $\mu_{12}+\varepsilon_2$ |
| 3 | 2 | 1 | 2 | $x_3$ | = | $\mu_{21}+\varepsilon_3$ |
| 4 | 2 | 2 | 1 | $x_4$ | = | $\mu_{22}+\varepsilon_4$ |

表中，$\mu_{ij}$ 表示在 $A_i$，$B_j$ 组合下指标值 $x_t$ 的理论值. 在不同情况下，$\mu_{ij}$ 的具体形式也不同.

(1)不考虑交互作用

$$\mu_{ij} = \mu + a_i + b_j \qquad (i = 1,2; j = 1,2)$$

其中，$\mu = \frac{1}{4}(\mu_{11} + \mu_{12} + \mu_{21} + \mu_{22})$，称为工程平均值，

$a_i$ 为因素 $A$ 在 $i$ 水平时的效应，$a_1 + a_2 = 0$，

$b_j$ 为因素 $B$ 在 $j$ 水平时的效应，$b_1 + b_2 = 0$.

数据结构式如表 4-50(b)所示.

表 4-50(b) 无交互作用时 $L_4(2^3)$ 正交表的数据结构形式

| 试验号＼列号 | 1<br>$A$ | 2<br>$B$ | 3 | 指标<br>$x_t$ | 无交互作用时的数据结构式 | | |
|---|---|---|---|---|---|---|---|
| 1 | 1 | 1 | 1 | $x_1$ | $=\mu_{11}+\varepsilon_1$ | = | $\mu+a_1+b_1+\varepsilon_1$ |
| 2 | 1 | 2 | 2 | $x_2$ | $=\mu_{12}+\varepsilon_2$ | = | $\mu+a_1+b_2+\varepsilon_2$ |
| 3 | 2 | 1 | 2 | $x_3$ | $=\mu_{21}+\varepsilon_3$ | = | $\mu+a_2+b_1+\varepsilon_3$ |
| 4 | 2 | 2 | 1 | $x_4$ | $=\mu_{22}+\varepsilon_4$ | = | $\mu+a_2+b_2+\varepsilon_4$ |

(2)考虑交互作用

交互作用 $A\times B$ 安排在第 3 列.

$$\mu_{ij} = \mu + a_i + b_j + (ab)_{ij} \qquad (i=1,2; j=1,2)$$

其中,$(ab)_{ij}$为$A_i$,$B_j$组合下交互作用的效应.

$$(ab)_{11} + (ab)_{21} = 0, \qquad (ab)_{12} + (ab)_{22} = 0$$

这时数据结构式如表 4-50(c)所示.

**表 4-50(c)　有交互作用时 $L_4(2^3)$正交表的数据结构形式**

| 列号 / 试验号 | 1 $A$ | 2 $B$ | 3 $A\times B$ | 指标 $x_t$ | 有交互作用时的数据结构式 |
|---|---|---|---|---|---|
| 1 | 1 | 1 | 1 | $x_1$ | $= \mu_{11}+\varepsilon_1 = \mu + a_1 + b_1 + (ab)_{11} + \varepsilon_1$ |
| 2 | 1 | 2 | 2 | $x_2$ | $= \mu_{12}+\varepsilon_2 = \mu + a_1 + b_2 + (ab)_{12} + \varepsilon_2$ |
| 3 | 2 | 1 | 2 | $x_3$ | $= \mu_{21}+\varepsilon_3 = \mu + a_2 + b_1 + (ab)_{21} + \varepsilon_3$ |
| 4 | 2 | 2 | 1 | $x_4$ | $= \mu_{22}+\varepsilon_4 = \mu + a_2 + b_2 + (ab)_{22} + \varepsilon_4$ |

#### 4.7.1.2　$L_8(2^7)$正交表的数据结构

假设安排 4 个 2 水平的因素 $A,B,C,D$,按表头设计,它们分别安排在 1,2,4,7 列,两两交互作用安排在 3,5,6 列,如表 4-51 所示.其数据结构式的构成与 $L_4(2^3)$正交表的数据结构式类似,只是更复杂些.

**表 4-51　$L_8(2^7)$正交表**

| 列号 / 试验号 | 1 $A$ | 2 $B$ | 3 $A\times B$ $C\times D$ | 4 $C$ | 5 $A\times C$ $B\times D$ | 6 $B\times C$ $A\times D$ | 7 $D$ |
|---|---|---|---|---|---|---|---|
| 1 | 1 | 1 | 1 | 1 | 1 | 1 | 1 |
| 2 | 1 | 1 | 1 | 2 | 2 | 2 | 2 |
| 3 | 1 | 2 | 2 | 1 | 1 | 2 | 2 |
| 4 | 1 | 2 | 2 | 2 | 2 | 1 | 1 |
| 5 | 2 | 1 | 2 | 1 | 2 | 1 | 2 |
| 6 | 2 | 1 | 2 | 2 | 1 | 2 | 1 |
| 7 | 2 | 2 | 1 | 1 | 2 | 2 | 1 |
| 8 | 2 | 2 | 1 | 2 | 1 | 1 | 2 |

(1)不考虑交互作用

$$x_{ijkl} = \mu + a_i + b_j + c_k + d_l + \varepsilon_{ijkl}$$

$$a_1 + a_2 = 0, \qquad b_1 + b_2 = 0, \qquad c_1 + c_2 = 0, \qquad d_1 + d_2 = 0$$

$$\varepsilon_{ijkl} \sim N(0,\sigma^2),\text{相互独立}$$

按 8 个试验号分别写出数据结构式,如表 4-51(a)所示.

**表 4-51(a)　无交互作用时 $L_8(2^7)$正交表的数据结构式**

| 列号 / 试验号 | 1 $A$ | 2 $B$ | 3 $A\times B$ $C\times D$ | 4 $C$ | 5 $A\times C$ $B\times D$ | 6 $B\times C$ $A\times D$ | 7 $D$ | 指标 $x_t$ | | 无交互作用时的数据结构式 $\mu + a_i + b_j + c_k + d_l + \varepsilon_t$ |
|---|---|---|---|---|---|---|---|---|---|---|
| 1 | 1 | 1 | 1 | 1 | 1 | 1 | 1 | $x_1$ | = | $\mu + a_1 + b_1 + c_1 + d_1 + \varepsilon_1$ |
| 2 | 1 | 1 | 1 | 2 | 2 | 2 | 2 | $x_2$ | = | $\mu + a_1 + b_1 + c_2 + d_2 + \varepsilon_2$ |
| 3 | 1 | 2 | 2 | 1 | 1 | 2 | 2 | $x_3$ | = | $\mu + a_1 + b_2 + c_1 + d_2 + \varepsilon_3$ |
| 4 | 1 | 2 | 2 | 2 | 2 | 1 | 1 | $x_4$ | = | $\mu + a_1 + b_2 + c_2 + d_1 + \varepsilon_4$ |
| 5 | 2 | 1 | 2 | 1 | 2 | 1 | 2 | $x_5$ | = | $\mu + a_2 + b_1 + c_1 + d_2 + \varepsilon_5$ |
| 6 | 2 | 1 | 2 | 2 | 1 | 2 | 1 | $x_6$ | = | $\mu + a_2 + b_1 + c_2 + d_1 + \varepsilon_6$ |
| 7 | 2 | 2 | 1 | 1 | 2 | 2 | 1 | $x_7$ | = | $\mu + a_2 + b_2 + c_1 + d_1 + \varepsilon_7$ |
| 8 | 2 | 2 | 1 | 2 | 1 | 1 | 2 | $x_8$ | = | $\mu + a_2 + b_2 + c_2 + d_2 + \varepsilon_8$ |

(2)考虑交互作用

若只考虑交互作用 (其余情况类似)

$$x_{ijkl} = \mu + a_i + b_j + (ab)_{ij} + c_k + d_l + \varepsilon_{ijkl}$$

$$a_1 + a_2 = 0, \quad b_1 + b_2 = 0, \quad c_1 + c_2 = 0, \quad d_1 + d_2 = 0$$

$$\sum_{i=1}^{2}(ab)_{ij} = 0 \quad (j = 1,2); \qquad \sum_{j=1}^{2}(ab)_{ij} = 0 \quad (i = 1,2)$$

$$\varepsilon_t \sim N(0, \sigma^2), \text{相互独立}$$

按 8 个试验号分别写出有交互作用 $A \times B$ 时的数据结构式,如表 4-51(b)所示.

**表 4-51(b)　有交互作用 $A \times B$ 时 $L_8(2^7)$ 正交表的数据结构式**

| 列号 / 试验号 | 1 $A$ | 2 $B$ | 3 $A\times B$ $C\times D$ | 4 $C$ | 5 $A\times C$ $B\times D$ | 6 $B\times C$ $A\times D$ | 7 $D$ | 指标 $x_t$ | | 只有交互作用 $A \times B$ 时的数据结构式 $\mu + a_i + b_j + (ab)_{ij} + c_k + d_l + \varepsilon_t$ |
|---|---|---|---|---|---|---|---|---|---|---|
| 1 | 1 | 1 | 1 | 1 | 1 | 1 | 1 | $x_1$ | = | $\mu + a_1 + b_1 + (ab)_{11} + c_1 + d_1 + \varepsilon_1$ |
| 2 | 1 | 1 | 1 | 2 | 2 | 2 | 2 | $x_2$ | = | $\mu + a_1 + b_1 + (ab)_{11} + c_2 + d_2 + \varepsilon_2$ |
| 3 | 1 | 2 | 2 | 1 | 1 | 2 | 2 | $x_3$ | = | $\mu + a_1 + b_2 + (ab)_{12} + c_1 + d_2 + \varepsilon_3$ |
| 4 | 1 | 2 | 2 | 2 | 2 | 1 | 1 | $x_4$ | = | $\mu + a_1 + b_2 + (ab)_{12} + c_2 + d_1 + \varepsilon_4$ |
| 5 | 2 | 1 | 2 | 1 | 2 | 1 | 2 | $x_5$ | = | $\mu + a_2 + b_1 + (ab)_{21} + c_1 + d_2 + \varepsilon_5$ |
| 6 | 2 | 1 | 2 | 2 | 1 | 2 | 1 | $x_6$ | = | $\mu + a_2 + b_1 + (ab)_{21} + c_2 + d_1 + \varepsilon_6$ |
| 7 | 2 | 2 | 1 | 1 | 2 | 2 | 1 | $x_7$ | = | $\mu + a_2 + b_2 + (ab)_{22} + c_1 + d_1 + \varepsilon_7$ |
| 8 | 2 | 2 | 1 | 2 | 1 | 1 | 2 | $x_8$ | = | $\mu + a_2 + b_2 + (ab)_{22} + c_2 + d_2 + \varepsilon_8$ |

#### 4.7.1.3　$L_9(3^4)$正交表的数据结构

先列出正交表 $L_9(3^4)$,如表 4-52 所示.

**表 4-52　$L_9(3^4)$正交表**

| 列号 / 试验号 | 1 | 2 | 3 | 4 |
|---|---|---|---|---|
| 1 | 1 | 1 | 1 | 1 |
| 2 | 1 | 2 | 2 | 2 |
| 3 | 1 | 3 | 3 | 3 |
| 4 | 2 | 1 | 2 | 3 |
| 5 | 2 | 2 | 3 | 1 |
| 6 | 2 | 3 | 1 | 2 |
| 7 | 3 | 1 | 3 | 2 |
| 8 | 3 | 2 | 1 | 3 |
| 9 | 3 | 3 | 2 | 1 |

注:任意两列间的交互作用为另外两列.

(1) 不考虑交互作用

假设安排 3 个因素 $A,B,C$,分别安排在第 1,2,3 列,数据结构式如表 4-52(a)所示.

**表 4-52(a)　不考虑交互作用**

| 列号 / 试验号 | 1 $A$ | 2 $B$ | 3 $C$ | 4 $D$ | 指标 $x_t$ | | 无交互作用时的数据结构式 $\mu + a_i + b_j + c_k + \varepsilon_t$ |
|---|---|---|---|---|---|---|---|
| 1 | 1 | 1 | 1 | 1 | $x_1$ | = | $\mu + a_1 + b_1 + c_1 + \varepsilon_1$ |
| 2 | 1 | 2 | 2 | 2 | $x_2$ | = | $\mu + a_1 + b_2 + c_2 + \varepsilon_2$ |
| 3 | 1 | 3 | 3 | 3 | $x_3$ | = | $\mu + a_1 + b_3 + c_3 + \varepsilon_3$ |
| 4 | 2 | 1 | 2 | 3 | $x_4$ | = | $\mu + a_2 + b_1 + c_2 + \varepsilon_4$ |
| 5 | 2 | 2 | 3 | 1 | $x_5$ | = | $\mu + a_2 + b_2 + c_3 + \varepsilon_5$ |
| 6 | 2 | 3 | 1 | 2 | $x_6$ | = | $\mu + a_2 + b_3 + c_1 + \varepsilon_6$ |
| 7 | 3 | 1 | 3 | 2 | $x_7$ | = | $\mu + a_3 + b_1 + c_3 + \varepsilon_7$ |
| 8 | 3 | 2 | 1 | 3 | $x_8$ | = | $\mu + a_3 + b_2 + c_1 + \varepsilon_8$ |
| 9 | 3 | 3 | 2 | 1 | $x_9$ | = | $\mu + a_3 + b_3 + c_2 + \varepsilon_9$ |

表 4-52(a)中的数据结构式中:

$$x_{ijkl} = \mu + a_i + b_j + c_k + d_l + \varepsilon_{ijkl}$$

$$\varepsilon_{ijkl} \sim N(0,\sigma^2)\text{，相互独立}$$

$$\sum_i a_i = 0, \qquad \sum_j b_j = 0, \qquad \sum_k c_k = 0$$

(2)考虑交互作用

由于 $L_9(3^4)$ 正交表的任意两列间的交互作用为另外两列，将 $A,B$ 安排在1,2列，则 $A\times B$ 占3,4两列.数据结构式如表4-52(b)所示.

**表4-52(b)　考虑交互作用**

| 列号<br>试验号 | 1<br>$A$ | 2<br>$B$ | 3<br>$(A\times B)_1$ | 4<br>$(A\times B)_2$ | 指标<br>$x_t$ | | 有交互作用时的数据结构式<br>$\mu+a_i+b_j+(ab)_{ij}^1+(ab)_{ij}^2+\varepsilon_t$ |
|---|---|---|---|---|---|---|---|
| 1 | 1 | 1 | 1 | 1 | $x_1$ | = | $\mu+a_1+b_1+(ab)_{11}^1+(ab)_{11}^2+\varepsilon_1$ |
| 2 | 1 | 2 | 2 | 2 | $x_2$ | = | $\mu+a_1+b_2+(ab)_{12}^1+(ab)_{12}^2+\varepsilon_2$ |
| 3 | 1 | 3 | 3 | 3 | $x_3$ | = | $\mu+a_1+b_3+(ab)_{13}^1+(ab)_{13}^2+\varepsilon_3$ |
| 4 | 2 | 1 | 2 | 3 | $x_4$ | = | $\mu+a_2+b_1+(ab)_{21}^1+(ab)_{21}^2+\varepsilon_4$ |
| 5 | 2 | 2 | 3 | 1 | $x_5$ | = | $\mu+a_2+b_2+(ab)_{22}^1+(ab)_{22}^2+\varepsilon_5$ |
| 6 | 2 | 3 | 1 | 2 | $x_6$ | = | $\mu+a_2+b_3+(ab)_{23}^1+(ab)_{23}^2+\varepsilon_6$ |
| 7 | 3 | 1 | 3 | 2 | $x_7$ | = | $\mu+a_3+b_1+(ab)_{31}^1+(ab)_{31}^2+\varepsilon_7$ |
| 8 | 3 | 2 | 1 | 3 | $x_8$ | = | $\mu+a_3+b_2+(ab)_{32}^1+(ab)_{32}^2+\varepsilon_8$ |
| 9 | 3 | 3 | 2 | 1 | $x_9$ | = | $\mu+a_3+b_3+(ab)_{33}^1+(ab)_{33}^2+\varepsilon_9$ |

在表4-52(b)的数据结构式中：

$$x_t = \mu + a_i + b_j + (ab)_{ij}^1 + (ab)_{ij}^2 + \varepsilon_t$$

$$\sum_i^3 a_i = 0,\quad \sum_j^3 b_j = 0,\quad \sum_i^3 (ab)_{ij} = 0 \quad (j=1,2,3),\quad \sum_j^3 (ab)_{ij} = 0 \quad (i=1,2,3)$$

$$\varepsilon_t \sim N(0,1^2)\text{分布}$$

### 4.7.2　正交设计中的效应计算

由下式：

$$x_t = \mu_t + \varepsilon_t \qquad (t=1,2,3,\cdots,n)$$

$\varepsilon_t$ 是随机误差，我们要对 $\mu_t$ 作出估计，即求出 $\mu_t$ 的估计值 $\hat{\mu}_t$，使得满足：

$$\sum_{i=1}^n (x_t - \hat{\mu}_t)^2 = \min \sum_{i=1}^n (x_t - \mu_t)^2$$

下面以 $L_4(2^3)$ 表安排两个因素 $A,B$，且以考虑交互作用的情况为例说明这个问题，由 $L_4(2^3)$ 表上的数据结构式可得：

残差平方和为

$$\begin{aligned} S &= \sum_{i=1}^n (x_t - \mu_t)^2 \\ &= [x_1 - \mu - a_1 - b_1 - (ab)_{11}]^2 \\ &\quad + [x_2 - \mu - a_1 - b_2 - (ab)_{12}]^2 \\ &\quad + [x_3 - \mu - a_2 - b_1 - (ab)_{21}]^2 \\ &\quad + [x_4 - \mu - a_2 - b_2 - (ab)_{22}]^2 \end{aligned}$$

为了使 $S$ 达到最小，采用最小二乘法，求 $\mu_t$ 的估计值 $\hat{\mu}_t$，就是求 $a_i, b_j, (ab)_{ij}$ 的估计值 $\hat{\mu}, \hat{a}_i, \hat{b}_j, \widehat{ab}_{ij}$.

令
$$\begin{aligned} \frac{\partial S}{\partial \mu} = &-2[x_1 - \mu - a_1 - b_1 - (ab)_{11}] \\ &-2[x_2 - \mu - a_1 - b_2 - (ab)_{12}] \\ &-2[x_3 - \mu - a_2 - b_1 - (ab)_{21}] \end{aligned}$$

$$-2[x_4-\mu-a_2-b_2-(ab)_{22}]$$
$$=0$$

由于 $a_1+a_2=0, b_1+b_2=0, (ab)_{11}+(ab)_{21}=0, (ab)_{12}+(ab)_{22}=0$,所以有:

$$x_1+x_2+x_3+x_4-4\mu=0$$

得出:

$$\mu=\frac{1}{4}(x_1+x_2+x_3+x_4)$$

记为:

$$\hat{\mu}=\bar{x}$$

令
$$\frac{\partial S}{\partial a_1}=-2[x_1-\mu-a_1-b_1-(ab)_{11}]$$
$$-2[x_2-\mu-a_1-b_2-(ab)_{12}]$$
$$=0$$

由于 $b_1+b_2=0, (ab)_{11}+(ab)_{12}=0$,所以有:

$$x_1+x_2-2\mu-2a_1=0$$

得出:

$$a_1=\frac{x_1+x_2}{2}-\mu=\overline{A}_1-\mu$$

上式中,$\overline{A}_1$ 为 $A$ 因素 1 水平指标值的平均值. 记为:

$$\hat{a}_1=\overline{A}_1-\hat{\mu}$$

同理可得出:

$$\hat{a}_2=\overline{A}_2-\hat{\mu}$$
$$\hat{b}_1=\overline{B}_1-\hat{\mu}$$
$$\hat{b}_2=\overline{B}_2-\hat{\mu}$$

上式中,$\overline{A}_2, \overline{B}_1, \overline{B}_2$ 为各因素水平所对应的指标平均值.

令
$$\frac{\partial S}{\partial (ab)_{11}}=-2[x_1-\mu-a_1-b_1-(ab)_{11}]=0$$

得出:

$$(ab)_{11}=x_1-a_1-b_1-\mu$$

记为:

$$(\hat{ab})_{11}=\overline{A_1B_1}-\hat{a}_1-\hat{b}_1-\hat{\mu}$$

上式中,$\overline{A_1B_1}$表示 $A_1B_1$ 水平搭配的指标平均值.

同理可得出:

$$(\hat{ab})_{12}=\overline{A_1B_2}-\hat{a}_1-\hat{b}_2-\hat{\mu}$$
$$(\hat{ab})_{21}=\overline{A_2B_1}-\hat{a}_2-\hat{b}_1-\hat{\mu}$$
$$(\hat{ab})_{22}=\overline{A_2B_2}-\hat{a}_2-\hat{b}_2-\hat{\mu}$$

上式中,$\overline{A_1B_2}, \overline{A_2B_1}, \overline{A_2B_2}$表示各因素水平搭配的指标平均值.

对其他的正交表,针对它们的数学模型,采用同样的方法,就能得出相应的效应值,从而有一般的效应计算公式：

$$\hat{a}_i = \overline{A}_i - \overline{x}$$
$$\hat{b}_j = \overline{B}_j - \overline{x}$$
$$\hat{c}_k = \overline{C}_k - \overline{x}$$
$$\hat{d}_l = \overline{D}_l - \overline{x}$$

………

$$(\widehat{ab})_{ij} = \overline{A_iB_j} - \hat{a}_i - \hat{b}_j - \overline{x}$$
$$(\widehat{ac})_{ik} = \overline{A_iC_k} - \hat{a}_i - \hat{c}_k - \overline{x}$$
$$(\widehat{bc})_{jk} = \overline{B_jC_k} - \hat{b}_j - \hat{c}_k - \overline{x}$$

………

**例 4.17　求例 4.12 中各因素及交互作用效应的估计值．**

**解**　$A$ 的效应计算式为：

$$a_i = \overline{A}_i - \overline{x}$$

$B$ 的效应计算式为：

$$b_j = \overline{B}_j - \overline{x}$$

$C$ 的效应计算式为：

$$c_k = \overline{C}_k - \overline{x}$$

交互作用 $A \times B$ 的效应计算式为：

$$(ab)_{ij} = \overline{A_iB_j} - a_i - b_j - \overline{x}$$

交互作用 $A \times C$ 的效应计算式为：

$$(ac)_{ik} = \overline{A_iC_k} - a_i - c_k - \overline{x}$$

交互作用 $B \times C$ 的效应计算式为：

$$(bc)_{jk} = \overline{B_jC_k} - b_j - c_k - \overline{x}$$

为了便于观察分析，将各效应计算结果列于表 4-53 中．

**表 4-53　例 4.12 的效应计算**

| 行号＼列号 | 1<br>$A$ | 2<br>$B$ | 3<br>$A \times B$ | 4<br>$C$ | 5<br>$A \times C$ | 6<br>$B \times C$ | 7 | 试验结果（%）<br>$x_i$ |
|---|---|---|---|---|---|---|---|---|
| 1 | 1 | 1 | 1 | 1 | 1 | 1 | 1 | 66.2 |
| 2 | 1 | 1 | 1 | 2 | 2 | 2 | 2 | 74.3 |
| 3 | 1 | 2 | 2 | 1 | 1 | 2 | 2 | 73.0 |
| 4 | 1 | 2 | 2 | 2 | 2 | 1 | 1 | 76.4 |
| 5 | 2 | 1 | 2 | 1 | 2 | 1 | 2 | 70.2 |
| 6 | 2 | 1 | 2 | 2 | 1 | 2 | 1 | 75.0 |
| 7 | 2 | 2 | 1 | 1 | 2 | 2 | 1 | 62.3 |
| 8 | 2 | 2 | 1 | 2 | 1 | 1 | 2 | 71.2 |
| 水平＼效应估计值 | $a_i$ | $b_j$ | $(ab)_{ij}$ | $c_k$ | $(ac)_{ik}$ | $(bc)_{jk}$ | | |
| 1(11) | 1.4 | 0.35 | −2.6 | −3.15 | 0.275 | −0.075 | −1.1 | $\overline{x} = 71.075$ |
| 2(12) | −1.4 | −0.35 | 2.6 | 3.15 | −0.275 | 0.075 | 1.1 | |
| (21) | | | 2.6 | | −0.275 | 0.075 | | |
| (22) | | | −2.6 | | 0.275 | −0.075 | | |

注：$a_i = \overline{A}_i - \overline{x}$，$b_j = \overline{B}_j - \overline{x}$，$(ab)_{ij} = \overline{A_iB_j} - a_i - b_j - \overline{x}$，$c_k = \overline{C}_k - \overline{x}$，$(ac)_{ik} = \overline{A_iC_k} - a_i - c_k - \overline{x}$，$(bc)_{jk} = \overline{B_jC_k} - b_j - c_k - \overline{x}$．

从表 4-53 中效应值的大小可以确定影响大小的主次顺序为 $CAB$，选取最优方案以效应值大为好，所以应选 $C_2A_1B_1$；考虑到交互作用 $(ab)_{12}$ 和 $(ab)_{21}$ 效应值较大（排在第 2 位），对试验有较大的影响，而 $(ac)_{11}$ 和 $(ac)_{22}$，$(bc)_{12}$ 和 $(bc)_{21}$ 效应值较小，对试验的影响较小. 综合考虑，最后确定最优方案为 $A_1B_2C_2$. 与例 4.12 中结论相同，正好是 8 个试验中的第 4 号试验.

### 4.7.3 最优方案下指标值(理论值)的预估计

在正交设计中，无论是用直观分析法、方差分析法，还是用效应计算分析法，都能确定最优方案. 如果正交表中正好有这个最优方案，则在这个方案下的指标值已通过试验得出. 如果正交表中没有这个最优方案，可以按这个方案再试验一次得出最优指标值. 若不通过试验，由理论分析能否对最优方案的指标值作出合理的估计呢?

回答是肯定的：对指标值既能作出点估计又能作出区间估计. 下面以一个实例，并且利用微软公司的 Excel 电子表格软件，对正交试验设计与数据处理的直观分析法（包括直观分析图）、方差分析法、效应分析法三种方法，进行一个综合性的计算分析说明，学会用计算机来进行数据处理与分析.

**例 4.18** 某农药厂生产某种农药，指标是农药的收率，显然是越大越好. 据经验知，影响农药收率的因素有 4 个，每个因素都是两水平的，具体参数如表 4-54 所示. 考虑 $A$，$B$ 的交互作用. 选用正交表 $L_8(2^7)$ 安排试验，按试验号依次进行试验. 得出试验结果分别为（%）：86，95，91，94，91，96，83，88. 试进行方差分析.

表 4-54

| 因素 / 水平 | $A$ 反应温度(℃) | $B$ 反应时间(h) | $C$ 原料配比 | $D$ 真空度(Pa) |
|---|---|---|---|---|
| 1 | 60 | 2.5 | 1.1:1 | 66500 |
| 2 | 80 | 3.5 | 1.2:1 | 79800 |

**解** ①打开电子表格如图 4-2 所示.

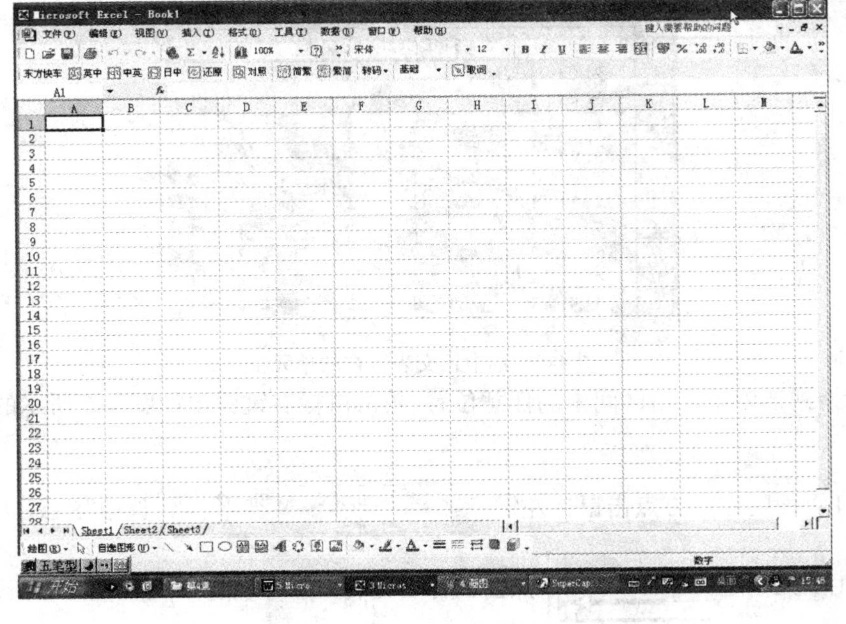

图 4-2 Excel 画面

②选用 $L_8(2^7)$正交表，从第 A 列第 2 行的单元格 A2 开始输入 $L_8(2^7)$正交表，如图 4-3 所示.

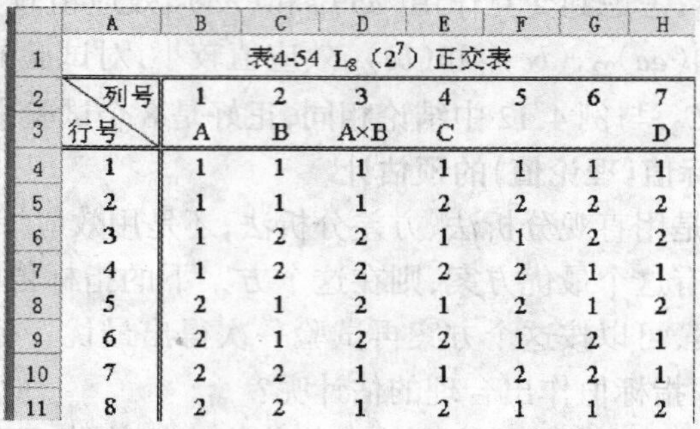

| | A | B | C | D | E | F | G | H |
|---|---|---|---|---|---|---|---|---|
| 1 | 表4-54 $L_8(2^7)$ 正交表 | | | | | | | |
| 2 | 列号 | 1 | 2 | 3 | 4 | 5 | 6 | 7 |
| 3 | 行号 | A | B | A×B | C | | | D |
| 4 | 1 | 1 | 1 | 1 | 1 | 1 | 1 | 1 |
| 5 | 2 | 1 | 1 | 1 | 2 | 2 | 2 | 2 |
| 6 | 3 | 1 | 2 | 2 | 1 | 1 | 2 | 2 |
| 7 | 4 | 1 | 2 | 2 | 2 | 2 | 1 | 1 |
| 8 | 5 | 2 | 1 | 2 | 1 | 2 | 1 | 2 |
| 9 | 6 | 2 | 1 | 2 | 2 | 1 | 2 | 1 |
| 10 | 7 | 2 | 2 | 1 | 1 | 2 | 2 | 1 |
| 11 | 8 | 2 | 2 | 1 | 2 | 1 | 1 | 2 |

图 4-3 从 A2 单元格开始输入正交表

表格中的边框和表头请读者自行设计，输入完正交表后，在 Excel 页面的左下方用鼠标右键点击 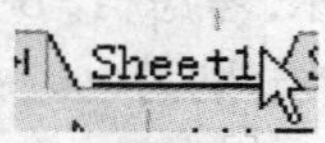 Sheet1 后，弹出一屏幕菜单

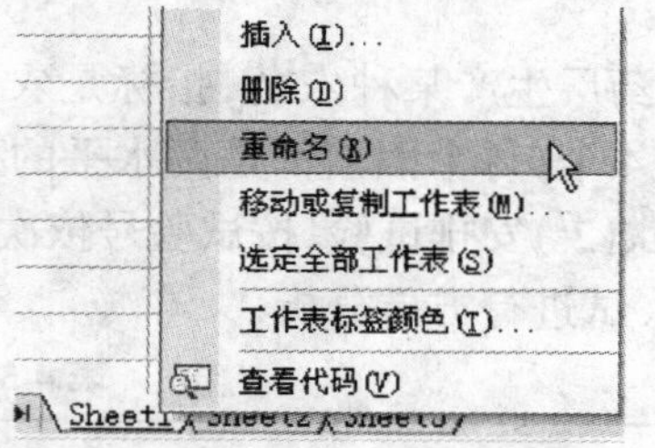


，选择重命名，将 Sheet 1 重命名为"$L_8(2^7)$正交表"，如右图所示，

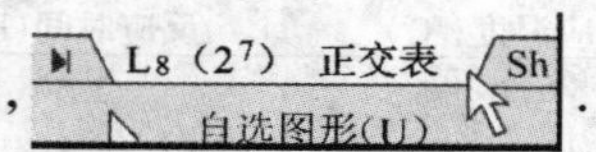


.

③直观分析(包括直观分析图的制作过程)的计算过程.

用鼠标选中正交表所占的全部单元格，使其高亮度显示，如图 4-4 所示.

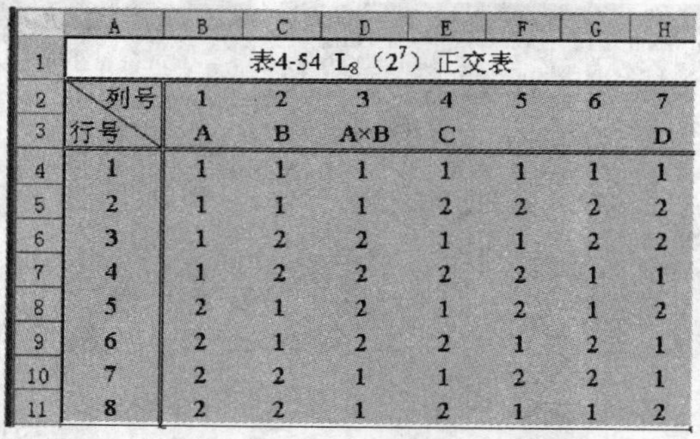

| | A | B | C | D | E | F | G | H |
|---|---|---|---|---|---|---|---|---|
| 1 | 表4-54 $L_8(2^7)$ 正交表 | | | | | | | |
| 2 | 列号 | 1 | 2 | 3 | 4 | 5 | 6 | 7 |
| 3 | 行号 | A | B | A×B | C | | | D |
| 4 | 1 | 1 | 1 | 1 | 1 | 1 | 1 | 1 |
| 5 | 2 | 1 | 1 | 1 | 2 | 2 | 2 | 2 |
| 6 | 3 | 1 | 2 | 2 | 1 | 1 | 2 | 2 |
| 7 | 4 | 1 | 2 | 2 | 2 | 2 | 1 | 1 |
| 8 | 5 | 2 | 1 | 2 | 1 | 2 | 1 | 2 |
| 9 | 6 | 2 | 1 | 2 | 2 | 1 | 2 | 1 |
| 10 | 7 | 2 | 2 | 1 | 1 | 2 | 2 | 1 |
| 11 | 8 | 2 | 2 | 1 | 2 | 1 | 1 | 2 |

图 4-4 选中正交表所在的单元格

将鼠标指到选中单元格区间中的任意位置，单击鼠标右键弹出如图 4-5 所示的屏幕菜单，选择"复制".

在 Excel 页面的左下方点击鼠标左键，选中"Sheet 2"表，将鼠标指针指到 A1 单元格上，点击鼠标右键，弹出一屏幕菜单，如图 4-6 所示. 选择"粘贴"，则将 $L_8(2^7)$的正交表粘贴到了"Sheet 2"中了，如图 4-7 所示.

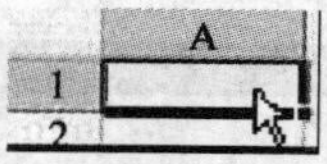

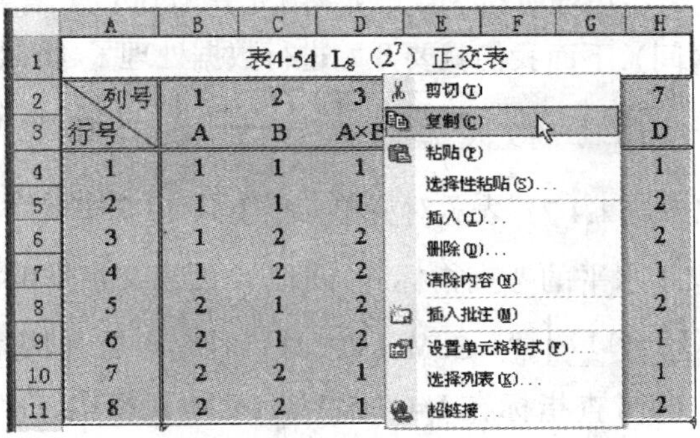

| 列号 行号 | 1 A | 2 B | 3 A×B | | | | 7 D |
|---|---|---|---|---|---|---|---|
| 1 | 1 | 1 | 1 | | | | 1 |
| 2 | 1 | 1 | 1 | | | | 2 |
| 3 | 1 | 2 | 2 | | | | 2 |
| 4 | 1 | 2 | 2 | | | | 1 |
| 5 | 2 | 1 | 2 | | | | 2 |
| 6 | 2 | 1 | 2 | | | | 1 |
| 7 | 2 | 2 | 1 | | | | 1 |
| 8 | 2 | 2 | 1 | | | | 2 |

表4-54 $L_8(2^7)$ 正交表

剪切(T)
复制(C)
粘贴(P)
选择性粘贴(S)...
插入(I)...
删除(D)...
清除内容(N)
插入批注(M)
设置单元格格式(F)...
选择列表(K)...
超链接...

图 4-5　复制 $L_8(2^7)$ 正交表

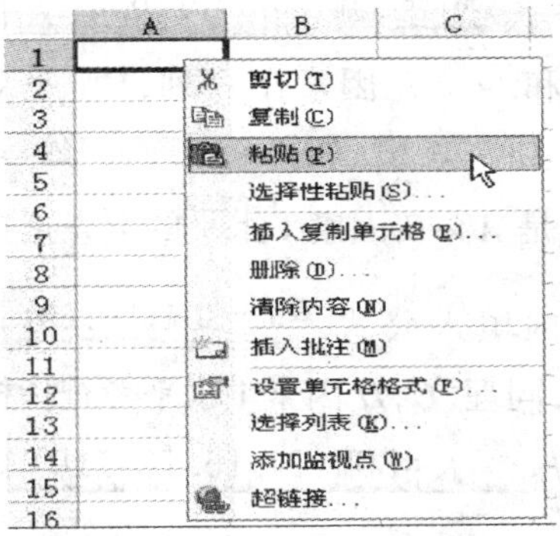

剪切(T)
复制(C)
粘贴(P)
选择性粘贴(S)...
插入复制单元格(E)...
删除(D)...
清除内容(N)
插入批注(M)
设置单元格格式(F)...
选择列表(K)...
添加监视点(W)
超链接...

图 4-6　在 Sheet 2 中粘贴正交表

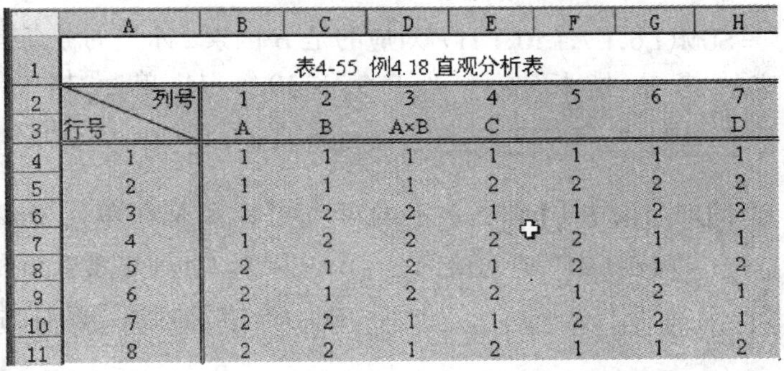

表4-55 例4.18 直观分析表

| 列号 行号 | 1 A | 2 B | 3 A×B | 4 C | 5 | 6 | 7 D |
|---|---|---|---|---|---|---|---|
| 1 | 1 | 1 | 1 | 1 | 1 | 1 | 1 |
| 2 | 1 | 1 | 1 | 2 | 2 | 2 | 2 |
| 3 | 1 | 2 | 2 | 1 | 1 | 2 | 2 |
| 4 | 1 | 2 | 2 | 2 | 2 | 1 | 1 |
| 5 | 2 | 1 | 2 | 1 | 2 | 1 | 2 |
| 6 | 2 | 1 | 2 | 2 | 1 | 2 | 1 |
| 7 | 2 | 2 | 1 | 1 | 2 | 2 | 1 |
| 8 | 2 | 2 | 1 | 2 | 1 | 1 | 2 |

图 4-7　粘贴后的正交表

将试验结果放在正交表的最右 1 列，各因素水平的指标和、平均值、极差及优方案列于正交表的下方，如图 4-8 所示. 将"Sheet 2"重命名为"直观分析表". 将表头改为"表 4-55　例 4.18 直观分析表".

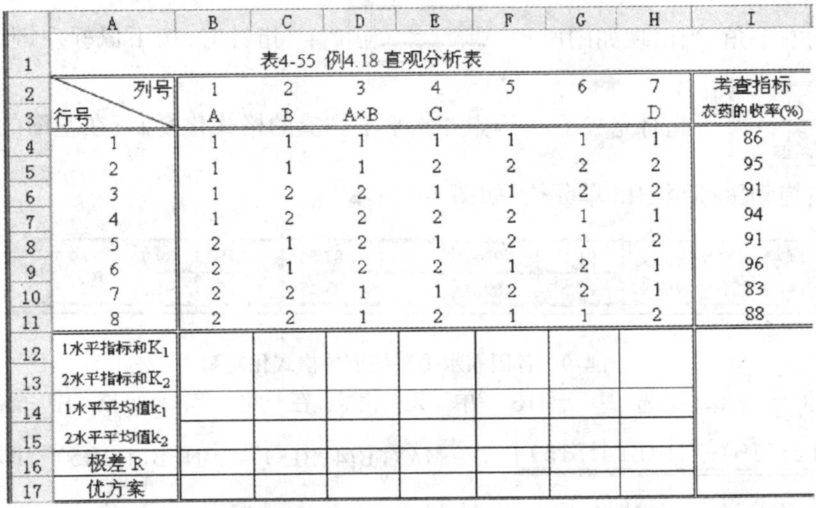

表4-55 例4.18 直观分析表

| 列号 行号 | 1 A | 2 B | 3 A×B | 4 C | 5 | 6 | 7 D | 考查指标 农药的收率(%) |
|---|---|---|---|---|---|---|---|---|
| 1 | 1 | 1 | 1 | 1 | 1 | 1 | 1 | 86 |
| 2 | 1 | 1 | 1 | 2 | 2 | 2 | 2 | 95 |
| 3 | 1 | 2 | 2 | 1 | 1 | 2 | 2 | 91 |
| 4 | 1 | 2 | 2 | 2 | 2 | 1 | 1 | 94 |
| 5 | 2 | 1 | 2 | 1 | 2 | 1 | 2 | 91 |
| 6 | 2 | 1 | 2 | 2 | 1 | 2 | 1 | 96 |
| 7 | 2 | 2 | 1 | 1 | 2 | 2 | 1 | 83 |
| 8 | 2 | 2 | 1 | 2 | 1 | 1 | 2 | 88 |
| 1水平指标和$K_1$ | | | | | | | | |
| 2水平指标和$K_2$ | | | | | | | | |
| 1水平平均值$k_1$ | | | | | | | | |
| 2水平平均值$k_2$ | | | | | | | | |
| 极差 R | | | | | | | | |
| 优方案 | | | | | | | | |

图 4-8　直观分析表的设计

从图4-8中可以看出,考查指标放在了从单元格I 4开始到I 11结束的单元区间中(即考查指标放在I 4:I 11单元格区间).下面我们就要开始进行数据处理了.将鼠标指针指到B12(B列是因素 $A$ 所在的列)单元格上 12 1水平指标和K1 ,在此单元格内填入公式 fx =SUM(I4:I7) ,"=SUM(I 4:I 7)"表示对将单元格I 4到I 7中的考查指标值"86,95,91,94"求和,这样就求出了 $A$ 因素1水平的考查指标和.同理 $A$ 因素2水平的考查指标和是在单元格B13内填入公式 fx =SUM(I8:I11) ,"=SUM(I 8:I 11)"对应的是 $A$ 因素2水平的考查指标和. $B$ 因素在C列,1水平对应的考查指标在I 4,I 5,I 8,I 9单元格内,在单元格C12内填入公式 fx =SUM(I4,I5,I8,I9) ,"=SUM(I 4,I 5,I 8,I 9)"对应的是 $B$ 因素1水平的考查指标和.同理 $B$ 因素2水平的考查指标和是在单元格C13内填入公式 fx =SUM(I6,I7,I10,I11) ,"=SUM(I 6,I 7,I 10,I 11)"对应的是 $B$ 因素2水平的考查指标和. $A\times B$ 因素在D列,1水平对应的考查指标在I 4,I 5,I 10,I 11单元格内,在单元格D12内填入公式 fx =SUM(I4,I5,I10,I11) ,"=SUM (I 4,I 5,I 10,I 11)"对应的是 $A\times B$ 因素1水平的考查指标和.同理 $A\times B$ 因素2水平的考查指标和是在单元格D13内填入公式 fx =SUM(I6:I9) ,"=SUM(I 6:I 9)",它对应的是 $A\times B$ 因素2水平的考查指标和.同理, $C$, $D$ 因素1水平考查指标和分别在E12,H12单元格内,计算公式分别为 fx =SUM(I4,I6,I8,I10) , fx =SUM(I4,I7,I9,I10) ; $C$, $D$ 因素2水平考查指标和分别在E13,H13单元格内,计算公式分别为 fx =SUM(I5,I7,I9,I11) , fx =SUM(I5,I6,I8,I11) .

用上述方法还应该计算出空列1、2水平的考查指标和.

计算各因素各水平的考查指标平均值,在B14中输入公式 fx =B12/4 ,得出 $A$ 因素1水平指标的平均值.其他因素水平指标平均值的求法,首先选中B14单元格,将鼠标指针移动到此单元格的右下角,当出现如图所示 91.5 "+"指针时,按下鼠标左键,拖动鼠标到B15单元 91.5 89.5 ,此时完成了 $A$ 因素2水平平均值的格式化复制;在左图的基础上按下鼠标左键向右拖动鼠标至H15单元格,如图4-9所示.

| 14 | 1水平平均值 $k_1$ | 91.5 | 92 | 88 | 87.75 | 90.25 | 89.75 | 89.75 |
|---|---|---|---|---|---|---|---|---|
| 15 | 2水平平均值 $k_2$ | 89.5 | 89 | 93 | 93.25 | 90.75 | 91.25 | 91.25 |

图4-9 各因素水平平均值的格式化复制

极差的计算,选中B16单元格,在此单元格中输入公式 fx =MAX(B14:B15)-MIN(B14:B15) ,"=MAX(B14:B15) - MIN(B14:B15)",即计算出了 $A$ 因素的极差;用上述的方法将鼠标指针移动到此单元格的右下角,当出现如图所示极差R　2　“+”指针时,按下鼠标左键,拖动鼠标到 H16 单元格,如图 4-10 所示.到此为止直观分析计算完毕.将最终的计算结果列于表 4-55 中,进行优方案的分析,如图 4-11 所示.

| 13 | 2 水平指标和 $K_2$ | 358 | 356 | 372 | 373 | 363 | 365 | 365 |
|---|---|---|---|---|---|---|---|---|
| 14 | 1 水平平均值 $k_1$ | 91.5 | 92 | 88 | 87.75 | 90.25 | 89.75 | 89.75 |
| 15 | 2 水平平均值 $k_2$ | 89.5 | 89 | 92 | 93.25 | 90.75 | 91.25 | 91.25 |
| 16 | 极差 R | 2 | 3 | 5 | 5.5 | 0.5 | 1.5 | 1.5 |
| 17 | 优方案 | | | | | | | |

图 4-10　极差的格式化复制

| | A | B | C | D | E | F | G | H | I |
|---|---|---|---|---|---|---|---|---|---|
| 1 | 表4-55 例4.18 直观分析表 | | | | | | | | |
| 2 | 列号 | 1 | 2 | 3 | 4 | 5 | 6 | 7 | 考查指标 |
| 3 | 行号 | A | B | A×B | C | | | D | 农药的收率(%) |
| 4 | 1 | 1 | 1 | 1 | 1 | 1 | 1 | 1 | 86 |
| 5 | 2 | 1 | 1 | 1 | 2 | 2 | 2 | 2 | 95 |
| 6 | 3 | 1 | 2 | 2 | 1 | 1 | 2 | 2 | 91 |
| 7 | 4 | 1 | 2 | 2 | 2 | 2 | 1 | 1 | 94 |
| 8 | 5 | 2 | 1 | 2 | 1 | 2 | 1 | 2 | 91 |
| 9 | 6 | 2 | 1 | 2 | 2 | 1 | 2 | 1 | 96 |
| 10 | 7 | 2 | 2 | 1 | 1 | 2 | 2 | 1 | 83 |
| 11 | 8 | 2 | 2 | 1 | 2 | 1 | 1 | 2 | 88 |
| 12 | 1水平指标和$K_1$ | 366 | 368 | 352 | 351 | 361 | 359 | 359 | |
| 13 | 2水平指标和$K_2$ | 358 | 356 | 372 | 373 | 363 | 365 | 365 | |
| 14 | 1水平平均值$k_1$ | 91.5 | 92 | 88 | 87.75 | 90.25 | 89.75 | 89.75 | |
| 15 | 2水平平均值$k_2$ | 89.5 | 89 | 93 | 93.25 | 90.75 | 91.25 | 91.25 | |
| 16 | 极差 R | 2 | 3 | 5 | 5.5 | 0.5 | 1.5 | 1.5 | |
| 17 | 优方案 | A2 | B1 | 2水平 | C2 | | | D2 | |

图 4-11　例 4.18 直观分析计算结果

由图 4-11 中的极差大小(极差越大对考查指标的影响也越大)分析可知,对考查指标影响的大小顺序为:$C$ 取 2 水平,$A\times B$ 取 2 水平,$B$ 取 1 水平,$A$ 取 1 水平,$D$ 取 2 水平;但是$A\times B$ 取 2 水平时的 $AB$ 搭配为 3,4,5,6 号试验,从考查指标的大小可以看出第 6 号试验考查指标最大,此时的 $AB$ 因素水平搭配为 $A_2B_1$,所以最后确定优方案为:$A_2B_1C_2D_2$.

下面我们利用 Excel 做出直观分析图.作图步骤如下:首先将 $A,B,C,D$ 因素的水平参数填入从 A19 到 L19 的单元格中,将各因素水平对应的平均考查指标值填入 A20 到 L20 的单元格内,如图 4-12 所示.

| 19 | *A* | 60 | 80 | *B* | 2.5 | 3.5 | *C* | 1.1:1 | 1.2:1 | *D* | 66500 | 79800 |
|---|---|---|---|---|---|---|---|---|---|---|---|---|
| 20 | | 91.5 | 89.5 | | 92 | 89 | | 87.75 | 93.25 | | 89.75 | 91.25 |

图 4-12

将鼠标指到工具栏上的图表向导 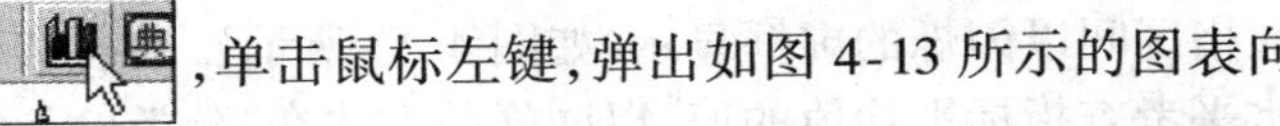 ,单击鼠标左键,弹出如图 4-13 所示的图表向导对话框之一,选中折线图后单击下一步按钮,出现如图 4-13 所示的图表向导对话框之二,选中系列项,在“名称(<u>N</u>):”项内填入“直观分析图”,将鼠标指到“值(<u>V</u>):”项右侧的位置(如图 4-14所示的位置),点击鼠标左键后,用鼠标按下左键后选中A20到L20单元格,选中后的单

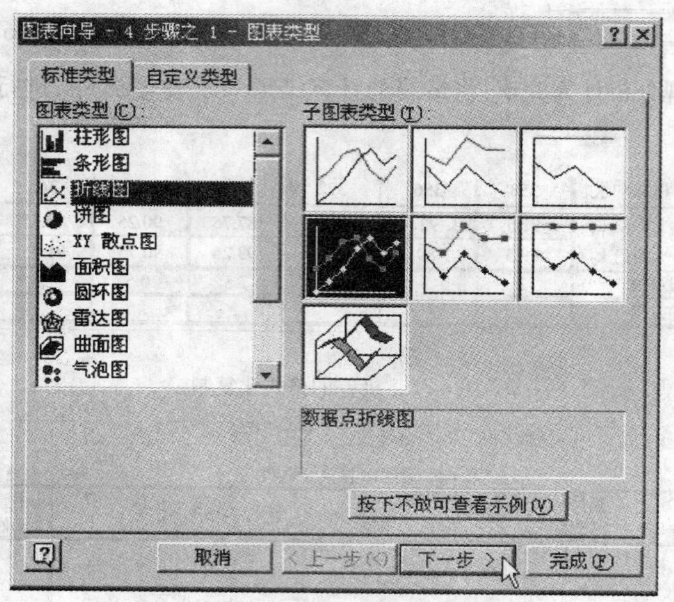


图 4-13

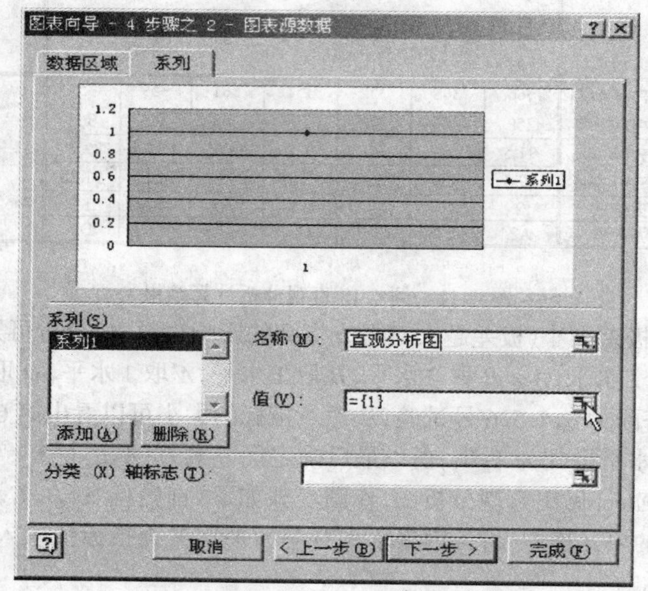


图 4-14

| 20 | | 91.5 | 89.5 | | 92 | 89 | | 87.75 | 93.25 | | 89.75 | 91.25 |
|---|---|---|---|---|---|---|---|---|---|---|---|---|

图 4-15

元格区间以闪烁的虚框显示(如图 4-15 所示),然后按键盘上的“回车”键,这样就选择了各个水平考查指标平均值的值.以同样的方法在“分类(X)轴标志(T):”项下,选择 A19 到 L19 的单元格区间,这样也就选择了各因素水平的值.完成上述工作后(如图4-16所示),单击下一步,弹出如图 4-17 所示的图表向导对话框之三,在“分类(X)轴(C):”项下,填入“因素水平”;在“分类(Y)轴(V):”项下,填入“考查指标平均值”,单击下一步,弹出如图4-18所示的图表向导对话框之四,按图 4-18 中的选项进行选择,并填入“直观分析图”,单击“完成”按钮,直观分析图就全部完成了,如图 4-19 所示.

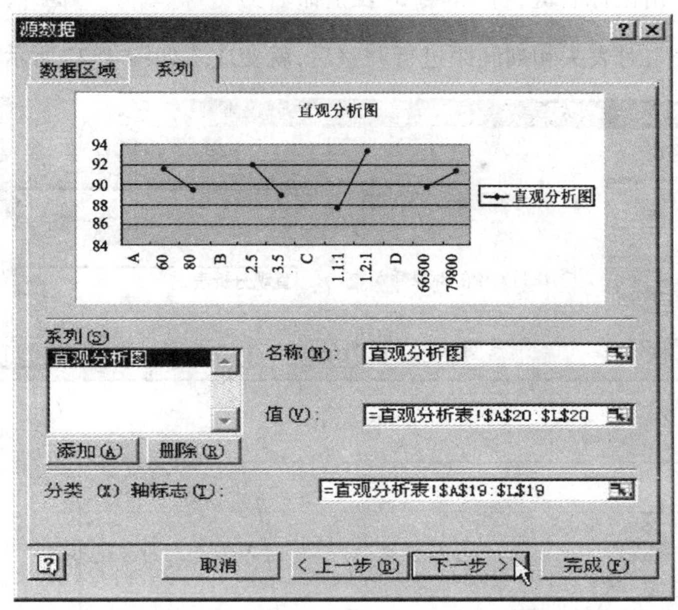


图 4-16

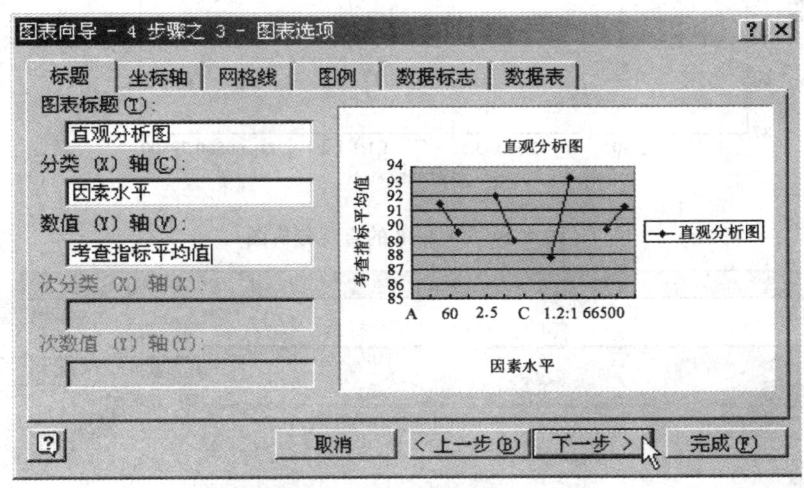


图 4-17

④方差分析的计算过程.

在直观分析表中,如图 4-20 所示,选中 A1 到 I 13 的单元格区间,使之高亮度显示,将鼠标指针移到A1:I 13单元格区间中,单击鼠标右键弹出屏幕菜单,选择“复制”项;将鼠标指针移动到 Excel 屏幕的下方的 “Sheet 3”上,单击鼠标左键,打开“Sheet 3”的空表,将鼠标指针移动到A1单元格上 ,单击鼠标右键,弹出屏幕菜单,如图4-21所示,选择“粘贴(P)”项,直观分析表上部分的内容就粘贴到了“Sheet 3”表中;在状态栏 Sheet3 上,单击鼠标右键,将“Sheet 3”表重命名为 方差分析表 ,表头改为“表 4-56 例 4.18 方差计算表”,对表头和列间距进行调整后,就变成了如图 4-22 所示的样式.

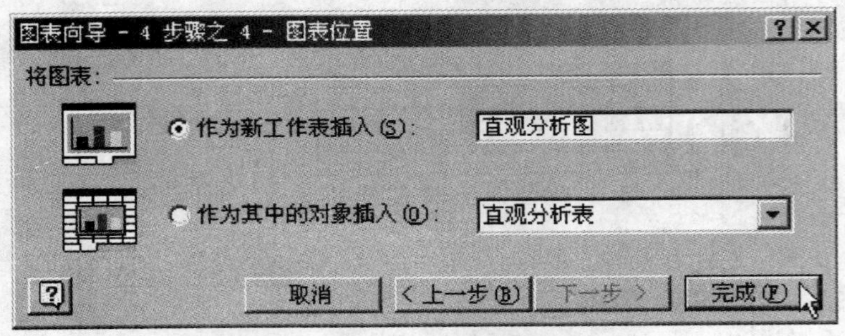


图 4-18

图 4-19 例 4.18 的直观分析图

| | A | B | C | D | E | F | G | H | I |
|---|---|---|---|---|---|---|---|---|---|
| 1 | 表4-55 例4.18 直观分析表 | | | | | | | | |
| 2 | 列号 | 1 | 2 | 3 | 4 | 5 | 6 | | |
| 3 | 行号 | A | B | A×B | C | | | | |
| 4 | 1 | 1 | 1 | 1 | 1 | 1 | 1 | | |
| 5 | 2 | 1 | 1 | 1 | 2 | 2 | 2 | | |
| 6 | 3 | 1 | 2 | 2 | 1 | 1 | 2 | | |
| 7 | 4 | 1 | 2 | 2 | 2 | 2 | 1 | | |
| 8 | 5 | 2 | 1 | 2 | 1 | 2 | 1 | | |
| 9 | 6 | 2 | 1 | 2 | 2 | 1 | 2 | | |
| 10 | 7 | 2 | 2 | 1 | 1 | 2 | 2 | | |
| 11 | 8 | 2 | 2 | 1 | 2 | 1 | 1 | | |
| 12 | 1水平指标和$K_1$ | 366 | 368 | 352 | 351 | 361 | 35[illegible] | | |
| 13 | 2水平指标和$K_2$ | 358 | 356 | 372 | 373 | 363 | 365 | 365 | |

剪切(T)
复制(C)
粘贴(P)
选择性粘贴(S)...
插入(I)...
删除(D)...
清除内容(N)
插入批注(M)
设置单元格格式(F)...
选择列表(K)...
超链接...

图 4-20

| | A | B | C |
|---|---|---|---|
| 1 | | | |
| 2 | | | |
| … | | | |
| 15 | | | |

剪切(T)
复制(C)
粘贴(P)
选择性粘贴(S)...
插入(I)...
删除(D)...
清除内容(N)
插入批注(M)
设置单元格格式(F)...
选择列表(K)...
添加监视点(W)
超链接...

图 4-21

| | A | B | C | D | E | F | G | H | I |
|---|---|---|---|---|---|---|---|---|---|
| 1 | 表4-56　例4.18方差计算表 | | | | | | | | |
| 2 | 列号 | 1 | 2 | 3 | 4 | 5 | 6 | 7 | 考查指标 |
| 3 | 行号 | A | B | A×B | C | | | D | 农药的收率(%) |
| 4 | 1 | 1 | 1 | 1 | 1 | 1 | 1 | 1 | 86 |
| 5 | 2 | 1 | 1 | 1 | 2 | 2 | 2 | 2 | 95 |
| 6 | 3 | 1 | 2 | 2 | 1 | 1 | 2 | 2 | 91 |
| 7 | 4 | 1 | 2 | 2 | 2 | 2 | 1 | 1 | 94 |
| 8 | 5 | 2 | 1 | 2 | 1 | 2 | 1 | 2 | 91 |
| 9 | 6 | 2 | 1 | 2 | 2 | 1 | 2 | 1 | 96 |
| 10 | 7 | 2 | 2 | 1 | 1 | 2 | 2 | 1 | 83 |
| 11 | 8 | 2 | 2 | 1 | 2 | 1 | 1 | 2 | 88 |
| 12 | 1水平指标和$K_1$ | 366 | 368 | 352 | 351 | 361 | 359 | 359 | |
| 13 | 2水平指标和$K_2$ | 358 | 356 | 372 | 373 | 363 | 365 | 365 | |

图 4-22

方差分析的基本计算放在表 4-56 的下方,各计算参数的排列如图 4-23 所示.

在 B14 单元格中输入公式 fx =B12^2 "=B12^2"(它表示 $A$ 因素第 1 水平指标和的平方),然后对各因素及空列各水平的指标和进行平方计算,在电子表格中这一计算过程,只需要进行格式化复制就可以了.将鼠标移动到单元格 B14 的右下角处,当出现 | 14 | 1水平指标平方和$K1^2$ | 133956 | "+"时,按下鼠标左键向下拖动到 B15 单元格,即完成了 B14 到 B15 单元格的格式化复制

| 14 | 1水平指标平方和 $K_1^2$ | 133956 |
|---|---|---|
| 15 | 2水平指标平方和 $K_2^2$ | 128164 |

,这时 B15 单元格中的公式为"=B13^2"(它表示 $A$ 因素第 2 水平指标和的平方);这时再按下鼠标左键,拖动鼠标指针"+"到 H15 单元格,即完成了 B14 到 H15 单元格区间的格式化复制,如图 4-24 所示.

| | A | B | C | D | E | F | G | H | I |
|---|---|---|---|---|---|---|---|---|---|
| 1 | 表4-56 例4.18方差计算表 | | | | | | | | |
| 2 | 列号 | 1 | 2 | 3 | 4 | 5 | 6 | 7 | 考查指标 |
| 3 | 行号 | A | B | A×B | C | | | D | 农药的收率(%) |
| 4 | 1 | 1 | 1 | 1 | 1 | 1 | 1 | 1 | 86 |
| 5 | 2 | 1 | 1 | 1 | 2 | 2 | 2 | 2 | 95 |
| 6 | 3 | 1 | 2 | 2 | 1 | 1 | 2 | 2 | 91 |
| 7 | 4 | 1 | 2 | 2 | 2 | 2 | 1 | 1 | 94 |
| 8 | 5 | 2 | 1 | 2 | 1 | 2 | 1 | 2 | 91 |
| 9 | 6 | 2 | 1 | 2 | 2 | 1 | 2 | 1 | 96 |
| 10 | 7 | 2 | 2 | 1 | 1 | 2 | 2 | 1 | 83 |
| 11 | 8 | 2 | 2 | 1 | 2 | 1 | 1 | 2 | 88 |
| 12 | 1水平指标和$K_1$ | 366 | 368 | 352 | 351 | 361 | 359 | 359 | 考查指标总和 |
| 13 | 2水平指标和$K_2$ | 358 | 356 | 372 | 373 | 363 | 365 | 365 | |
| 14 | 1水平指标平方和$K_1^2$ | | | | | | | | P |
| 15 | 2水平指标平方和$K_2^2$ | | | | | | | | |
| 16 | Q | | | | | | | | |
| 17 | 因素离差平方和S | | | | | | | | |
| 18 | | | | | | | | | |
| 19 | 注: $Q=$第$i$列$\left(\dfrac{\text{同水平指标和的平方}}{\text{水平重复数}}\right)$之和 | | | $P=\dfrac{(\text{指标总和})^2}{\text{试验总次数}}$ | | $S=Q-P$ | | 空列为误差平方和$S_{Ei}$ | |

图 4-23

| 12 | 1水平指标和$K_1$ | 366 | 368 | 352 | 351 | 361 | 359 | 359 |
|---|---|---|---|---|---|---|---|---|
| 13 | 2水平指标和$K_2$ | 358 | 356 | 372 | 373 | 363 | 365 | 365 |

图 4-24 各因素水平指标平方和的格式化复制

在 I 13 单元格中,对所有考查指标求和 考查指标总和 =SUM(I4:I11) ;在 I 15 单元格中,求参数 $P$ P =I13^2/A11 $\left(P=\dfrac{(\text{指标总和})^2}{\text{试验总次数}}\right)$,A11 单元格中的数值为 8,它就是试验总次数;在 B16 单元格中求参数 $Q$,输入公式 =SUM(B14:B15)/4 $\left(Q=\text{第}i\text{列}\left(\dfrac{\text{同水平指标和的平方}}{\text{水平重复数}}\right)\text{之和}\right)$,然后从 B16 到 H16 单元格进行格式化复制,计算出所有因素及空列的 $Q$ 值,如图 4-25 所示.

| 16 | Q | 65530 | 65540 | 65572 | 65582.5 | 65522.5 | 65526.5 | 65526.5 |
|---|---|---|---|---|---|---|---|---|

图 4-25 参数 $Q$ 的格式化复制

计算各因素离差平方和 $S$,在 B17 单元格中输入公式 =B16-$I$15 $\left(S=Q-P\text{、空列为误差平方和}S_{Ei}\right)$,$ I $ 15 表示固定取单元格 I15 中的数据,然后从 B17 到 I 17 单元格进行格式化复制,计算出所有因素及空列的 $S$ 值,如图 4-26 所示.

| 17 | 因素离差平方和 S | 8 | 18 | 50 | 60.5 | 0.5 | 4.5 | 4.5 |
|---|---|---|---|---|---|---|---|---|

图 4-26 $S$ 值的格式化复制

例 4.18 的各因素及空列的方差计算完毕,如图 4-27(表 4-56)所示.

下面进行方差分析计算.在表 4-56 的下方 A21 单元格处开始建立一个方差分析表 4-57,表头及各参数的设计(各因素参数从表 4-56 中复制过来即可),总自由度为试验次数减 1,各因素自由度为因素水平数减 1,误差自由度为总自由度减因素自由度之和,如图 4-28 所示.

|  | A | B | C | D | E | F | G | H | I |
|---|---|---|---|---|---|---|---|---|---|
| 1 | 表4-56　例4.18方差计算表 | | | | | | | | |
| 2 | 列号 | 1 | 2 | 3 | 4 | 5 | 6 | 7 | 考查指标 |
| 3 | 行号 | A | B | A×B | C | | | D | 农药的收率(%) |
| 4 | 1 | 1 | 1 | 1 | 1 | 1 | 1 | 1 | 86 |
| 5 | 2 | 1 | 1 | 1 | 2 | 2 | 2 | 2 | 95 |
| 6 | 3 | 1 | 2 | 2 | 1 | 1 | 2 | 2 | 91 |
| 7 | 4 | 1 | 2 | 2 | 2 | 2 | 1 | 1 | 94 |
| 8 | 5 | 2 | 1 | 2 | 1 | 2 | 1 | 2 | 91 |
| 9 | 6 | 2 | 1 | 2 | 2 | 1 | 2 | 1 | 96 |
| 10 | 7 | 2 | 2 | 1 | 1 | 2 | 2 | 1 | 83 |
| 11 | 8 | 2 | 2 | 1 | 2 | 1 | 1 | 2 | 88 |
| 12 | 1水平指标和$K_1$ | 366 | 368 | 352 | 351 | 361 | 359 | 359 | 考查指标总和 |
| 13 | 2水平指标和$K_2$ | 358 | 356 | 372 | 373 | 363 | 365 | 365 | 724 |
| 14 | 1水平指标平方和$K1^2$ | 133956 | 135424 | 123904 | 123201 | 130321 | 128881 | 128881 | P |
| 15 | 2水平指标平方和$K_2^2$ | 128164 | 126736 | 138384 | 139129 | 131769 | 133225 | 133225 | 65522 |
| 16 | Q | 65530 | 65540 | 65572 | 65582.5 | 65522.5 | 65526.5 | 65526.5 | |
| 17 | 因素离差平方和S | 8 | 18 | 50 | 60.5 | 0.5 | 4.5 | 4.5 | |

注：$Q=$第$i$列$\left(\dfrac{\text{同水平指标和的平方}}{\text{水平重复数}}\right)$之和　$P=\dfrac{(\text{指标总和})^2}{\text{试验总次数}}$　$S=Q-P$　空列为误差平方和$S_{Ei}$

图 4-27　方差计算表

| 21 | 表4-57　例4.18方差分析表 | | | | | | | |
|---|---|---|---|---|---|---|---|---|
| 22 | 方差来源 | A | B | A×B | C | D | 误差E | 总和T |
| 23 | 离差平方和 | | | | | | | |
| 24 | 自由度 | 1 | 1 | 1 | 1 | 1 | 2 | |
| 25 | 均方(MS=S/f) | | | | | | | |
| 26 | F值 | | | | | | | |
| 27 | F临界值 | | | | | | | |
| 28 | 显著性 | | | | | | | |
| 29 | 优方案 | | | | | | | |

图 4-28　方差分析表表头设计

将各因素所对应的离差平方和从表 4-56 中复制到表 4-57 中，选中单元格 B17 到 E17 和 H17(按住 Ctrl 键点击鼠标左键可以隔行隔列选中单元格)，如图 4-29 所示.

| 17 | 因素离差平方和S | 8 | 18 | 50 | 60.5 | 0.5 | 4.5 | 4.5 |
|---|---|---|---|---|---|---|---|---|

图 4-29　选中 B17:E17 和 H17 单元格

将鼠标指针放在选中的单元格内，单击右键弹出如图所示的屏幕菜单，选择“复制(C)”项，如图 4-30 所示，之后选中的 5 个单元格变为闪烁的虚框；将鼠标指到 B23 单元格处 [23 | 离差平方和 | ] ，单击鼠标右键，弹出屏幕菜单，如图 4-31 所示，选择“选择性粘贴(S)…”项，弹出选择性粘贴对话框(如图 4-32 所示)，选择粘贴链接(L)按钮，就将各因素的 $S$ 值粘贴到了表 4-57 中

| 22 | 方差来源 | A | B | A×B | C | D |
|---|---|---|---|---|---|---|
| 23 | 离差平方和 | 8 | 18 | 50 | 60.5 | 4.5 |

；计算误差离差平方和时，将鼠标指到 [误差E | ] G23单元格，在单元格填入公式 [误差E | =F17+G17]，它是两个空列$S$之

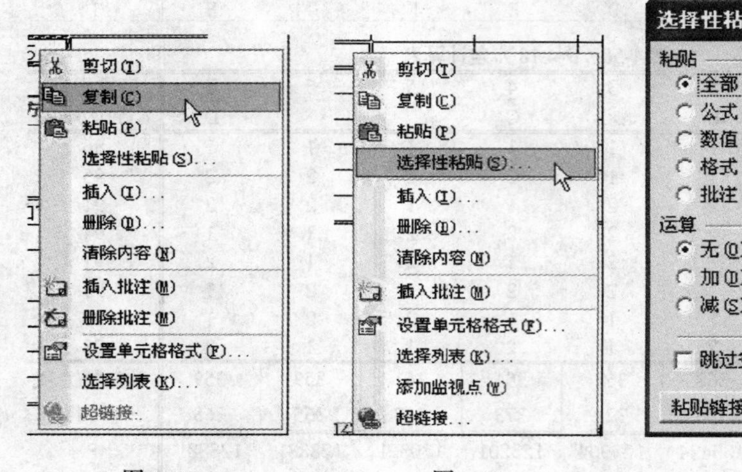


图 4-30　　　　图 4-31

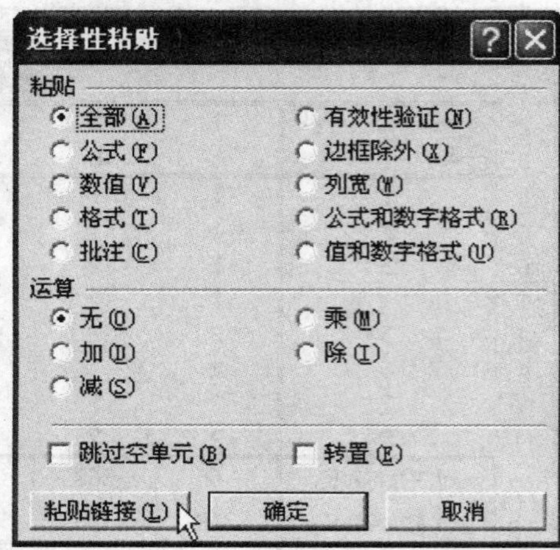


图 4-32

和;计算总误差平方和 $T$ 时,将鼠标指到 [总和 T] H23 单元格,在单元格填入公式 [=SUM(B23:G23)],它表示所有因素和误差 $S$ 之和;计算均方 $MS$ 时,将鼠标指到 [25 | 均方(MS=S/f) | ] B25 单元格,在单元格填入公式 [25 | 均方(MS=S/f) | =B23/B24],它表示所有因素 $A$ 的均方($MS_A=S_A/f_A$);然后对 B25 到 G25 进行格式化复制,即可求出各因素及误差的均方 [25 | 均方(MS=S/f) | 8 | 18 | 50 | 60.5 | 4.5 | 2.5]. 计算 $F$ 值时,将鼠标指到 [26 | F值 | ] B26 单元格,在单元格填入公式 [=B25/$G$25],它表示因素 $A$ 的均方除以误差的均方($F=MS_A/MS_{误差}$);然后对 B26 到 H26 进行格式化复制,即可求出各因素的 $F$ 值 [26 | F值 | 3.2 | 7.2 | 20 | 24.2 | 1.8]. 计算 $F$ 临界值时,将鼠标指到 B27 单元格,在单元格填入文字 [27 | F临界值 | F0.01(1,2)=],并将此单元格中的文字复制到 D27 和 F27 单元格内,修改下标为 0.05 和 0.1 [F0.01(1,2)= | F0.05(1,2)= | F0.1(1,2)=],单击 C27 单元格 [F0.01(1,2)= | ] 后,将鼠标指到编辑栏的 [fx 插入函数] "插入函数"图标上点击左键,弹出"插入函数"对话框,如图 4-33 所示,在对话框中选择"统计"类别,函数选择"FINV($F$ 临界值函数)",按下"确定"按钮,弹出函数参数对话框,如图 4-34 所示,在"Probability(显著性水平)项内填入:0.01",在"Deg_freedom1(因素自由度)项内填入:1",在"Deg_freedom 2(误差自由度)项内填入:2",点击"确定"按钮,计算出了显著性水平为 0.01 时的 $F$ 临界值 [F0.01(1,2)= | 98.50191],然后将 C27 单元格的内容复制到 E27 和 G27 中,分别修改 Probability 项的内容为:0.05 和 0.1,则在 0.01,0.05,0.1 三个显著性水平下的 $F$ 临界值计算完毕 [27 | F临界值 | F0.01(1,2)= | 98.50191 | F0.05(1,2)= | 18.51276 | F0.1(1,2)= | 8.526342].

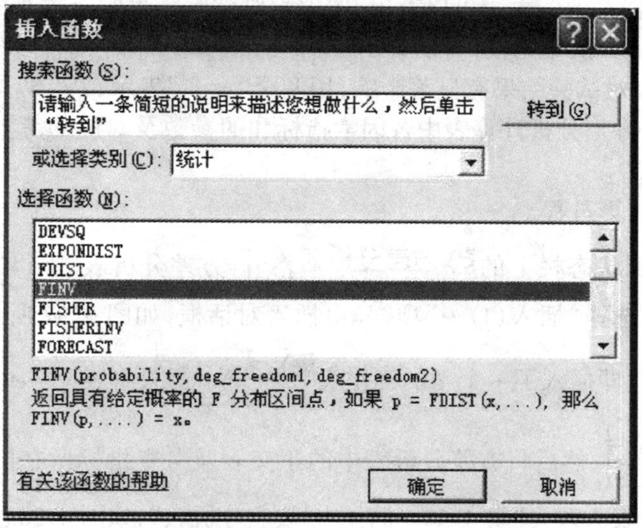

插入函数

搜索函数(S)：

请输入一条简短的说明来描述您想做什么，然后单击“转到”

转到(G)

或选择类别(C)：统计

选择函数(N)：

DEVSQ
EXPONDIST
FDIST
FINV
FISHER
FISHERINV
FORECAST

FINV(probability, deg_freedom1, deg_freedom2)
返回具有给定概率的 F 分布区间点，如果 p = FDIST(x,...)，那么 FINV(p,....) = x。

有关该函数的帮助　确定　取消

图 4-33

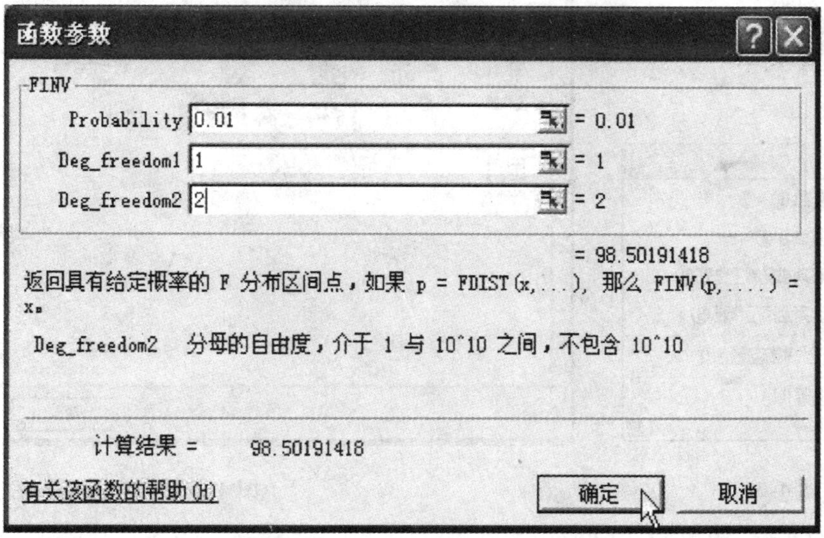

函数参数

FINV

Probability 0.01 = 0.01

Deg_freedom1 1 = 1

Deg_freedom2 2 = 2

= 98.50191418

返回具有给定概率的 F 分布区间点，如果 p = FDIST(x,...)，那么 FINV(p,....) = x。

Deg_freedom2　分母的自由度，介于 1 与 10^10 之间，不包含 10^10

计算结果 = 98.50191418

有关该函数的帮助(H)　确定　取消

图 4-34

上述计算全部完毕后，进行方差分析，方差分析结果如图 4-35(表 4-57)所示.

| 21 | 表4-57 例4.18 方差分析表 | | | | | | | |
|---|---|---|---|---|---|---|---|---|
| 22 | 方差来源 | A | B | A×B | C | D | 误差E | 总和T |
| 23 | 离差平方和 | 8 | 18 | 50 | 60.5 | 4.5 | 5 | 146 |
| 24 | 自由度 | 1 | 1 | 1 | 1 | 1 | 2 | 7 |
| 25 | 均方(MS=S/f) | 8 | 18 | 50 | 60.5 | 4.5 | 2.5 | |
| 26 | F值 | 3.2 | 7.2 | 20 | 24.2 | 1.8 | | |
| 27 | F临界值 | $F_{0.01}(1,2)=$ | 98.50191 | $F_{0.05}(1,2)=$ | 18.51276 | $F_{0.1}(1,2)=$ | 8.526342 | |
| 28 | 显著性 | | | ** | ** | | | |
| 29 | 优方案 | A2 | B1 | A2B1 | C2 | D2 | | |

图 4-35　例 4.18 方差分析表

由表中的各因素 $F$ 值的大小可以看出,各因素对试验结果影响大小的顺序为:$C, A\times B, B, A, D$;与三个 $F$ 临界值相比较,可以看出 $F_{0.01}\geqslant F_{A\times B}\geqslant F_{0.05}$,$F_{0.01}\geqslant F_C\geqslant F_{0.05}$,因素 $C$ 和交互作用因素 $A\times B$ 对试验结果有显著影响,用两个“* *”表示;$F_A, F_B, F_D < F_{0.1}$,对试验结果无显著影响.经与方差分析计算表中各因素指标和的参数及对应的考查指标值进行分析得出优方案为 $A_2B_1C_2D_2$.

⑤效应分析的计算过程.

将鼠标指针移到状态栏上的“方差分析表”上,单击右键弹出屏幕菜单,如图 4-36 所示,选择“插入(I)…”项,弹出插入对话框,如图 4-37 所示,选择“工作表”项后,单击“确定”按钮,即插入了一个新的工作表 Sheet1,将表“Sheet 1”重命名为“效应分析表”;然后将方差分析表中的正交表及考查指标所在的单元格的内容复制到效应分析表中,将表头改为“表 4-58 例 4.18 效应分析表”,如图 4-38 所示.

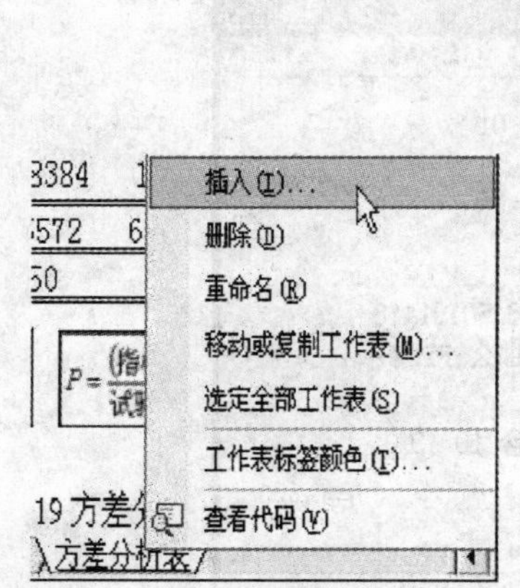


图 4-36

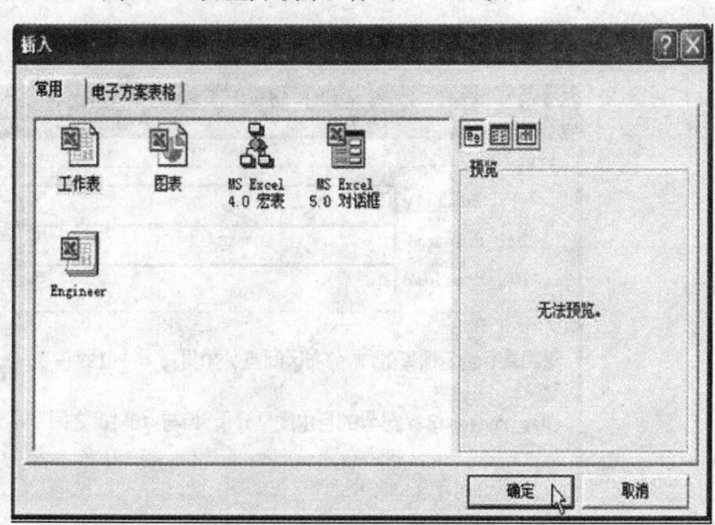


图 4-37

| | A | B | C | D | E | F | G | H | I |
|---|---|---|---|---|---|---|---|---|---|
| 1 | 表4-58 例4.18 效应分析表 | | | | | | | | |
| 2 | 列号 | 1 | 2 | 3 | 4 | 5 | 6 | 7 | 考查指标 |
| 3 | 行号 | A | B | A×B | C | | | D | 农药的收率(%) |
| 4 | 1 | 1 | 1 | 1 | 1 | 1 | 1 | 1 | 86 |
| 5 | 2 | 1 | 1 | 1 | 2 | 2 | 2 | 2 | 95 |
| 6 | 3 | 1 | 2 | 2 | 1 | 1 | 2 | 2 | 91 |
| 7 | 4 | 1 | 2 | 2 | 2 | 2 | 1 | 1 | 94 |
| 8 | 5 | 2 | 1 | 2 | 1 | 2 | 1 | 2 | 91 |
| 9 | 6 | 2 | 1 | 2 | 2 | 1 | 2 | 1 | 96 |
| 10 | 7 | 2 | 2 | 1 | 1 | 2 | 2 | 1 | 83 |
| 11 | 8 | 2 | 2 | 1 | 2 | 1 | 1 | 2 | 88 |

图 4-38

将效应分析的各参数列于此表的下方,进行表头设计,如图 4-39 所示.

|  | A | B | C | D | E | F | G | H | I |
|---|---|---|---|---|---|---|---|---|---|
| 1 | 表4-58 例4.18效应分析表 | | | | | | | | |
| 2 | 列号 | 1 | 2 | 3 | 4 | 5 | 6 | 7 | 考查指标 |
| 3 | 行号 | A | B | A×B | C | | | D | 农药的收率(%) |
| 4 | 1 | 1 | 1 | 1 | 1 | 1 | 1 | 1 | 86 |
| 5 | 2 | 1 | 1 | 1 | 2 | 2 | 2 | 2 | 95 |
| 6 | 3 | 1 | 2 | 2 | 1 | 1 | 2 | 2 | 91 |
| 7 | 4 | 1 | 2 | 2 | 2 | 2 | 1 | 1 | 94 |
| 8 | 5 | 2 | 1 | 2 | 1 | 2 | 1 | 2 | 91 |
| 9 | 6 | 2 | 1 | 2 | 2 | 1 | 2 | 1 | 96 |
| 10 | 7 | 2 | 2 | 1 | 1 | 2 | 2 | 1 | 83 |
| 11 | 8 | 2 | 2 | 1 | 2 | 1 | 1 | 2 | 88 |
| 12 | 效应估计值 | | | | | | | | |
| 13 | 水平 | $a_i$ | $b_j$ | $(ab)_{ij}$ | $c_k$ | | | $d_l$ | $\bar{x}$ |
| 14 | 1(11) | | | | | | | | |
| 15 | 2(12) | | | | | | | | |
| 16 | (21) | | | | | | | $\hat{\mu}_{优}=$ | |
| 17 | (22) | | | | | | | | |
| 18 | 优方案 | | | | | | | | |

注：$a_i=\overline{A}_i-\bar{x}$，　$b_j=\overline{B}_j-\bar{x}$，　$(ab)_{ij}=A_iB_j-a_i-b_j-\bar{x}$，　$c_k=\overline{C}_k-\bar{x}$，　$d_l=\overline{D}_l-\bar{x}$.

图 4-39

先在单元格 I14 中输入公式 `=AVERAGE(I4:I11)`，计算出考查指标平均值 $\bar{x}$ [$\bar{x}$: 90.5].

计算 $A$ 因素的效应值时，将鼠标指针指到 B14 单元格，输入公式 `=AVERAGE(I4:I7)-$I$14`，它表示 $A$ 因素 1 水平的指标平均值 $\overline{A}_1$ 减全部考查指标的平均值 $\bar{x}$，即在 B14 单元格计算出了效应值 [12 效应估计值 $a_i$；13 水平；14 1(11) 1.0] $a_1=1.0$；在 B15 单元格内，输入公式 `=AVERAGE(I8:I11)-$I$14`，它表示 $A$ 因素 2 水平的指标平均值 $\overline{A}_2$ 减全部考查指标的平均值 $\bar{x}$，即在 B15 单元格计算出了效应值 [15 2(12) -1.0] $a_2=-1.0$；同理，在单元格 C14、C15 中计算出因素 $B$ 的效应值 [$b_j$: 1.5, -1.5]，在单元格 E14、E15 中计算出因素 $C$ 的效应值 [$c_k$: -2.75, 2.75]，在单元格 H14、H15 中计算出因素 $D$ 的效应值 [$d_l$: -0.75, 0.75]；计算交互作用 $A\times B$ 的效应值时，将鼠标指针指到 D14 单元格，输入公式 `=AVERAGE(I4:I5)-B14-C14-I14`，它表示交互作用项 $A\times B$ 下 $A_1B_1$ 水平搭配时的指标平均值 $\overline{A_1B_1}-a_1-b_1-\bar{x}$，即在 D14 单元格计算出了效应值 $(ab)_{11}=-2.5$，同理，在单元格 D15，D16，D17 中计算出效应值 $(ab)_{12}=2.5$，$(ab)_{21}=2.5$，$(ab)_{22}=-2.5$ [$(ab)_{ij}$: -2.5, 2.5, 2.5, -2.5]. 全部计算结果如图 4-40 所示.

| | A | B | C | D | E | F | G | H | I |
|---|---|---|---|---|---|---|---|---|---|
| 1 | 表4-58 例4.18 效应分析表 | | | | | | | | |
| 2 | 列号 | 1 | 2 | 3 | 4 | 5 | 6 | 7 | 考查指标 |
| 3 | 行号 | A | B | A×B | C | | | D | 农药的收率(%) |
| 4 | 1 | 1 | 1 | 1 | 1 | 1 | 1 | 1 | 86 |
| 5 | 2 | 1 | 1 | 1 | 2 | 2 | 2 | 2 | 95 |
| 6 | 3 | 1 | 2 | 2 | 1 | 1 | 2 | 2 | 91 |
| 7 | 4 | 1 | 2 | 2 | 2 | 2 | 1 | 1 | 94 |
| 8 | 5 | 2 | 1 | 2 | 1 | 2 | 1 | 2 | 91 |
| 9 | 6 | 2 | 1 | 2 | 2 | 1 | 2 | 1 | 96 |
| 10 | 7 | 2 | 2 | 1 | 1 | 2 | 2 | 1 | 83 |
| 11 | 8 | 2 | 2 | 1 | 2 | 1 | 1 | 2 | 88 |
| 12 | 效应估计值 | $a_i$ | $b_j$ | $(ab)_{ij}$ | $c_k$ | | | $d_l$ | $\overline{x}$ |
| 13 | 水平 | | | | | | | | |
| 14 | 1(11) | 1.0 | 1.5 | -2.5 | -2.75 | -0.25 | -0.75 | -0.75 | 90.5 |
| 15 | 2(12) | -1.0 | -1.5 | 2.5 | 2.75 | 0.25 | 0.75 | 0.75 | |
| 16 | (21) | | | 2.5 | $S_E$= 35.5 | | | $\hat{\mu}_{优}$ = 96.25 | |
| 17 | (22) | | | -2.5 | | | | | |
| 18 | 优方案 | A2 | B1 | A2B1 | C2 | | | D2 | |

注：$a_i = \overline{A}_i - \overline{x}$， $b_j = \overline{B}_j - \overline{x}$， $(ab)_{ij} = A_iB_j - a_i - b_j - \overline{x}$， $c_k = \overline{C}_k - \overline{x}$， $d_l = \overline{D}_l - \overline{x}$.

图 4-40

由图 4-40(表 4-58)中的数据可知,按效应大小排列为 $C_2,(ab)_{21}$(因为 $A_2B_1$ 水平搭配时考查指标值为最大),$B_1,A_1,D_2$;综合考虑得出的最优方案为 $A_2B_1C_2D_2$,试验中没有这一因素水平搭配.试验中的最优方案是第 6 号试验,因素水平搭配为 $A_2B_1C_2D_1$.

此时效应的数学模型为:

$$x_{ijkl} = \mu + a_i + b_j + (ab)_{ij} + c_k + d_l + \varepsilon_{ijkl}$$

最优方案下指标值的点估计计算如下:

在进行最优方案下的指标值的点估计时,应只考虑显著性因素的效应,不显著因素的效应值应忽略不计并入误差项.

最优方案下的指标值的点估计式为:

$$\begin{aligned}\hat{\mu}_{优} &= \hat{\mu} + a_i + b_j + (ab)_{ij} + c_k + d_l \\ &= \overline{x} + a_i + b_j + (ab)_{ij} + c_k + d_l\end{aligned}$$

忽略 $a_2,b_1,d_2$,将 $\overline{x},(ab)_{21},c_2$ 的效应值代入上式中,得:

$$\begin{aligned}\hat{\mu}_{优} &= \overline{x} + (ab)_{21} + c_2 \\ &= \overline{x} + \overline{A_2B_1} - a_2 - b_1 - \overline{x} + \overline{C_2} - \overline{x} \\ &= \overline{A_2B_1} + \overline{C_2} - \overline{x} \\ &= 96.25\end{aligned}$$

在单元格 I 16 中输入公式 `=AVERAGE(I8:I9)+AVERAGE(I5,I7,I9,I11)-I14`,得出 $\hat{\mu}_{优}$ = 96.25 .

下面对工程平均值 $\mu$ 进行区间估计.

真正的 $\mu$ 值和其估计值 $\hat{\mu}$ 之间有差异,它们满足关系式:

$$\mu - \hat{\mu} = \pm\delta \qquad (\delta > 0)$$

式中，$\delta$ 表示偏差.

可用下面的方法计算 $\delta$：

$$F=\frac{(\mu-\hat{\mu})^2}{MS_E}\times n_e\sim F(1,f_e)$$

式中，$MS_E$ 是误差的均方值；$n_e$ 是试验的有效重复数.

对于正交设计：

$$n_e=\frac{\text{试验总次数}}{1+\text{显著因素自由度之和}}$$

给出检验水平 $\alpha$，查出 $F_\alpha(1,f_E)$，则：

$$(\mu-\hat{\mu})^2=\frac{F_\alpha(1,f_E)\cdot MS_E}{n_e}=\delta^2$$

$$\delta=\sqrt{\frac{F_\alpha(1,f_E)\cdot MS_E}{n_e}}$$

$$\mu=\hat{\mu}\pm\delta$$

所以

$$\hat{\mu}-\delta\leqslant\mu\leqslant\hat{\mu}+\delta$$

$$(\underline{\mu},\overline{\mu})=(\hat{\mu}-\delta,\hat{\mu}+\delta)$$

式中，$\underline{\mu}$ 和 $\overline{\mu}$ 分别表示 $\mu$ 的下限、上限.

将因素 $A,B,D$ 的离差平方和并入误差项得：

$$S_{E'}=S_E+S_A+S_B+S_D=35.5$$

合并后的误差自由度为：

$$f_{E'}=f_E+f_A+f_B+f_D=2+1+1+1=5$$

合并后的误差均方为：

$$MS_E=\frac{S_{E'}}{f_{E'}}=\frac{35.5}{5}=7.1$$

显著因素为 $C$ 和 $A\times B$，自由度之和为 $1+1=2$，总试验次数为 8，所以：

$$n_e=\frac{8}{1+2}=\frac{8}{3}$$

给出显著性水平 $\alpha=0.05$，计算出临界值 $F_\alpha(1,f_{E'})=F_{0.05}(1,5)=6.61$.

由

$$\delta=\sqrt{\frac{F_{0.05}(1,f_{E'})\cdot MS_E}{n_e}}=\sqrt{\frac{6.61\times7.1\times3}{8}}=4.20$$

所以

$$\mu=\hat{\mu}_{\text{优}}\pm\delta=96.25\pm4.20$$

$$(\underline{\mu},\overline{\mu})=(96.25-4.20,\ 96.25+4.20)=(92.05,\ 100)$$

因为指标值是百分数，所以上限值不会超过 100.

## 4.8 小结

正交设计在解决多因素、多水平试验中是确有成效的，是值得推广的一种统计方法.正交表是正交设计的工具，它是人们在总结大量实践经验的基础上进行加工整理，再进行理论分析而得到的成果.用正交表进行试验设计，各因素各水平的搭配是均衡的，虽然试验次数不多，但有较强的代表性.用直观分析法和方差分析法都能分析出各因素对试验结果影响的大小，从而确定出最好的试验方案;用效应分析法还可以对指标值进行趋势估计,反过来可以指导我们的试验过程.

用 Excel 电子表格进行正交试验的设计与数据处理,可使计算工作简化,能够得出非常精确的结果,且对同样因素同样水平的试验,只需要做一次处理,今后只需要在考查指标中填入数据,电子表格就会自动分析计算出全部的直观分析(画出直观分析图)、方差分析和效应分析.由此,可以达到事半功倍的效果.

# 第5章 回归分析

## 5.1 概 述

一切客观事物都有其内部的规律性,而且每一事物的运动都与周围其他事物发生相互的联系和影响,事物间的联系和影响反映到数学上,就是变量和变量之间的相互关系.回归分析就是一种研究变量与变量之间关系的数学方法.

科学实践表明,变量之间的关系可以分成两大类,即确定性关系和相关关系.

### 5.1.1 确定性关系

即函数关系,它可以通过反复的精确试验,或用严格的数学推导得到.在科学领域中这种关系是大量的,例如,通过具有一定电阻 $R$ 的电路中的电流 $I$ 与加在电路两端的电压 $U$ 之间就遵循欧姆定律,即 $I=U/R$.这就是说,对一定的电压值,电流强度就可按前面的公式确定.再如,热力学中的气体状态方程式 $PV=RT$,流体力学中的运动方程式,奈维–斯托克斯方程式,等等,都属于这种确定性的函数关系.

### 5.1.2 相关关系

实际问题当中,许多变量之间虽然有非常密切的关系,但是要找出它们之间的确切关系是困难的.造成这种情况的原因极其复杂,影响因素很多,其中包括尚未被发现的或者还不能控制的影响因素,而且各变量的测量总存在测量误差,因此所有这些因素的综合作用就造成了变量之间关系的不确定性.例如,炼钢厂在冶炼当中,成品含碳量和冶炼时间这两个变量之间,就不存在确定性的关系,对于含碳量相同的钢,冶炼时间却不相同.再如,人的年龄与血压之间,要找出一个确定性的关系也是很困难的.然而,这些变量之间还是有着密切的关系的,如图5-1所示,虽然各组数据不是准确地服从 $f(x)$ 关系,但 $y$ 值总还是随 $x$ 值的增加而增加.这种关系称为统计相关,简称相关关系.即它们之间存在着一种统计规律,可以应用统计学方法找出它们之间的近似关系.应当指出,确定性关系虽属两种不同类型的变量关系,但它们之间并无严格的界限.如热力学中的气体状态方程式,尽管从理论上讲,一定质量的气体,其体积、压强和温度之间存在着 $PV=RT$ 这样的函数关系,但是如果进行多次反复测量,则可发现每次测得的结果并不严格服从这一关系.这是因为实际测量中总是存在着测量误差,加之这些变量本身就是统计量的缘故.实践表明,许多函数关系都是经过大量测定,从感性认识提高到理性认识的.在这一过程中采用统计的方法进行分析、归纳,最后得到确定性函数关系.

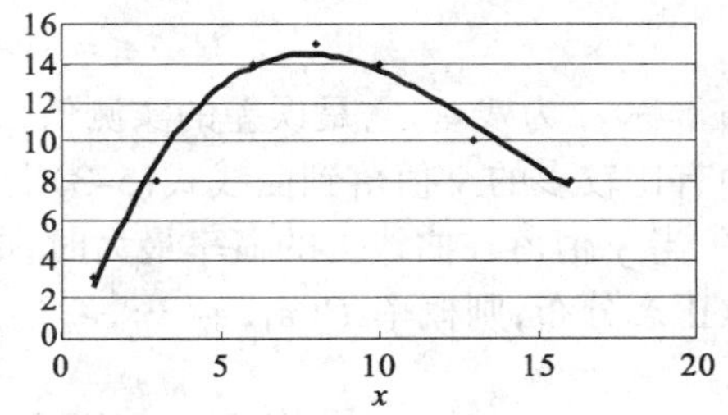

图5-1 相关关系

由于相关变量之间不存在确定性关系,因此在生产实践和科学实验中所测得的这些变量的数据,总有不同的差异.回归分析就是应用数学方法对这些数据去粗取精,去伪存真,从而得到反映事物内部规律性的方法.概括来说,回归分析主要解决以下几个方面的问题:

(1)确定几个特定的变量之间是否存在相关关系,如果存在的话,找出它们之间的数学表达式；

(2)根据一个或几个变量的值，预测或控制另一变量的取值，并给出其精度；

(3)进行因素分析，找出主要影响因素、次要影响因素，以及这些因素之间的相关程度.

回归分析，目前在试验的数据处理、寻找经验公式、因素分析等方面有着广泛的用途.

## 5.2 最小二乘法原理

假设 $x$ 和 $y$ 是具有某种相关关系的物理量，它们之间的关系可用下式给出：

$$y = f(x, c_1, c_2, \cdots, c_N) \tag{5-1}$$

式中，$c_1, c_2, \cdots, c_N$ 是 $N$ 个待定常数，亦即式(5-1)曲线的函数形式已经确定，而曲线的具体形状是未定的.为求得具体曲线，可同时测定 $x$ 和 $y$ 的数值，设共获得 $m$ 对观测结果：

$$(x_1, y_1), (x_2, y_2), \cdots, (x_m, y_m) \tag{5-2}$$

留下来的任务就是根据这些观测值来确定常数 $c_1, c_2, \cdots, c_N$ 的问题了.设 $x, y$ 关系的最佳形式为：

$$\hat{y} = f(x, \hat{c}_1, \hat{c}_2, \cdots, \hat{c}_N) \tag{5-3}$$

式中，$\hat{c}_1, \hat{c}_2, \cdots, \hat{c}_N$ 是 $c_1, c_2, \cdots, c_N$ 的最佳估计值.如若不存在测量误差，则式(5-2)各观测值都应落在曲线式(5-1)上，即：

$$y_i = f(x_i, c_1, c_2, \cdots, c_N) \qquad (i = 1, 2, \cdots, m) \tag{5-4}$$

但由于存在测量误差，因而式(5-4)与(5-3)不相重合，即有：

$$e_i = y_i - \hat{y}_i \qquad (i = 1, 2, \cdots, m) \tag{5-5}$$

通常称 $e_i$ 为残差，它是误差的实测值.式(5-3)中 $x$ 变化时，$y$ 也随之而变化.如果 $m$ 对观测值中有比较多的 $y$ 值落到曲线式(5-3)上，则所得曲线就能较为满意地反映被测物理量之间的关系.当 $y$ 值落在曲线上的概率最大时，曲线式(5-3)就是曲线式(5-1)的最佳形式.如果误差服从正态分布，则概率 $P(e_1, e_2, \cdots, e_m)$ 为：

$$P(e_1, e_2, \cdots, e_m) = \frac{1}{\sigma\sqrt{2\pi}} \exp\left[-\sum_{i=1}^{m} \frac{(y_i - \hat{y}_i)^2}{2\sigma^2}\right] \tag{5-6}$$

当 $P(e_1, e_2, \cdots, e_m)$ 最大时，求得的曲线就应当是最佳形式.显然，此时下式应最小：

$$S = \sum_{i=1}^{m} (y_i - \hat{y}_i)^2 = \sum_{i=1}^{m} e_i^2 \tag{5-7}$$

即残差平方和最小，这就是最小二乘法原理的由来.

这里，实际上假定了 $x_i$ 无误差，或者虽然有误差，但相对于 $y_i$ 的误差来说小得可以忽略，即 $s_x \ll s_y$.这一假设使得问题大为简化，而且是合理的.因为在实际测量中，$x$ 和 $y$ 的测量精度一般是不相同的，可取其中较为精确的一方作为 $x$.严格地说，最小二乘法仅在误差服从正态分布的情况下才是成立的，然而在与正态分布相差不太大的误差分布，以及所有误差都相当小的其他分布中，也常采用最小二乘法进行处理.

式(5-7)可以写成：

$$S = \sum_{i=1}^{m} [y_i - f(x_i, \hat{c}_1, \hat{c}_2, \cdots, \hat{c}_N)]^2 \tag{5-8}$$

残差平方和最小，就应有：

$$\frac{\partial S}{\partial c_1} = 0, \frac{\partial S}{\partial c_2} = 0, \cdots, \frac{\partial S}{\partial c_N} = 0 \tag{5-9}$$

即要求求解如下联立方程组：

$$\left.\begin{aligned}\sum_{i=1}^{m}[y_i - f(x_i,\hat{c}_1,\hat{c}_2,\cdots,\hat{c}_N)]\left(\frac{\partial f}{\partial c_1}\right) = 0 \\ \sum_{i=1}^{m}[y_i - f(x_i,\hat{c}_1,\hat{c}_2,\cdots,\hat{c}_N)]\left(\frac{\partial f}{\partial c_2}\right) = 0 \\ \cdots\cdots\cdots\cdots\cdots\cdots\cdots\cdots \\ \sum_{i=1}^{m}[y_i - f(x_i,\hat{c}_1,\hat{c}_2,\cdots,\hat{c}_N)]\left(\frac{\partial f}{\partial c_N}\right) = 0\end{aligned}\right\} \tag{5-10}$$

该方程组称为正规方程(normal equation),解该方程组可得未定常数,通常称之为最小二乘解.

## 5.3 直线的回归

### 5.3.1 一元直线回归分析

找出描述变量之间相关关系的定量表达式,其最直观的办法是做图.在回归分析中,最简单最基本的情况就是线性回归.对一元线性回归而言,就是配直线的问题,下面通过例题加以分析说明.

**例 5.1** 研究腐蚀时间与腐蚀深度两个量之间的关系,可把腐蚀时间作为自变量 $x$,把腐蚀深度作为因变量 $y$,将试验数据记录在表 5-1 中.求出 $x,y$ 之间的线性关系.

**表 5-1 试验数据**

| 时间 $x$(min) | 3 | 5 | 10 | 20 | 30 | 40 | 50 | 60 | 65 | 90 | 120 |
|---|---|---|---|---|---|---|---|---|---|---|---|
| 腐蚀深度 $y$(μm) | 40 | 60 | 80 | 130 | 160 | 170 | 190 | 250 | 250 | 290 | 460 |

**解** 将表 5-1 中的$(x, y)$数据,在直角坐标系中对应地做出一系列的点,可得图 5-2,这种图称之为散点图.从散点图中可以直观地看出两个变量之间的大致关系.腐蚀深度随腐蚀时间的增加而增大,而且大致成直线关系,但并不是确定性的线性关系,而是一种相关关系.这种相关关系可表示为:

$$\hat{y} = a + bx \tag{5-11}$$

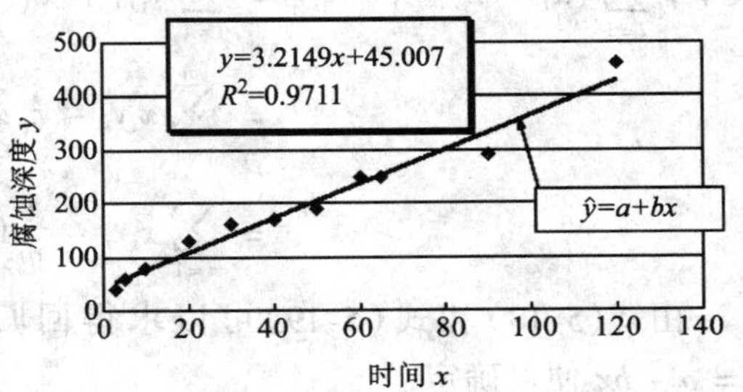

图 5-2 散点图

如图 5-2 中实线所示,称为腐蚀深度与腐蚀时间的回归直线或回归方程.回归直线的斜率 $b$ 称为回归系数,它表示当 $x$ 增加一个单位时,$y$ 平均增加的数量.

上一节已经指出,式(5-1)的最佳估计值应使其残差平方和最小.直线回归的残差可写为:

$$e_i = y_i - (a + bx_i) \tag{5-12}$$

其平方和为:

$$S = \sum_{i=1}^{m} e_i^2 = \sum_{i=1}^{m}[y_i - (a + bx_i)]^2 \tag{5-13}$$

平方和最小,即:

$$\left.\begin{aligned}\frac{\partial S}{\partial a} &= -2\sum_{i=1}^{m}[y_i-(a+bx_i)]=0\\ \frac{\partial S}{\partial b} &= -2\sum_{i=1}^{m}x_i(y_i-a-bx_i)=0\end{aligned}\right\}\tag{5-14}$$

这样可得到正规方程组：

$$\left.\begin{aligned}am+b\sum_{i=1}^{m}x_i &= \sum_{i=1}^{m}y_i\\ a\sum_{i=1}^{m}x_i+b\sum_{i=1}^{m}x_i^2 &= \sum_{i=1}^{m}x_iy_i\end{aligned}\right\}\tag{5-15}$$

令平均值为：

$$\left.\begin{aligned}\bar{x} &= \sum_{i=1}^{m}\frac{x_i}{m}\\ \bar{y} &= \sum_{i=1}^{m}\frac{y_i}{m}\end{aligned}\right\}\tag{5-16}$$

则由式(5-11)可得：

$$a+b\bar{x}=\bar{y}\tag{5-17}$$

$$a=\bar{y}-b\bar{x}\tag{5-18}$$

同样,由式(5-15)可得：

$$b=\frac{\sum_{i=1}^{m}x_iy_i-\frac{1}{m}\left(\sum_{i=1}^{m}x_i\right)\left(\sum_{i=1}^{m}y_i\right)}{\sum_{i=1}^{m}x_i^2-\frac{1}{m}\left(\sum_{i=1}^{m}x_i\right)^2}=\frac{\sum_{i=1}^{m}(x_i-\bar{x})(y_i-\bar{y})}{\sum_{i=1}^{m}(x_i-\bar{x})^2}\tag{5-19}$$

式中，
$$\begin{aligned}\sum_{i=1}^{m}(x_i-\bar{x})(y_i-\bar{y}) &= \sum_{i=1}^{m}x_iy_i-\bar{x}\left(\sum_{i=1}^{m}y_i\right)-\bar{y}\left(\sum_{i=1}^{m}x_i\right)+m\overline{xy}\\ &= \sum_{i=1}^{m}x_iy_i-m\overline{xy}\\ &= \sum_{i=1}^{m}x_iy_i-\frac{1}{m}\left(\sum_{i=1}^{m}x_i\right)\left(\sum_{i=1}^{m}y_i\right)\end{aligned}\tag{5-20}$$

由式(5-18)和式(5-19)可以求得回归直线方程式中的常数 $a$ 及回归系数 $b$,这样 $\hat{y}=a+bx$ 便可确定.

把式(5-18)代入 $\hat{y}=a+bx$ 中可得 $\hat{y}-\bar{y}=b(x-\bar{x})$,这就是说,回归直线通过点 $(\bar{x},\bar{y})$.从力学的观点看,$(\bar{x},\bar{y})$ 就是 $m$ 个散点 $(x_i,y_i)$ 的重心位置,因而回归直线必须通过这些散点的重心.这一结论对作回归直线是很有用的.

令

$$
\left.\begin{aligned}
l_{xx} &= \sum_{i=1}^{m}(x_i - \overline{x})^2 = \sum_{i=1}^{m} x_i^2 - \frac{\left(\sum_{i=1}^{m} x_i\right)^2}{m} \\
l_{yy} &= \sum_{i=1}^{m}(y_i - \overline{y})^2 = \sum_{i=1}^{m} y_i^2 - \frac{\left(\sum_{i=1}^{m} y_i\right)^2}{m} \\
l_{xy} &= \sum_{i=1}^{m}(x_i - \overline{x})(y_i - \overline{y}) = \sum_{i=1}^{m} x_i y_i - \frac{\left(\sum_{i=1}^{m} x_i\right)\left(\sum_{i=1}^{m} y_i\right)}{m}
\end{aligned}\right\} \tag{5-21}
$$

便可得到回归系数的另一种表达式：

$$
b = \frac{l_{xy}}{l_{xx}} \tag{5-22}
$$

并且，习惯上称 $\sum_{i=1}^{m} x_i^2$ 为 $x$ 的平方和；$\frac{\left(\sum_{i=1}^{m} x_i\right)^2}{m}$ 为平方和的修正项；$\sum_{i=1}^{m} x_i y_i$ 为 $x$ 与 $y$ 的乘积和；$\frac{\left(\sum_{i=1}^{m} x_i\right)\left(\sum_{i=1}^{m} y_i\right)}{m}$ 为乘积和的修正项.

上述回归直线的具体计算，通常都是列表进行的，本节的示例，具体计算如表 5-2 所示.

完成表 5-2 的计算，就可得到回归直线方程：

$$
\hat{y} = 3.21x + 45.01 \tag{5-23}
$$

**表 5-2　回归直线方程的计算(Ⅰ)**

| 编号 | $x$ | $y$ | $x^2$ | $y^2$ | $xy$ |
|---|---|---|---|---|---|
| 1 | 3 | 40 | 9 | 1600 | 120 |
| 2 | 5 | 60 | 25 | 3600 | 300 |
| 3 | 10 | 80 | 100 | 6400 | 800 |
| 4 | 20 | 130 | 400 | 16900 | 2600 |
| 5 | 30 | 160 | 900 | 25600 | 4800 |
| 6 | 40 | 170 | 1600 | 28900 | 6800 |
| 7 | 50 | 190 | 2500 | 36100 | 9500 |
| 8 | 60 | 250 | 3600 | 62500 | 15000 |
| 9 | 65 | 250 | 4225 | 62500 | 16250 |
| 10 | 90 | 290 | 8100 | 84100 | 26100 |
| 11 | 120 | 460 | 14400 | 211600 | 55200 |
| 参数值 | $\sum x$ | $\sum y$ | $\sum x^2$ | $\sum y^2$ | $\sum xy$ |
| | 493 | 2080 | 35859 | 539800 | 137470 |
| 参数值 | $\overline{x}$ | $\overline{y}$ | $\frac{(\sum x)^2}{m}$ | $\frac{(\sum y)^2}{m}$ | $\frac{(\sum x)(\sum y)}{m}$ |
| | 44.81818182 | 189.09 | 22095.36364 | 393309 | 93221.81818 |
| $l_{xx} = 13764$;　$l_{yy} = 146491$;　$l_{xy} = 44248.18182$;　$b = \frac{l_{xy}}{l_{xx}} = 3.21$;　$a = \overline{y} - b\,\overline{x} = 45.01$ | | | | | |

### 5.3.2　利用微软公司的电子表格(Microsoft Excel)在计算机中进行线性回归的方法 1

还用例 5.1 加以说明：

(1)首先打开 Excel,如图 5-3 所示.

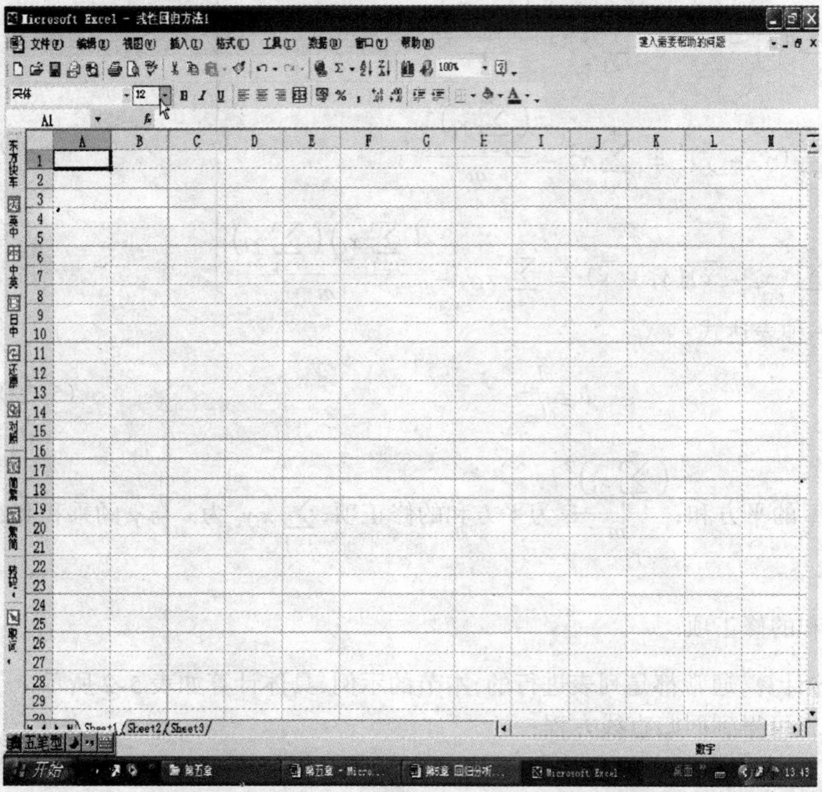

图 5-3

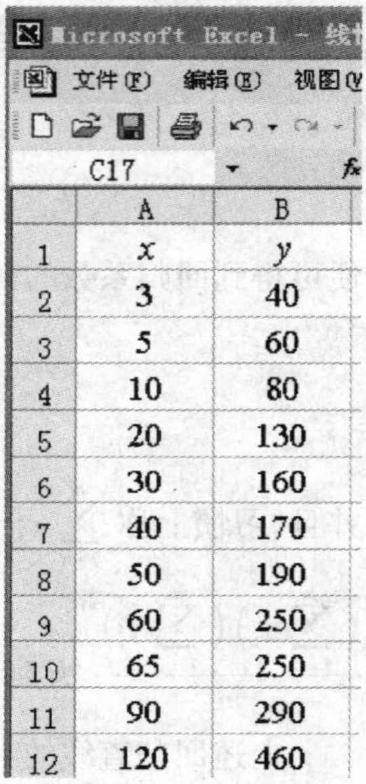

| | A | B |
|---|---|---|
| 1 | $x$ | $y$ |
| 2 | 3 | 40 |
| 3 | 5 | 60 |
| 4 | 10 | 80 |
| 5 | 20 | 130 |
| 6 | 30 | 160 |
| 7 | 40 | 170 |
| 8 | 50 | 190 |
| 9 | 60 | 250 |
| 10 | 65 | 250 |
| 11 | 90 | 290 |
| 12 | 120 | 460 |

图 5-4

(2)在 A,B 列输入 $x$,$y$ 值,如图 5-4 所示.

(3)用鼠标选中 $x$,$y$ 的数据区域,如图 5-5 所示.

(4)将鼠标指到

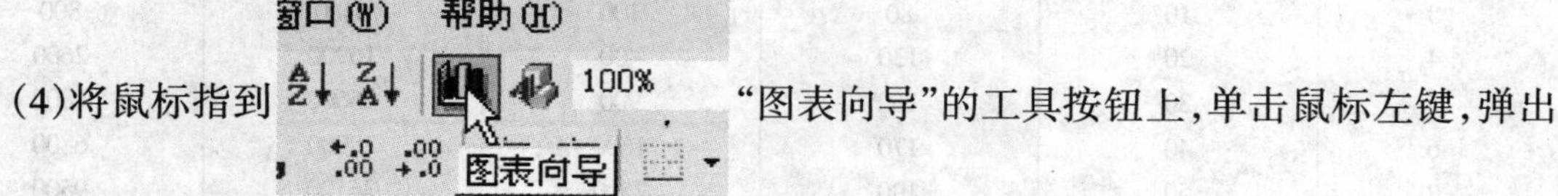


"图表向导"的工具按钮上,单击鼠标左键,弹出一对话框,选择 *XY* 散点图,单击下一步,如图 5-6 所示.

(5)弹出如图 5-7 的对话框,选择"系列产生在"项下的"列(L)",单击下一步,弹出如图5-8所示的对话框,按图中的提示在标题栏内填入相应的文字说明,单击下一步,对出现在屏幕上的图形进行适当的调整后,即可做出如图 5-9 所示的 *XY* 散点图.将鼠标指到任何一个散点上,单击鼠标左键,击活所有的散点(如图所示),然后单击鼠标右键,会弹出一个菜单,如图5-10 所示.

(6)选择"添加趋势线(R).... "项,弹出一对话框(如图 5-11 所示),在"类型"项下选中如图的"线性(L)"后,单击"选项"栏,出现另一对话框(如图 5-12 所示),在"趋势线名称"项下,填入"回归直线",在"趋势预测"项下,选中如图 5-12 所示的内容,单击确定按钮,即得到了回归方程、相关系数 $R^2$ 和回归直线图,将回归直线图调整到你认为最合适的位置即可.如图 5-13 所示.

用计算机进行线性回归,使得一项繁琐的数据计算工作,变成了一种计算机游戏.如果你输入的原始数据没有错误的话,计算结果是绝对不会错的.它不仅大大提高了你的工作效率,而且使线性回归具有了一定的趣味性.如果你再配上一些好看的颜色,那更是一种享受.读者可以用各种方法试一试,相信你会做出比本书更好的图形.

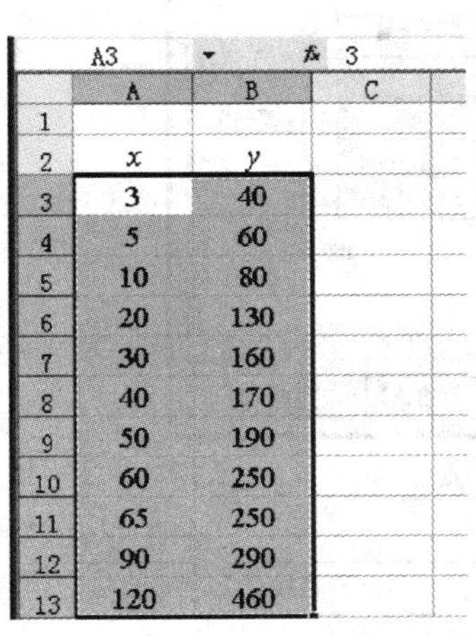

A3 ▾ fx 3

| | A | B | C |
|---|---|---|---|
| 1 | | | |
| 2 | $x$ | $y$ | |
| 3 | 3 | 40 | |
| 4 | 5 | 60 | |
| 5 | 10 | 80 | |
| 6 | 20 | 130 | |
| 7 | 30 | 160 | |
| 8 | 40 | 170 | |
| 9 | 50 | 190 | |
| 10 | 60 | 250 | |
| 11 | 65 | 250 | |
| 12 | 90 | 290 | |
| 13 | 120 | 460 | |

图 5-5

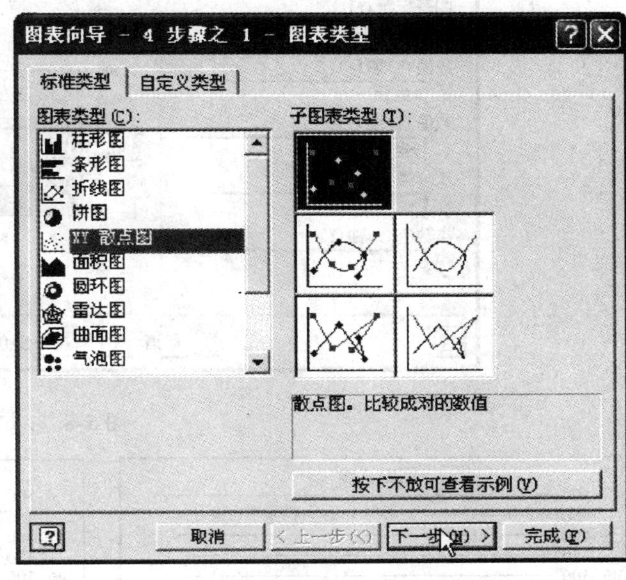


图 5-6

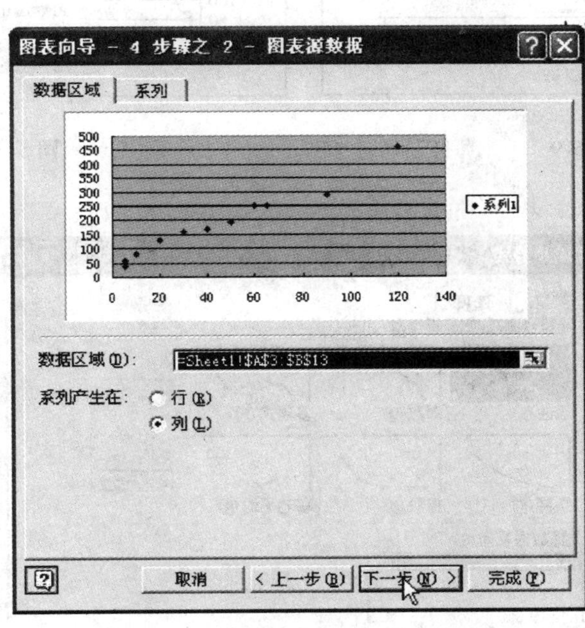


图 5-7

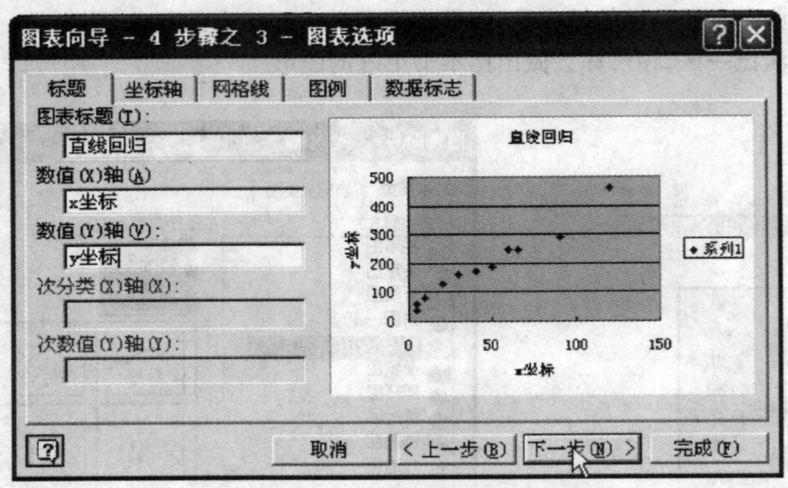


图 5-8

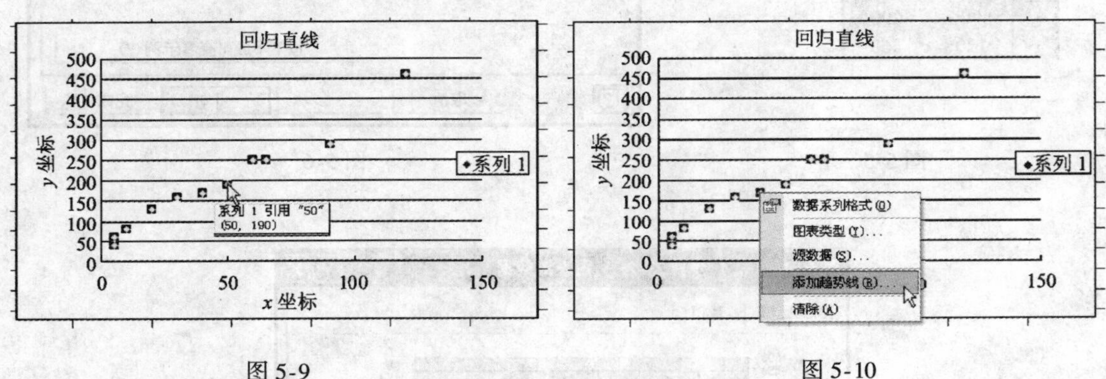


图 5-9

图 5-10

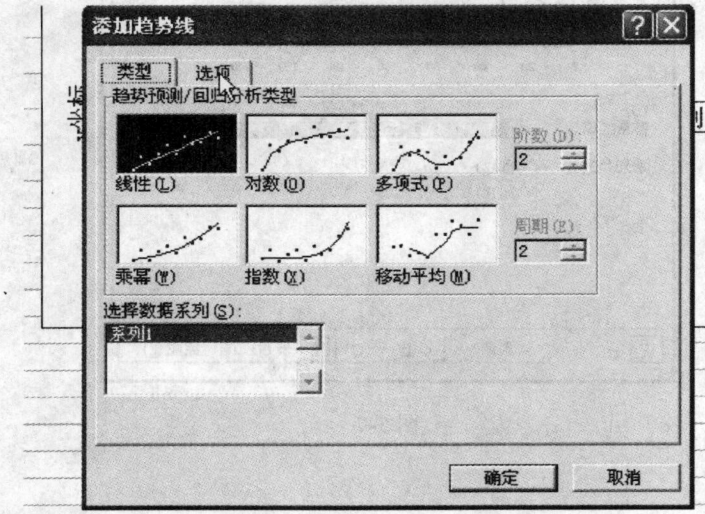


图 5-11

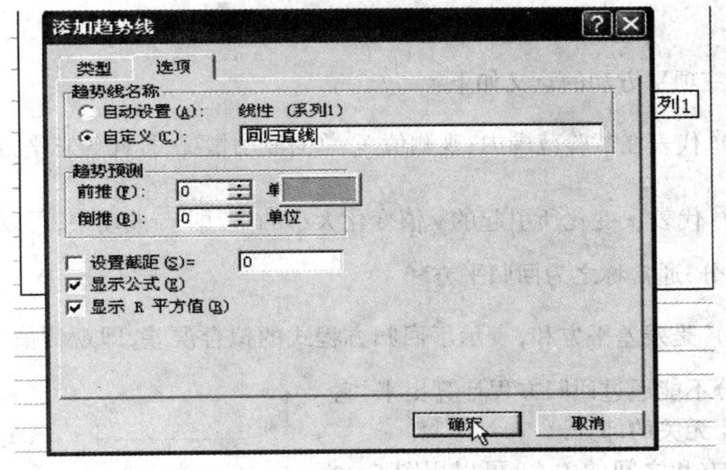

图 5-12

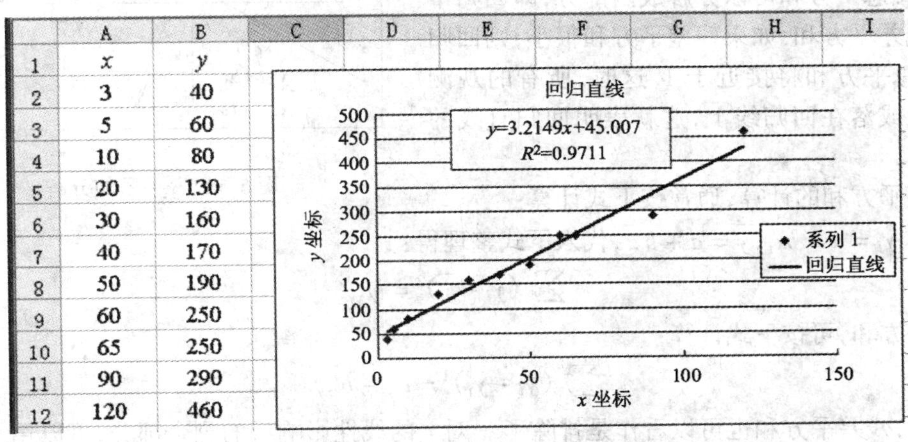

| | A | B |
|---|---|---|
| 1 | $x$ | $y$ |
| 2 | 3 | 40 |
| 3 | 5 | 60 |
| 4 | 10 | 80 |
| 5 | 20 | 130 |
| 6 | 30 | 160 |
| 7 | 40 | 170 |
| 8 | 50 | 190 |
| 9 | 60 | 250 |
| 10 | 65 | 250 |
| 11 | 90 | 290 |
| 12 | 120 | 460 |


图 5-13

### 5.3.3 方差分析

回归直线方程揭示了变量之间的内在规律，这样就可以根据自变量 $x$ 的值预测因素变量 $y$ 的取值.然而，预测的精密度如何呢？下面进行进一步的分析.

仍从残差入手，残差可表示如下：

$$e_i = y_i - \hat{y}_i$$

上式可改写成：

$$e_i = y_i - \hat{y}_i = (y_i - \overline{y}) - (\hat{y}_i - \overline{y}) \tag{5-24}$$

移项得：

$$y_i - \overline{y} = (y_i - \hat{y}_i) + (\hat{y}_i - \overline{y})$$

两端平方取和得：

$$\begin{aligned}\sum_{i=1}^{m}(y_i - \overline{y})^2 &= \sum_{i=1}^{m}[(y_i - \hat{y}_i) + (\hat{y}_i - \overline{y})]^2 \\ &= \sum_{i=1}^{m}(y_i - \hat{y}_i)^2 + 2\sum_{i=1}^{m}(y_i - \hat{y}_i)(\hat{y}_i - \overline{y}) + \sum_{i=1}^{m}(\hat{y}_i - \overline{y})^2\end{aligned} \tag{5-25}$$

可以证明上式中的 $2\sum\limits_{i=1}^{m}(y_i - \hat{y}_i)(\hat{y}_i - \overline{y})$ 为 0，则得：

$$\sum_{i=1}^{m}(y_i-\bar{y})^2=\sum_{i=1}^{m}(y_i-\hat{y}_i)^2+\sum_{i=1}^{m}(\hat{y}_i-\bar{y})^2 \tag{5-26}$$

式(5-26)中三项平方和的意义如下：

$\sum_{i=1}^{m}(y_i-\bar{y})^2$ 代表在试验范围内，观测值 $y_i$ 总的波动情况，称此为总平方和.

$\sum_{i=1}^{m}(\hat{y}_i-\bar{y})^2$ 代表 $x$ 变化所引起的 $y$ 值变化大小的量，即 $y_i$ 波动中，可以通过回归方程计算出来的那一部分，通常称之为回归平方和.

$\sum_{i=1}^{m}(y_i-\hat{y}_i)^2$ 是残差平方和，表示了回归方程式的拟合误差，即观测值 $y_i$ 偏离回归值 $\hat{y}_i$ 的大小.这一部分不能通过回归方程计算出来，它是 $y_i$ 波动中与 $x_i$ 无关的部分.

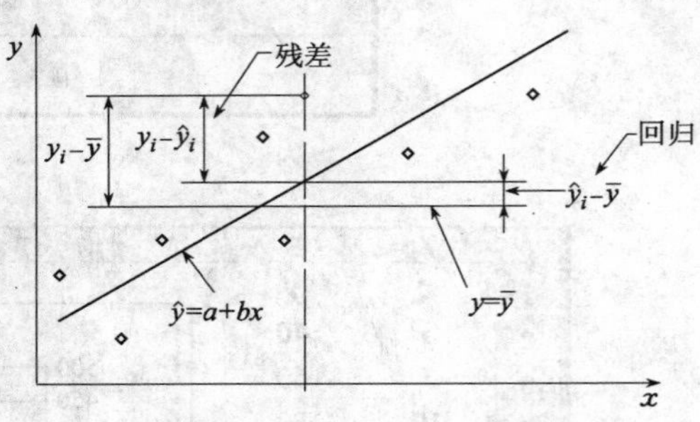


图 5-14　$y_i-\bar{y}$ 的分解

上述三个平方和之间的关系，可以用图 5-14 表示出来.总平方和可以分解成两部分，即回归平方和与残差平方和.如果残差平方和很小，则回归平方和/总平方和将接近于 1.这时，所有的观测点都靠近或落在回归线上，这就表明回归直线的精度较高.

回归平方和的计算，通常按下式计算：

因为 $\hat{y}_i=a+bx_i$，$\bar{y}=a+b\bar{x}$，代入下式整理得：

$$\sum(\hat{y}_i-\bar{y})^2=bl_{xy} \tag{5-27}$$

而残差平方和，可按下式计算：

$$\sum(y_i-\hat{y}_i)^2=l_{yy}-bl_{xy} \tag{5-28}$$

可见，残差平方和也可以看作是排除了 $x$ 对 $y$ 的线性影响后的剩余部分，可以用来衡量 $y$ 值随机波动程度的大小，通常用它来估计误差.其产生的原因，除包括随机误差外，还包括那些影响很小但尚未考虑到的因素.

每个平方和都有一个自由度与之相联系.而且，跟总平方和的分解一样，总平方和的自由度等于回归平方和的自由度与残差平方和的自由度之和.

总平方和 $\sum(\hat{y}_i-\bar{y})^2$ 共由 $m$ 个平方和组成，其中有一个约束条件 $\bar{y}=\frac{1}{m}\sum y_i$.因而，总平方和的自由度为：

$$f_{总}=m-1$$

回归平方和的自由度为：

$$f_{回}=1$$

因而，残差平方和的自由度为：

$$f_{残}=f_{总}-f_{回}=(m-1)-1=m-2$$

这样，残差平方和除以它的自由度，所得结果：

$$S^2=\frac{残差平方和}{f_{残}}$$

就相当于方差，其平方根相当于标准偏差，可作为标准偏差的估算值：

$$S=\sqrt{\frac{残差平方和}{f_{残}}} \tag{5-29}$$

它可以用来衡量随机因素对 $y$ 观测值的影响，其单位与 $y$ 相同．这样，回归方程便可做出如下预报：

$$y=a+bx\pm S \quad （置信水平\ \alpha） \tag{5-30}$$

这种把平方和、自由度分解的方法称为方差分析．方差分析所得的结果，通常以表格化的形式表示，这种表格称之为方差分析表．例 5.1 一元直线回归的方差分析可归纳在表 5-3 中．而式(5-23)可以改写成：

$$y=3.21x+45.01\pm 21.70 \tag{5-31}$$

**表 5-3　一元直线回归方程方差分析示例**

| 波动原因 | 平方和 | 自由度 | 方　差 |
|---|---|---|---|
| 回归 | $\sum(\hat{y}_i-\overline{y})^2=bl_{xy}=3.23\times 43950=142252$ | 1 | $S^2=\dfrac{l_{yy}-bl_{xy}}{m-2}=471.0$ |
| 残差 | $\sum(y_i-\hat{y}_i)^2=l_{yy}-bl_{xy}=146491-142029.6=4239.1$ | $m-2$ | |
| 总　计 | $\sum(y_i-\overline{y})^2=l_{yy}=146491$ | $m-1$ | $S=21.70$ |

### 5.3.4　相关性检验

从上述回归方法可以看出，一组在散点图上杂乱无章的观测值，也能利用最小二乘法给它们配一个方程，但显然该方程将是毫无意义的，只有在观测点的分布接近于一条直线时才能进行回归计算．然而究竟在什么情况下所配回归方程才有意义，或者说，两个变量才服从线性关系呢？这就需要有一个数量性的指标，来衡量两个变量之间线性相关关系的密切程度，这个指标就是相关系数 $R$．

如前所述，回归平方和 $\sum(\hat{y}_i-\overline{y})^2$ 占总平方和 $\sum(y_i-\overline{y})^2$ 的比例，代表观测值 $y$ 与 $x$ 有关部分在总波动中的比重．因此，可以用下式表示相关系数：

$$R=\pm\sqrt{\frac{\sum_{i=1}^{m}(\hat{y}_i-\overline{y})^2}{\sum_{i=1}^{m}(y_i-\overline{y})^2}} \tag{5-32}$$

显然，当相关系数 $R$ 接近或等于 1 时，即所有观测点都靠近或落在回归线上时回归方程才有实际意义．通常 $0\leqslant|R|\leqslant 1$．$R$ 取值不同时的散点分布情况示于图 5-15 中，具体分析如下：

(1) $R=0$．此时 $b=0$，即按最小二乘法确定的回归直线平行于 $x$ 轴，这说明 $y$ 的变化与 $x$ 无关．故 $x$ 与 $y$ 之间没有线性关系．通常，散点的分布是完全不规则的，如图 5-15(a)所示．

(2) $0<|R|<1$．这时，$x$ 与 $y$ 之间存在着一定的线性关系．当 $R>0$ 时 $b>0$，散点分布有随 $x$ 增加 $y$ 也增加的趋势，此时称 $x$ 与 $y$ 是正相关，如图 5-15(b)所示．当 $R<0$ 时，$b<0$，散点图呈现 $y$ 随 $x$ 增加而减小的趋势，此时称 $x$ 与 $y$ 为负相关，如图 5-15(c)所示．当 $R$ 的绝对值比较小时，散点远离回归直线较为分散；当 $R$ 的绝对值较大时，散点分布就靠近直线．

(3) $|R|=1$．所有的点都在一条直线上，即散点都落在回归直线上．此时，称 $x$ 与 $y$ 完全线性相关．实际上，此时 $x$ 与 $y$ 之间的关系是确定性的线性关系，如图 5-15(d)所示．

从上述的讨论可以看出，相关系数 $R$ 表示两个随机变量 $x$ 与 $y$ 之间线性相关的密切程度．$|R|$ 越大，愈接近于 1，$x$ 与 $y$ 之间的线性相关也就愈密切．但必须指出，相关系数 $R$ 只表示线

性相关的密切程度，当 $R$ 很小甚至等于零时，并不一定说明 $x$ 与 $y$ 之间就不存在其他关系. 如图 5-15(e)所示，虽然 $R=0$，但从散点分布看，$x$ 与 $y$ 之间存在着明显的曲线关系，只不过这种关系不是线性关系罢了.

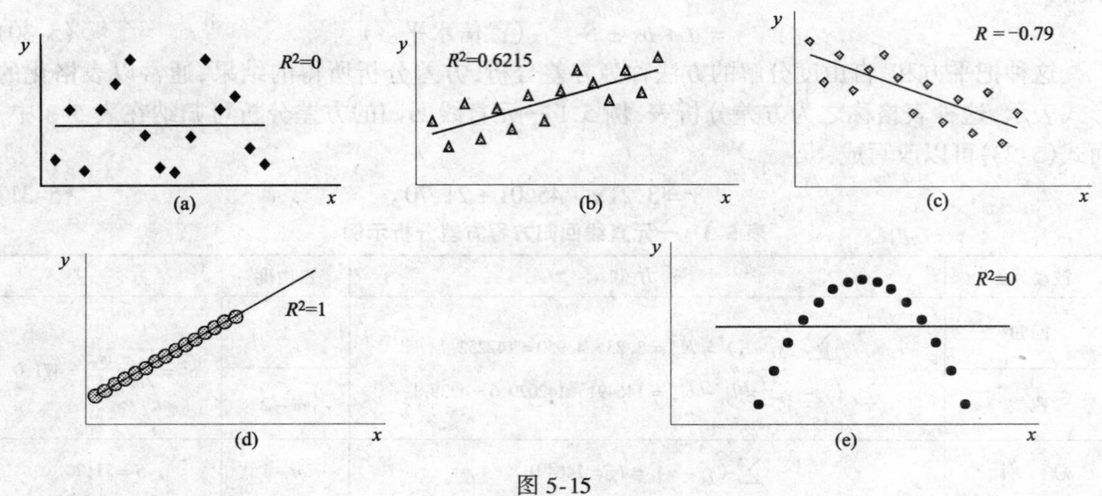


图 5-15

将式(5-21)、(5-22)和(5-27)代入式(5-31)得：

$$R=\frac{l_{xy}}{\sqrt{l_{xx}l_{yy}}} \tag{5-33}$$

相关系数的绝对值究竟多大才能认为两个变量是相关的，或回归方程才有意义，这可以应用统计检验的方法，即相关系数显著性检验的方法进行检验，通常用 $F$ 检验进行. $F$ 检验的统计假设为 $H_0: b=0$，$F$ 值为：

$$F=\frac{\text{回归平方和}/f_{\text{回}}}{\text{残差平方和}/f_{\text{残}}} \tag{5-34}$$

可见 $R$ 检验与 $F$ 检验的作用是一致的，因而只要进行一种检验即可. 统计量 $F$ 与统计量 $R$ 之间存在着一一对应的关系. 由总平方和、回归平方和、残差平方和及其相应的自由度的关系可得：

$$F=\frac{R^2}{1-R^2}(m-2) \tag{5-35}$$

在回归的方差分析中，由于已计算出各平方和及其相应的自由度，因此，可以直接应用 $F$ 检验法进行显著检验. 实际计算时，可根据分子与分母的自由度$(1,m-2)$直接查 $F$ 分布表.

与前述一样，$F>F_{0.01}$时，可认为回归方程高度显著；$F_{0.01}>F>F_{0.05}$时，可认为回归方程是显著的；$F_{0.05}>F>F_{0.10}$时，可认为回归方程较显著；$F_{0.10}>F$ 时，不显著.

### 5.3.5　利用微软公司的电子表格(Microsoft Excel)在计算机中进行线性回归的方法 2

以表 5-1 中的试验数据为例，用电子表格 Excel 进行处理，可得到所有的方差及相关性系数 $R$ 和 $F$ 值.

(1)在计算机中打开 Excel 电子表格软件，如图5-3所示.

(2)先把数据成列输入到电子表格 Excel 中，如图 5-16 所示.

Microsoft Excel - 线性回归方法1、2

| | A | B | C | D | E |
|---|---|---|---|---|---|
| 1 | | | | | |
| 2 | $x$ | $y$ | | | |
| 3 | 3 | 40 | | | |
| 4 | 5 | 60 | | | |
| 5 | 10 | 80 | | | |
| 6 | 20 | 130 | | | |
| 7 | 30 | 160 | | | |
| 8 | 40 | 170 | | | |
| 9 | 50 | 190 | | | |
| 10 | 60 | 250 | | | |
| 11 | 65 | 250 | | | |
| 12 | 90 | 290 | | | |
| 13 | 120 | 460 | | | |

图 5-16

(3)点击下拉菜单的“工具”按钮，出现如图 5-17 所示的下拉菜单，将鼠标箭头指到“加载宏(I)……”项上，点击鼠标左键，出现“加载宏”对话框（如图 5-18 所示），选中分析工具库后，点击“确定”按钮．此时 Excel 加载了一个“数据分析应用程序”，它提供了非常多的数据处理工具．

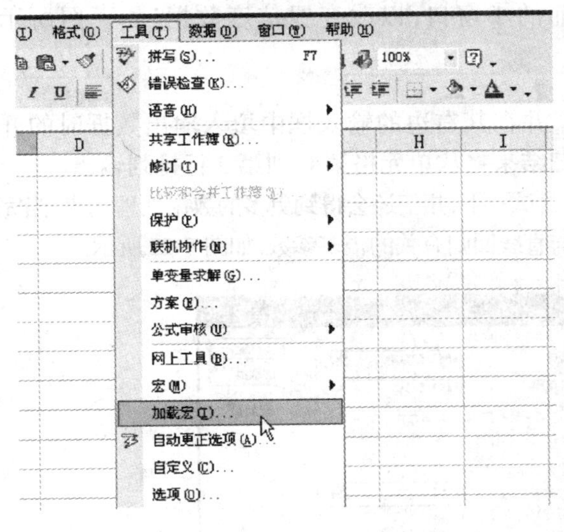


图 5-17

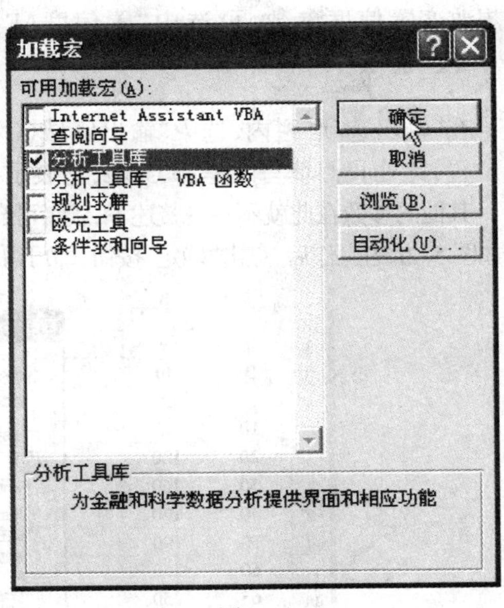


图 5-18

(4)再次点击下拉菜单的“工具”按钮，将鼠标箭头移动到“数据分析”项下，点击鼠标左键，如图 5-19 所示. 出现“数据分析”对话框(如图 5-20所示)，在对话框中拖动垂直滚动条，选中“回归”项，点击“确定”按钮.

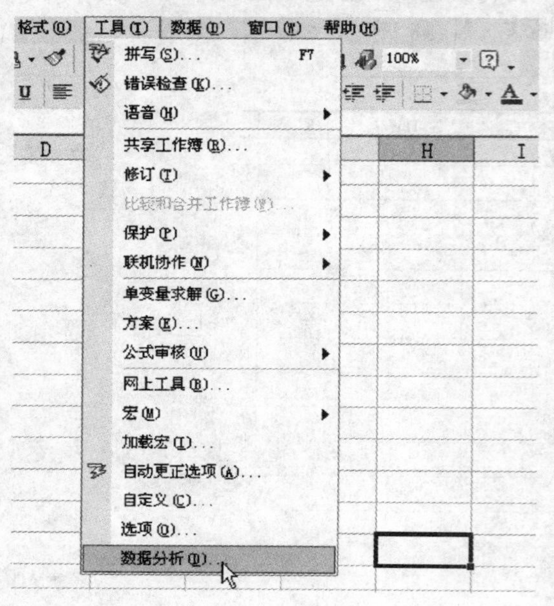


图 5-19

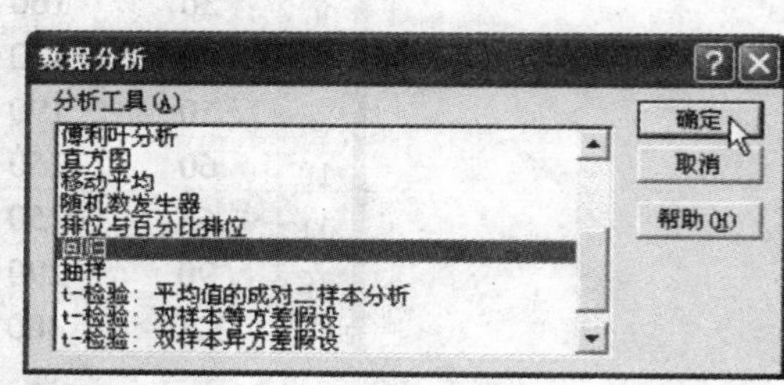


图 5-20

(5)在回归对话框中(图 5-21)，按对话框中的提示，在“输入”项栏内的“Y 值输入区域(Y):”的输入框中，输入 $y$ 值数据所在的单元格代码:$ B $ 3:$ B $ 13，它表示 B 列的第 3 行到第13行的$y$值数据. 在“X值输入区域(X):”的输入框中，输入$x$值数据所在的单元格代码:$ A $ 3:$ A $ 13，它表示 A 列的第 3 行到第 13 行的 $x$ 值数据. 置信度的缺省值为 95%，如果想改变置信度参数，可选中“置信度(F)”前的小窗口，以改变置信度数据，如下图所示

在“输出选项”栏内，选中“输出区域(O):”，并在其右边的输入框中填入输出数据时的开始位置，此处我们填写的是:$ C $ 2，它表示回归结果将从单元格第 C 列第 2 行排列输出.

其他的参数在此就不一一赘述了，读者可自行尝试一下，相信还会得到更多的数据处理结果. 当完成如图 5-21 的操作后，点击“确定”按钮，即可得出与直线回归有关的很多参数. 如图 5-22 所示.

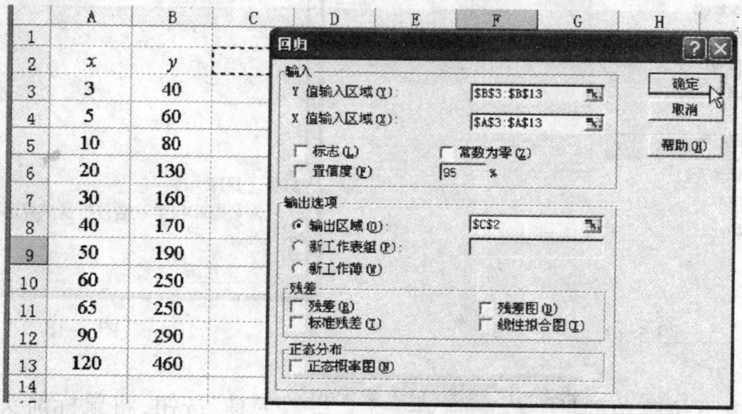

| | A | B |
|---|---|---|
| 1 | | |
| 2 | $x$ | $y$ |
| 3 | 3 | 40 |
| 4 | 5 | 60 |
| 5 | 10 | 80 |
| 6 | 20 | 130 |
| 7 | 30 | 160 |
| 8 | 40 | 170 |
| 9 | 50 | 190 |
| 10 | 60 | 250 |
| 11 | 65 | 250 |
| 12 | 90 | 290 |
| 13 | 120 | 460 |
| 14 | | |

图 5-21

| | A | B | C | D | E | F | G | H |
|---|---|---|---|---|---|---|---|---|
| 1 | | | | | | | | |
| 2 | $x$ | $y$ | SUMMARY OUTPUT | | | | | |
| 3 | 3 | 40 | | | | | | |
| 4 | 5 | 60 | 回归统计 | | | | | |
| 5 | 10 | 80 | Multiple R | 0.985424823 | | | | |
| 6 | 20 | 130 | R Square | 0.971062081 | | | | |
| 7 | 30 | 160 | Adjusted R Square | 0.967846757 | | | | |
| 8 | 40 | 170 | 标准误差 | 21.70289793 | | | | |
| 9 | 50 | 190 | 观测值 | 11 | | | | |
| 10 | 60 | 250 | | | | | | |
| 11 | 65 | 250 | 方差分析 | | | | | |
| 12 | 90 | 290 | | df | SS | MS | F | $F_{0.05}(1,9)$ |
| 13 | 120 | 460 | 回归分析 | 1 | 142251.8 | 142251.8 | 302.0106 | 5.117357205 |
| 14 | | | 残差 | 9 | 4239.142 | 471.0158 | | |
| 15 | | | 总计 | 10 | 146490.9 | | | |
| 16 | | | | | | | | |
| 17 | | | | Coefficients | 标准误差 | t Stat | P-value | Lower 95% |
| 18 | | | Intercept | 45.00667107 | 10.56219 | 4.261113 | 0.002108 | 21.1133245 |
| 19 | | | X Variable 1 | 3.214861295 | 0.184991 | 17.37845 | 3.12E-08 | 2.796381746 |

图 5-22

(6)图 5-22 中部分回归参数说明如下：

SUMMARY OUTPUT：概要输出；

Multiple R：相关系数 $R$；

R Square：相关系数 $R^2$；

Adjusted R Square：调整后的 $R^2$；

标准误差：$S$ 见公式(5-29)；

df：自由度；

SS：平方和；

MS：均方，$MS = SS/df$；

$F$：按公式(5-34)计算的 F 值；

$F$ 临界值计算：显著性水平 $\alpha = 0.05$ 时，在单元格中输入公式 fx =FINV(0.05,1,9)，得 $F_{0.05}(1,9) =$ 5.117357205；

Coefficients：回归系数；

Intercept：截距 $a$；

X Variable 1：变量 $x_1$.

由 Excel 电子表格中回归概要输出表中的“回归系数(Coefficients)”下的参数，可写出直线回归方程为：

$\hat{y} = a + bx \pm S$(置信水平为 $\alpha$) $= 45.007 + 3.2148x \pm 21.70$ （此例的置信水平 $\alpha = 0.05$）；

相关系数：$R = 0.9854$；

显著性检验：$F = 302.0106 > F_{0.05}(1,9) = 5.117357205$，回归方程显著.

## 5.4 曲线回归

### 5.4.1 曲线回归

在实际问题中,变量之间常常不是直线关系.这时,通常是选配一条比较接近的曲线,通过变量变换把非线性方程加以线性化,然后对线性化的方程应用最小二乘法求解回归方程.这就是本节所要讨论的曲线回归问题.

最小二乘法的一个前提条件是函数 $y=f(x)$ 的具体形式为已知,即要求首先确定 $x$ 与 $y$ 之间内在关系的函数类型.函数的形式可能是各种各样的,具体形式的确定或假设,一般有下述两个途径:一是根据有关的物理知识,确定两个变量之间的函数类型;二是把观测数据画在坐标纸上,将散点图与已知函数曲线对比,选取最接近散点分布的曲线分式进行试算.

常见的一些非线性函数及其线性化方法如下:

(1)双曲线,$\dfrac{1}{y}=a+\dfrac{b}{x}$型,如图 5-23 所示.

令 $u=\dfrac{1}{y}$,$v=\dfrac{1}{x}$,则 $u=a+bv$.

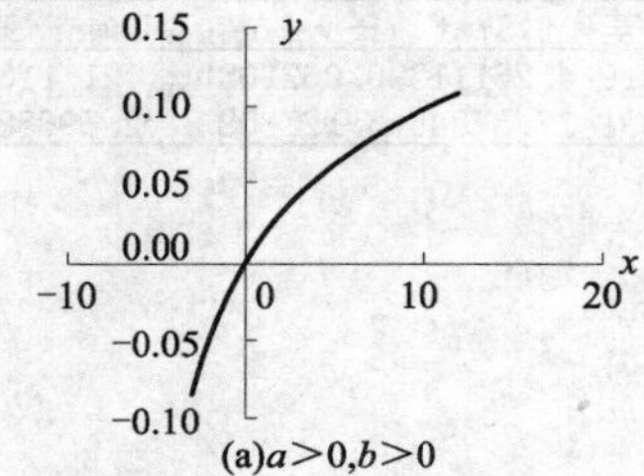

(a)$a>0,b>0$

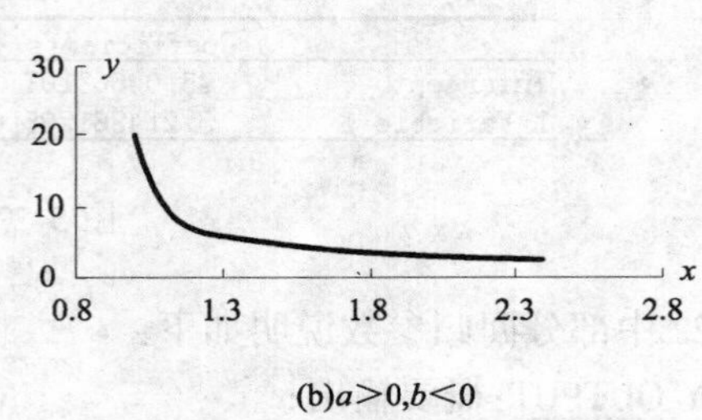

(b)$a>0,b<0$

图 5-23 双曲线

(2)指数曲线,$y=ae^{bx}$型,如图 5-24 所示.

令 $u=\ln y$,$v=x$,$c=\ln a$,则 $u=c+bv$.

(3)指数曲线,$y=ae^{b/x}$型,如图 5-25 所示.

令 $u=\ln y$,$v=1/x$,$c=\ln a$,则 $u=c+bv$.

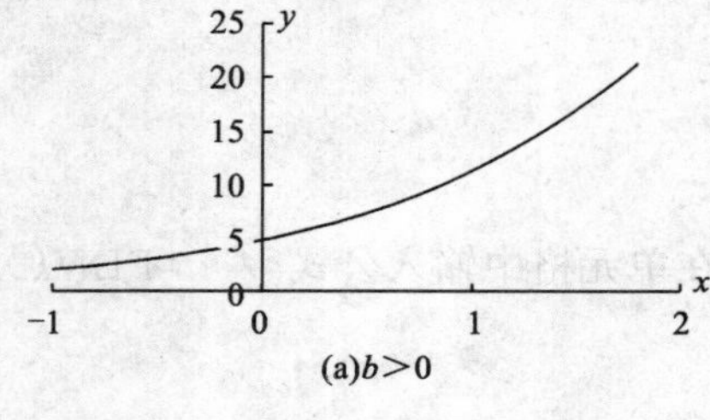

(a)$b>0$

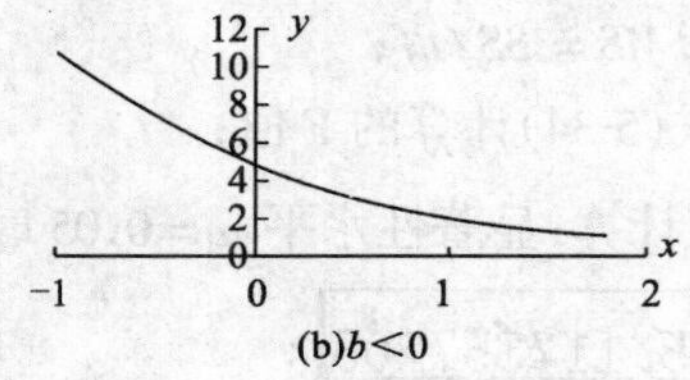

(b)$b<0$

图 5-24 指数曲线

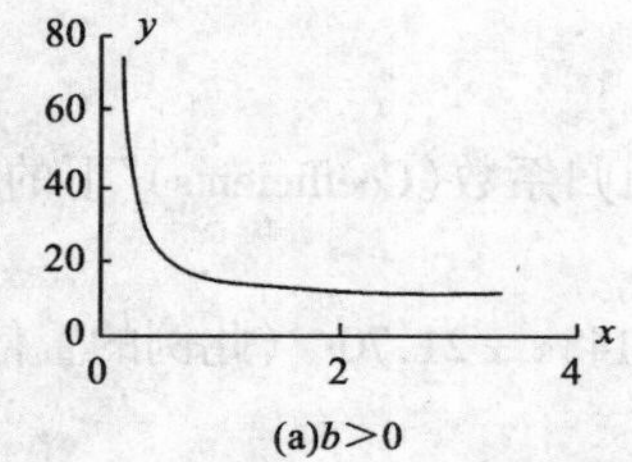

(a)$b>0$

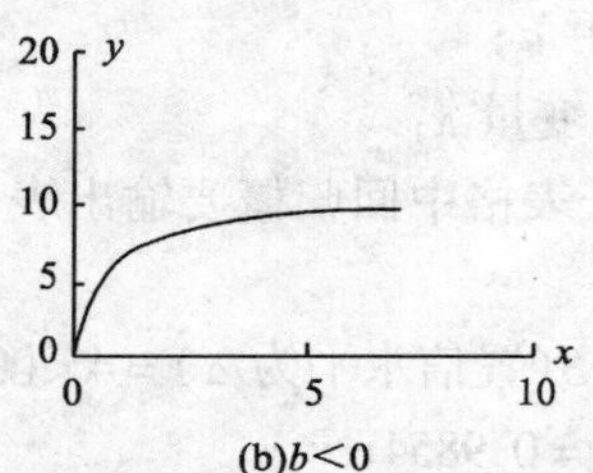

(b)$b<0$

图 5-25 指数曲线

(4)幂函数曲线，$y = ax^b$ 型，如图 5-26 所示.

令 $u = \lg y, v = \lg x, c = \lg a$，则 $u = c + bv(a > 0)$.

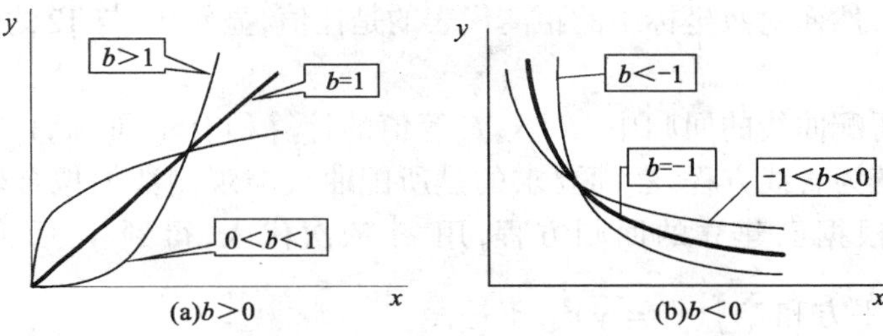


图 5-26　幂函数曲线

(5)对数曲线，$y = a + b\lg x$ 型，如图 5-27 所示.

令 $u = y, v = \lg x$，则 $u = a + bv$.

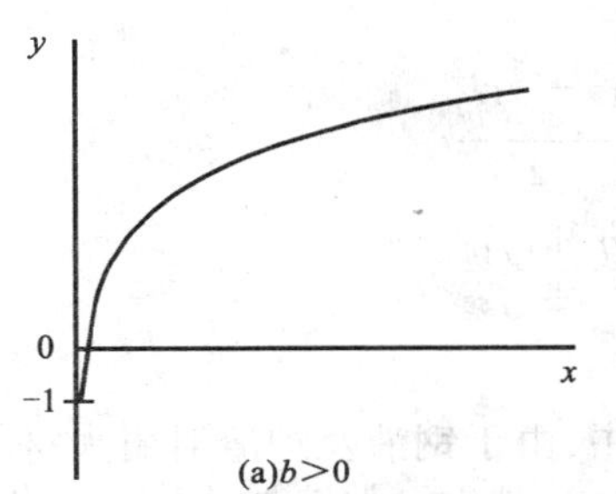


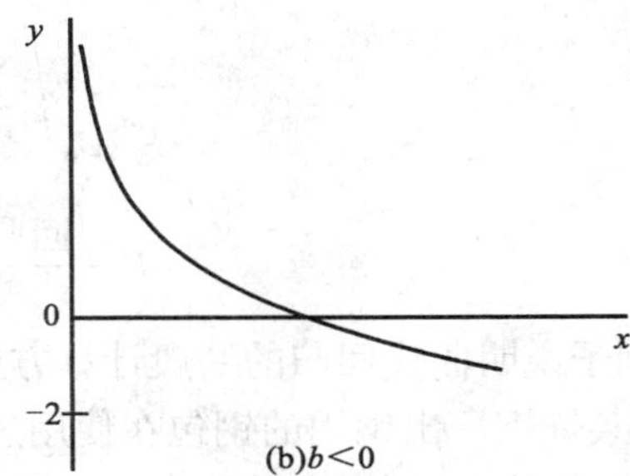


图 5-27　对数曲线

(6)$S$ 曲线，$y = \dfrac{1}{a + be^{-x}}$ 型，如图 5-28 所示.

令 $u = \dfrac{1}{y}, v = e^{-x}$，则 $u = a + bv$.

(7)对数抛物线，$\ln y = a + b(\ln x) + c(\ln x)^2$ 型，如图 5-29 所示.

令 $u = \ln y, v = \ln x$，则 $u = a + bv + cv^2$.

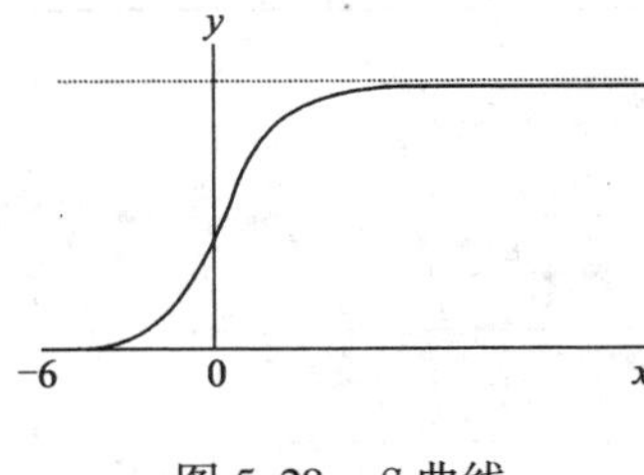


图 5-28　$S$ 曲线

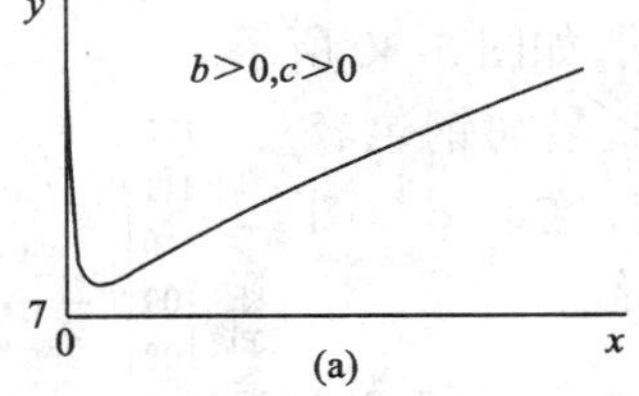


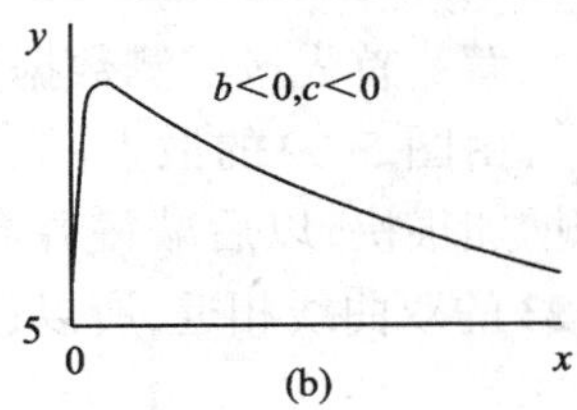


图 5-29　对数抛物线

综上所述，许多曲线都可以通过变换化为直线，于是可以按直线拟合的办法来处理. 在线性化方法中，对数变换是常用的方法之一. 当函数 $u = f(x)$ 的表达式不清楚时，往往可用对数变换进行试探看其是否能线性化. 通常把观测值标在对数坐标图中，当表现出良好线性时，便可对变换后的数据进行回归分析，之后将得到的结果再代回原方程. 因而，回归分析是对变换后的数据进行的，所得结果仅对变换后的数据来说是最佳拟合，当再变换回原数据坐标上时，所得的回归曲线，严格地说并不是最佳拟合，不过，其拟合程度通常是令人满意的.

进行对数变换时必须使用原数据的实际观测值，而不可以用经等差变换后的相对差值.例如，对原观测值 11 和 12 应用等差变换可以简化计算，用其与 10 的相对差值即 1 和 2 来绘图并不影响曲线的形状.然而对数坐标中的距离代表的是比值，显然 11 与 12 之比同 1 与 2 之比是完全不同的.

必须注意，在所配曲线的回归中，$R,S,F$ 等值的计算稍有不同. $u,v$ 等仅仅是为了变量变换，使曲线方程变为直线方程，然而要求的是所配曲线与观测数据拟合较好，所以计算 $R$，$S,F$ 等时，应首先根据已建立的回归方程，用 $x_i$ 依次代入，得到 $y_i$ 后再计算残差平方和 $\sum_{i=1}^{m}(y_i - \hat{y}_i)^2$ 及总平方和 $\sum_{i=1}^{m}(y_i - \overline{y})^2$，于是：

$$R^2 = 1 - \frac{\sum_{i=1}^{m}(y_i - \hat{y}_i)^2}{\sum_{i=1}^{m}(y_i - \overline{y})^2} \tag{5-36}$$

$$S = \sqrt{\frac{\sum_{i=1}^{m}(y_i - \hat{y}_i)^2}{m-2}} \tag{5-37}$$

$$F = \frac{\text{回归平方和}/f_{\text{回}}}{\text{残差平方和}/f_{\text{残}}} \tag{5-38}$$

下面的例子说明曲线回归的一般计算方法.

**例 5.2** 某炼钢厂出钢用的钢包在使用过程中，由于钢液及炉渣对耐火材料的侵蚀，其容积不断增大.钢包的容积(用盛满钢水的重量 kg 表示)与相应的使用次数列于表 5-4 中.求：$x$，$y$ 之间的关系式.

**表 5-4 试验数据**

| 使用次数 $x$ | 2 | 3 | 4 | 5 | 7 | 8 | 10 |
|---|---|---|---|---|---|---|---|
| 容积 $y$ | 106.42 | 108.20 | 109.58 | 109.50 | 110.00 | 109.93 | 110.49 |
| 使用次数 $x$ | 11 | 14 | 15 | 16 | 18 | 19 | |
| 容积 $y$ | 110.59 | 110.60 | 110.90 | 110.76 | 111.00 | 111.20 | |

**解** 首先按实测数据做散点图，如图 5-30 所示.

由图 5-30 的散点图分析可知，最初钢包容积增加很快，以后减慢并趋于稳定.这个图与图 5-23 的双曲线相近，所以选用双曲线：

$$\frac{1}{y} = a + \frac{b}{x} \tag{5-39}$$

来表示容积 $y$ 与使用次数 $x$ 的关系.

若令 $u = \frac{1}{y}, v = \frac{1}{x}$，则上式可改写成：

$$u = a + bv \tag{5-40}$$

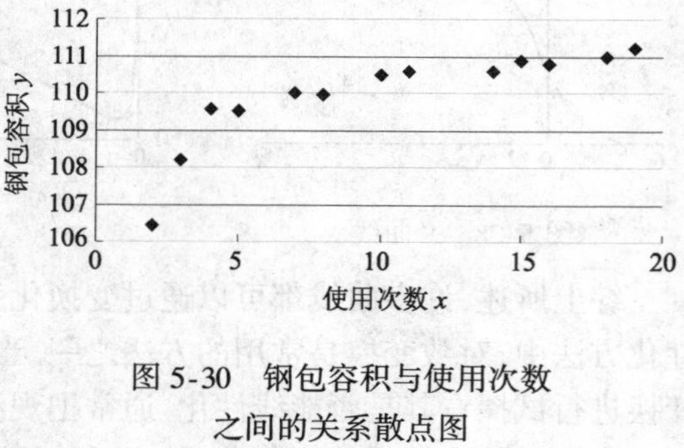

图 5-30 钢包容积与使用次数之间的关系散点图

对新变量 $u,v$ 而言，式(5-40)是一个直线方程，因而可用最小二乘法进行拟合计算，求出回归系数 $b$ 和常数项 $a$.首先对数据进行回归计算，结果如表 5-5 所示.

**表 5-5　回归计算**

| 编号 | $x$ | $y$ | $v=\frac{1}{x}$ | $u=\frac{1}{y}$ | $v^2$ | $u^2$ | $uv$ |
|---|---|---|---|---|---|---|---|
| 1 | 2 | 106.42 | 0.5000000 | 0.009397 | 0.2500000 | 8.829853E-05 | 4.698365E-03 |
| 2 | 3 | 108.20 | 0.333333 | 0.009242 | 0.1111111 | 8.541723E-05 | 3.080715E-03 |
| 3 | 4 | 109.58 | 0.250000 | 0.009126 | 0.0625000 | 8.327937E-05 | 2.281438E-03 |
| 4 | 5 | 109.50 | 0.200000 | 0.009132 | 0.0400000 | 8.340110E-05 | 1.826484E-03 |
| 5 | 7 | 110.00 | 0.142857 | 0.009091 | 0.0204082 | 8.264463E-05 | 1.298701E-03 |
| 6 | 8 | 109.93 | 0.125000 | 0.009097 | 0.0156250 | 8.274991E-05 | 1.137087E-03 |
| 7 | 10 | 110.49 | 0.100000 | 0.009051 | 0.0100000 | 8.191323E-05 | 9.050593E-04 |
| 8 | 11 | 110.59 | 0.090909 | 0.009042 | 0.0082645 | 8.176516E-05 | 8.220372E-04 |
| 9 | 14 | 110.60 | 0.071429 | 0.009042 | 0.0051020 | 8.175037E-05 | 6.458280E-04 |
| 10 | 15 | 110.90 | 0.066667 | 0.009017 | 0.0044444 | 8.130868E-05 | 6.011422E-04 |
| 11 | 16 | 110.76 | 0.062500 | 0.009029 | 0.0039063 | 8.151436E-05 | 5.642831E-04 |
| 12 | 18 | 111.00 | 0.055556 | 0.009009 | 0.0030864 | 8.116224E-05 | 5.005005E-04 |
| 13 | 19 | 111.20 | 0.052632 | 0.008993 | 0.0027701 | 8.087056E-05 | 4.733056E-04 |
| $\sum$ | | | 2.050882 | 0.118267 | 0.537218 | 1.076075E-03 | 1.883495E-02 |

$m=13$;　$\bar{v}=0.1577601$;　$\bar{u}=0.0090974$

$$\frac{(\sum v)^2}{m}=0.3235474;\quad \frac{(\sum u)^2}{m}=0.0010759245;\quad \frac{(\sum v)(\sum u)}{m}=0.0186577761$$

由式(5-21)计算下面的参数为：

$$l_{vv}=0.2136705;\quad l_{uu}=1.508906\text{E-}07;\quad l_{uv}=1.771701\text{E-}04;$$

$$b=\frac{l_{uv}}{l_{vv}}=8.291744\text{E-}04;\qquad a=\bar{u}-b\bar{v}=0.00896663$$

由表5.5中计算出的各参数，可得变换后的回归直线方程式为：

$$\hat{u}=8.96663\times10^{-3}+8.291744\times10^{-4}v \tag{5-41}$$

变换回原始曲线方程为：

$$\frac{1}{\hat{y}}=8.96663\times10^{-3}+8.291744\times10^{-4}\frac{1}{x} \tag{5-42}$$

将原始数据带入回归方程式(5-42)中，计算标准偏差 $S$ 和相关系数 $R$，计算结果如表5-6所示.

由表5-6得出的参数可写出最后的回归曲线方程式为：

$$\frac{1}{\hat{y}}=8.96663\times10^{-3}+8.291744\times10^{-4}\frac{1}{x}\pm0.2284933 \tag{5-43}$$

**表 5-6　回归后的方差分析**

| 编号 | $x$ | $y$ | $\hat{y}$ | $y-\hat{y}$ | 残差平方和 $(y-\hat{y})^2$ | $y-\bar{y}$ | 总平方和 $(y-\bar{y})^2$ |
|---|---|---|---|---|---|---|---|
| 1 | 2 | 106.42 | 106.60 | −0.18 | 0.0310 | −3.52 | 12.3633 |
| 2 | 3 | 108.20 | 108.19 | 0.01 | 0.0001 | −1.74 | 3.0142 |
| 3 | 4 | 109.58 | 109.00 | 0.58 | 0.3311 | −0.36 | 0.1268 |
| 4 | 5 | 109.50 | 109.50 | 0.00 | 0.0000 | −0.44 | 0.1902 |
| 5 | 7 | 110.00 | 110.07 | −0.07 | 0.0050 | 0.06 | 0.0041 |
| 6 | 8 | 109.93 | 110.25 | −0.32 | 0.1025 | −0.01 | 0.0000 |
| 7 | 10 | 110.49 | 110.50 | −0.01 | 0.0002 | 0.55 | 0.3067 |
| 8 | 11 | 110.59 | 110.59 | 0.00 | 0.0000 | 0.65 | 0.4275 |
| 9 | 14 | 110.60 | 110.79 | −0.19 | 0.0372 | 0.66 | 0.4407 |
| 10 | 15 | 110.90 | 110.84 | 0.06 | 0.0034 | 0.96 | 0.9290 |

续表

| 编号 | $x$ | $y$ | $\hat{y}$ | $y-\bar{y}$ | 残差平方和 $(y-\hat{y})^2$ | $y-\bar{y}$ | 总平方和 $(y-\bar{y})^2$ |
|---|---|---|---|---|---|---|---|
| 11 | 16 | 110.76 | 110.88 | −0.12 | 0.0153 | 0.82 | 0.6787 |
| 12 | 18 | 111.00 | 110.95 | 0.05 | 0.0021 | 1.06 | 1.1318 |
| 13 | 19 | 111.20 | 110.98 | 0.22 | 0.0465 | 1.26 | 1.5973 |
| $\sum$ | | 1429.17 | 1429.17 | 0.0049 | 0.5743 | 0.0000 | 21.211 |

$\bar{y}=109.94$; $f_{回}=1$; $f_{总}=m-1=12$; $f_{残}=m-2=11$

式(5-29) $S=\sqrt{\dfrac{残差平方和}{f_{残}}}=0.2284933$; $R=\sqrt{1-\dfrac{残差平方和}{总平方和}}=0.9864$

本例是对式(5-40)应用最小二乘法，虽然使用双曲线拟合，在计算过程中使残差平方和达到了最小，但这并不足以说明所配双曲线[式(5-39)]是对表5-4中数据的最佳拟合曲线.因而在配曲线时，最好用不同的函数类型计算后再进行比较，选取其中最优者，即选取相关系数 $R$ 为最大的曲线.此外，在曲线拟合时也可采用分段拟合的方法，即在不同的自变量区间内配以不同的曲线来进行拟合.下面我们采用计算机处理方法，用其他类型的函数进行回归拟合试一试，看会得出什么样的结果?

### 5.4.2 在计算机中用 Excel 电子表格软件进行曲线回归的方法

为了加以对比，我们还是采用表5-4的例子来计算回归方程及方差分析.

#### 5.4.2.1 方法1

(1)打开 Excel 电子表格；

(2)将 $x$ 和 $y$ 数据成行(成列也一样)输入到 Excel 电子表格中，此例中将数据输入在第2、3行，A列到N列中，如图5-31所示.

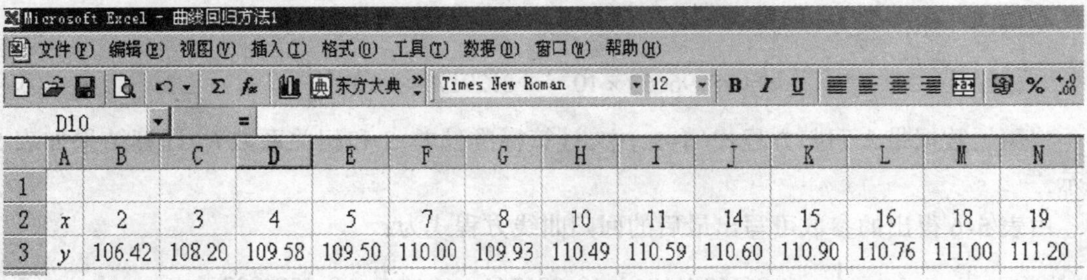

Microsoft Excel - 曲线回归方法1
文件(F) 编辑(E) 视图(V) 插入(I) 格式(O) 工具(T) 数据(D) 窗口(W) 帮助(H)
东方大典 Times New Roman 12
D10 =
A B C D E F G H I J K L M N
1
2 x 2 3 4 5 7 8 10 11 14 15 16 18 19
3 y 106.42 108.20 109.58 109.50 110.00 109.93 110.49 110.59 110.60 110.90 110.76 111.00 111.20


图 5-31

(3)从B列第2行开始，按住鼠标左键，拖动鼠标至第N列第3行，使数据所在的行列处于高亮度显示状态，如图5-32所示.

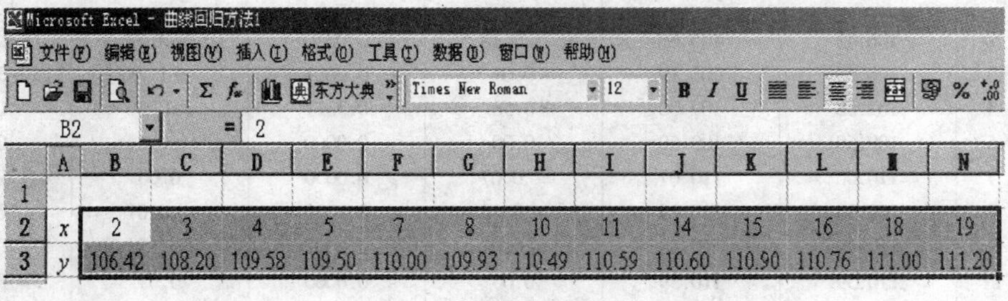

Microsoft Excel - 曲线回归方法1
文件(F) 编辑(E) 视图(V) 插入(I) 格式(O) 工具(T) 数据(D) 窗口(W) 帮助(H)
东方大典 Times New Roman 12
B2 = 2
A B C D E F G H I J K L M N
1
2 x 2 3 4 5 7 8 10 11 14 15 16 18 19
3 y 106.42 108.20 109.58 109.50 110.00 109.93 110.49 110.59 110.60 110.90 110.76 111.00 111.20


图 5-32

(4)将鼠标箭头指到 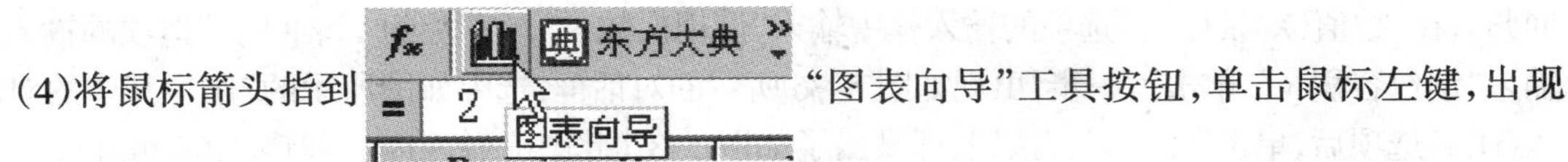

"图表向导"工具按钮，单击鼠标左键，出现如图 5-33 所示的"图表向导对话框". 选中"*XY* 散点图"后单击下一步，出现如图 5-34 所示的对话框，在"数据区域(D):"项下，自动生成了所选的数据所在的区域：$ B2:$ N3、"系列产生在:"项下，自动选择了"行(R)"选项. 单击下一步，出现如图 5-35 所示的对话框.

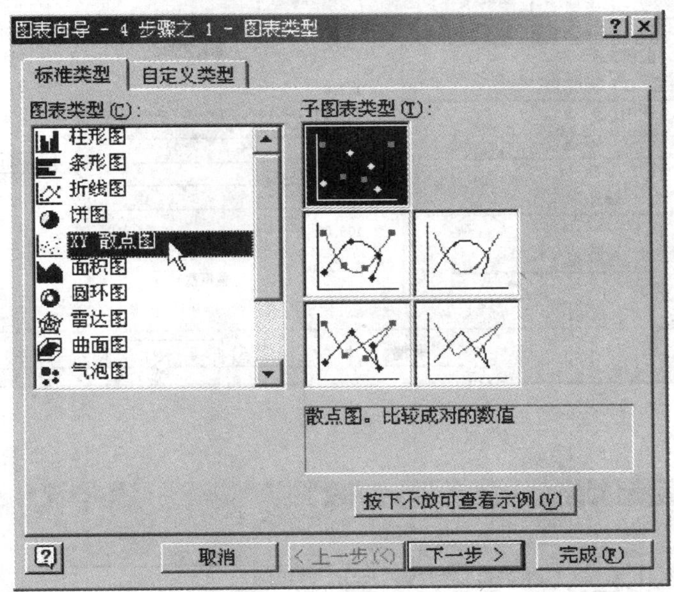


图 5-33

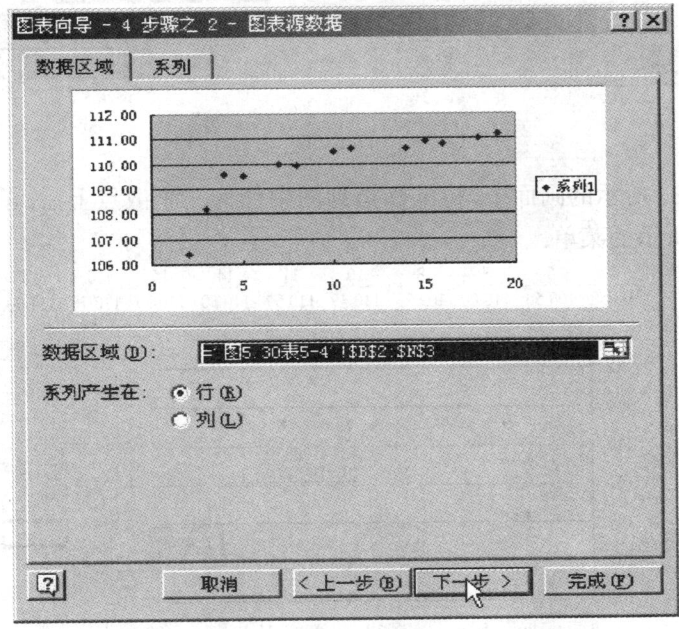


图 5-34

(5)在图 5-35 所示的对话框中，在"标题"栏项下的"图表标题(T):"选项的输入框中输入"曲线回归”,在“数值(X)轴(A):”选项的输入框中输入“使用次数 $x$”,在“数值(Y)轴(V):”选项的输入框中输入“钢包容积 $y$”,单击下一步,出现如图 5-36 所示的对话框.选中如图所示的“作为其中的对象插入(O):”选项后,单击“完成(F)”按钮,即做出了如图 5-37(此图应做相应的调整,读者可在散点图上单击鼠标右键,通过弹出的菜单,进行相应的调整,在此不再赘述)所示的散点图.

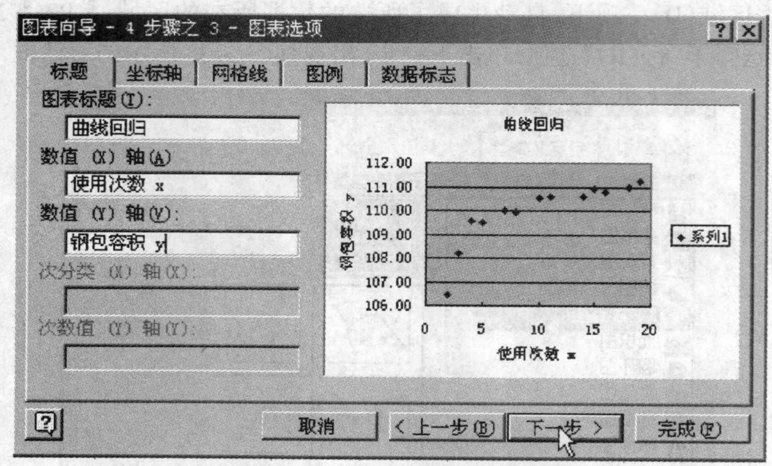


图 5-35

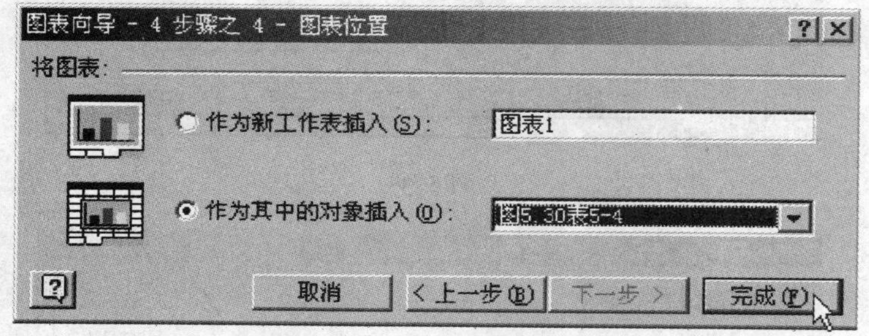


图 5-36

(6)在如图 5-37 所示的画面中,将鼠标指到图中任何一个散点上后,单击鼠标右键,会弹出一个如图 5-38 所示的菜单.

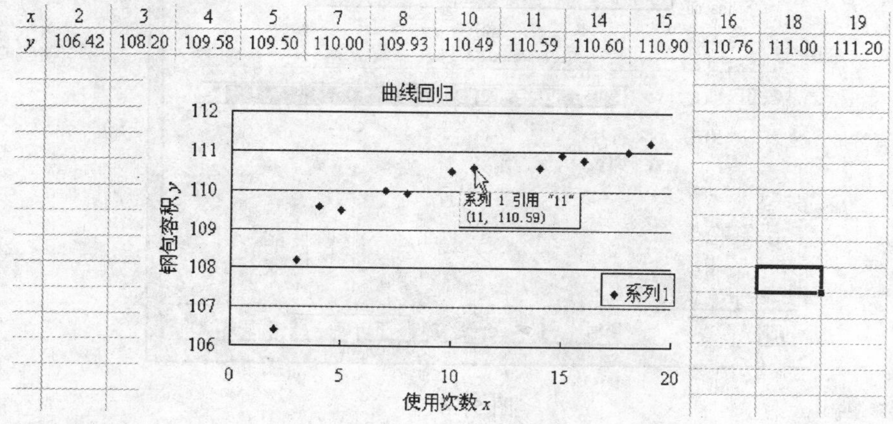

| $x$ | 2 | 3 | 4 | 5 | 7 | 8 | 10 | 11 | 14 | 15 | 16 | 18 | 19 |
|---|---|---|---|---|---|---|---|---|---|---|---|---|---|
| $y$ | 106.42 | 108.20 | 109.58 | 109.50 | 110.00 | 109.93 | 110.49 | 110.59 | 110.60 | 110.90 | 110.76 | 111.00 | 111.20 |



图 5-37

(7)在弹出菜单上选中“添加趋势线(R)…”项，会弹出如图 5-39 所示的“添加趋势线”对话框. 在“类型”栏下，选中“多项式(P)”项(表示用多项式函数进行曲线回归)，“阶数(D)：”选择“6”(最多可选择 6 阶). 然后单击“选项”栏，弹出如图 5-40 所示的对话框，在“趋势线名称”项下选中“自定义(C)：”选项，在输入框中输入“6 阶多项式回归曲线”，并选中“显示公式(E)”和“显示 $R$ 平方值(R)”选项，单击“确定”按钮. 回归曲线、回归方程和相关系数 $R^2$ 值立刻显示在画面中，经过对图形进行适当的调整后就变成如图 5-41 所示的画面了.

用多项式回归后的相关系数 $R^2=0.9898$ 与用双曲线回归所得相关系数 $R^2=0.9730$ 相比，可知用 6 阶多项式回归表5-4 中的数据，要比用双曲线的模式回归精确度高.

在用 Excel 电子表格软件进行曲线回归时还有许多的选项，读者可试一试，相信一定会大有收获.

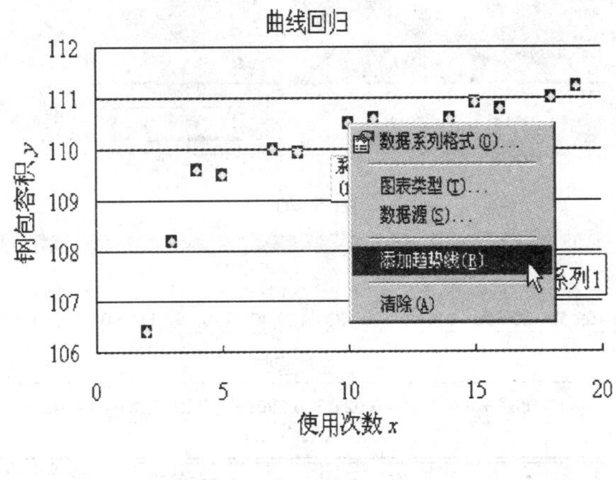


图 5-38

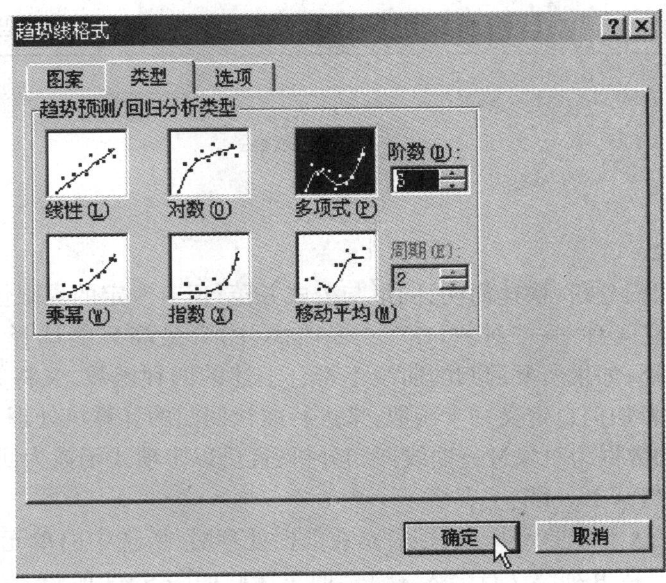


图 5-39

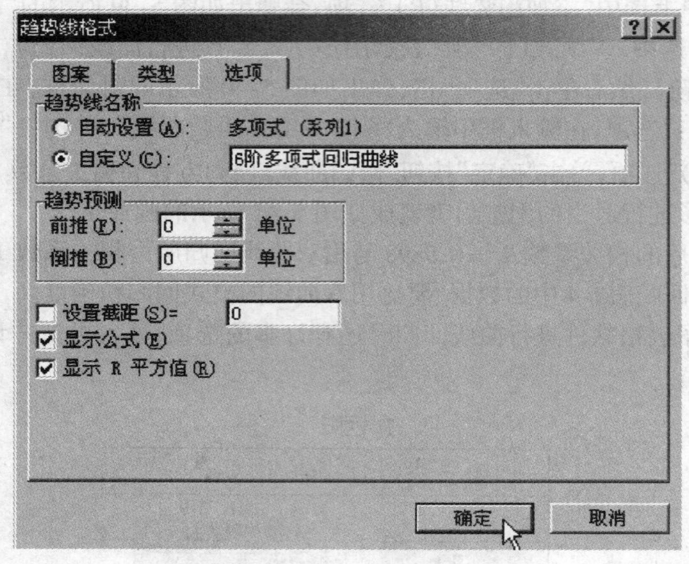


图 5-40

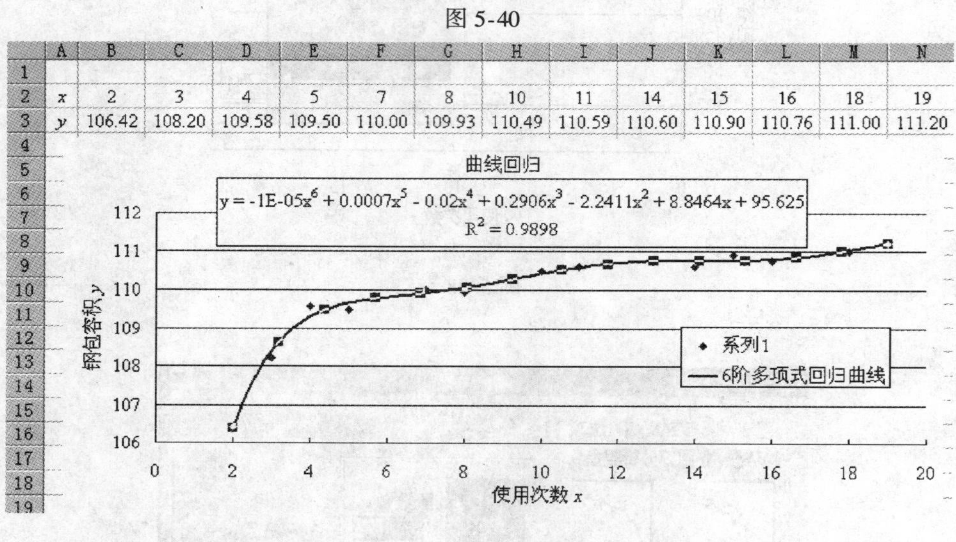

| | A | B | C | D | E | F | G | H | I | J | K | L | M | N |
|---|---|---|---|---|---|---|---|---|---|---|---|---|---|---|
| 1 | | | | | | | | | | | | | | |
| 2 | $x$ | 2 | 3 | 4 | 5 | 7 | 8 | 10 | 11 | 14 | 15 | 16 | 18 | 19 |
| 3 | $y$ | 106.42 | 108.20 | 109.58 | 109.50 | 110.00 | 109.93 | 110.49 | 110.59 | 110.60 | 110.90 | 110.76 | 111.00 | 111.20 |



图 5-41

### 5.4.2.2 方法 2

用方法 1 进行回归分析，快速简明，图形与公式并茂．但有一定的局限性，如图 5-39 所示，选择函数的类型只有 4 种——“对数(O)”、“多项式(P)”（最高只能选择 6 阶次方）、“乘幂(W)”、“指数(X)”选择，如果所要回归的曲线不符合上述的四种函数，又将如何处理呢？下面介绍的方法，告诉读者如何自定义一个函数，来进行曲线回归的计算机处理方法．

还以表 5-4 中的数据为对象进行曲线回归分析，且仍以多项式函数为回归模型．

(1)在计算机中打开 Excel 电子表格．

(2)在第 A 列（第 1 行也是一样，区别只是在数据处理时，所选中的单元格不同）输入 $x$ 的数据，如图 5-42 所示．在 B 列第 2 行输入 $x^2$ 按“回车”键，如图 5-43 所示．点击 $x^2$ 所在的单元格后，使此单元格处于高亮度显示状态，将鼠标指针“✣”移动到此单元格的右下角位置后，鼠标指针变为“＋”型，如图 5-44 所示．按住鼠标左键，向右拖动 6 个单元格，如图 5-45 所示，这时在单元格$ C$ 2 到$ H$ 2 的 6 个单元格中，自动复制了与 $x^2$ 格式相同的 $x^3...x^8$ 的 6 个变量，这样使回归模型变为 8 阶的多项式型.

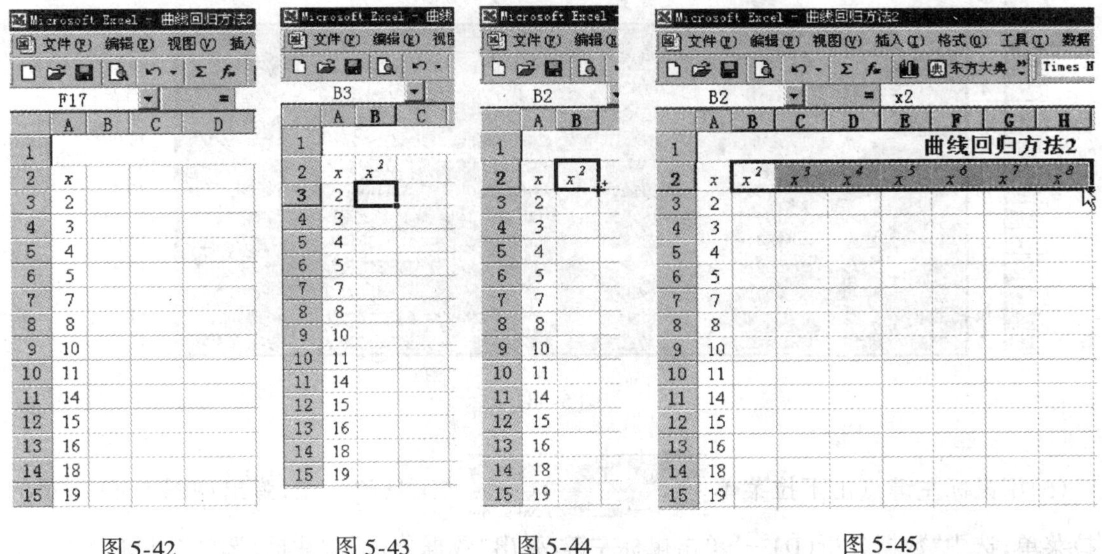


图 5-42　图 5-43　图 5-44　图 5-45

(3)在$ B $ 3 到$ H $ 3 的单元格中，分别输入相应 $x$ 的 2 次方到 8 次方的计算公式："=$ A3^2，…，=$ A3^8"，它表示第 1 个 $x$ 数据(2)的各阶乘方值——$2^2,\cdots,2^8$，如图 5-46 所示.

| | A | B | C | D | E | F | G | H |
|---|---|---|---|---|---|---|---|---|
| 1 | | | | | | 曲线回归方法2 | | |
| 2 | $x$ | $x^2$ | $x^3$ | $x^4$ | $x^5$ | $x^6$ | $x^7$ | $x^8$ |
| 3 | 2 | 4 | 8 | 16 | 32 | 64 | 128 | =$A3^8 |
| 4 | 3 | | | | | | | |
| 5 | 4 | | | | | | | |
| 6 | 5 | | | | | | | |
| 7 | 7 | | | | | | | |
| 8 | 8 | | | | | | | |
| 9 | 10 | | | | | | | |
| 10 | 11 | | | | | | | |
| 11 | 14 | | | | | | | |

图 5-46

(4)将鼠标再次点击$ B $ 3 的单元格，并将鼠标指针"✣"移动到此单元格的中心位置左右，按下鼠标左键，拖动鼠标到$ H $ 3 单元格，使它们高亮度显示后，松开鼠标左键，移动鼠标到$ H $ 3 单元格的右下角处，鼠标指针变为"+"光标(如图 4-47 所示)，按住鼠标左键向下拖动就完成了所有 $x$ 数据各阶乘方的计算，如图 5-48 所示. 在 I 列输入 $y$ 值的数据.

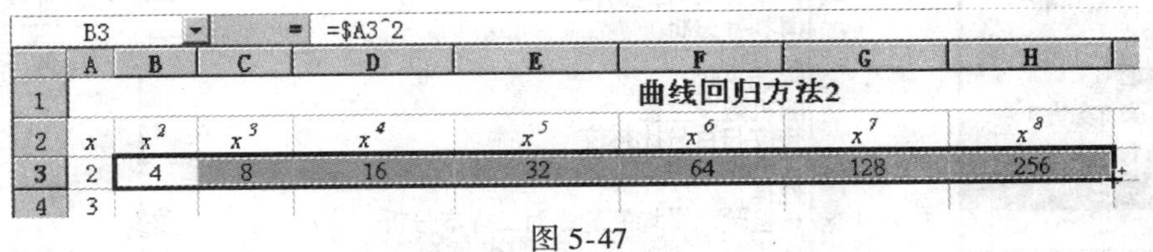


图 5-47

| 1 | 曲线回归方法2 | | | | | | | | |
|---|---|---|---|---|---|---|---|---|---|
| 2 | $x$ | $x^2$ | $x^3$ | $x^4$ | $x^5$ | $x^6$ | $x^7$ | $x^8$ | $y$ |
| 3 | 2 | 4 | 8 | 16 | 32 | 64 | 128 | 256 | 106.42 |
| 4 | 3 | 9 | 27 | 81 | 243 | 729 | 2187 | 6561 | 108.20 |
| 5 | 4 | 16 | 64 | 256 | 1024 | 4096 | 16384 | 65536 | 109.58 |
| 6 | 5 | 25 | 125 | 625 | 3125 | 15625 | 78125 | 390625 | 109.50 |
| 7 | 7 | 49 | 343 | 2401 | 16807 | 117649 | 823543 | 5764801 | 110.00 |
| 8 | 8 | 64 | 512 | 4096 | 32768 | 262144 | 2097152 | 16777216 | 109.93 |
| 9 | 10 | 100 | 1000 | 10000 | 100000 | 1000000 | 10000000 | 100000000 | 110.49 |
| 10 | 11 | 121 | 1331 | 14641 | 161051 | 1771561 | 19487171 | 214358881 | 110.59 |
| 11 | 14 | 196 | 2744 | 38416 | 537824 | 7529536 | 105413504 | 1475789056 | 110.60 |
| 12 | 15 | 225 | 3375 | 50625 | 759375 | 11390625 | 170859375 | 2562890625 | 110.90 |
| 13 | 16 | 256 | 4096 | 65536 | 1048576 | 16777216 | 268435456 | 4294967296 | 110.76 |
| 14 | 18 | 324 | 5832 | 104976 | 1889568 | 34012224 | 612220032 | 11019960576 | 111.00 |
| 15 | 19 | 361 | 6859 | 130321 | 2476099 | 47045881 | 893871739 | 16983563041 | 111.20 |

图 5-48

(5)用鼠标左键点击下拉菜单 格式(O) 工具(T) 数据(D) "工具(T)"项,弹出如图 5-49 所示的下拉菜单,选中"数据分析(D)…"单击鼠标左键,弹出"数据分析"对话框,选中"回归"项后,单击"确定"按钮(如图 5-50 所示),出现图 5-51 所示的"回归"对话框,在"输入"栏内"Y 值输入区域 (Y):"内输入$y$值所在的单元格区域:$I$3:$I$15;在"X值输入区域(X):"内输入$x$值所在的单元格区域:$ A $ 3:$ H $ 1F5,选中"置信度(F)"项,将 95% 改为 99%(它表示显著性水平$\alpha=0.01$);在"输出选项"栏内,选中"输出区域(O):"项,输入回归概要输出的起始位置"$ A $ 17"(它表示回归概要在第 A 列第 17 行的单元格位置开始输出),单击"确定"按钮,一个以 8 阶多项式为模型的曲线回归计算全部完成了,概要输出如图 5-52 所示.

各参数的说明见 5.3.2 节.按图 5-52 得到的回归参数,写出如下的曲线方程式(精确到小数点后 2 位):

$$\begin{aligned}\hat{y} &= 102.44 - 0.11852x + 2.370899x^2 - 0.9376466x^3 \\ &\quad + 0.167589x^4 - 0.0163314x^5 + 8.9622\times10^{-4}x^6 \\ &\quad - 2.60419\times10^{-5}x^7 + 3.11994\times10^{-7}x^8 \pm 0.215(\alpha=0.01);\end{aligned} \tag{5-44}$$

相关系数 $R=0.995629527$;

显著性检验:$F=56.82731>F_{0.01}(8,4)=14.79884304$,回归方程非常显著.

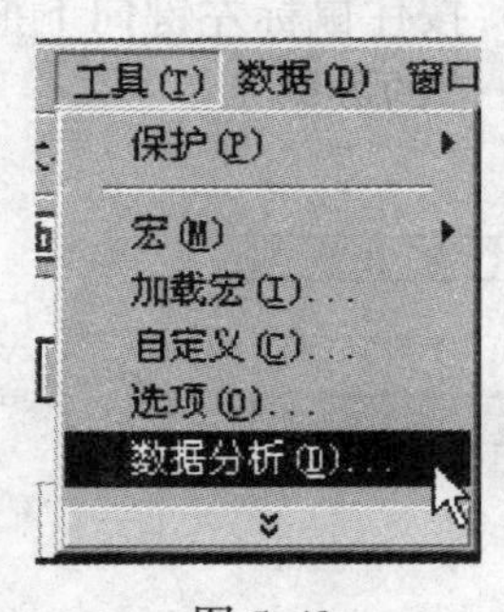


图 5-49

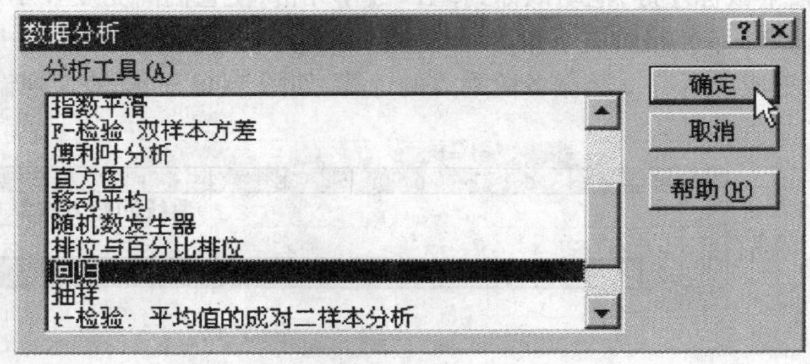


图 5-50

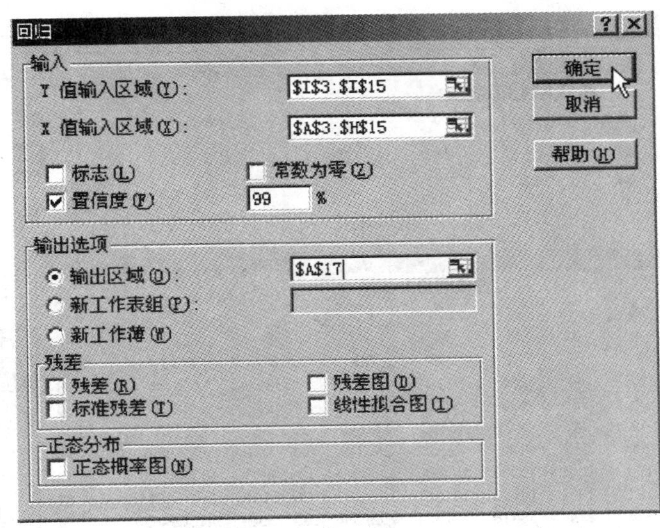


图 5-51

| | A | B | C | D | E | F |
|---|---|---|---|---|---|---|
| 17 | SUMMARY OUTPUT | | | | | |
| 18 | | | | | | |
| 19 | 回归统计 | | | | | |
| 20 | Multiple R | 0.995629527 | | | | |
| 21 | R Square | 0.991278154 | | | | |
| 22 | Adjusted R Square | 0.973834462 | | | | |
| 23 | 标准误差 | 0.215055098 | | | | |
| 24 | 观测值 | 13 | | | | |
| 25 | | | | | | |
| 26 | 方差分析 | | | | | |
| 27 | | df | SS | MS | F | $F_{0.01}$(8, 4) |
| 28 | 回归分析 | 8 | 21.02551 | 2.628189 | 56.827314 | 14.79884304 |
| 29 | 残差 | 4 | 0.184995 | 0.046249 | | |
| 30 | 总计 | 12 | 21.21051 | | | |
| 31 | | | | | | |
| 32 | | Coefficients | 标准误差 | t Stat | P-value | Lower 95% |
| 33 | Intercept | 102.4419825 | 9.695056 | 10.56641 | 0.0004539 | 75.52413596 |
| 34 | X Variable 1 | -0.118522854 | 12.22784 | -0.00969 | 0.9927305 | -34.06850614 |
| 35 | X Variable 2 | 2.370899357 | 6.060873 | 0.391181 | 0.7156063 | -14.45681663 |
| 36 | X Variable 3 | -0.937646575 | 1.566951 | -0.59839 | 0.5818157 | -5.288210129 |
| 37 | X Variable 4 | 0.1675893 | 0.234353 | 0.715115 | 0.5140583 | -0.48308002 |
| 38 | X Variable 5 | -0.016331372 | 0.02099 | -0.77805 | 0.4799917 | -0.074609139 |
| 39 | X Variable 6 | 0.00089622 | 0.001109 | 0.808228 | 0.4642842 | -0.002182504 |
| 40 | X Variable 7 | -2.60419E-05 | 3.18E-05 | -0.8187 | 0.4589271 | -0.000114357 |
| 41 | X Variable 8 | 3.11994E-07 | 3.82E-07 | 0.817721 | 0.4594263 | -7.47335E-07 |

图 5-52

用 8 阶多项式回归后的相关系数 $R^2=0.991278$ 与 6 阶多项式回归所得相关系数 $R^2=0.9898$ 和双曲线回归所得相关系数 $R^2=0.9730$ 相比，可知用 8 阶多项式模型回归精确度更高.

(6)在 Excel 电子表格中画出表 5-4 数据的散点图和公式(5-44)的回归曲线. 作图步骤为：

①按公式(5-44)在电子表格中的$ J $ 3 的单元格中输入："= $ B $ 33 + $ B $ 34 * A3 + $ B $ 35 * A3^2 + $ B $ 36 * A3^3 + $ B $ 37 * A3^4 + $ B $ 38 * A3^5 + $ B $ 39 * A3^6 + $ B $ 40 * A3^7 + $ B $ 41 * A3^8"($ B $ 33，$ B $ 34，…，$ B $ 41 分别表示各项所对应的回归系数，如图 5-52 高亮度显示的区域)，如图 5-53 所示. 点中$ J $ 3 单元格，将鼠标指针"✜"移动到该单元格的右下角位置，当出现"+"指针后，按住鼠标左键向下拖动，即复制出了对应 $x$ 值的回归值 $\hat{y}$ 的数值，如图 5-54 所示.

= =$B$33+$B$34*A3+$B$35*A3^2+$B$36*A3^3+$B$37*A3^4+$B$38*A3^5+$B$39*A3^6+$B$40*A3^7+$B$41*A3^8

| B | C | D | E | F | G | H | I | J | K |
|---|---|---|---|---|---|---|---|---|---|
| | | 曲线回归方法2 | | | | | | | |
| $x^2$ | $x^3$ | $x^4$ | $x^5$ | $x^6$ | $x^7$ | $x^8$ | $y$ | $\hat{y}$ | |
| 4 | 8 | 16 | 32 | 64 | 128 | 256 | 106.42 | 106.400291 | |
| 9 | 27 | 81 | 243 | 729 | 2187 | 6561 | 108.20 | | |

图 5-53

| | A | B | C | D | E | F | G | H | I | J |
|---|---|---|---|---|---|---|---|---|---|---|
| 1 | | | | 曲线回归方法2 | | | | | | |
| 2 | $x$ | $x^2$ | $x^3$ | $x^4$ | $x^5$ | $x^6$ | $x^7$ | $x^8$ | $y$ | $\hat{y}$ |
| 3 | 2 | 4 | 8 | 16 | 32 | 64 | 128 | 256 | 106.42 | 106.40 |
| 4 | 3 | 9 | 27 | 81 | 243 | 729 | 2187 | 6561 | 108.20 | 108.31 |
| 5 | 4 | 16 | 64 | 256 | 1024 | 4096 | 16384 | 65536 | 109.58 | 109.34 |
| 6 | 5 | 25 | 125 | 625 | 3125 | 15625 | 78125 | 390625 | 109.50 | 109.71 |
| 7 | 7 | 49 | 343 | 2401 | 16807 | 117649 | 823543 | 5764801 | 110.00 | 109.87 |
| 8 | 8 | 64 | 512 | 4096 | 32768 | 262144 | 2097152 | 16777216 | 109.93 | 110.01 |
| 9 | 10 | 100 | 1000 | 10000 | 100000 | 1000000 | 10000000 | 100000000 | 110.49 | 110.46 |
| 10 | 11 | 121 | 1331 | 14641 | 161051 | 1771561 | 19487171 | 214358881 | 110.59 | 110.61 |
| 11 | 14 | 196 | 2744 | 38416 | 537824 | 7529536 | 105413504 | 1475789056 | 110.60 | 110.68 |
| 12 | 15 | 225 | 3375 | 50625 | 759375 | 11390625 | 170859375 | 2562890625 | 110.90 | 110.74 |
| 13 | 16 | 256 | 4096 | 65536 | 1048576 | 16777216 | 268435456 | 4294967296 | 110.76 | 110.86 |
| 14 | 18 | 324 | 5832 | 104976 | 1889568 | 34012224 | 612220032 | 11019960576 | 111.00 | 110.98 |
| 15 | 19 | 361 | 6859 | 130321 | 2476099 | 47045881 | 893871739 | 16983563041 | 111.20 | 111.21 |

图 5-54

②将鼠标指到 Σ $f_x$ 东方 图表向导 位置,单击鼠标左键,出现图 5-55 的对话框,选择图中的选项

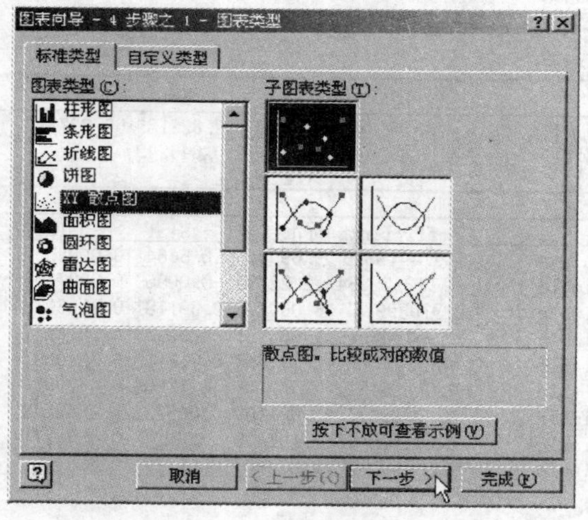


图 5-55

后单击“下一步”按钮,出现图 5-56 的对话框,选中“系列”栏,单击“添加(A)”按钮,出现图5-57的对话框,在“名称(N):”栏内填入“原始散点图”,然后将鼠标指针指到“X 值(X):”输入区的 X 值(X): 图标位置,单击鼠标左键,出现如图 5-58 所示的“源数据 - X 值:”输入框,此时按住鼠标左键,选中数据 $x$ 所在的区域(在操作界面中,选中的区域以虚线框闪烁显示,如图 5-58 所示),按“回车”键,即完成了数据 $x$ 的输入;数据 $y$ 的输入方法与数据 $x$ 的输入方法相同;完成名称为“原始散点图”的输入后,再单击“添加”按钮,在名

称栏输入“回归曲线”,用上述方法输入数据 $x$ 和数据 $\hat{y}$,如图 5-59 所示,单击“下一步”按钮,出现如图 5-60 所示的对话框,按对话框中输入图表标题名称、$X$ 坐标轴的名称和 $Y$ 坐标轴的名称后单击“下一步”,出现如图 5-61 的对话框.在方法 1 中我们选择的是“作为其中的对象插入(O):”选项,本例我们来试一试选用“作为新工作表插入(S):”选项,选中后单击“完成(F)”按钮,即完成了散点图的制作.经过作者修饰后的散点图如图 5-62 所示.

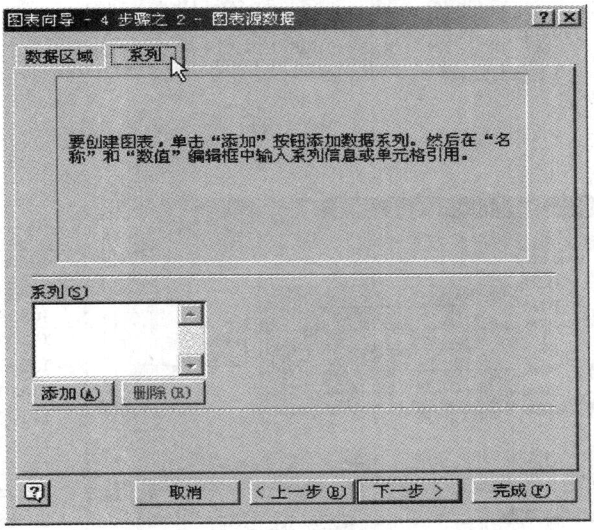

图 5-56

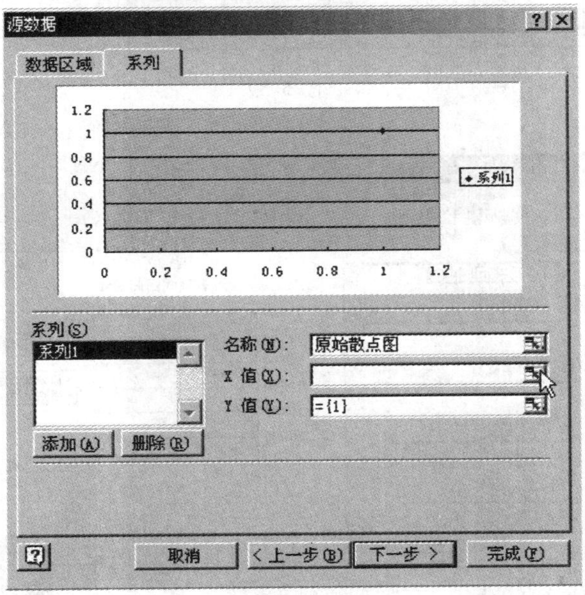

图 5-57

| 2 | $x$ | $x^2$ | $x^3$ | $x^4$ | $x^5$ | $x^6$ | $x^7$ | |
|---|---|---|---|---|---|---|---|---|
| 3 | 2 | 4 | 8 | 16 | 32 | 64 | 128 | |
| 4 | 3 | 9 | 27 | 81 | 243 | 729 | 2187 | |
| 5 | 4 | 16 | 64 | 256 | 1024 | 4096 | 16384 | |
| 6 | 5 | 25 | 125 | 625 | 3125 | 15625 | 78125 | |
| 7 | 7 | 源数据 - X 值: | | | | | | |
| 8 | 8 | =方法2!$A$3:$A$15 | | | | | | |
| 9 | 10 | 100 | 1000 | 10000 | 100000 | 1000000 | 10000000 | 1( |
| 10 | 11 | 121 | 1331 | 14641 | 161051 | 1771561 | 19487171 | 21 |
| 11 | 14 | 196 | 2744 | 38416 | 537824 | 7529536 | 105413504 | 14 |
| 12 | 15 | 225 | 3375 | 50625 | 759375 | 11390625 | 170859375 | 25 |
| 13 | 16 | 256 | 4096 | 65536 | 1048576 | 16777216 | 268435456 | 42 |
| 14 | 18 | 324 | 5832 | 104976 | 1889568 | 34012224 | 612220032 | 11( |
| 15 | 19 | 361 | 6859 | 130321 | 2476099 | 47045881 | 893871739 | 16( |

图 5-58

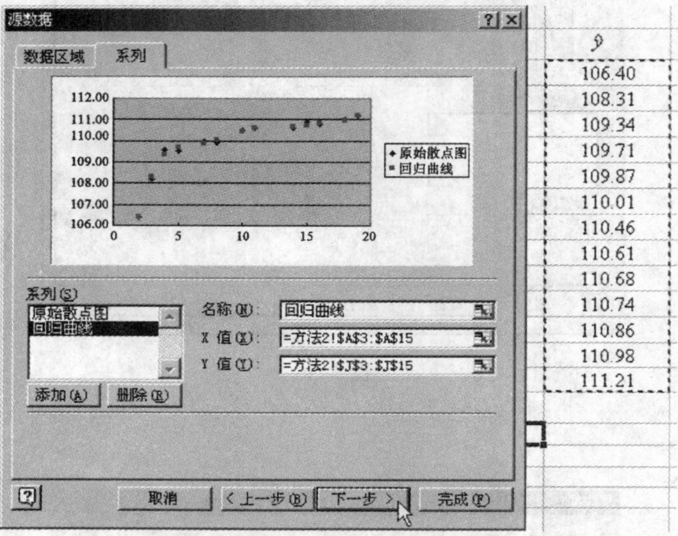


图 5-59

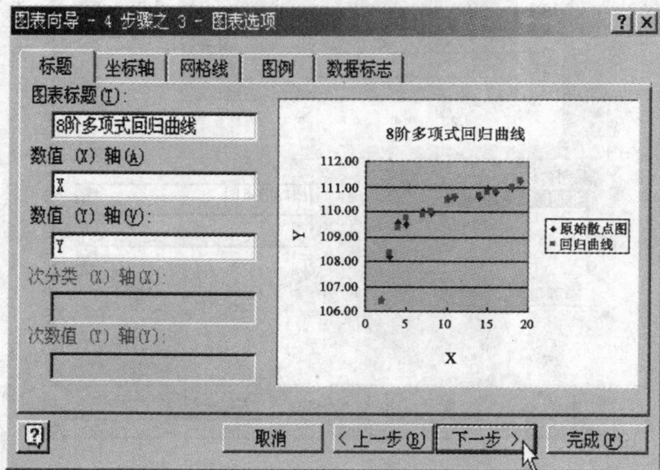


图 5-60

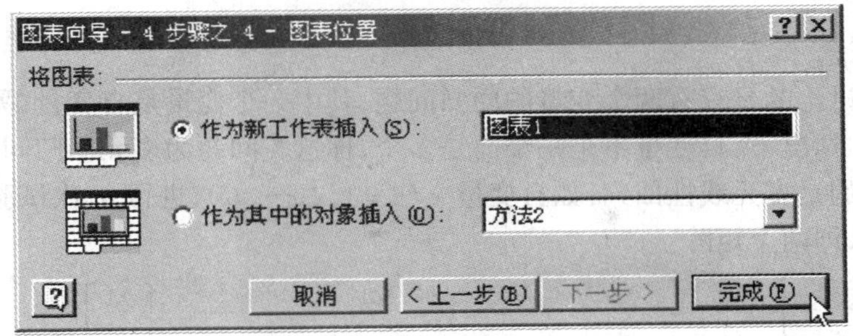


图 5-61

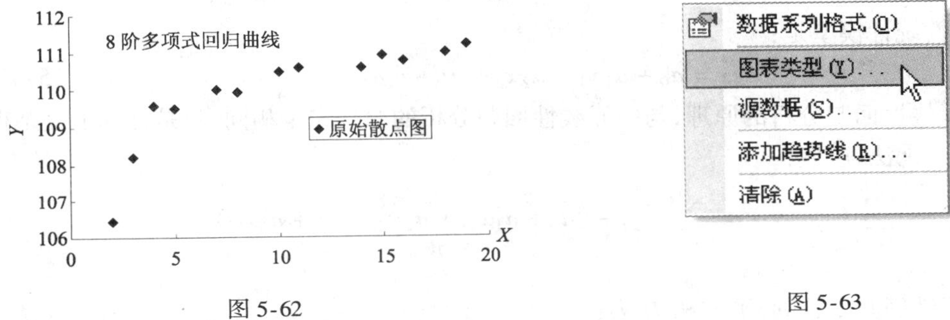


图 5-62

图 5-63

③在散点图上空白处单击鼠标右键,弹出一个菜单,对图形进行各种修饰,这部分内容请读者自己试一试.将鼠标指到任何一个回归曲线散点上,单击鼠标右键会弹出如图 5-63 所示的菜单,选择"图表类型(Y)…"项,弹出如图 5-64 的对话框,按图中的选项选择后,单击"确定"按钮,散点图和回归曲线图就完成了,如图 5-65 所示.

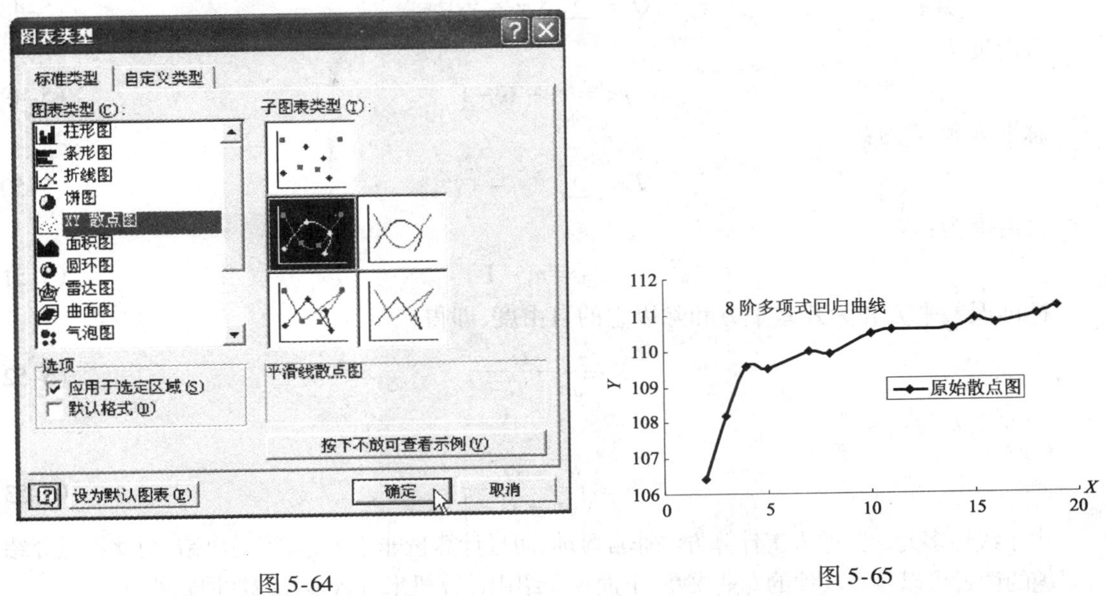


图 5-64

图 5-65

## 5.5 多元回归

### 5.5.1 基本概念

以上几节所讨论的是只有两个变量的回归问题,其中一个变量是自变量,另一个变量是因变量.但在大多数情况下,自变量不是一个而是多个,称这类问题为多元回归问题.多元回归中最简单且最基本的是多元线性回归.如自变量 $x_i(i=1,2,\cdots,G)$,进行 $m$ 次试验所得的数据可以写成两个数组,即两个矩阵:

$$X=\begin{bmatrix} x_{11} & x_{21} & \cdots & x_{G1} \\ x_{12} & x_{22} & \cdots & x_{G2} \\ \cdots\cdots & \cdots\cdots & \cdots\cdots & \cdots\cdots \\ \cdots\cdots & \cdots\cdots & \cdots\cdots & \cdots\cdots \\ x_{1m} & x_{2m} & & x_{Gm} \end{bmatrix}_{m\times G} \qquad Y=\begin{bmatrix} y_1 \\ y_2 \\ \vdots \\ \vdots \\ y_m \end{bmatrix}_{m\times 1}$$

显然,多元线性统计模型是:

$$\hat{y}=a_0+a_1x_1+a_2x_2+\cdots+a_Gx_G \tag{5-45}$$

这种多元线性回归分析的原理,与一元线性回归分析的原理完全相同,只是计算上复杂得多.根据最小二乘法,应使:

$$\sum_{j=1}^{m}(y_j-\hat{y}_j)^2=\sum_{j=1}^{m}[y_i-(a_0+a_1x_{1j}+a_2x_{2j}+\cdots+a_Gx_{Gj})]^2$$

为最小.

在多元线性回归中,回归平方和 $U$ 为:

$$U=\sum(\hat{y}_j-\overline{y})^2 \tag{5-46}$$

由式(5-45)可知,有 $G$ 个自变量对因变量 $y$ 有影响,所以回归平方和的自由度为:

$$f_{回}=G \tag{5-47}$$

残差平方和 $Q$ 为:

$$Q=\sum(y_j-\hat{y}_j)^2 \tag{5-48}$$

自由度为:

$$f_{残}=m-G-1 \tag{5-49}$$

总平方和 $T$ 为:

$$T=\sum(y_j-\overline{y})^2 \tag{5-50}$$

自由度为:

$$f_{总}=m-1 \tag{5-51}$$

标准误差平方和为残差平方和除以它的自由度,即得:

$$S^2=\frac{Q}{m-G-1} \tag{5-52}$$

标准误差为:

$$S=\sqrt{\frac{Q}{m-G-1}} \tag{5-53}$$

由于线性多元回归的人工计算方法非常繁琐,而且计算量非常大,又容易出错,因此不做介绍,有兴趣的读者可以参看其他的专业书籍.下面仅介绍用计算机来进行多元线性回归的方法.

### 5.5.2 用 Excel 电子表格进行多元线性回归计算示例

下面举一个具有四个变量的例子,来说明如何用计算机进行多元线性回归.在前面的计算机求解回归方程的例子中,我们已经基本掌握了一些利用 Microsoft Excel 电子表格软件,进行计算机回归的方法,实际上,在利用计算机解多元线性回归的各个参数,我们前面已经做过了,只是上面我们解决的是曲线回归的问题.通过解下面的例题,可以使我们掌握更多的技巧,以便在利用 Excel 电子表格解回归方程时,能够灵活地应用.

**例 5.3** 某种水泥在水化凝固时放出的热量 $y$(J/g)与水泥中下列四种化学成分的含量有关:

$x_1$——$3CaO\cdot SiO_2$ 的含量,%;

$x_2$——$2CaO\cdot SiO_2$ 的含量,%;

$x_3$——$3CaO\cdot Al_2O_3$ 的含量,%;

$x_4$——$4CaO\cdot Al_2O_3\cdot Fe_2O_3$ 的含量,%.

原始试验数据如表 5-7 所示.请用计算机中的 Excel 软件进行线性多元回归分析求解.

**表 5-7 原始试验数据**

| 试验号 $m$ | $x_1$ | $x_2$ | $x_3$ | $x_4$ | $y$ |
|---|---|---|---|---|---|
| 1 | 7 | 26 | 6 | 60 | 78.5 |
| 2 | 1 | 29 | 15 | 52 | 74.3 |
| 3 | 11 | 56 | 8 | 20 | 104.3 |
| 4 | 11 | 31 | 8 | 47 | 87.6 |
| 5 | 7 | 52 | 6 | 33 | 95.9 |
| 6 | 11 | 55 | 9 | 22 | 105.2 |
| 7 | 3 | 71 | 17 | 6 | 102.7 |
| 8 | 1 | 31 | 22 | 44 | 72.5 |
| 9 | 2 | 54 | 18 | 22 | 93.1 |
| 10 | 21 | 47 | 4 | 26 | 115.9 |
| 11 | 1 | 40 | 23 | 34 | 83.8 |
| 12 | 11 | 60 | 9 | 12 | 113.3 |
| 13 | 10 | 68 | 8 | 12 | 109.4 |

**解** ①打开 Excel 电子表格.

②将数据成列(成行)输入到电子表格中,如图 5-66 所示.

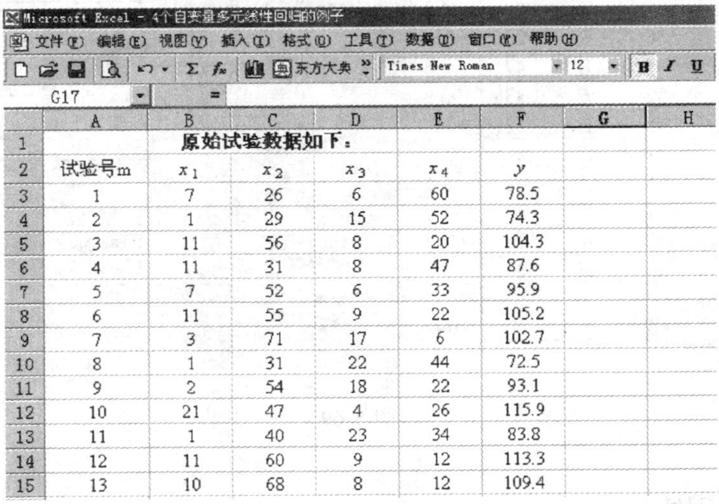

Microsoft Excel - 4个自变量多元线性回归的例子

文件(F) 编辑(E) 视图(V) 插入(I) 格式(O) 工具(T) 数据(D) 窗口(W) 帮助(H)

G17 =

| | A | B | C | D | E | F | G | H |
|---|---|---|---|---|---|---|---|---|
| 1 | | 原始试验数据如下: | | | | | | |
| 2 | 试验号m | $x_1$ | $x_2$ | $x_3$ | $x_4$ | $y$ | | |
| 3 | 1 | 7 | 26 | 6 | 60 | 78.5 | | |
| 4 | 2 | 1 | 29 | 15 | 52 | 74.3 | | |
| 5 | 3 | 11 | 56 | 8 | 20 | 104.3 | | |
| 6 | 4 | 11 | 31 | 8 | 47 | 87.6 | | |
| 7 | 5 | 7 | 52 | 6 | 33 | 95.9 | | |
| 8 | 6 | 11 | 55 | 9 | 22 | 105.2 | | |
| 9 | 7 | 3 | 71 | 17 | 6 | 102.7 | | |
| 10 | 8 | 1 | 31 | 22 | 44 | 72.5 | | |
| 11 | 9 | 2 | 54 | 18 | 22 | 93.1 | | |
| 12 | 10 | 21 | 47 | 4 | 26 | 115.9 | | |
| 13 | 11 | 1 | 40 | 23 | 34 | 83.8 | | |
| 14 | 12 | 11 | 60 | 9 | 12 | 113.3 | | |
| 15 | 13 | 10 | 68 | 8 | 12 | 109.4 | | |

图 5-66

③单击 下拉菜单，出现如图5-67所示的下拉菜单，选中“数据分析(D)…”项，弹出如图5-68所示的数据分析对话框，选择“回归”项后，单击“确定”按钮，弹出如图5-69所示的回归对话框，用鼠标点击对话框上如右图所示的位置 ，选择 $x$ 和 $y$ 值数据区，被选中的区域，有一个闪烁的虚框(如图5-69所示)，表示此区域的数据被选中，在对话框中选择置信度为99%，输出选项选择在“新工作表组(P)：”输出，在表组名输入文本框内输入“4变量多元线性回归”，单击“确定”按钮，回归后的所有参数都显示在表组名为“4变量多元线性回归”的表中了，如图5-70所示.

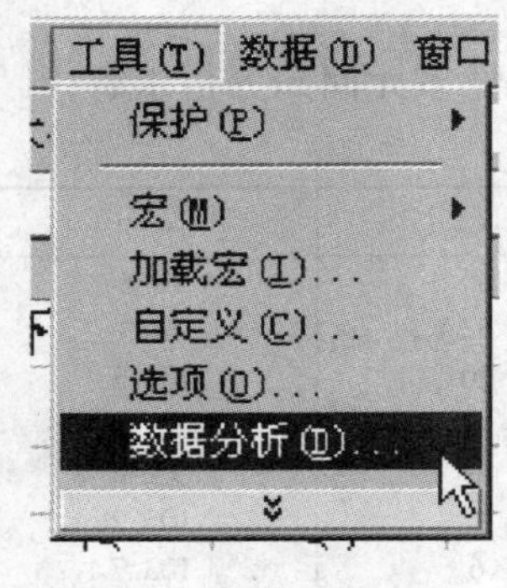


图 5-67

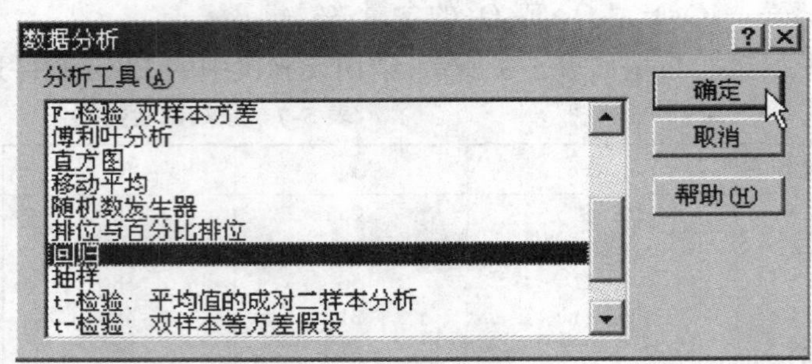


图 5-68

| | A | B | C | D | E | F |
|---|---|---|---|---|---|---|
| 1 | | 原始试验数据如下： | | | | |
| 2 | 试验号m | $x_1$ | $x_2$ | $x_3$ | $x_4$ | $y$ |
| 3 | 1 | 7 | 26 | 6 | 60 | 78.5 |
| 4 | 2 | 1 | 29 | 15 | 52 | 74.3 |
| 5 | 3 | 11 | 56 | 8 | 20 | 104.3 |
| 6 | 4 | 11 | 31 | 8 | 47 | 87.6 |
| 7 | 5 | 7 | 52 | 6 | 33 | 95.9 |
| 8 | 6 | 11 | 55 | 9 | 22 | 105.2 |
| 9 | 7 | 3 | 71 | 17 | 6 | 102.7 |
| 10 | 8 | 1 | 31 | 22 | 44 | 72.5 |
| 11 | 9 | 2 | 54 | 18 | 22 | 93.1 |
| 12 | 10 | 21 | 47 | 4 | 26 | 115.9 |
| 13 | 11 | 1 | 40 | 23 | 34 | 83.8 |
| 14 | 12 | 11 | 60 | 9 | 12 | 113.3 |
| 15 | 13 | 10 | 68 | 8 | 12 | 109.4 |
| 16 | | | | | | |

回归
输入
Y 值输入区域(Y)：$F$3:$F$15
X 值输入区域(X)：$B$3:$E$15
标志(L)　常数为零(Z)
置信度(F) 99 %
确定
取消
帮助(H)
输出选项
输出区域(O)：
新工作表组(P)：4变量多元线性回归
新工作薄(W)
残差
残差(R)　残差图(D)
标准残差(T)　线性拟合图(I)
正态分布
正态概率图(N)

图 5-69

依据图5-70的概要输出表，可知：

回归系数：$R=0.993504713$；

| | A | B | C | D | E | F |
|---|---|---|---|---|---|---|
| 1 | SUMMARY OUTPUT | | | | | |
| 2 | | | | | | |
| 3 | 回归统计 | | | | | |
| 4 | Multiple R | 0.993504713 | | | | |
| 5 | R Square | 0.987051615 | | | | |
| 6 | Adjusted R Square | 0.980577422 | | | | |
| 7 | 标准误差 | 2.059395348 | | | | |
| 8 | 观测值 | 13 | | | | |
| 9 | | | | | | |
| 10 | 方差分析 | | | | | |
| 11 | | df | SS | MS | F | $F_{0.01}(4,8)$ |
| 12 | 回归分析 | 4 | 2586.388 | 646.597 | 152.4594 | 7.006065061 |
| 13 | 残差 | 8 | 33.92887 | 4.241109 | | |
| 14 | 总计 | 12 | 2620.317 | | | |
| 15 | | | | | | |
| 16 | | Coefficients | 标准误差 | t Stat | P-value | Lower 95% |
| 17 | Intercept | 127.2345787 | 36.18829 | 3.515905 | 0.007893 | 43.78417595 |
| 18 | X Variable 1 | 0.858281742 | 0.419687 | 2.04505 | 0.075083 | -0.109519558 |
| 19 | X Variable 2 | -0.166964867 | 0.37917 | -0.44034 | 0.671344 | -1.04133363 |
| 20 | X Variable 3 | -0.573244588 | 0.407864 | -1.40548 | 0.197504 | -1.513781949 |
| 21 | X Variable 4 | -0.79379029 | 0.360791 | -2.20014 | 0.058981 | -1.625775346 |

图 5-70

标准误差：$S = 2.059395348$；

回归平方和：$U = 2586.388$；

残差平方和：$Q = 33.92887$；

显著性检验：$F = 152.4594 > F_{0.01}(4,8) = 7.006065061$，表示回归特别显著；

回归方程：$y = 127.2345787 + 0.858281742x_1 - 0.166964867x_2 - 0.573244588x_3 - 0.79379019x_4 \pm 2.059395348(\text{J/g})$ （显著性水平 $\alpha = 0.01$）

### 5.5.3 多元曲线回归

线性回归分析方法还可以扩展到更为普遍的情况.假定有：

$$\hat{y} = c_0 + c_1f_1(x) + c_2f_2(x) + \cdots + c_Gf_G(x) \tag{5-54}$$

式中，$f_i(x)(i = 1,2,\cdots,G)$是 $x$ 的已知函数，不含有未知参数 $c_i(i = 0,1,2,\cdots,G)$，显然对待定参数 $c_i$ 而言，该式仍为线性函数.$f_i(x)$可以是任意函数，并不要求是 $x$ 的线性函数.

如下面函数式的格式就是此类函数的一例：

$$\hat{y} = c_0 + c_1x^2 + c_2\ln x + c_3e^x + c_4\frac{1}{x} + c_5(\ln x)^2 \tag{5-55}$$

一般，常用的统计数学模型为 $G$ 一阶多项式：

$$\hat{y} = c_1 + c_2x + c_3x^2 + \cdots + c_Gx^{G-1} \tag{5-56}$$

任何函数至少在一个比较小的范围内可以用多项式任意逼近.因此，在比较复杂的实际问题中，往往不管 $y$ 与各因素的关系如何，而采用多项式进行回归分析.可见，多项式回归在回归问题中占有特殊的地位.

一般说来，在科学技术领域内，用二次多项式来逼近已足够精确.二次多项式的数学模型为：

$$\begin{aligned}\hat{y} =& a_0 + a_1x_1 + a_2x_2 + \cdots + a_nx_n \\ &+ a_{n+1}x_1^2 + a_{n+2}x_2^2 + \cdots + a_{n+n}x_n^2 \\ &+ a_{2n+1}x_1x_2 + a_{2n+2}x_1x_3 + \cdots\end{aligned} \tag{5-57}$$

由数学模型式(5-56)可以看出,在曲线回归中计算机处理方法 2 中我们已经使用过了,当时用的是 8 阶多项式对例 5.3 中的数据进行的曲线回归,可见多元曲线回归的问题,利用计算机技术是非常容易解决的.

**例 5.4** 下面用公式(5-55)数学模型进行多元曲线回归分析.

**解** ①打开 Excel 电子表格.

②以$ A $ 3 单元格开始在 A 列输入 $x$ 数据,在$ B $ 3 单元格输入计算公式"= A3^2",在$ C$ 3 单元格输入计算公式"= ln(A3)",在$ D $ 3 单元格输入计算公式"= exp(A3)",在$ E $ 3 单元格输入计算公式"= 1/A3",在$ F $ 3 单元格输入计算公式"= (ln(A3))".以$ G $ 3 单元格开始在 G 列输入 $y$ 数据.(注:字母用大小写均可)

③选中$ B $ 3 到$ F $ 3 的单元格,将鼠标移动到$ F $ 3 单元格的右下角,鼠标变为"+"指针时,按住鼠标左键向下拖动鼠标,以完成上面输入公式的复制工作,如图 5-71 所示.

B3 = =A3^2

| | A | B | C | D | E | F | G |
|---|---|---|---|---|---|---|---|
| 1 | | | | | 多元曲线回归 | | |
| 2 | $x$ | $x^2$ | $lnx$ | $e^x$ | $1/x$ | $(lnx)^2$ | 容积 $y$ |
| 3 | 2 | 4 | 0.693147181 | 7.389056099 | 0.5000000 | 0.480453014 | 106.42 |
| 4 | 3 | 9 | 1.098612289 | 20.08553692 | 0.3333333 | 1.206948961 | 108.20 |
| 5 | 4 | 16 | 1.386294361 | 54.59815003 | 0.2500000 | 1.921812056 | 109.58 |
| 6 | 5 | 25 | 1.609437912 | 148.4131591 | 0.2000000 | 2.590290394 | 109.50 |
| 7 | 7 | 49 | 1.945910149 | 1096.633158 | 0.1428571 | 3.786566308 | 110.00 |
| 8 | 8 | 64 | 2.079441542 | 2980.957987 | 0.1250000 | 4.324077125 | 109.93 |
| 9 | 10 | 100 | 2.302585093 | 22026.46579 | 0.1000000 | 5.30189811 | 110.49 |
| 10 | 11 | 121 | 2.397895273 | 59874.14172 | 0.0909091 | 5.749901739 | 110.59 |
| 11 | 14 | 196 | 2.63905733 | 1202604.284 | 0.0714286 | 6.964623589 | 110.60 |
| 12 | 15 | 225 | 2.708050201 | 3269017.372 | 0.0666667 | 7.333535892 | 110.90 |
| 13 | 16 | 256 | 2.772588722 | 8886110.521 | 0.0625000 | 7.687248223 | 110.76 |
| 14 | 18 | 324 | 2.890371758 | 65659969.14 | 0.0555556 | 8.354248899 | 111.00 |
| 15 | 19 | 361 | 2.944438979 | 178482301 | 0.0526316 | 8.669720902 | 111.20 |

图 5-71

④单击 (O) 工具(T) 数据 下拉菜单,选择"数据分析"项,在图 5-72 的数据分析对话框中选中"回归"项后,单击"确定"按钮.

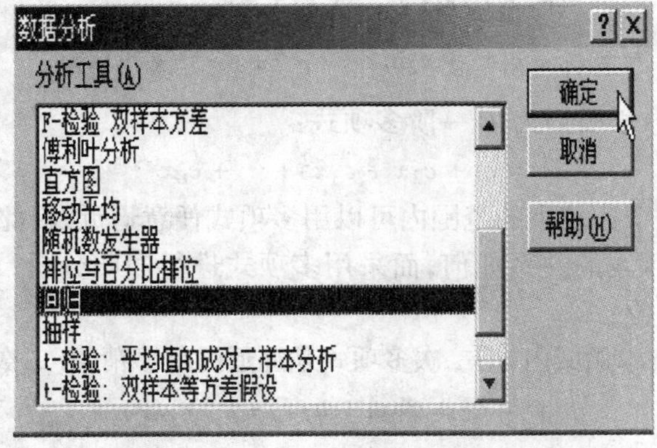


图 5-72

⑤在回归对话框中(图 5-73),输入 Y 值输入区域、X 值输入区域、置信度 99%,在新工作表组输出,在右边的文本框中输入“多元回归曲线回归参数”,单击“确定”按钮,回归过程完毕,如图 5-74 所示.输出概要请读者与前面回归模型做出的结果进行对比分析,不再赘述.

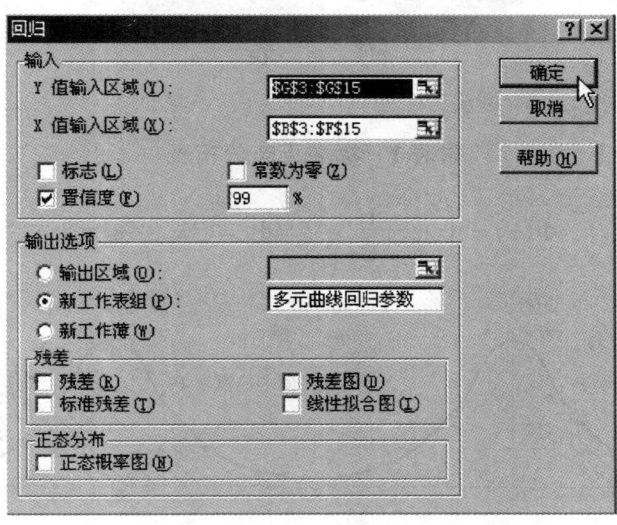


图 5-73

| | A | B | C | D | E | F |
|---|---|---|---|---|---|---|
| 1 | SUMMARY OUTPUT | | | | | |
| 2 | | | | | | |
| 3 | 回归统计 | | | | | |
| 4 | Multiple R | 0.99265372 | | | | |
| 5 | R Square | 0.985361408 | | | | |
| 6 | Adjusted R Square | 0.974905272 | | | | |
| 7 | 标准误差 | 0.210608628 | | | | |
| 8 | 观测值 | 13 | | | | |
| 9 | | | | | | |
| 10 | 方差分析 | | | | | |
| 11 | | df | SS | MS | F | $F_{0.01}(5, 7)$ |
| 12 | 回归分析 | 5 | 20.900016 | 4.180003 | 94.23762 | 7.460357665 |
| 13 | 残差 | 7 | 0.310492 | 0.044356 | | |
| 14 | 总计 | 12 | 21.210508 | | | |
| 15 | | | | | | |
| 16 | | Coefficients | 标准误差 | t Stat | P-value | Lower 95% |
| 17 | Intercept | 133.397743 | 22.746243 | 5.864606 | 0.000621 | 79.61146396 |
| 18 | X Variable 1 | -0.005884101 | 0.0131993 | -0.44579 | 0.669212 | -0.03709554 |
| 19 | X Variable 2 | -14.95195258 | 16.66219 | -0.89736 | 0.399338 | -54.3517434 |
| 20 | X Variable 3 | 1.82126E-09 | 3.193E-09 | 0.570446 | 0.586212 | -5.72826E-09 |
| 21 | X Variable 4 | -36.09067475 | 25.966834 | -1.38988 | 0.207163 | -97.49243618 |
| 22 | X Variable 5 | 2.944522303 | 3.6864386 | 0.798744 | 0.450684 | -5.772513682 |

图 5-74

# 附　　表

## 附表 1　标准正态分布表

$$\Phi(z)=\int_{-\infty}^{Z}\frac{1}{\sqrt{2\pi}}e^{-u^2/2}du=P\quad(Z\leqslant z)$$

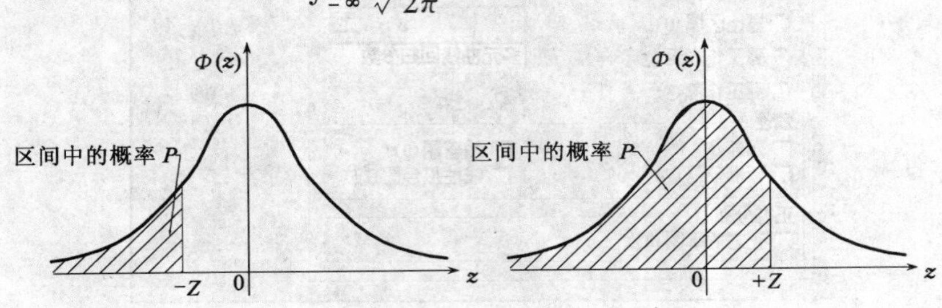


| z | 0 | 1 | 2 | 3 | 4 | 5 | 6 | 7 | 8 | 9 |
|---|---|---|---|---|---|---|---|---|---|---|
| -3.0 | 0.0013 | 0.0013 | 0.0013 | 0.0012 | 0.0012 | 0.0011 | 0.0011 | 0.0011 | 0.0010 | 0.0010 |
| -2.9 | 0.0019 | 0.0018 | 0.0018 | 0.0017 | 0.0016 | 0.0016 | 0.0015 | 0.0015 | 0.0014 | 0.0014 |
| -2.8 | 0.0026 | 0.0025 | 0.0024 | 0.0023 | 0.0023 | 0.0022 | 0.0021 | 0.0021 | 0.0020 | 0.0019 |
| -2.7 | 0.0035 | 0.0034 | 0.0033 | 0.0032 | 0.0031 | 0.0030 | 0.0029 | 0.0028 | 0.0027 | 0.0026 |
| -2.6 | 0.0047 | 0.0045 | 0.0044 | 0.0043 | 0.0041 | 0.0040 | 0.0039 | 0.0038 | 0.0037 | 0.0036 |
| -2.5 | 0.0062 | 0.0060 | 0.0059 | 0.0057 | 0.0055 | 0.0054 | 0.0052 | 0.0051 | 0.0049 | 0.0048 |
| -2.4 | 0.0082 | 0.0080 | 0.0078 | 0.0075 | 0.0073 | 0.0071 | 0.0069 | 0.0068 | 0.0066 | 0.0064 |
| -2.3 | 0.0107 | 0.0104 | 0.0102 | 0.0099 | 0.0096 | 0.0094 | 0.0091 | 0.0089 | 0.0087 | 0.0084 |
| -2.2 | 0.0139 | 0.0136 | 0.0132 | 0.0129 | 0.0125 | 0.0122 | 0.0119 | 0.0116 | 0.0113 | 0.0110 |
| -2.1 | 0.0179 | 0.0174 | 0.0170 | 0.0166 | 0.0162 | 0.0158 | 0.0154 | 0.0150 | 0.0146 | 0.0143 |
| -2.0 | 0.0228 | 0.0222 | 0.0217 | 0.0212 | 0.0207 | 0.0202 | 0.0197 | 0.0192 | 0.0188 | 0.0183 |
| -1.9 | 0.0287 | 0.0281 | 0.0274 | 0.0268 | 0.0262 | 0.0256 | 0.0250 | 0.0244 | 0.0239 | 0.0233 |
| -1.8 | 0.0359 | 0.0351 | 0.0344 | 0.0336 | 0.0329 | 0.0322 | 0.0314 | 0.0307 | 0.0301 | 0.0294 |
| -1.7 | 0.0446 | 0.0436 | 0.0427 | 0.0418 | 0.0409 | 0.0401 | 0.0392 | 0.0384 | 0.0375 | 0.0367 |
| -1.6 | 0.0548 | 0.0537 | 0.0526 | 0.0516 | 0.0505 | 0.0495 | 0.0485 | 0.0475 | 0.0465 | 0.0455 |
| -1.5 | 0.0668 | 0.0655 | 0.0643 | 0.0630 | 0.0618 | 0.0606 | 0.0594 | 0.0582 | 0.0571 | 0.0559 |
| -1.4 | 0.0808 | 0.0793 | 0.0778 | 0.0764 | 0.0749 | 0.0735 | 0.0721 | 0.0708 | 0.0694 | 0.0681 |
| -1.3 | 0.0968 | 0.0951 | 0.0934 | 0.0918 | 0.0901 | 0.0885 | 0.0869 | 0.0853 | 0.0838 | 0.0823 |
| -1.2 | 0.1151 | 0.1131 | 0.1112 | 0.1093 | 0.1075 | 0.1056 | 0.1038 | 0.1020 | 0.1003 | 0.0985 |
| -1.1 | 0.1357 | 0.1335 | 0.1314 | 0.1292 | 0.1271 | 0.1251 | 0.1230 | 0.1210 | 0.1190 | 0.1170 |
| -1.0 | 0.1587 | 0.1562 | 0.1539 | 0.1515 | 0.1492 | 0.1469 | 0.1446 | 0.1423 | 0.1401 | 0.1379 |

续表

| z | 0 | 1 | 2 | 3 | 4 | 5 | 6 | 7 | 8 | 9 |
|---|---|---|---|---|---|---|---|---|---|---|
| -0.9 | 0.1841 | 0.1814 | 0.1788 | 0.1762 | 0.1736 | 0.1711 | 0.1685 | 0.1660 | 0.1635 | 0.1611 |
| -0.8 | 0.2119 | 0.2090 | 0.2061 | 0.2033 | 0.2005 | 0.1977 | 0.1949 | 0.1922 | 0.1894 | 0.1867 |
| -0.7 | 0.2420 | 0.2389 | 0.2358 | 0.2327 | 0.2296 | 0.2266 | 0.2236 | 0.2206 | 0.2177 | 0.2148 |
| -0.6 | 0.2743 | 0.2709 | 0.2676 | 0.2643 | 0.2611 | 0.2578 | 0.2546 | 0.2514 | 0.2483 | 0.2451 |
| -0.5 | 0.3085 | 0.3050 | 0.3015 | 0.2981 | 0.2946 | 0.2912 | 0.2877 | 0.2843 | 0.2810 | 0.2776 |
| -0.4 | 0.3446 | 0.3409 | 0.3372 | 0.3336 | 0.3300 | 0.3264 | 0.3228 | 0.3192 | 0.3156 | 0.3121 |
| -0.3 | 0.3821 | 0.3783 | 0.3745 | 0.3707 | 0.3669 | 0.3632 | 0.3594 | 0.3557 | 0.3520 | 0.3483 |
| -0.2 | 0.4207 | 0.4168 | 0.4129 | 0.4090 | 0.4052 | 0.4013 | 0.3974 | 0.3936 | 0.3897 | 0.3859 |
| -0.1 | 0.4602 | 0.4562 | 0.4522 | 0.4483 | 0.4443 | 0.4404 | 0.4364 | 0.4325 | 0.4286 | 0.4247 |
| -0.0 | 0.5000 | 0.4960 | 0.4920 | 0.4880 | 0.4840 | 0.4801 | 0.4761 | 0.4721 | 0.4681 | 0.4641 |
| 0.0 | 0.5000 | 0.5040 | 0.5080 | 0.5120 | 0.5160 | 0.5199 | 0.5239 | 0.5279 | 0.5319 | 0.5359 |
| 0.1 | 0.5398 | 0.5438 | 0.5478 | 0.5517 | 0.5557 | 0.5596 | 0.5636 | 0.5675 | 0.5714 | 0.5753 |
| 0.2 | 0.5793 | 0.5832 | 0.5871 | 0.5910 | 0.5948 | 0.5987 | 0.6026 | 0.6064 | 0.6103 | 0.6141 |
| 0.3 | 0.6179 | 0.6217 | 0.6255 | 0.6293 | 0.6331 | 0.6368 | 0.6406 | 0.6443 | 0.6480 | 0.6517 |
| 0.4 | 0.6554 | 0.6591 | 0.6628 | 0.6664 | 0.6700 | 0.6736 | 0.6772 | 0.6808 | 0.6844 | 0.6879 |
| 0.5 | 0.6915 | 0.6950 | 0.6985 | 0.7019 | 0.7054 | 0.7088 | 0.7123 | 0.7157 | 0.7190 | 0.7224 |
| 0.6 | 0.7257 | 0.7291 | 0.7324 | 0.7357 | 0.7389 | 0.7422 | 0.7454 | 0.7486 | 0.7517 | 0.7549 |
| 0.7 | 0.7580 | 0.7611 | 0.7642 | 0.7673 | 0.7704 | 0.7734 | 0.7764 | 0.7794 | 0.7823 | 0.7852 |
| 0.8 | 0.7881 | 0.7910 | 0.7939 | 0.7967 | 0.7995 | 0.8023 | 0.8051 | 0.8078 | 0.8106 | 0.8133 |
| 0.9 | 0.8159 | 0.8186 | 0.8212 | 0.8238 | 0.8264 | 0.8289 | 0.8315 | 0.8340 | 0.8365 | 0.8389 |
| 1.0 | 0.8413 | 0.8438 | 0.8461 | 0.8485 | 0.8508 | 0.8531 | 0.8554 | 0.8577 | 0.8599 | 0.8621 |
| 1.1 | 0.8643 | 0.8665 | 0.8686 | 0.8708 | 0.8729 | 0.8749 | 0.8770 | 0.8790 | 0.8810 | 0.8830 |
| 1.2 | 0.8849 | 0.8869 | 0.8888 | 0.8907 | 0.8925 | 0.8944 | 0.8962 | 0.8980 | 0.8997 | 0.9015 |
| 1.3 | 0.9032 | 0.9049 | 0.9066 | 0.9082 | 0.9099 | 0.9115 | 0.9131 | 0.9147 | 0.9162 | 0.9177 |
| 1.4 | 0.9192 | 0.9207 | 0.9222 | 0.9236 | 0.9251 | 0.9265 | 0.9279 | 0.9292 | 0.9306 | 0.9319 |
| 1.5 | 0.9332 | 0.9345 | 0.9357 | 0.9370 | 0.9382 | 0.9394 | 0.9406 | 0.9418 | 0.9429 | 0.9441 |
| 1.6 | 0.9452 | 0.9463 | 0.9474 | 0.9484 | 0.9495 | 0.9505 | 0.9515 | 0.9525 | 0.9535 | 0.9545 |
| 1.7 | 0.9554 | 0.9564 | 0.9573 | 0.9582 | 0.9591 | 0.9599 | 0.9608 | 0.9616 | 0.9625 | 0.9633 |
| 1.8 | 0.9641 | 0.9649 | 0.9656 | 0.9664 | 0.9671 | 0.9678 | 0.9686 | 0.9693 | 0.9699 | 0.9706 |
| 1.9 | 0.9713 | 0.9719 | 0.9726 | 0.9732 | 0.9738 | 0.9744 | 0.9750 | 0.9756 | 0.9761 | 0.9767 |
| 2.0 | 0.9772 | 0.9778 | 0.9783 | 0.9788 | 0.9793 | 0.9798 | 0.9803 | 0.9808 | 0.9812 | 0.9817 |
| 2.1 | 0.9821 | 0.9826 | 0.9830 | 0.9834 | 0.9838 | 0.9842 | 0.9846 | 0.9850 | 0.9854 | 0.9857 |
| 2.2 | 0.9861 | 0.9864 | 0.9868 | 0.9871 | 0.9875 | 0.9878 | 0.9881 | 0.9884 | 0.9887 | 0.9890 |
| 2.3 | 0.9893 | 0.9896 | 0.9898 | 0.9901 | 0.9904 | 0.9906 | 0.9909 | 0.9911 | 0.9913 | 0.9916 |
| 2.4 | 0.9918 | 0.9920 | 0.9922 | 0.9925 | 0.9927 | 0.9929 | 0.9931 | 0.9932 | 0.9934 | 0.9936 |
| 2.5 | 0.9938 | 0.9940 | 0.9941 | 0.9943 | 0.9945 | 0.9946 | 0.9948 | 0.9949 | 0.9951 | 0.9952 |
| 2.6 | 0.9953 | 0.9955 | 0.9956 | 0.9957 | 0.9959 | 0.9960 | 0.9961 | 0.9962 | 0.9963 | 0.9964 |
| 2.7 | 0.9965 | 0.9966 | 0.9967 | 0.9968 | 0.9969 | 0.9970 | 0.9971 | 0.9972 | 0.9973 | 0.9974 |
| 2.8 | 0.9974 | 0.9975 | 0.9976 | 0.9977 | 0.9977 | 0.9978 | 0.9979 | 0.9979 | 0.9980 | 0.9981 |
| 2.9 | 0.9981 | 0.9982 | 0.9982 | 0.9983 | 0.9984 | 0.9984 | 0.9985 | 0.9985 | 0.9986 | 0.9986 |
| 3.0 | 0.9987 | 0.9987 | 0.9987 | 0.9988 | 0.9988 | 0.9989 | 0.9989 | 0.9989 | 0.9990 | 0.9990 |

## 附表 2　*t* 分布表

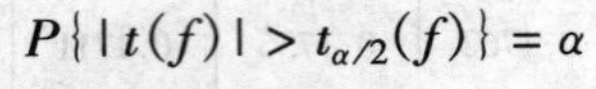

$$P\{|t(f)| > t_{\alpha/2}(f)\} = \alpha$$

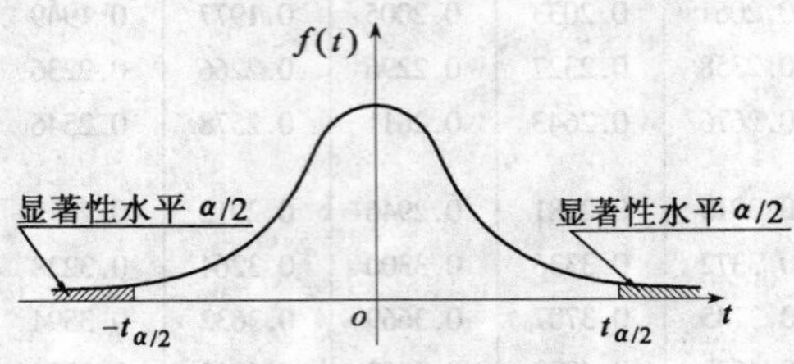


| f \ α | 0.5 | 0.2 | 0.1 | 0.05 | 0.02 | 0.01 |
|---|---|---|---|---|---|---|
| 1 | 1.0000 | 3.0777 | 6.3137 | 12.7062 | 31.8210 | 63.6559 |
| 2 | 0.8165 | 1.8856 | 2.9200 | 4.3027 | 6.9645 | 9.9250 |
| 3 | 0.7649 | 1.6377 | 2.3534 | 3.1824 | 4.5407 | 5.8408 |
| 4 | 0.7407 | 1.5332 | 2.1318 | 2.7765 | 3.7469 | 4.6041 |
| 5 | 0.7267 | 1.4759 | 2.0150 | 2.5706 | 3.3649 | 4.0321 |
| 6 | 0.7176 | 1.4398 | 1.9432 | 2.4469 | 3.1427 | 3.7074 |
| 7 | 0.7111 | 1.4149 | 1.8946 | 2.3646 | 2.9979 | 3.4995 |
| 8 | 0.7064 | 1.3968 | 1.8595 | 2.3060 | 2.8965 | 3.3554 |
| 9 | 0.7027 | 1.3830 | 1.8331 | 2.2622 | 2.8214 | 3.2498 |
| 10 | 0.6998 | 1.3722 | 1.8125 | 2.2281 | 2.7638 | 3.1693 |
| 11 | 0.6974 | 1.3634 | 1.7959 | 2.2010 | 2.7181 | 3.1058 |
| 12 | 0.6955 | 1.3562 | 1.7823 | 2.1788 | 2.6810 | 3.0545 |
| 13 | 0.6938 | 1.3502 | 1.7709 | 2.1604 | 2.6503 | 3.0123 |
| 14 | 0.6924 | 1.3450 | 1.7613 | 2.1448 | 2.6245 | 2.9768 |
| 15 | 0.6912 | 1.3406 | 1.7531 | 2.1315 | 2.6025 | 2.9467 |
| 16 | 0.6901 | 1.3368 | 1.7459 | 2.1199 | 2.5835 | 2.9208 |
| 17 | 0.6892 | 1.3334 | 1.7396 | 2.1098 | 2.5669 | 2.8982 |
| 18 | 0.6884 | 1.3304 | 1.7341 | 2.1009 | 2.5524 | 2.8784 |
| 19 | 0.6876 | 1.3277 | 1.7291 | 2.0930 | 2.5395 | 2.8609 |
| 20 | 0.6870 | 1.3253 | 1.7247 | 2.0860 | 2.5280 | 2.8453 |
| 21 | 0.6864 | 1.3232 | 1.7207 | 2.0796 | 2.5176 | 2.8314 |
| 22 | 0.6858 | 1.3212 | 1.7171 | 2.0739 | 2.5083 | 2.8188 |
| 23 | 0.6853 | 1.3195 | 1.7139 | 2.0687 | 2.4999 | 2.8073 |
| 24 | 0.6848 | 1.3178 | 1.7109 | 2.0639 | 2.4922 | 2.7970 |
| 25 | 0.6844 | 1.3163 | 1.7081 | 2.0595 | 2.4851 | 2.7874 |
| 26 | 0.6840 | 1.3150 | 1.7056 | 2.0555 | 2.4786 | 2.7787 |
| 27 | 0.6837 | 1.3137 | 1.7033 | 2.0518 | 2.4727 | 2.7707 |

续表

| f \ α | 0.5 | 0.2 | 0.1 | 0.05 | 0.02 | 0.01 |
|---|---|---|---|---|---|---|
| 28 | 0.6834 | 1.3125 | 1.7011 | 2.0484 | 2.4671 | 2.7633 |
| 29 | 0.6830 | 1.3114 | 1.6991 | 2.0452 | 2.4620 | 2.7564 |
| 30 | 0.6828 | 1.3104 | 1.6973 | 2.0423 | 2.4573 | 2.7500 |
| 31 | 0.6825 | 1.3095 | 1.6955 | 2.0395 | 2.4528 | 2.7440 |
| 32 | 0.6822 | 1.3086 | 1.6939 | 2.0369 | 2.4487 | 2.7385 |
| 33 | 0.6820 | 1.3077 | 1.6924 | 2.0345 | 2.4448 | 2.7333 |
| 34 | 0.6818 | 1.3070 | 1.6909 | 2.0322 | 2.4411 | 2.7284 |
| 35 | 0.6816 | 1.3062 | 1.6896 | 2.0301 | 2.4377 | 2.7238 |
| 36 | 0.6814 | 1.3055 | 1.6883 | 2.0281 | 2.4345 | 2.7195 |
| 37 | 0.6812 | 1.3049 | 1.6871 | 2.0262 | 2.4314 | 2.7154 |
| 38 | 0.6810 | 1.3042 | 1.6860 | 2.0244 | 2.4286 | 2.7116 |
| 39 | 0.6808 | 1.3036 | 1.6849 | 2.0227 | 2.4258 | 2.7079 |
| 40 | 0.6807 | 1.3031 | 1.6839 | 2.0211 | 2.4233 | 2.7045 |
| 41 | 0.6805 | 1.3025 | 1.6829 | 2.0195 | 2.4208 | 2.7012 |
| 42 | 0.6804 | 1.3020 | 1.6820 | 2.0181 | 2.4185 | 2.6981 |
| 43 | 0.6802 | 1.3016 | 1.6811 | 2.0167 | 2.4163 | 2.6951 |
| 44 | 0.6801 | 1.3011 | 1.6802 | 2.0154 | 2.4141 | 2.6923 |
| 45 | 0.6800 | 1.3007 | 1.6794 | 2.0141 | 2.4121 | 2.6896 |
| 46 | 0.6799 | 1.3002 | 1.6787 | 2.0129 | 2.4102 | 2.6870 |
| 47 | 0.6797 | 1.2998 | 1.6779 | 2.0117 | 2.4083 | 2.6846 |
| 48 | 0.6796 | 1.2994 | 1.6772 | 2.0106 | 2.4066 | 2.6822 |
| 49 | 0.6795 | 1.2991 | 1.6766 | 2.0096 | 2.4049 | 2.6800 |
| 50 | 0.6794 | 1.2987 | 1.6759 | 2.0086 | 2.4033 | 2.6778 |
| 51 | 0.6793 | 1.2984 | 1.6753 | 2.0076 | 2.4017 | 2.6757 |
| 52 | 0.6792 | 1.2980 | 1.6747 | 2.0066 | 2.4002 | 2.6737 |
| 53 | 0.6791 | 1.2977 | 1.6741 | 2.0057 | 2.3988 | 2.6718 |
| 54 | 0.6791 | 1.2974 | 1.6736 | 2.0049 | 2.3974 | 2.6700 |
| 55 | 0.6790 | 1.2971 | 1.6730 | 2.0040 | 2.3961 | 2.6682 |
| 56 | 0.6789 | 1.2969 | 1.6725 | 2.0032 | 2.3948 | 2.6665 |
| 57 | 0.6788 | 1.2966 | 1.6720 | 2.0025 | 2.3936 | 2.6649 |
| 58 | 0.6787 | 1.2963 | 1.6716 | 2.0017 | 2.3924 | 2.6633 |
| 59 | 0.6787 | 1.2961 | 1.6711 | 2.0010 | 2.3912 | 2.6618 |
| 60 | 0.6786 | 1.2958 | 1.6706 | 2.0003 | 2.3901 | 2.6603 |
| 61 | 0.6785 | 1.2956 | 1.6702 | 1.9996 | 2.3890 | 2.6589 |
| 62 | 0.6785 | 1.2954 | 1.6698 | 1.9990 | 2.3880 | 2.6575 |
| 63 | 0.6784 | 1.2951 | 1.6694 | 1.9983 | 2.3870 | 2.6561 |
| 64 | 0.6783 | 1.2949 | 1.6690 | 1.9977 | 2.3860 | 2.6549 |
| 65 | 0.6783 | 1.2947 | 1.6686 | 1.9971 | 2.3851 | 2.6536 |
| 66 | 0.6782 | 1.2945 | 1.6683 | 1.9966 | 2.3842 | 2.6524 |
| 67 | 0.6782 | 1.2943 | 1.6679 | 1.9960 | 2.3833 | 2.6512 |

续表

| $f$ \ $\alpha$ | 0.5 | 0.2 | 0.1 | 0.05 | 0.02 | 0.01 |
|---|---|---|---|---|---|---|
| 68 | 0.6781 | 1.2941 | 1.6676 | 1.9955 | 2.3824 | 2.6501 |
| 69 | 0.6781 | 1.2939 | 1.6672 | 1.9949 | 2.3816 | 2.6490 |
| 70 | 0.6780 | 1.2938 | 1.6669 | 1.9944 | 2.3808 | 2.6479 |
| 71 | 0.6780 | 1.2936 | 1.6666 | 1.9939 | 2.3800 | 2.6469 |
| 72 | 0.6779 | 1.2934 | 1.6663 | 1.9935 | 2.3793 | 2.6458 |
| 73 | 0.6779 | 1.2933 | 1.6660 | 1.9930 | 2.3785 | 2.6449 |
| 74 | 0.6778 | 1.2931 | 1.6657 | 1.9925 | 2.3778 | 2.6439 |
| 75 | 0.6778 | 1.2929 | 1.6654 | 1.9921 | 2.3771 | 2.6430 |
| 76 | 0.6777 | 1.2928 | 1.6652 | 1.9917 | 2.3764 | 2.6421 |
| 77 | 0.6777 | 1.2926 | 1.6649 | 1.9913 | 2.3758 | 2.6412 |
| 78 | 0.6776 | 1.2925 | 1.6646 | 1.9908 | 2.3751 | 2.6403 |
| 79 | 0.6776 | 1.2924 | 1.6644 | 1.9905 | 2.3745 | 2.6395 |
| 80 | 0.6776 | 1.2922 | 1.6641 | 1.9901 | 2.3739 | 2.6387 |
| 81 | 0.6775 | 1.2921 | 1.6639 | 1.9897 | 2.3733 | 2.6379 |
| 82 | 0.6775 | 1.2920 | 1.6636 | 1.9893 | 2.3727 | 2.6371 |
| 83 | 0.6775 | 1.2918 | 1.6634 | 1.9890 | 2.3721 | 2.6364 |
| 84 | 0.6774 | 1.2917 | 1.6632 | 1.9886 | 2.3716 | 2.6356 |
| 85 | 0.6774 | 1.2916 | 1.6630 | 1.9883 | 2.3710 | 2.6349 |
| 86 | 0.6774 | 1.2915 | 1.6628 | 1.9879 | 2.3705 | 2.6342 |
| 87 | 0.6773 | 1.2914 | 1.6626 | 1.9876 | 2.3700 | 2.6335 |
| 88 | 0.6773 | 1.2912 | 1.6624 | 1.9873 | 2.3695 | 2.6329 |
| 89 | 0.6773 | 1.2911 | 1.6622 | 1.9870 | 2.3690 | 2.6322 |
| 90 | 0.6772 | 1.2910 | 1.6620 | 1.9867 | 2.3685 | 2.6316 |
| 91 | 0.6772 | 1.2909 | 1.6618 | 1.9864 | 2.3680 | 2.6309 |
| 92 | 0.6772 | 1.2908 | 1.6616 | 1.9861 | 2.3676 | 2.6303 |
| 93 | 0.6771 | 1.2907 | 1.6614 | 1.9858 | 2.3671 | 2.6297 |
| 94 | 0.6771 | 1.2906 | 1.6612 | 1.9855 | 2.3667 | 2.6291 |
| 95 | 0.6771 | 1.2905 | 1.6611 | 1.9852 | 2.3662 | 2.6286 |
| 96 | 0.6771 | 1.2904 | 1.6609 | 1.9850 | 2.3658 | 2.6280 |
| 97 | 0.6770 | 1.2903 | 1.6607 | 1.9847 | 2.3654 | 2.6275 |
| 98 | 0.6770 | 1.2903 | 1.6606 | 1.9845 | 2.3650 | 2.6269 |
| 99 | 0.6770 | 1.2902 | 1.6604 | 1.9842 | 2.3646 | 2.6264 |
| 100 | 0.6770 | 1.2901 | 1.6602 | 1.9840 | 2.3642 | 2.6259 |

# 附表 3 $F$ 分布表

$$P\{F(f_1,f_2) > F_\alpha(f_1,f_2)\} = \alpha$$

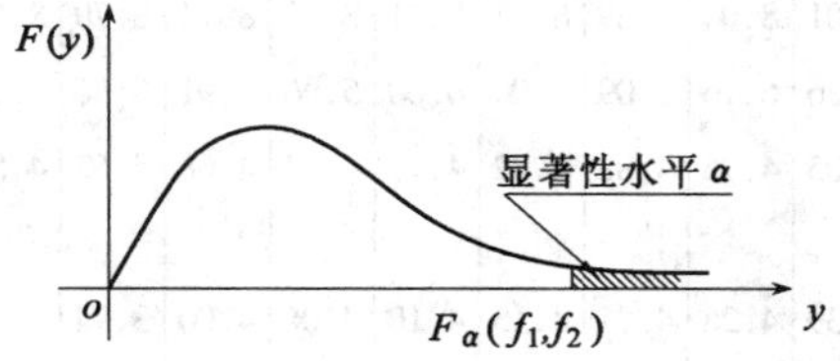


**$\alpha = 0.10$**

| $f_2$ \ $f_1$ | 1 | 2 | 3 | 4 | 5 | 6 | 7 | 8 | 9 | 10 | 12 | 15 | 20 | 24 | 30 | 40 | 60 | 120 | 1000 |
|---|---|---|---|---|---|---|---|---|---|---|---|---|---|---|---|---|---|---|---|
| 1 | 39.86 | 49.50 | 53.59 | 55.83 | 57.24 | 58.20 | 58.91 | 59.44 | 59.86 | 60.19 | 60.71 | 61.22 | 61.74 | 62.00 | 62.26 | 62.53 | 62.79 | 63.06 | 63.30 |
| 2 | 8.53 | 9.00 | 9.16 | 9.24 | 9.29 | 9.33 | 9.35 | 9.37 | 9.38 | 9.39 | 9.41 | 9.42 | 9.44 | 9.45 | 9.46 | 9.47 | 9.47 | 9.48 | 9.49 |
| 3 | 5.54 | 5.46 | 5.39 | 5.34 | 5.31 | 5.28 | 5.27 | 5.25 | 5.24 | 5.23 | 5.22 | 5.20 | 5.18 | 5.18 | 5.17 | 5.16 | 5.15 | 5.14 | 5.13 |
| 4 | 4.54 | 4.32 | 4.19 | 4.11 | 4.05 | 4.01 | 3.98 | 3.95 | 3.94 | 3.92 | 3.90 | 3.87 | 3.84 | 3.83 | 3.82 | 3.80 | 3.79 | 3.78 | 3.76 |
| 5 | 4.06 | 3.78 | 3.62 | 3.52 | 3.45 | 3.40 | 3.37 | 3.34 | 3.32 | 3.30 | 3.27 | 3.24 | 3.21 | 3.19 | 3.17 | 3.16 | 3.14 | 3.12 | 3.11 |
| 6 | 3.78 | 3.46 | 3.29 | 3.18 | 3.11 | 3.05 | 3.01 | 2.98 | 2.96 | 2.94 | 2.90 | 2.87 | 2.84 | 2.82 | 2.80 | 2.78 | 2.76 | 2.74 | 2.72 |
| 7 | 3.59 | 3.26 | 3.07 | 2.96 | 2.88 | 2.83 | 2.78 | 2.75 | 2.72 | 2.70 | 2.67 | 2.63 | 2.59 | 2.58 | 2.56 | 2.54 | 2.51 | 2.49 | 2.47 |
| 8 | 3.46 | 3.11 | 2.92 | 2.81 | 2.73 | 2.67 | 2.62 | 2.59 | 2.56 | 2.54 | 2.50 | 2.46 | 2.42 | 2.40 | 2.38 | 2.36 | 2.34 | 2.32 | 2.30 |
| 9 | 3.36 | 3.01 | 2.81 | 2.69 | 2.61 | 2.55 | 2.51 | 2.47 | 2.44 | 2.42 | 2.38 | 2.34 | 2.30 | 2.28 | 2.25 | 2.23 | 2.21 | 2.18 | 2.16 |
| 10 | 3.29 | 2.92 | 2.73 | 2.61 | 2.52 | 2.46 | 2.41 | 2.38 | 2.35 | 2.32 | 2.28 | 2.24 | 2.20 | 2.18 | 2.16 | 2.13 | 2.11 | 2.08 | 2.06 |
| 11 | 3.23 | 2.86 | 2.66 | 2.54 | 2.45 | 2.39 | 2.34 | 2.30 | 2.27 | 2.25 | 2.21 | 2.17 | 2.12 | 2.10 | 2.08 | 2.05 | 2.03 | 2.00 | 1.98 |
| 12 | 3.18 | 2.81 | 2.61 | 2.48 | 2.39 | 2.33 | 2.28 | 2.24 | 2.21 | 2.19 | 2.15 | 2.10 | 2.06 | 2.04 | 2.01 | 1.99 | 1.96 | 1.93 | 1.91 |
| 13 | 3.14 | 2.76 | 2.56 | 2.43 | 2.35 | 2.28 | 2.23 | 2.20 | 2.16 | 2.14 | 2.10 | 2.05 | 2.01 | 1.98 | 1.96 | 1.93 | 1.90 | 1.88 | 1.85 |
| 14 | 3.10 | 2.73 | 2.52 | 2.39 | 2.31 | 2.24 | 2.19 | 2.15 | 2.12 | 2.10 | 2.05 | 2.01 | 1.96 | 1.94 | 1.91 | 1.89 | 1.86 | 1.83 | 1.80 |
| 15 | 3.07 | 2.70 | 2.49 | 2.36 | 2.27 | 2.21 | 2.16 | 2.12 | 2.09 | 2.06 | 2.02 | 1.97 | 1.92 | 1.90 | 1.87 | 1.85 | 1.82 | 1.79 | 1.76 |
| 16 | 3.05 | 2.67 | 2.46 | 2.33 | 2.24 | 2.18 | 2.13 | 2.09 | 2.06 | 2.03 | 1.99 | 1.94 | 1.89 | 1.87 | 1.84 | 1.81 | 1.78 | 1.75 | 1.72 |
| 17 | 3.03 | 2.64 | 2.44 | 2.31 | 2.22 | 2.15 | 2.10 | 2.06 | 2.03 | 2.00 | 1.96 | 1.91 | 1.86 | 1.84 | 1.81 | 1.78 | 1.75 | 1.72 | 1.69 |
| 18 | 3.01 | 2.62 | 2.42 | 2.29 | 2.20 | 2.13 | 2.08 | 2.04 | 2.00 | 1.98 | 1.93 | 1.89 | 1.84 | 1.81 | 1.78 | 1.75 | 1.72 | 1.69 | 1.66 |
| 19 | 2.99 | 2.61 | 2.40 | 2.27 | 2.18 | 2.11 | 2.06 | 2.02 | 1.98 | 1.96 | 1.91 | 1.86 | 1.81 | 1.79 | 1.76 | 1.73 | 1.70 | 1.67 | 1.64 |
| 20 | 2.97 | 2.59 | 2.38 | 2.25 | 2.16 | 2.09 | 2.04 | 2.00 | 1.96 | 1.94 | 1.89 | 1.84 | 1.79 | 1.77 | 1.74 | 1.71 | 1.68 | 1.64 | 1.61 |
| 21 | 2.96 | 2.57 | 2.36 | 2.23 | 2.14 | 2.08 | 2.02 | 1.98 | 1.95 | 1.92 | 1.87 | 1.83 | 1.78 | 1.75 | 1.72 | 1.69 | 1.66 | 1.62 | 1.59 |
| 22 | 2.95 | 2.56 | 2.35 | 2.22 | 2.13 | 2.06 | 2.01 | 1.97 | 1.93 | 1.90 | 1.86 | 1.81 | 1.76 | 1.73 | 1.70 | 1.67 | 1.64 | 1.60 | 1.57 |
| 23 | 2.94 | 2.55 | 2.34 | 2.21 | 2.11 | 2.05 | 1.99 | 1.95 | 1.92 | 1.89 | 1.84 | 1.80 | 1.74 | 1.72 | 1.69 | 1.66 | 1.62 | 1.59 | 1.55 |
| 24 | 2.93 | 2.54 | 2.33 | 2.19 | 2.10 | 2.04 | 1.98 | 1.94 | 1.91 | 1.88 | 1.83 | 1.78 | 1.73 | 1.70 | 1.67 | 1.64 | 1.61 | 1.57 | 1.54 |
| 25 | 2.92 | 2.53 | 2.32 | 2.18 | 2.09 | 2.02 | 1.97 | 1.93 | 1.89 | 1.87 | 1.82 | 1.77 | 1.72 | 1.69 | 1.66 | 1.63 | 1.59 | 1.56 | 1.52 |
| 26 | 2.91 | 2.52 | 2.31 | 2.17 | 2.08 | 2.01 | 1.96 | 1.92 | 1.88 | 1.86 | 1.81 | 1.76 | 1.71 | 1.68 | 1.65 | 1.61 | 1.58 | 1.54 | 1.51 |
| 27 | 2.90 | 2.51 | 2.30 | 2.17 | 2.07 | 2.00 | 1.95 | 1.91 | 1.87 | 1.85 | 1.80 | 1.75 | 1.70 | 1.67 | 1.64 | 1.60 | 1.57 | 1.53 | 1.50 |
| 28 | 2.89 | 2.50 | 2.29 | 2.16 | 2.06 | 2.00 | 1.94 | 1.90 | 1.87 | 1.84 | 1.79 | 1.74 | 1.69 | 1.66 | 1.63 | 1.59 | 1.56 | 1.52 | 1.48 |
| 29 | 2.89 | 2.50 | 2.28 | 2.15 | 2.06 | 1.99 | 1.93 | 1.89 | 1.86 | 1.83 | 1.78 | 1.73 | 1.68 | 1.65 | 1.62 | 1.58 | 1.55 | 1.51 | 1.47 |
| 30 | 2.88 | 2.49 | 2.28 | 2.14 | 2.05 | 1.98 | 1.93 | 1.88 | 1.85 | 1.82 | 1.77 | 1.72 | 1.67 | 1.64 | 1.61 | 1.57 | 1.54 | 1.50 | 1.46 |
| 40 | 2.84 | 2.44 | 2.23 | 2.09 | 2.00 | 1.93 | 1.87 | 1.83 | 1.79 | 1.76 | 1.71 | 1.66 | 1.61 | 1.57 | 1.54 | 1.51 | 1.47 | 1.42 | 1.38 |
| 60 | 2.79 | 2.39 | 2.18 | 2.04 | 1.95 | 1.87 | 1.82 | 1.77 | 1.74 | 1.71 | 1.66 | 1.60 | 1.54 | 1.51 | 1.48 | 1.44 | 1.40 | 1.35 | 1.30 |
| 120 | 2.75 | 2.35 | 2.13 | 1.99 | 1.90 | 1.82 | 1.77 | 1.72 | 1.68 | 1.65 | 1.60 | 1.55 | 1.48 | 1.45 | 1.41 | 1.37 | 1.32 | 1.26 | 1.20 |
| 1000 | 2.71 | 2.31 | 2.09 | 1.95 | 1.85 | 1.78 | 1.72 | 1.68 | 1.64 | 1.61 | 1.55 | 1.49 | 1.43 | 1.39 | 1.35 | 1.30 | 1.25 | 1.18 | 1.08 |

$\alpha = 0.05$

| $f_2$ \ $f_1$ | 1 | 2 | 3 | 4 | 5 | 6 | 7 | 8 | 9 | 10 | 12 | 15 | 20 | 24 | 30 | 40 | 60 | 120 | 1000 |
|---|---|---|---|---|---|---|---|---|---|---|---|---|---|---|---|---|---|---|---|
| 1 | 161.4 | 199.5 | 215.7 | 224.6 | 230.2 | 234.0 | 236.8 | 238.9 | 240.5 | 241.9 | 243.9 | 245.9 | 248.0 | 249.1 | 250.1 | 251.1 | 252.2 | 253.3 | 254.2 |
| 2 | 18.51 | 19.00 | 19.16 | 19.25 | 19.30 | 19.33 | 19.35 | 19.37 | 19.38 | 19.40 | 19.41 | 19.43 | 19.45 | 19.45 | 19.46 | 19.47 | 19.48 | 19.49 | 19.49 |
| 3 | 10.13 | 9.55 | 9.28 | 9.12 | 9.01 | 8.94 | 8.89 | 8.85 | 8.81 | 8.79 | 8.74 | 8.70 | 8.66 | 8.64 | 8.62 | 8.59 | 8.57 | 8.55 | 8.53 |
| 4 | 7.71 | 6.94 | 6.59 | 6.39 | 6.26 | 6.16 | 6.09 | 6.04 | 6.00 | 5.96 | 5.91 | 5.86 | 5.80 | 5.77 | 5.75 | 5.72 | 5.69 | 5.66 | 5.63 |
| 5 | 6.61 | 5.79 | 5.41 | 5.19 | 5.05 | 4.95 | 4.88 | 4.82 | 4.77 | 4.74 | 4.68 | 4.62 | 4.56 | 4.53 | 4.50 | 4.46 | 4.43 | 4.40 | 4.37 |
| 6 | 5.99 | 5.14 | 4.76 | 4.53 | 4.39 | 4.28 | 4.21 | 4.15 | 4.10 | 4.06 | 4.00 | 3.94 | 3.87 | 3.84 | 3.81 | 3.77 | 3.74 | 3.70 | 3.67 |
| 7 | 5.59 | 4.74 | 4.35 | 4.12 | 3.97 | 3.87 | 3.79 | 3.73 | 3.68 | 3.64 | 3.57 | 3.51 | 3.44 | 3.41 | 3.38 | 3.34 | 3.30 | 3.27 | 3.23 |
| 8 | 5.32 | 4.46 | 4.07 | 3.84 | 3.69 | 3.58 | 3.50 | 3.44 | 3.39 | 3.35 | 3.28 | 3.22 | 3.15 | 3.12 | 3.08 | 3.04 | 3.01 | 2.97 | 2.93 |
| 9 | 5.12 | 4.26 | 3.86 | 3.63 | 3.48 | 3.37 | 3.29 | 3.23 | 3.18 | 3.14 | 3.07 | 3.01 | 2.94 | 2.90 | 2.86 | 2.83 | 2.79 | 2.75 | 2.71 |
| 10 | 4.96 | 4.10 | 3.71 | 3.48 | 3.33 | 3.22 | 3.14 | 3.07 | 3.02 | 2.98 | 2.91 | 2.85 | 2.77 | 2.74 | 2.70 | 2.66 | 2.62 | 2.58 | 2.54 |
| 11 | 4.84 | 3.98 | 3.59 | 3.36 | 3.20 | 3.09 | 3.01 | 2.95 | 2.90 | 2.85 | 2.79 | 2.72 | 2.65 | 2.61 | 2.57 | 2.53 | 2.49 | 2.45 | 2.41 |
| 12 | 4.75 | 3.89 | 3.49 | 3.26 | 3.11 | 3.00 | 2.91 | 2.85 | 2.80 | 2.75 | 2.69 | 2.62 | 2.54 | 2.51 | 2.47 | 2.43 | 2.38 | 2.34 | 2.30 |
| 13 | 4.67 | 3.81 | 3.41 | 3.18 | 3.03 | 2.92 | 2.83 | 2.77 | 2.71 | 2.67 | 2.60 | 2.53 | 2.46 | 2.42 | 2.38 | 2.34 | 2.30 | 2.25 | 2.21 |
| 14 | 4.60 | 3.74 | 3.34 | 3.11 | 2.96 | 2.85 | 2.76 | 2.70 | 2.65 | 2.60 | 2.53 | 2.46 | 2.39 | 2.35 | 2.31 | 2.27 | 2.22 | 2.18 | 2.14 |
| 15 | 4.54 | 3.68 | 3.29 | 3.06 | 2.90 | 2.79 | 2.71 | 2.64 | 2.59 | 2.54 | 2.48 | 2.40 | 2.33 | 2.29 | 2.25 | 2.20 | 2.16 | 2.11 | 2.07 |
| 16 | 4.49 | 3.63 | 3.24 | 3.01 | 2.85 | 2.74 | 2.66 | 2.59 | 2.54 | 2.49 | 2.42 | 2.35 | 2.28 | 2.24 | 2.19 | 2.15 | 2.11 | 2.06 | 2.02 |
| 17 | 4.45 | 3.59 | 3.20 | 2.96 | 2.81 | 2.70 | 2.61 | 2.55 | 2.49 | 2.45 | 2.38 | 2.31 | 2.23 | 2.19 | 2.15 | 2.10 | 2.06 | 2.01 | 1.97 |
| 18 | 4.41 | 3.55 | 3.16 | 2.93 | 2.77 | 2.66 | 2.58 | 2.51 | 2.46 | 2.41 | 2.34 | 2.27 | 2.19 | 2.15 | 2.11 | 2.06 | 2.02 | 1.97 | 1.92 |
| 19 | 4.38 | 3.52 | 3.13 | 2.90 | 2.74 | 2.63 | 2.54 | 2.48 | 2.42 | 2.38 | 2.31 | 2.23 | 2.16 | 2.11 | 2.07 | 2.03 | 1.98 | 1.93 | 1.88 |
| 20 | 4.35 | 3.49 | 3.10 | 2.87 | 2.71 | 2.60 | 2.51 | 2.45 | 2.39 | 2.35 | 2.28 | 2.20 | 2.12 | 2.08 | 2.04 | 1.99 | 1.95 | 1.90 | 1.85 |
| 21 | 4.32 | 3.47 | 3.07 | 2.84 | 2.68 | 2.57 | 2.49 | 2.42 | 2.37 | 2.32 | 2.25 | 2.18 | 2.10 | 2.05 | 2.01 | 1.96 | 1.92 | 1.87 | 1.82 |
| 22 | 4.30 | 3.44 | 3.05 | 2.82 | 2.66 | 2.55 | 2.46 | 2.40 | 2.34 | 2.30 | 2.23 | 2.15 | 2.07 | 2.03 | 1.98 | 1.94 | 1.89 | 1.84 | 1.79 |
| 23 | 4.28 | 3.42 | 3.03 | 2.80 | 2.64 | 2.53 | 2.44 | 2.37 | 2.32 | 2.27 | 2.20 | 2.13 | 2.05 | 2.01 | 1.96 | 1.91 | 1.86 | 1.81 | 1.76 |
| 24 | 4.26 | 3.40 | 3.01 | 2.78 | 2.62 | 2.51 | 2.42 | 2.36 | 2.30 | 2.25 | 2.18 | 2.11 | 2.03 | 1.98 | 1.94 | 1.89 | 1.84 | 1.79 | 1.74 |
| 25 | 4.24 | 3.39 | 2.99 | 2.76 | 2.60 | 2.49 | 2.40 | 2.34 | 2.28 | 2.24 | 2.16 | 2.09 | 2.01 | 1.96 | 1.92 | 1.87 | 1.82 | 1.77 | 1.72 |
| 26 | 4.23 | 3.37 | 2.98 | 2.74 | 2.59 | 2.47 | 2.39 | 2.32 | 2.27 | 2.22 | 2.15 | 2.07 | 1.99 | 1.95 | 1.90 | 1.85 | 1.80 | 1.75 | 1.70 |
| 27 | 4.21 | 3.35 | 2.96 | 2.73 | 2.57 | 2.46 | 2.37 | 2.31 | 2.25 | 2.20 | 2.13 | 2.06 | 1.97 | 1.93 | 1.88 | 1.84 | 1.79 | 1.73 | 1.68 |
| 28 | 4.20 | 3.34 | 2.95 | 2.71 | 2.56 | 2.45 | 2.36 | 2.29 | 2.24 | 2.19 | 2.12 | 2.04 | 1.96 | 1.91 | 1.87 | 1.82 | 1.77 | 1.71 | 1.66 |
| 29 | 4.18 | 3.33 | 2.93 | 2.70 | 2.55 | 2.43 | 2.35 | 2.28 | 2.22 | 2.18 | 2.10 | 2.03 | 1.94 | 1.90 | 1.85 | 1.81 | 1.75 | 1.70 | 1.65 |
| 30 | 4.17 | 3.32 | 2.92 | 2.69 | 2.53 | 2.42 | 2.33 | 2.27 | 2.21 | 2.16 | 2.09 | 2.01 | 1.93 | 1.89 | 1.84 | 1.79 | 1.74 | 1.68 | 1.63 |
| 40 | 4.08 | 3.23 | 2.84 | 2.61 | 2.45 | 2.34 | 2.25 | 2.18 | 2.12 | 2.08 | 2.00 | 1.92 | 1.84 | 1.79 | 1.74 | 1.69 | 1.64 | 1.58 | 1.52 |
| 60 | 4.00 | 3.15 | 2.76 | 2.53 | 2.37 | 2.25 | 2.17 | 2.10 | 2.04 | 1.99 | 1.92 | 1.84 | 1.75 | 1.70 | 1.65 | 1.59 | 1.53 | 1.47 | 1.40 |
| 120 | 3.92 | 3.07 | 2.68 | 2.45 | 2.29 | 2.18 | 2.09 | 2.02 | 1.96 | 1.91 | 1.83 | 1.75 | 1.66 | 1.61 | 1.55 | 1.50 | 1.43 | 1.35 | 1.27 |
| 1000 | 3.85 | 3.00 | 2.61 | 2.38 | 2.22 | 2.11 | 2.02 | 1.95 | 1.89 | 1.84 | 1.76 | 1.68 | 1.58 | 1.53 | 1.47 | 1.41 | 1.33 | 1.24 | 1.11 |

$\alpha = 0.01$

| $f_2$ \ $f_1$ | 1 | 2 | 3 | 4 | 5 | 6 | 7 | 8 | 9 | 10 | 12 | 15 | 20 | 24 | 30 | 40 | 60 | 120 | 1000 |
|---|---|---|---|---|---|---|---|---|---|---|---|---|---|---|---|---|---|---|---|
| 1 | 4052.2 | 4999.3 | 5403.5 | 5624.3 | 5764.0 | 5859.0 | 5928.3 | 5981.0 | 6022.4 | 6055.9 | 6106.7 | 6157.0 | 6208.7 | 6234.3 | 6260.4 | 6286.4 | 6313.0 | 6339.5 | 6362.8 |
| 2 | 98.502 | 99.000 | 99.164 | 99.251 | 99.302 | 99.331 | 99.357 | 99.375 | 99.390 | 99.397 | 99.419 | 99.433 | 99.448 | 99.455 | 99.466 | 99.477 | 99.484 | 99.491 | 99.499 |
| 3 | 34.116 | 30.816 | 29.457 | 28.710 | 28.237 | 27.911 | 27.671 | 27.489 | 27.345 | 27.228 | 27.052 | 26.872 | 26.690 | 26.597 | 26.504 | 26.411 | 26.316 | 26.221 | 26.137 |
| 4 | 21.198 | 18.000 | 16.694 | 15.977 | 15.522 | 15.207 | 14.976 | 14.799 | 14.659 | 14.546 | 14.374 | 14.198 | 14.019 | 13.929 | 13.838 | 13.745 | 13.652 | 13.558 | 13.475 |
| 5 | 16.258 | 13.274 | 12.060 | 11.392 | 10.967 | 10.672 | 10.456 | 10.289 | 10.158 | 10.051 | 9.888 | 9.722 | 9.553 | 9.466 | 9.379 | 9.291 | 9.202 | 9.112 | 9.032 |
| 6 | 13.745 | 10.925 | 9.780 | 9.148 | 8.746 | 8.466 | 8.260 | 8.102 | 7.976 | 7.874 | 7.718 | 7.559 | 7.396 | 7.313 | 7.229 | 7.143 | 7.057 | 6.969 | 6.891 |
| 7 | 12.246 | 9.547 | 8.451 | 7.847 | 7.460 | 7.191 | 6.993 | 6.840 | 6.719 | 6.620 | 6.469 | 6.314 | 6.155 | 6.074 | 5.992 | 5.908 | 5.824 | 5.737 | 5.660 |
| 8 | 11.259 | 8.649 | 7.591 | 7.006 | 6.632 | 6.371 | 6.178 | 6.029 | 5.911 | 5.814 | 5.667 | 5.515 | 5.359 | 5.279 | 5.198 | 5.116 | 5.032 | 4.946 | 4.869 |
| 9 | 10.562 | 8.022 | 6.992 | 6.422 | 6.057 | 5.802 | 5.613 | 5.467 | 5.351 | 5.257 | 5.111 | 4.962 | 4.808 | 4.729 | 4.649 | 4.567 | 4.483 | 4.398 | 4.321 |
| 10 | 10.044 | 7.559 | 6.552 | 5.994 | 5.636 | 5.386 | 5.200 | 5.057 | 4.942 | 4.849 | 4.706 | 4.558 | 4.405 | 4.327 | 4.247 | 4.165 | 4.082 | 3.996 | 3.920 |
| 11 | 9.646 | 7.206 | 6.217 | 5.668 | 5.316 | 5.069 | 4.886 | 4.744 | 4.632 | 4.539 | 4.397 | 4.251 | 4.099 | 4.021 | 3.941 | 3.860 | 3.776 | 3.690 | 3.613 |
| 12 | 9.330 | 6.927 | 5.953 | 5.412 | 5.064 | 4.821 | 4.640 | 4.499 | 4.388 | 4.296 | 4.155 | 4.010 | 3.858 | 3.780 | 3.701 | 3.619 | 3.535 | 3.449 | 3.372 |
| 13 | 9.074 | 6.701 | 5.739 | 5.205 | 4.862 | 4.620 | 4.441 | 4.302 | 4.191 | 4.100 | 3.960 | 3.815 | 3.665 | 3.587 | 3.507 | 3.425 | 3.341 | 3.255 | 3.176 |
| 14 | 8.862 | 6.515 | 5.564 | 5.035 | 4.695 | 4.456 | 4.278 | 4.140 | 4.030 | 3.939 | 3.800 | 3.656 | 3.505 | 3.427 | 3.348 | 3.266 | 3.181 | 3.094 | 3.015 |
| 15 | 8.683 | 6.359 | 5.417 | 4.893 | 4.556 | 4.318 | 4.142 | 4.004 | 3.895 | 3.805 | 3.666 | 3.522 | 3.372 | 3.294 | 3.214 | 3.132 | 3.047 | 2.959 | 2.880 |
| 16 | 8.531 | 6.226 | 5.292 | 4.773 | 4.437 | 4.202 | 4.026 | 3.890 | 3.780 | 3.691 | 3.553 | 3.409 | 3.259 | 3.181 | 3.101 | 3.018 | 2.933 | 2.845 | 2.764 |
| 17 | 8.400 | 6.112 | 5.185 | 4.669 | 4.336 | 4.101 | 3.927 | 3.791 | 3.682 | 3.593 | 3.455 | 3.312 | 3.162 | 3.083 | 3.003 | 2.920 | 2.835 | 2.746 | 2.664 |
| 18 | 8.285 | 6.013 | 5.092 | 4.579 | 4.248 | 4.015 | 3.841 | 3.705 | 3.597 | 3.508 | 3.371 | 3.227 | 3.077 | 2.999 | 2.919 | 2.835 | 2.749 | 2.660 | 2.577 |
| 19 | 8.185 | 5.926 | 5.010 | 4.500 | 4.171 | 3.939 | 3.765 | 3.631 | 3.523 | 3.434 | 3.297 | 3.153 | 3.003 | 2.925 | 2.844 | 2.761 | 2.674 | 2.584 | 2.501 |
| 20 | 8.096 | 5.849 | 4.938 | 4.431 | 4.103 | 3.871 | 3.699 | 3.564 | 3.457 | 3.368 | 3.231 | 3.088 | 2.938 | 2.859 | 2.778 | 2.695 | 2.608 | 2.517 | 2.433 |
| 21 | 8.017 | 5.780 | 4.874 | 4.369 | 4.042 | 3.812 | 3.640 | 3.506 | 3.398 | 3.310 | 3.173 | 3.030 | 2.880 | 2.801 | 2.720 | 2.636 | 2.548 | 2.457 | 2.372 |
| 22 | 7.945 | 5.719 | 4.817 | 4.313 | 3.988 | 3.758 | 3.587 | 3.453 | 3.346 | 3.258 | 3.121 | 2.978 | 2.827 | 2.749 | 2.667 | 2.583 | 2.495 | 2.403 | 2.317 |
| 23 | 7.881 | 5.664 | 4.765 | 4.264 | 3.939 | 3.710 | 3.539 | 3.406 | 3.299 | 3.211 | 3.074 | 2.931 | 2.780 | 2.702 | 2.620 | 2.536 | 2.447 | 2.354 | 2.268 |
| 24 | 7.823 | 5.614 | 4.718 | 4.218 | 3.895 | 3.667 | 3.496 | 3.363 | 3.256 | 3.168 | 3.032 | 2.889 | 2.738 | 2.659 | 2.577 | 2.492 | 2.403 | 2.310 | 2.223 |
| 25 | 7.770 | 5.568 | 4.675 | 4.177 | 3.855 | 3.627 | 3.457 | 3.324 | 3.217 | 3.129 | 2.993 | 2.850 | 2.699 | 2.620 | 2.538 | 2.453 | 2.364 | 2.270 | 2.182 |
| 26 | 7.721 | 5.526 | 4.637 | 4.140 | 3.818 | 3.591 | 3.421 | 3.288 | 3.182 | 3.094 | 2.958 | 2.815 | 2.664 | 2.585 | 2.503 | 2.417 | 2.327 | 2.233 | 2.144 |
| 27 | 7.677 | 5.488 | 4.601 | 4.106 | 3.785 | 3.558 | 3.388 | 3.256 | 3.149 | 3.062 | 2.926 | 2.783 | 2.632 | 2.552 | 2.470 | 2.384 | 2.294 | 2.198 | 2.109 |
| 28 | 7.636 | 5.453 | 4.568 | 4.074 | 3.754 | 3.528 | 3.358 | 3.226 | 3.120 | 3.032 | 2.896 | 2.753 | 2.602 | 2.522 | 2.440 | 2.354 | 2.263 | 2.167 | 2.077 |
| 29 | 7.598 | 5.420 | 4.538 | 4.045 | 3.725 | 3.499 | 3.330 | 3.198 | 3.092 | 3.005 | 2.868 | 2.726 | 2.574 | 2.495 | 2.412 | 2.325 | 2.234 | 2.138 | 2.047 |
| 30 | 7.562 | 5.390 | 4.510 | 4.018 | 3.699 | 3.473 | 3.305 | 3.173 | 3.067 | 2.979 | 2.843 | 2.700 | 2.549 | 2.469 | 2.386 | 2.299 | 2.208 | 2.111 | 2.019 |
| 40 | 7.314 | 5.178 | 4.313 | 3.828 | 3.514 | 3.291 | 3.124 | 2.993 | 2.888 | 2.801 | 2.665 | 2.522 | 2.369 | 2.288 | 2.203 | 2.114 | 2.019 | 1.917 | 1.819 |
| 60 | 7.077 | 4.977 | 4.126 | 3.649 | 3.339 | 3.119 | 2.953 | 2.823 | 2.718 | 2.632 | 2.496 | 2.352 | 2.198 | 2.115 | 2.028 | 1.936 | 1.836 | 1.726 | 1.617 |
| 120 | 6.851 | 4.787 | 3.949 | 3.480 | 3.174 | 2.956 | 2.792 | 2.663 | 2.559 | 2.472 | 2.336 | 2.191 | 2.035 | 1.950 | 1.860 | 1.763 | 1.656 | 1.533 | 1.401 |
| 1000 | 6.660 | 4.626 | 3.801 | 3.338 | 3.036 | 2.820 | 2.657 | 2.529 | 2.425 | 2.339 | 2.203 | 2.056 | 1.897 | 1.810 | 1.716 | 1.613 | 1.495 | 1.351 | 1.159 |

## 附表 4 常用正交表

### $L_4(2^3)$

| 试验号 \ 列号 | 1 | 2 | 3 |
|---|---|---|---|
| 1 | 1 | 1 | 1 |
| 2 | 1 | 2 | 2 |
| 3 | 2 | 1 | 2 |
| 4 | 2 | 2 | 1 |

### $L_8(2^7)$

| 试验号 \ 列号 | 1 | 2 | 3 | 4 | 5 | 6 | 7 |
|---|---|---|---|---|---|---|---|
| 1 | 1 | 1 | 1 | 1 | 1 | 1 | 1 |
| 2 | 1 | 1 | 1 | 2 | 2 | 2 | 2 |
| 3 | 1 | 2 | 2 | 1 | 1 | 2 | 2 |
| 4 | 1 | 2 | 2 | 2 | 2 | 1 | 1 |
| 5 | 2 | 1 | 2 | 1 | 2 | 1 | 2 |
| 6 | 2 | 1 | 2 | 2 | 1 | 2 | 1 |
| 7 | 2 | 2 | 1 | 1 | 2 | 2 | 1 |
| 8 | 2 | 2 | 1 | 2 | 1 | 1 | 2 |

### $L_8(2^7)$二列间的交互作用

| 试验号 \ 列号 | 1 | 2 | 3 | 4 | 5 | 6 | 7 |
|---|---|---|---|---|---|---|---|
| (1) | (1) | 3 | 2 | 5 | 4 | 7 | 6 |
| (2) | | (2) | 1 | 6 | 7 | 4 | 5 |
| (3) | | | (3) | 7 | 6 | 5 | 4 |
| (4) | | | | (4) | 1 | 2 | 3 |
| (5) | | | | | (5) | 3 | 2 |
| (6) | | | | | | (6) | 1 |
| (7) | | | | | | | (7) |

### $L_8(2^7)$表头设计

| 因子数 \ 列号 | 1 | 2 | 3 | 4 | 5 | 6 | 7 |
|---|---|---|---|---|---|---|---|
| 3 | $A$ | $B$ | $A\times B$ | $C$ | $A\times C$ | $B\times C$ | |
| 4 | $A$ | $B$ | $A\times B$<br>$C\times D$ | $C$ | $A\times C$<br>$B\times D$ | $B\times C$<br>$A\times D$ | $D$ |
| 5 | $A$<br>$D\times E$ | $B$<br>$C\times D$ | $A\times B$<br>$C\times E$ | $C$<br>$B\times D$ | $A\times C$<br>$B\times E$ | $D$<br>$A\times E$<br>$B\times C$ | $E$<br>$A\times D$ |

### $L_8(4\times 2^4)$

| 试验号 \ 列号 | 1 | 2 | 3 | 4 | 5 |
|---|---|---|---|---|---|
| 1 | 1 | 1 | 1 | 1 | 1 |
| 2 | 1 | 2 | 2 | 2 | 2 |
| 3 | 2 | 1 | 1 | 2 | 2 |
| 4 | 2 | 2 | 2 | 1 | 1 |
| 5 | 3 | 1 | 2 | 1 | 2 |
| 6 | 3 | 2 | 1 | 2 | 1 |
| 7 | 4 | 1 | 2 | 2 | 1 |
| 8 | 4 | 2 | 1 | 1 | 2 |

## $L_8(4\times 2^4)$ 表头设计

| 因子数＼列号 | 1 | 2 | 3 | 4 | 5 |
|---|---|---|---|---|---|
| 2 | $A$ | $B$ | $(A\times B)_1$ | $(A\times B)_2$ | $(A\times B)_3$ |
| 3 | $A$ | $B$ | $C$ | | |
| 4 | $A$ | $B$ | $C$ | $D$ | |
| 5 | $A$ | $B$ | $C$ | $D$ | $E$ |

## $L_{12}(2^{11})$

| 试验号＼列号 | 1 | 2 | 3 | 4 | 5 | 6 | 7 | 8 | 9 | 10 | 11 |
|---|---|---|---|---|---|---|---|---|---|---|---|
| 1 | 1 | 1 | 1 | 1 | 1 | 1 | 1 | 1 | 1 | 1 | 1 |
| 2 | 1 | 1 | 1 | 1 | 1 | 2 | 2 | 2 | 2 | 2 | 2 |
| 3 | 1 | 1 | 2 | 2 | 2 | 1 | 1 | 1 | 2 | 2 | 2 |
| 4 | 1 | 2 | 1 | 2 | 2 | 1 | 2 | 2 | 1 | 1 | 2 |
| 5 | 1 | 2 | 2 | 1 | 2 | 2 | 1 | 2 | 1 | 2 | 1 |
| 6 | 1 | 2 | 2 | 2 | 1 | 2 | 2 | 1 | 2 | 1 | 1 |
| 7 | 2 | 1 | 2 | 2 | 1 | 1 | 2 | 2 | 1 | 2 | 1 |
| 8 | 2 | 1 | 2 | 1 | 2 | 2 | 2 | 1 | 1 | 1 | 2 |
| 9 | 2 | 1 | 1 | 2 | 2 | 2 | 1 | 2 | 2 | 1 | 1 |
| 10 | 2 | 2 | 2 | 1 | 1 | 1 | 1 | 1 | 2 | 1 | 2 |
| 11 | 2 | 2 | 1 | 2 | 1 | 2 | 1 | 1 | 1 | 2 | 2 |
| 12 | 2 | 2 | 1 | 1 | 2 | 1 | 2 | 1 | 2 | 2 | 1 |

## $L_{16}(2^{15})$

| 试验号＼列号 | 1 | 2 | 3 | 4 | 5 | 6 | 7 | 8 | 9 | 10 | 11 | 12 | 13 | 14 | 15 |
|---|---|---|---|---|---|---|---|---|---|---|---|---|---|---|---|
| 1 | 1 | 1 | 1 | 1 | 1 | 1 | 1 | 1 | 1 | 1 | 1 | 1 | 1 | 1 | 1 |
| 2 | 1 | 1 | 1 | 1 | 1 | 1 | 1 | 2 | 2 | 2 | 2 | 2 | 2 | 2 | 2 |
| 3 | 1 | 1 | 1 | 2 | 2 | 2 | 2 | 1 | 1 | 1 | 1 | 2 | 2 | 2 | 2 |
| 4 | 1 | 1 | 1 | 2 | 2 | 2 | 2 | 2 | 2 | 2 | 2 | 1 | 1 | 1 | 1 |
| 5 | 1 | 2 | 2 | 1 | 1 | 2 | 2 | 1 | 1 | 2 | 2 | 1 | 1 | 2 | 2 |
| 6 | 1 | 2 | 2 | 1 | 1 | 2 | 2 | 2 | 2 | 1 | 1 | 2 | 2 | 1 | 1 |
| 7 | 1 | 2 | 2 | 2 | 2 | 1 | 1 | 1 | 1 | 2 | 2 | 2 | 2 | 1 | 1 |
| 8 | 1 | 2 | 2 | 2 | 2 | 1 | 1 | 2 | 2 | 1 | 1 | 1 | 1 | 2 | 2 |
| 9 | 2 | 1 | 1 | 1 | 2 | 1 | 2 | 1 | 2 | 1 | 2 | 1 | 2 | 1 | 2 |
| 10 | 2 | 1 | 1 | 1 | 2 | 1 | 2 | 2 | 1 | 2 | 1 | 2 | 1 | 2 | 1 |
| 11 | 2 | 1 | 1 | 2 | 1 | 2 | 1 | 1 | 2 | 1 | 2 | 2 | 1 | 2 | 1 |
| 12 | 2 | 1 | 1 | 2 | 1 | 2 | 1 | 2 | 1 | 2 | 1 | 1 | 2 | 1 | 2 |
| 13 | 2 | 2 | 2 | 1 | 2 | 2 | 1 | 1 | 2 | 2 | 1 | 1 | 2 | 2 | 1 |
| 14 | 2 | 2 | 2 | 1 | 2 | 2 | 1 | 2 | 1 | 1 | 2 | 2 | 1 | 1 | 2 |
| 15 | 2 | 2 | 2 | 2 | 1 | 1 | 2 | 1 | 2 | 2 | 1 | 2 | 1 | 1 | 2 |
| 16 | 2 | 2 | 2 | 2 | 1 | 1 | 2 | 2 | 1 | 1 | 2 | 1 | 2 | 2 | 1 |

## $L_{16}(2^{15})$二列间的交互作用

| 试验号 \ 列号 | 1 | 2 | 3 | 4 | 5 | 6 | 7 | 8 | 9 | 10 | 11 | 12 | 13 | 14 | 15 |
|---|---|---|---|---|---|---|---|---|---|---|---|---|---|---|---|
| (1) | (1) | 3 | 2 | 5 | 4 | 7 | 6 | 9 | 8 | 11 | 10 | 13 | 12 | 15 | 14 |
| (2) | | (2) | 1 | 6 | 7 | 4 | 5 | 10 | 11 | 8 | 9 | 14 | 15 | 12 | 13 |
| (3) | | | (3) | 7 | 6 | 5 | 4 | 11 | 10 | 9 | 8 | 15 | 14 | 13 | 12 |
| (4) | | | | (4) | 1 | 2 | 3 | 12 | 13 | 14 | 15 | 8 | 9 | 10 | 11 |
| (5) | | | | | (5) | 3 | 2 | 13 | 12 | 15 | 14 | 9 | 8 | 11 | 10 |
| (6) | | | | | | (6) | 1 | 14 | 15 | 12 | 13 | 10 | 11 | 8 | 9 |
| (7) | | | | | | | (7) | 15 | 14 | 13 | 12 | 11 | 10 | 9 | 8 |
| (8) | | | | | | | | (8) | 1 | 2 | 3 | 4 | 5 | 6 | 7 |
| (9) | | | | | | | | | (9) | 3 | 2 | 5 | 4 | 7 | 6 |
| (10) | | | | | | | | | | (10) | 1 | 6 | 7 | 4 | 5 |
| (11) | | | | | | | | | | | (11) | 7 | 6 | 5 | 4 |
| (12) | | | | | | | | | | | | (12) | 1 | 2 | 3 |
| (13) | | | | | | | | | | | | | (13) | 3 | 2 |
| (14) | | | | | | | | | | | | | | (14) | 1 |

## $L_{16}(2^{15})$表头设计

| 因子数 \ 列号 | 1 | 2 | 3 | 4 | 5 | 6 | 7 | 8 | 9 | 10 | 11 | 12 | 13 | 14 | 15 |
|---|---|---|---|---|---|---|---|---|---|---|---|---|---|---|---|
| 4 | $A$ | $B$ | $A\times B$ | $C$ | $A\times C$ | $B\times C$ | | $D$ | $A\times D$ | $B\times D$ | | $C\times D$ | | | |
| 5 | $A$ | $B$ | $A\times B$ | $C$ | $A\times C$ | $B\times C$ | $D\times E$ | $D$ | $A\times D$ | $B\times D$ | $C\times E$ | $C\times D$ | $B\times C$ | $A\times E$ | $E$ |
| 6 | $A$ | $B$ | $A\times B$<br>$D\times E$ | $C$ | $A\times C$<br>$E\times F$ | $B\times C$<br>$D\times F$ | | $D$ | $A\times D$<br>$B\times E$ | $B\times D$<br>$A\times E$<br>$C\times F$ | $E$ | $C\times D$<br>$B\times F$ | | $F$ | $C\times E$<br>$A\times F$ |
| 7 | $A$ | $B$ | $A\times B$<br>$D\times E$<br>$F\times G$ | $C$ | $A\times C$<br>$D\times F$<br>$E\times G$ | $B\times C$<br>$E\times F$<br>$D\times G$ | | $D$ | $A\times D$<br>$B\times E$<br>$C\times F$ | $B\times D$<br>$A\times E$<br>$C\times G$ | $E$ | $C\times D$<br>$A\times F$<br>$B\times G$ | $F$ | $G$ | $C\times E$<br>$B\times F$<br>$A\times G$ |
| 8 | $A$ | $B$ | $A\times B$<br>$D\times E$<br>$F\times G$<br>$C\times H$ | $C$ | $A\times C$<br>$D\times F$<br>$E\times G$<br>$C\times H$ | $B\times C$<br>$E\times F$<br>$D\times G$<br>$A\times H$ | $H$ | $D$ | $A\times D$<br>$B\times E$<br>$C\times F$<br>$G\times H$ | $B\times D$<br>$A\times E$<br>$C\times G$<br>$F\times H$ | $E$ | $C\times D$<br>$A\times F$<br>$B\times G$<br>$E\times H$ | $F$ | $G$ | $C\times E$<br>$B\times F$<br>$A\times G$<br>$D\times H$ |

## $L_{16}(4\times 2^{12})$

| 试验号 \ 列号 | 1 | 2 | 3 | 4 | 5 | 6 | 7 | 8 | 9 | 10 | 11 | 12 | 13 |
|---|---|---|---|---|---|---|---|---|---|---|---|---|---|
| 1 | 1 | 1 | 1 | 1 | 1 | 1 | 1 | 1 | 1 | 1 | 1 | 1 | 1 |
| 2 | 1 | 1 | 1 | 1 | 1 | 2 | 2 | 2 | 2 | 2 | 2 | 2 | 2 |
| 3 | 1 | 2 | 2 | 2 | 2 | 1 | 1 | 1 | 1 | 2 | 2 | 2 | 2 |
| 4 | 1 | 2 | 2 | 2 | 2 | 2 | 2 | 2 | 2 | 1 | 1 | 1 | 1 |
| 5 | 2 | 1 | 1 | 2 | 2 | 1 | 1 | 2 | 2 | 1 | 1 | 2 | 2 |
| 6 | 2 | 1 | 1 | 2 | 2 | 2 | 2 | 1 | 1 | 2 | 2 | 1 | 1 |
| 7 | 2 | 2 | 2 | 1 | 1 | 1 | 1 | 2 | 2 | 2 | 2 | 1 | 1 |
| 8 | 2 | 2 | 2 | 1 | 1 | 2 | 2 | 1 | 1 | 1 | 1 | 2 | 2 |

续表

| 试验号 \ 列号 | 1 | 2 | 3 | 4 | 5 | 6 | 7 | 8 | 9 | 10 | 11 | 12 | 13 |
|---|---|---|---|---|---|---|---|---|---|---|---|---|---|
| 9 | 3 | 1 | 2 | 1 | 2 | 1 | 2 | 1 | 2 | 1 | 2 | 1 | 2 |
| 10 | 3 | 1 | 2 | 1 | 2 | 2 | 1 | 2 | 1 | 2 | 1 | 2 | 1 |
| 11 | 3 | 2 | 1 | 2 | 1 | 1 | 2 | 1 | 2 | 2 | 1 | 2 | 1 |
| 12 | 3 | 2 | 1 | 2 | 1 | 2 | 1 | 2 | 1 | 1 | 2 | 1 | 2 |
| 13 | 4 | 1 | 2 | 2 | 1 | 1 | 2 | 2 | 1 | 1 | 2 | 2 | 1 |
| 14 | 4 | 1 | 2 | 2 | 1 | 2 | 1 | 1 | 2 | 2 | 1 | 1 | 2 |
| 15 | 4 | 2 | 1 | 1 | 2 | 1 | 2 | 2 | 1 | 2 | 1 | 1 | 2 |
| 16 | 4 | 2 | 1 | 1 | 2 | 2 | 1 | 1 | 2 | 1 | 2 | 2 | 1 |

## $L_{16}(4\times 2^{12})$表头设计

| 因子数 \ 列号 | 1 | 2 | 3 | 4 | 5 | 6 | 7 | 8 | 9 | 10 | 11 | 12 | 13 |
|---|---|---|---|---|---|---|---|---|---|---|---|---|---|
| 3 | $A$ | $B$ | $(A\times B)_1$ | $(A\times B)_2$ | $(A\times B)_3$ | $C$ | $(A\times C)_1$ | $(A\times C)_2$ | $(A\times C)_3$ | $B\times C$ | | | |
| 4 | $A$ | $B$ | $(A\times B)_1$<br>$C\times D$ | $(A\times B)_2$ | $(A\times B)_3$ | $C$ | $(A\times C)_1$<br>$B\times D$ | $(A\times C)_2$ | $(A\times C)_3$ | $B\times C$<br>$(A\times D)_1$ | $D$ | $(A\times D)_2$ | $(A\times D)_3$ |
| 5 | $A$ | $B$ | $(A\times B)_1$<br>$C\times D$ | $(A\times B)_2$<br>$C\times E$ | $(A\times B)_3$ | $C$ | $(A\times C)_1$<br>$B\times D$ | $(A\times C)_2$<br>$B\times D$ | $(A\times C)_3$ | $B\times C$<br>$(A\times D)_1$<br>$(A\times E)_2$ | $D$<br>$(A\times E)_3$ | $E$<br>$(A\times D)_2$ | $(A\times E)_1$<br>$(A\times D)_3$ |

## $L_{16}(4^2\times 2^9)$

| 试验号 \ 列号 | 1 | 2 | 3 | 4 | 5 | 6 | 7 | 8 | 9 | 10 | 11 |
|---|---|---|---|---|---|---|---|---|---|---|---|
| 1 | 1 | 1 | 1 | 1 | 1 | 1 | 1 | 1 | 1 | 1 | 1 |
| 2 | 1 | 2 | 1 | 1 | 1 | 2 | 2 | 2 | 2 | 2 | 2 |
| 3 | 1 | 3 | 2 | 2 | 2 | 1 | 1 | 1 | 2 | 2 | 2 |
| 4 | 1 | 4 | 2 | 2 | 2 | 2 | 2 | 2 | 1 | 1 | 1 |
| 5 | 2 | 1 | 1 | 2 | 2 | 1 | 1 | 2 | 1 | 1 | 2 |
| 6 | 2 | 2 | 1 | 2 | 2 | 2 | 2 | 1 | 2 | 2 | 1 |
| 7 | 2 | 3 | 2 | 1 | 1 | 1 | 1 | 2 | 2 | 2 | 1 |
| 8 | 2 | 4 | 2 | 1 | 1 | 2 | 2 | 1 | 1 | 1 | 2 |
| 9 | 3 | 1 | 2 | 1 | 2 | 1 | 2 | 2 | 1 | 2 | 2 |
| 10 | 3 | 2 | 2 | 1 | 2 | 2 | 1 | 1 | 2 | 1 | 1 |
| 11 | 3 | 3 | 1 | 2 | 1 | 1 | 2 | 2 | 2 | 1 | 1 |
| 12 | 3 | 4 | 1 | 2 | 1 | 2 | 1 | 1 | 1 | 2 | 2 |
| 13 | 4 | 1 | 2 | 2 | 1 | 1 | 2 | 1 | 1 | 2 | 1 |
| 14 | 4 | 2 | 2 | 2 | 1 | 2 | 1 | 2 | 2 | 1 | 2 |
| 15 | 4 | 3 | 1 | 1 | 2 | 1 | 2 | 1 | 2 | 1 | 2 |
| 16 | 4 | 4 | 1 | 1 | 2 | 2 | 1 | 2 | 1 | 2 | 1 |

$L_{16}(4^3 \times 2^6)$

| 试验号 \ 列号 | 1 | 2 | 3 | 4 | 5 | 6 | 7 | 8 | 9 |
|---|---|---|---|---|---|---|---|---|---|
| 1 | 1 | 1 | 1 | 1 | 1 | 1 | 1 | 1 | 1 |
| 2 | 1 | 2 | 2 | 1 | 1 | 2 | 2 | 2 | 2 |
| 3 | 1 | 3 | 3 | 2 | 2 | 1 | 1 | 2 | 2 |
| 4 | 1 | 4 | 4 | 2 | 2 | 2 | 2 | 1 | 1 |
| 5 | 2 | 1 | 2 | 2 | 2 | 1 | 2 | 1 | 1 |
| 6 | 2 | 2 | 1 | 2 | 2 | 2 | 1 | 2 | 2 |
| 7 | 2 | 3 | 4 | 1 | 1 | 1 | 2 | 2 | 2 |
| 8 | 2 | 4 | 3 | 1 | 1 | 2 | 1 | 1 | 1 |
| 9 | 3 | 1 | 3 | 1 | 2 | 1 | 2 | 1 | 2 |
| 10 | 3 | 2 | 4 | 1 | 2 | 2 | 1 | 2 | 1 |
| 11 | 3 | 3 | 1 | 2 | 1 | 1 | 2 | 2 | 1 |
| 12 | 3 | 4 | 2 | 2 | 1 | 2 | 1 | 1 | 2 |
| 13 | 4 | 1 | 4 | 2 | 1 | 1 | 1 | 1 | 2 |
| 14 | 4 | 2 | 3 | 2 | 1 | 2 | 2 | 2 | 1 |
| 15 | 4 | 3 | 2 | 1 | 2 | 1 | 1 | 2 | 1 |
| 16 | 4 | 4 | 1 | 1 | 2 | 2 | 2 | 1 | 2 |

$L_{16}(4^4 \times 2^3)$

| 试验号 \ 列号 | 1 | 2 | 3 | 4 | 5 | 6 | 7 |
|---|---|---|---|---|---|---|---|
| 1 | 1 | 1 | 1 | 1 | 1 | 1 | 1 |
| 2 | 1 | 2 | 2 | 2 | 1 | 2 | 2 |
| 3 | 1 | 3 | 3 | 3 | 2 | 1 | 2 |
| 4 | 1 | 4 | 4 | 4 | 2 | 2 | 1 |
| 5 | 2 | 1 | 2 | 3 | 2 | 1 | 1 |
| 6 | 2 | 2 | 1 | 4 | 2 | 2 | 2 |
| 7 | 2 | 3 | 4 | 1 | 1 | 1 | 2 |
| 8 | 2 | 4 | 3 | 2 | 1 | 2 | 1 |
| 9 | 3 | 1 | 3 | 3 | 2 | 1 | 2 |
| 10 | 3 | 2 | 4 | 4 | 2 | 2 | 1 |
| 11 | 3 | 3 | 1 | 2 | 1 | 1 | 1 |
| 12 | 3 | 4 | 2 | 1 | 1 | 2 | 2 |
| 13 | 4 | 1 | 4 | 2 | 1 | 1 | 2 |
| 14 | 4 | 2 | 3 | 1 | 1 | 2 | 1 |
| 15 | 4 | 3 | 2 | 4 | 2 | 1 | 1 |
| 16 | 4 | 4 | 1 | 3 | 2 | 2 | 2 |

$L_{16}(4^5)$

| 试验号 \ 列号 | 1 | 2 | 3 | 4 | 5 |
|---|---|---|---|---|---|
| 1 | 1 | 1 | 1 | 1 | 1 |
| 2 | 1 | 2 | 2 | 2 | 2 |
| 3 | 1 | 3 | 3 | 3 | 3 |
| 4 | 1 | 4 | 4 | 4 | 4 |
| 5 | 2 | 1 | 2 | 3 | 4 |
| 6 | 2 | 2 | 1 | 4 | 3 |
| 7 | 2 | 3 | 4 | 1 | 2 |
| 8 | 2 | 4 | 3 | 2 | 1 |
| 9 | 3 | 1 | 3 | 4 | 2 |
| 10 | 3 | 2 | 4 | 3 | 1 |
| 11 | 3 | 3 | 1 | 2 | 4 |
| 12 | 3 | 4 | 2 | 1 | 3 |
| 13 | 4 | 1 | 4 | 2 | 3 |
| 14 | 4 | 2 | 3 | 1 | 4 |
| 15 | 4 | 3 | 2 | 4 | 1 |
| 16 | 4 | 4 | 1 | 3 | 2 |

$L_{16}(8 \times 2^8)$

| 试验号 \ 列号 | 1 | 2 | 3 | 4 | 5 | 6 | 7 | 8 | 9 |
|---|---|---|---|---|---|---|---|---|---|
| 1 | 1 | 1 | 1 | 1 | 1 | 1 | 1 | 1 | 1 |
| 2 | 1 | 2 | 2 | 2 | 2 | 2 | 2 | 2 | 2 |
| 3 | 2 | 1 | 1 | 1 | 1 | 2 | 2 | 2 | 2 |
| 4 | 2 | 2 | 2 | 2 | 2 | 1 | 1 | 1 | 1 |
| 5 | 3 | 1 | 1 | 2 | 2 | 1 | 1 | 2 | 2 |
| 6 | 3 | 2 | 2 | 1 | 1 | 2 | 2 | 1 | 1 |
| 7 | 4 | 1 | 1 | 2 | 2 | 2 | 2 | 1 | 1 |
| 8 | 4 | 2 | 2 | 1 | 1 | 1 | 1 | 2 | 2 |
| 9 | 5 | 1 | 2 | 1 | 2 | 1 | 2 | 1 | 2 |
| 10 | 5 | 2 | 1 | 2 | 1 | 2 | 1 | 2 | 1 |
| 11 | 6 | 1 | 2 | 1 | 2 | 2 | 1 | 2 | 1 |
| 12 | 6 | 2 | 1 | 2 | 1 | 1 | 2 | 1 | 2 |
| 13 | 7 | 1 | 2 | 2 | 1 | 1 | 2 | 2 | 1 |
| 14 | 7 | 2 | 1 | 1 | 2 | 2 | 1 | 1 | 2 |
| 15 | 8 | 1 | 2 | 2 | 1 | 2 | 1 | 1 | 2 |
| 16 | 8 | 2 | 1 | 1 | 2 | 1 | 2 | 2 | 1 |

$L_{20}(2^{19})$

| 试验号 \ 列号 | 1 | 2 | 3 | 4 | 5 | 6 | 7 | 8 | 9 | 10 | 11 | 12 | 13 | 14 | 15 | 16 | 17 | 18 | 19 |
|---|---|---|---|---|---|---|---|---|---|---|---|---|---|---|---|---|---|---|---|
| 1 | 1 | 1 | 1 | 1 | 1 | 1 | 1 | 1 | 1 | 1 | 1 | 1 | 1 | 1 | 1 | 1 | 1 | 1 | 1 |
| 2 | 2 | 2 | 1 | 1 | 2 | 2 | 2 | 2 | 1 | 2 | 1 | 2 | 1 | 1 | 1 | 1 | 2 | 2 | 1 |
| 3 | 2 | 1 | 1 | 2 | 2 | 2 | 2 | 1 | 2 | 1 | 2 | 1 | 1 | 1 | 1 | 2 | 2 | 1 | 2 |
| 4 | 1 | 1 | 2 | 2 | 2 | 2 | 1 | 2 | 1 | 2 | 1 | 1 | 1 | 1 | 2 | 2 | 1 | 2 | 2 |
| 5 | 1 | 2 | 2 | 2 | 2 | 1 | 2 | 1 | 2 | 1 | 1 | 1 | 1 | 2 | 2 | 1 | 2 | 2 | 1 |

续表

| 列号 / 试验号 | 1 | 2 | 3 | 4 | 5 | 6 | 7 | 8 | 9 | 10 | 11 | 12 | 13 | 14 | 15 | 16 | 17 | 18 | 19 |
|---|---|---|---|---|---|---|---|---|---|---|---|---|---|---|---|---|---|---|---|
| 6 | 2 | 2 | 2 | 2 | 1 | 2 | 1 | 2 | 1 | 1 | 1 | 1 | 2 | 2 | 1 | 2 | 2 | 1 | 1 |
| 7 | 2 | 2 | 2 | 1 | 2 | 1 | 2 | 1 | 1 | 1 | 1 | 2 | 2 | 1 | 2 | 2 | 1 | 1 | 2 |
| 8 | 2 | 2 | 1 | 2 | 1 | 2 | 1 | 1 | 1 | 1 | 2 | 2 | 1 | 2 | 2 | 1 | 1 | 2 | 2 |
| 9 | 2 | 1 | 2 | 1 | 2 | 1 | 1 | 1 | 1 | 2 | 2 | 1 | 2 | 2 | 1 | 1 | 2 | 2 | 2 |
| 10 | 1 | 2 | 1 | 2 | 1 | 1 | 1 | 1 | 2 | 2 | 1 | 2 | 2 | 1 | 1 | 2 | 2 | 2 | 2 |
| 11 | 2 | 1 | 2 | 1 | 2 | 1 | 1 | 2 | 2 | 1 | 2 | 2 | 1 | 1 | 2 | 2 | 2 | 2 | 1 |
| 12 | 1 | 2 | 1 | 1 | 1 | 1 | 2 | 2 | 1 | 2 | 2 | 1 | 1 | 2 | 2 | 2 | 2 | 1 | 2 |
| 13 | 2 | 1 | 1 | 1 | 1 | 2 | 2 | 1 | 2 | 2 | 1 | 1 | 2 | 2 | 2 | 2 | 1 | 2 | 1 |
| 14 | 1 | 1 | 1 | 1 | 2 | 2 | 1 | 2 | 2 | 1 | 1 | 2 | 2 | 2 | 2 | 1 | 2 | 1 | 2 |
| 15 | 1 | 1 | 1 | 2 | 2 | 1 | 2 | 2 | 1 | 1 | 2 | 2 | 2 | 2 | 1 | 2 | 1 | 2 | 1 |
| 16 | 1 | 1 | 2 | 2 | 1 | 2 | 2 | 1 | 1 | 2 | 2 | 2 | 2 | 1 | 2 | 1 | 2 | 1 | 1 |
| 17 | 1 | 2 | 2 | 1 | 2 | 2 | 1 | 1 | 2 | 2 | 2 | 2 | 1 | 2 | 1 | 2 | 1 | 1 | 1 |
| 18 | 2 | 2 | 1 | 2 | 2 | 1 | 1 | 2 | 2 | 2 | 2 | 1 | 2 | 1 | 2 | 1 | 1 | 1 | 1 |
| 19 | 2 | 1 | 2 | 2 | 1 | 1 | 2 | 2 | 2 | 2 | 1 | 2 | 1 | 2 | 1 | 1 | 1 | 1 | 2 |
| 20 | 1 | 2 | 2 | 1 | 1 | 2 | 2 | 2 | 2 | 1 | 2 | 1 | 2 | 1 | 1 | 1 | 1 | 2 | 2 |

$L_9(3^4)$

| 列号 / 试验号 | 1 | 2 | 3 | 4 |
|---|---|---|---|---|
| 1 | 1 | 1 | 1 | 1 |
| 2 | 1 | 2 | 2 | 2 |
| 3 | 1 | 3 | 3 | 3 |
| 4 | 2 | 1 | 2 | 3 |
| 5 | 2 | 2 | 3 | 1 |
| 6 | 2 | 3 | 1 | 2 |
| 7 | 3 | 1 | 3 | 2 |
| 8 | 3 | 2 | 1 | 3 |
| 9 | 3 | 3 | 2 | 1 |

注:任意二列间的交互作用为另外二列

$L_{18}(2\times3^7)$

| 列号 / 试验号 | 1 | 2 | 3 | 4 | 5 | 6 | 7 | 8 |
|---|---|---|---|---|---|---|---|---|
| 1 | 1 | 1 | 1 | 1 | 1 | 1 | 1 | 1 |
| 2 | 1 | 1 | 2 | 2 | 2 | 2 | 2 | 2 |
| 3 | 1 | 1 | 3 | 3 | 3 | 3 | 3 | 3 |
| 4 | 1 | 2 | 1 | 1 | 2 | 2 | 3 | 3 |
| 5 | 1 | 2 | 2 | 2 | 3 | 3 | 1 | 1 |
| 6 | 1 | 2 | 3 | 3 | 1 | 1 | 2 | 2 |
| 7 | 1 | 3 | 1 | 2 | 1 | 3 | 2 | 3 |
| 8 | 1 | 3 | 2 | 3 | 2 | 1 | 3 | 1 |
| 9 | 1 | 3 | 3 | 1 | 3 | 2 | 1 | 2 |
| 10 | 2 | 1 | 1 | 3 | 3 | 2 | 2 | 1 |
| 11 | 2 | 1 | 2 | 1 | 1 | 3 | 3 | 2 |
| 12 | 2 | 1 | 3 | 2 | 2 | 1 | 1 | 3 |

续表

| 试验号 \ 列号 | 1 | 2 | 3 | 4 | 5 | 6 | 7 | 8 |
|---|---|---|---|---|---|---|---|---|
| 13 | 2 | 2 | 1 | 2 | 3 | 1 | 3 | 2 |
| 14 | 2 | 2 | 2 | 3 | 1 | 2 | 1 | 3 |
| 15 | 2 | 2 | 3 | 1 | 2 | 3 | 2 | 1 |
| 16 | 2 | 3 | 1 | 3 | 2 | 3 | 1 | 2 |
| 17 | 2 | 3 | 2 | 1 | 3 | 1 | 2 | 3 |
| 18 | 2 | 3 | 3 | 2 | 1 | 2 | 3 | 1 |

$L_{27}(3^{13})$

| 试验号 \ 列号 | 1 | 2 | 3 | 4 | 5 | 6 | 7 | 8 | 9 | 10 | 11 | 12 | 13 |
|---|---|---|---|---|---|---|---|---|---|---|---|---|---|
| 1 | 1 | 1 | 1 | 1 | 1 | 1 | 1 | 1 | 1 | 1 | 1 | 1 | 1 |
| 2 | 1 | 1 | 1 | 1 | 2 | 2 | 2 | 2 | 2 | 2 | 2 | 2 | 2 |
| 3 | 1 | 1 | 1 | 1 | 3 | 3 | 3 | 3 | 3 | 3 | 3 | 3 | 3 |
| 4 | 1 | 2 | 2 | 2 | 1 | 1 | 1 | 2 | 2 | 2 | 3 | 3 | 3 |
| 5 | 1 | 2 | 2 | 2 | 2 | 2 | 2 | 3 | 3 | 3 | 1 | 1 | 1 |
| 6 | 1 | 2 | 2 | 2 | 3 | 3 | 3 | 1 | 1 | 1 | 2 | 2 | 2 |
| 7 | 1 | 3 | 3 | 3 | 1 | 1 | 1 | 3 | 3 | 3 | 2 | 2 | 2 |
| 8 | 1 | 3 | 3 | 3 | 2 | 2 | 2 | 1 | 1 | 1 | 3 | 3 | 3 |
| 9 | 1 | 3 | 3 | 3 | 3 | 3 | 3 | 2 | 2 | 2 | 1 | 1 | 1 |
| 10 | 2 | 1 | 2 | 3 | 1 | 2 | 3 | 1 | 2 | 3 | 1 | 2 | 3 |
| 11 | 2 | 1 | 2 | 3 | 2 | 3 | 1 | 2 | 3 | 1 | 2 | 3 | 1 |
| 12 | 2 | 1 | 2 | 3 | 3 | 1 | 2 | 3 | 1 | 2 | 3 | 1 | 2 |
| 13 | 2 | 2 | 3 | 1 | 1 | 2 | 3 | 2 | 3 | 1 | 3 | 1 | 2 |
| 14 | 2 | 2 | 3 | 1 | 2 | 3 | 1 | 3 | 1 | 2 | 1 | 2 | 3 |
| 15 | 2 | 2 | 3 | 1 | 3 | 1 | 2 | 1 | 2 | 3 | 2 | 3 | 1 |
| 16 | 2 | 3 | 1 | 2 | 1 | 2 | 3 | 3 | 1 | 2 | 2 | 3 | 1 |
| 17 | 2 | 3 | 1 | 2 | 2 | 3 | 1 | 1 | 2 | 3 | 3 | 1 | 2 |
| 18 | 2 | 3 | 1 | 2 | 3 | 1 | 2 | 2 | 3 | 1 | 1 | 2 | 3 |
| 19 | 3 | 1 | 3 | 2 | 1 | 3 | 2 | 1 | 3 | 2 | 1 | 3 | 2 |
| 20 | 3 | 1 | 3 | 2 | 2 | 1 | 3 | 2 | 1 | 3 | 2 | 1 | 3 |
| 21 | 3 | 1 | 3 | 2 | 3 | 2 | 1 | 3 | 2 | 1 | 3 | 2 | 1 |
| 22 | 3 | 2 | 1 | 3 | 1 | 3 | 2 | 2 | 1 | 3 | 3 | 2 | 1 |
| 23 | 3 | 2 | 1 | 3 | 2 | 1 | 3 | 3 | 2 | 1 | 1 | 3 | 2 |
| 24 | 3 | 2 | 1 | 3 | 3 | 2 | 1 | 1 | 3 | 2 | 2 | 1 | 3 |
| 25 | 3 | 3 | 2 | 1 | 1 | 3 | 2 | 3 | 2 | 1 | 2 | 1 | 3 |
| 26 | 3 | 3 | 2 | 1 | 2 | 1 | 3 | 1 | 3 | 2 | 3 | 2 | 1 |
| 27 | 3 | 3 | 2 | 1 | 3 | 2 | 1 | 2 | 1 | 3 | 1 | 3 | 2 |

## $L_{27}(3^{13})$二列间的交互作用

| 试验号 \ 列号 | 1 | 2 | 3 | 4 | 5 | 6 | 7 | 8 | 9 | 10 | 11 | 12 | 13 |
|---|---|---|---|---|---|---|---|---|---|---|---|---|---|
| (1) | (1) | 3 | 2 | 2 | 6 | 5 | 5 | 9 | 8 | 8 | 12 | 11 | 11 |
| | | 4 | 4 | 3 | 7 | 7 | 6 | 10 | 10 | 9 | 13 | 13 | 12 |
| (2) | | (2) | 1 | 1 | 8 | 9 | 10 | 5 | 6 | 7 | 5 | 6 | 7 |
| | | | 4 | 3 | 11 | 12 | 13 | 11 | 12 | 13 | 8 | 9 | 10 |
| (3) | | | (3) | 1 | 9 | 10 | 8 | 7 | 5 | 6 | 6 | 7 | 5 |
| | | | | 2 | 13 | 11 | 12 | 12 | 13 | 11 | 10 | 8 | 9 |
| (4) | | | | (4) | 10 | 8 | 9 | 6 | 7 | 5 | 7 | 5 | 6 |
| | | | | | 12 | 13 | 11 | 13 | 11 | 12 | 9 | 10 | 8 |
| (5) | | | | | (5) | 1 | 1 | 2 | 3 | 4 | 2 | 4 | 3 |
| | | | | | | 7 | 6 | 11 | 13 | 12 | 8 | 10 | 9 |
| (6) | | | | | | (6) | 1 | 4 | 2 | 3 | 3 | 2 | 4 |
| | | | | | | | 5 | 13 | 12 | 11 | 10 | 9 | 8 |
| (7) | | | | | | | (7) | 3 | 4 | 2 | 4 | 3 | 2 |
| | | | | | | | | 12 | 11 | 13 | 9 | 8 | 10 |
| (8) | | | | | | | | (8) | 1 | 1 | 2 | 3 | 4 |
| | | | | | | | | | 10 | 9 | 5 | 7 | 6 |
| (9) | | | | | | | | | (9) | 1 | 4 | 2 | 3 |
| | | | | | | | | | | 8 | 7 | 6 | 5 |
| (10) | | | | | | | | | | (10) | 3 | 4 | 2 |
| | | | | | | | | | | | 6 | 5 | 7 |
| (11) | | | | | | | | | | | (11) | 1 | 1 |
| | | | | | | | | | | | | 13 | 12 |
| (12) | | | | | | | | | | | | (12) | 1 |
| | | | | | | | | | | | | | 11 |

## $L_{27}(3^{13})$表头设计

| 因子数 \ 列号 | 1 | 2 | 3 | 4 | 5 | 6 | 7 | 8 | 9 | 10 | 11 | 12 | 13 |
|---|---|---|---|---|---|---|---|---|---|---|---|---|---|
| 3 | $A$ | $B$ | $(A\times B)_1$ | $(A\times B)_2$ | $C$ | $(A\times C)_1$ | $(A\times C)_2$ | $(B\times C)_1$ | | | $(B\times C)_2$ | | |
| 4 | $A$ | $B$ | $(A\times B)_1$<br>$(C\times D)_2$ | $(A\times B)_2$ | $C$ | $(A\times C)_1$<br>$(B\times D)_2$ | $(A\times C)_2$ | $(B\times C)_1$<br>$(A\times D)_2$ | $D$ | $(A\times D)_1$ | $(B\times C)_2$ | $(B\times D)_1$ | $(C\times D)_1$ |

## $L_{25}(5^6)$

| 试验号 \ 列号 | 1 | 2 | 3 | 4 | 5 | 6 |
|---|---|---|---|---|---|---|
| 1 | 1 | 1 | 1 | 1 | 1 | 1 |
| 2 | 1 | 2 | 2 | 2 | 2 | 2 |
| 3 | 1 | 3 | 3 | 3 | 3 | 3 |
| 4 | 1 | 4 | 4 | 4 | 4 | 4 |
| 5 | 1 | 5 | 5 | 5 | 5 | 5 |
| 6 | 2 | 1 | 2 | 4 | 4 | 5 |
| 7 | 2 | 2 | 3 | 5 | 5 | 1 |
| 8 | 2 | 3 | 4 | 1 | 1 | 2 |
| 9 | 2 | 4 | 5 | 2 | 2 | 3 |
| 10 | 2 | 5 | 1 | 3 | 3 | 4 |

续表

| 试验号＼列号 | 1 | 2 | 3 | 4 | 5 | 6 |
|---|---|---|---|---|---|---|
| 11 | 3 | 1 | 3 | 2 | 2 | 4 |
| 12 | 3 | 2 | 4 | 3 | 3 | 5 |
| 13 | 3 | 3 | 5 | 4 | 4 | 1 |
| 14 | 3 | 4 | 1 | 5 | 5 | 2 |
| 15 | 3 | 5 | 2 | 1 | 1 | 3 |
| 16 | 4 | 1 | 4 | 5 | 5 | 3 |
| 17 | 4 | 2 | 5 | 1 | 1 | 4 |
| 18 | 4 | 3 | 1 | 2 | 2 | 5 |
| 19 | 4 | 4 | 2 | 3 | 3 | 1 |
| 20 | 4 | 5 | 3 | 4 | 4 | 2 |
| 21 | 5 | 1 | 5 | 3 | 3 | 2 |
| 22 | 5 | 2 | 1 | 4 | 4 | 3 |
| 23 | 5 | 3 | 2 | 5 | 5 | 4 |
| 24 | 5 | 4 | 3 | 1 | 1 | 5 |
| 25 | 5 | 5 | 4 | 2 | 2 | 1 |

$L_{27}(9\times3^9)$

| 试验号＼列号 | 1 | 2 | 3 | 4 | 5 | 6 | 7 | 8 | 9 | 10 |
|---|---|---|---|---|---|---|---|---|---|---|
| 1 | 1 | 1 | 1 | 1 | 1 | 1 | 1 | 1 | 1 | 1 |
| 2 | 1 | 2 | 2 | 2 | 2 | 2 | 2 | 2 | 2 | 2 |
| 3 | 1 | 3 | 3 | 3 | 3 | 3 | 3 | 3 | 3 | 3 |
| 4 | 2 | 1 | 1 | 1 | 2 | 2 | 2 | 3 | 3 | 3 |
| 5 | 2 | 2 | 2 | 2 | 3 | 3 | 3 | 1 | 1 | 1 |
| 6 | 2 | 3 | 3 | 3 | 1 | 1 | 1 | 2 | 2 | 2 |
| 7 | 3 | 1 | 1 | 1 | 3 | 3 | 3 | 2 | 2 | 2 |
| 8 | 3 | 2 | 2 | 2 | 1 | 1 | 1 | 3 | 3 | 3 |
| 9 | 3 | 3 | 3 | 3 | 2 | 2 | 2 | 1 | 1 | 1 |
| 10 | 4 | 1 | 2 | 3 | 1 | 2 | 3 | 1 | 2 | 3 |
| 11 | 4 | 2 | 3 | 1 | 2 | 3 | 1 | 2 | 3 | 1 |
| 12 | 4 | 3 | 1 | 2 | 3 | 1 | 2 | 3 | 1 | 2 |
| 13 | 5 | 1 | 2 | 3 | 2 | 3 | 1 | 3 | 1 | 2 |
| 14 | 5 | 2 | 3 | 1 | 3 | 1 | 2 | 1 | 2 | 3 |
| 15 | 5 | 3 | 1 | 2 | 1 | 2 | 3 | 2 | 3 | 1 |
| 16 | 6 | 1 | 2 | 3 | 3 | 1 | 2 | 2 | 3 | 1 |
| 17 | 6 | 2 | 3 | 1 | 1 | 2 | 3 | 3 | 1 | 2 |
| 18 | 6 | 3 | 1 | 2 | 2 | 3 | 1 | 1 | 2 | 3 |
| 19 | 7 | 1 | 3 | 2 | 1 | 3 | 2 | 1 | 3 | 2 |
| 20 | 7 | 2 | 1 | 3 | 2 | 1 | 3 | 2 | 1 | 3 |
| 21 | 7 | 3 | 2 | 1 | 3 | 2 | 1 | 3 | 2 | 1 |

续表

| 试验号 \ 列号 | 1 | 2 | 3 | 4 | 5 | 6 | 7 | 8 | 9 | 10 |
|---|---|---|---|---|---|---|---|---|---|---|
| 22 | 8 | 1 | 3 | 2 | 2 | 1 | 3 | 3 | 2 | 1 |
| 23 | 8 | 2 | 1 | 3 | 3 | 2 | 1 | 1 | 3 | 2 |
| 24 | 8 | 3 | 2 | 1 | 1 | 3 | 2 | 2 | 1 | 3 |
| 25 | 9 | 1 | 3 | 2 | 3 | 2 | 1 | 2 | 1 | 3 |
| 26 | 9 | 2 | 1 | 3 | 1 | 3 | 2 | 3 | 2 | 1 |
| 27 | 9 | 3 | 2 | 1 | 2 | 1 | 3 | 1 | 3 | 2 |

$L_{32}(2^{31})$

| 试验号 \ 列号 | 1 | 2 | 3 | 4 | 5 | 6 | 7 | 8 | 9 | 10 | 11 | 12 | 13 | 14 | 15 | 16 | 17 | 18 | 19 | 20 | 21 | 22 | 23 | 24 | 25 | 26 | 27 | 28 | 29 | 30 | 31 |
|---|---|---|---|---|---|---|---|---|---|---|---|---|---|---|---|---|---|---|---|---|---|---|---|---|---|---|---|---|---|---|---|
| 1 | 1 | 1 | 1 | 1 | 1 | 1 | 1 | 1 | 1 | 1 | 1 | 1 | 1 | 1 | 1 | 1 | 1 | 1 | 1 | 1 | 1 | 1 | 1 | 1 | 1 | 1 | 1 | 1 | 1 | 1 | 1 |
| 2 | 1 | 1 | 1 | 1 | 1 | 1 | 1 | 1 | 1 | 1 | 1 | 1 | 1 | 1 | 1 | 2 | 2 | 2 | 2 | 2 | 2 | 2 | 2 | 2 | 2 | 2 | 2 | 2 | 2 | 2 | 2 |
| 3 | 1 | 1 | 1 | 1 | 1 | 1 | 1 | 2 | 2 | 2 | 2 | 2 | 2 | 2 | 2 | 1 | 1 | 1 | 1 | 1 | 1 | 1 | 1 | 2 | 2 | 2 | 2 | 2 | 2 | 2 | 2 |
| 4 | 1 | 1 | 1 | 1 | 1 | 1 | 1 | 2 | 2 | 2 | 2 | 2 | 2 | 2 | 2 | 2 | 2 | 2 | 2 | 2 | 2 | 2 | 2 | 1 | 1 | 1 | 1 | 1 | 1 | 1 | 1 |
| 5 | 1 | 1 | 1 | 2 | 2 | 2 | 2 | 1 | 1 | 1 | 1 | 2 | 2 | 2 | 2 | 1 | 1 | 1 | 1 | 2 | 2 | 2 | 2 | 1 | 1 | 1 | 1 | 2 | 2 | 2 | 2 |
| 6 | 1 | 1 | 1 | 2 | 2 | 2 | 2 | 1 | 1 | 1 | 1 | 2 | 2 | 2 | 2 | 2 | 2 | 2 | 2 | 1 | 1 | 1 | 1 | 2 | 2 | 2 | 2 | 1 | 1 | 1 | 1 |
| 7 | 1 | 1 | 1 | 2 | 2 | 2 | 2 | 2 | 2 | 2 | 2 | 1 | 1 | 1 | 1 | 1 | 1 | 1 | 1 | 2 | 2 | 2 | 2 | 2 | 2 | 2 | 2 | 1 | 1 | 1 | 1 |
| 8 | 1 | 1 | 1 | 2 | 2 | 2 | 2 | 2 | 2 | 2 | 2 | 1 | 1 | 1 | 1 | 2 | 2 | 2 | 2 | 1 | 1 | 1 | 1 | 1 | 1 | 1 | 1 | 2 | 2 | 2 | 2 |
| 9 | 1 | 2 | 2 | 1 | 1 | 2 | 2 | 1 | 1 | 2 | 2 | 1 | 1 | 2 | 2 | 1 | 1 | 2 | 2 | 1 | 1 | 2 | 2 | 1 | 1 | 2 | 2 | 1 | 1 | 2 | 2 |
| 10 | 1 | 2 | 2 | 1 | 1 | 2 | 2 | 1 | 1 | 2 | 2 | 1 | 1 | 2 | 2 | 2 | 2 | 1 | 1 | 2 | 2 | 1 | 1 | 2 | 2 | 1 | 1 | 2 | 2 | 1 | 1 |
| 11 | 1 | 2 | 2 | 1 | 1 | 2 | 2 | 2 | 2 | 1 | 1 | 2 | 2 | 1 | 1 | 1 | 1 | 2 | 2 | 1 | 1 | 2 | 2 | 2 | 2 | 1 | 1 | 2 | 2 | 1 | 1 |
| 12 | 1 | 2 | 2 | 1 | 1 | 2 | 2 | 2 | 2 | 1 | 1 | 2 | 2 | 1 | 1 | 2 | 2 | 1 | 1 | 2 | 2 | 1 | 1 | 1 | 1 | 2 | 2 | 1 | 1 | 2 | 2 |
| 13 | 1 | 2 | 2 | 2 | 2 | 1 | 1 | 1 | 1 | 2 | 2 | 2 | 2 | 1 | 1 | 1 | 1 | 2 | 2 | 2 | 2 | 1 | 1 | 1 | 1 | 2 | 2 | 2 | 2 | 1 | 1 |
| 14 | 1 | 2 | 2 | 2 | 2 | 1 | 1 | 1 | 1 | 2 | 2 | 2 | 2 | 1 | 1 | 2 | 2 | 1 | 1 | 1 | 1 | 2 | 2 | 2 | 2 | 1 | 1 | 1 | 1 | 2 | 2 |
| 15 | 1 | 2 | 2 | 2 | 2 | 1 | 1 | 2 | 2 | 1 | 1 | 1 | 1 | 2 | 2 | 1 | 1 | 1 | 1 | 1 | 1 | 1 | 1 | 1 | 1 | 1 | 1 | 1 | 1 | 2 | 2 |
| 16 | 1 | 2 | 2 | 2 | 2 | 1 | 1 | 2 | 2 | 1 | 1 | 1 | 1 | 2 | 2 | 2 | 2 | 2 | 2 | 2 | 2 | 2 | 2 | 2 | 2 | 2 | 2 | 2 | 2 | 1 | 1 |
| 17 | 2 | 1 | 2 | 1 | 2 | 1 | 2 | 1 | 2 | 1 | 2 | 1 | 2 | 1 | 2 | 1 | 2 | 1 | 2 | 1 | 2 | 1 | 2 | 1 | 2 | 1 | 2 | 1 | 2 | 1 | 2 |
| 18 | 2 | 1 | 2 | 1 | 2 | 1 | 2 | 1 | 2 | 1 | 2 | 1 | 2 | 1 | 2 | 2 | 1 | 2 | 1 | 2 | 1 | 2 | 1 | 2 | 1 | 2 | 1 | 2 | 1 | 2 | 1 |
| 19 | 2 | 1 | 2 | 1 | 2 | 1 | 2 | 2 | 1 | 2 | 1 | 2 | 1 | 2 | 1 | 1 | 2 | 1 | 2 | 1 | 2 | 1 | 2 | 2 | 1 | 2 | 1 | 2 | 1 | 2 | 1 |
| 20 | 2 | 1 | 2 | 1 | 2 | 1 | 2 | 2 | 1 | 2 | 1 | 2 | 1 | 2 | 1 | 2 | 1 | 2 | 1 | 2 | 1 | 2 | 1 | 1 | 2 | 1 | 2 | 1 | 2 | 1 | 2 |
| 21 | 2 | 1 | 2 | 2 | 1 | 2 | 1 | 1 | 2 | 1 | 2 | 2 | 1 | 2 | 1 | 1 | 2 | 1 | 2 | 2 | 1 | 2 | 1 | 1 | 2 | 1 | 2 | 2 | 1 | 2 | 1 |
| 22 | 2 | 1 | 2 | 2 | 1 | 2 | 1 | 1 | 2 | 1 | 2 | 2 | 1 | 2 | 1 | 2 | 1 | 2 | 1 | 1 | 2 | 1 | 2 | 2 | 1 | 2 | 1 | 1 | 2 | 1 | 2 |
| 23 | 2 | 1 | 2 | 2 | 1 | 2 | 1 | 2 | 1 | 2 | 1 | 1 | 2 | 1 | 2 | 1 | 2 | 1 | 2 | 2 | 1 | 2 | 1 | 2 | 1 | 2 | 1 | 1 | 2 | 1 | 2 |
| 24 | 2 | 1 | 2 | 2 | 1 | 2 | 1 | 2 | 1 | 2 | 1 | 1 | 2 | 1 | 2 | 2 | 1 | 2 | 1 | 1 | 2 | 1 | 2 | 1 | 2 | 1 | 2 | 2 | 1 | 2 | 1 |
| 25 | 2 | 2 | 1 | 1 | 2 | 2 | 1 | 1 | 2 | 2 | 1 | 1 | 2 | 2 | 1 | 1 | 2 | 2 | 1 | 1 | 2 | 2 | 1 | 1 | 2 | 2 | 1 | 1 | 2 | 2 | 1 |
| 26 | 2 | 2 | 1 | 1 | 2 | 2 | 1 | 1 | 2 | 2 | 1 | 1 | 2 | 2 | 1 | 2 | 1 | 1 | 2 | 2 | 1 | 1 | 2 | 2 | 1 | 1 | 2 | 2 | 1 | 1 | 2 |
| 27 | 2 | 2 | 1 | 1 | 2 | 2 | 1 | 2 | 1 | 1 | 2 | 2 | 1 | 1 | 2 | 1 | 2 | 2 | 1 | 1 | 2 | 2 | 1 | 2 | 1 | 1 | 2 | 2 | 1 | 1 | 2 |
| 28 | 2 | 2 | 1 | 1 | 2 | 2 | 1 | 2 | 1 | 1 | 2 | 2 | 1 | 1 | 2 | 2 | 1 | 1 | 2 | 2 | 1 | 1 | 2 | 1 | 2 | 2 | 1 | 1 | 2 | 2 | 1 |

续表

| 试验号 \ 列号 | 1 | 2 | 3 | 4 | 5 | 6 | 7 | 8 | 9 | 10 | 11 | 12 | 13 | 14 | 15 | 16 | 17 | 18 | 19 | 20 | 21 | 22 | 23 | 24 | 25 | 26 | 27 | 28 | 29 | 30 | 31 |
|---|---|---|---|---|---|---|---|---|---|---|---|---|---|---|---|---|---|---|---|---|---|---|---|---|---|---|---|---|---|---|---|
| 29 | 2 | 2 | 1 | 2 | 1 | 1 | 2 | 1 | 2 | 2 | 1 | 2 | 1 | 1 | 2 | 1 | 2 | 2 | 1 | 2 | 1 | 1 | 2 | 1 | 2 | 2 | 1 | 2 | 1 | 1 | 2 |
| 30 | 2 | 2 | 1 | 2 | 1 | 1 | 2 | 1 | 2 | 2 | 1 | 2 | 1 | 1 | 2 | 2 | 1 | 1 | 2 | 1 | 2 | 2 | 1 | 2 | 1 | 1 | 2 | 1 | 2 | 2 | 1 |
| 31 | 2 | 2 | 1 | 2 | 1 | 1 | 2 | 2 | 1 | 1 | 2 | 1 | 2 | 2 | 1 | 1 | 2 | 2 | 1 | 2 | 1 | 1 | 2 | 2 | 1 | 1 | 2 | 1 | 2 | 2 | 1 |
| 32 | 2 | 2 | 1 | 2 | 1 | 1 | 2 | 2 | 1 | 1 | 2 | 1 | 2 | 2 | 1 | 2 | 1 | 1 | 2 | 1 | 2 | 2 | 1 | 1 | 2 | 2 | 1 | 2 | 1 | 1 | 2 |

## $L_{32}(2^{31})$二列间的交互作用

| 试验号 \ 列号 | 1 | 2 | 3 | 4 | 5 | 6 | 7 | 8 | 9 | 10 | 11 | 12 | 13 | 14 | 15 | 16 | 17 | 18 | 19 | 20 | 21 | 22 | 23 | 24 | 25 | 26 | 27 | 28 | 29 | 30 | 31 |
|---|---|---|---|---|---|---|---|---|---|---|---|---|---|---|---|---|---|---|---|---|---|---|---|---|---|---|---|---|---|---|---|
| 1 | (1) | 3 | 2 | 5 | 4 | 7 | 6 | 9 | 8 | 11 | 10 | 13 | 12 | 15 | 14 | 17 | 16 | 19 | 18 | 20 | 20 | 23 | 22 | 25 | 24 | 27 | 26 | 29 | 28 | 31 | 30 |
| 2 |  | (2) | 1 | 6 | 7 | 4 | 5 | 10 | 11 | 8 | 9 | 14 | 15 | 12 | 13 | 18 | 19 | 16 | 17 | 23 | 23 | 20 | 21 | 26 | 27 | 24 | 25 | 30 | 31 | 28 | 29 |
| 3 |  |  | (3) | 7 | 6 | 5 | 4 | 11 | 10 | 9 | 8 | 15 | 14 | 13 | 12 | 19 | 18 | 17 | 16 | 22 | 22 | 21 | 20 | 27 | 26 | 25 | 24 | 31 | 30 | 29 | 28 |
| 4 |  |  |  | (4) | 1 | 2 | 3 | 12 | 13 | 14 | 15 | 8 | 9 | 10 | 11 | 20 | 21 | 22 | 23 | 16 | 17 | 18 | 19 | 28 | 29 | 30 | 31 | 24 | 25 | 26 | 27 |
| 5 |  |  |  |  | (5) | 3 | 2 | 13 | 12 | 15 | 14 | 9 | 8 | 11 | 10 | 21 | 20 | 23 | 22 | 17 | 16 | 19 | 18 | 29 | 28 | 31 | 30 | 25 | 24 | 27 | 26 |
| 6 |  |  |  |  |  | (6) | 1 | 14 | 15 | 12 | 13 | 10 | 11 | 8 | 9 | 22 | 23 | 20 | 21 | 18 | 19 | 16 | 17 | 30 | 31 | 28 | 29 | 26 | 27 | 24 | 25 |
| 7 |  |  |  |  |  |  | (7) | 15 | 14 | 13 | 12 | 11 | 10 | 9 | 8 | 23 | 22 | 21 | 20 | 19 | 18 | 17 | 16 | 31 | 30 | 29 | 28 | 27 | 26 | 25 | 24 |
| 8 |  |  |  |  |  |  |  | (8) | 1 | 2 | 3 | 4 | 5 | 6 | 7 | 24 | 25 | 26 | 27 | 28 | 29 | 30 | 31 | 16 | 17 | 18 | 19 | 20 | 21 | 22 | 23 |
| 9 |  |  |  |  |  |  |  |  | (9) | 3 | 2 | 5 | 4 | 7 | 6 | 25 | 24 | 27 | 26 | 29 | 28 | 31 | 30 | 17 | 16 | 19 | 18 | 21 | 20 | 23 | 22 |
| 10 |  |  |  |  |  |  |  |  |  | (10) | 1 | 6 | 7 | 4 | 5 | 26 | 27 | 24 | 25 | 30 | 31 | 28 | 29 | 18 | 19 | 16 | 17 | 22 | 23 | 20 | 21 |
| 11 |  |  |  |  |  |  |  |  |  |  | (11) | 7 | 6 | 5 | 4 | 27 | 26 | 25 | 24 | 31 | 30 | 29 | 28 | 19 | 18 | 17 | 16 | 23 | 22 | 21 | 20 |
| 12 |  |  |  |  |  |  |  |  |  |  |  | (12) | 1 | 2 | 3 | 28 | 29 | 30 | 31 | 24 | 25 | 26 | 27 | 20 | 21 | 22 | 23 | 16 | 17 | 18 | 19 |
| 13 |  |  |  |  |  |  |  |  |  |  |  |  | (13) | 3 | 2 | 29 | 28 | 31 | 30 | 25 | 24 | 27 | 26 | 21 | 20 | 23 | 22 | 17 | 16 | 19 | 18 |
| 14 |  |  |  |  |  |  |  |  |  |  |  |  |  | (14) | 1 | 30 | 31 | 28 | 29 | 26 | 27 | 24 | 25 | 22 | 23 | 20 | 21 | 18 | 19 | 16 | 17 |
| 15 |  |  |  |  |  |  |  |  |  |  |  |  |  |  | (15) | 31 | 30 | 29 | 28 | 27 | 26 | 25 | 24 | 23 | 22 | 21 | 20 | 19 | 18 | 17 | 16 |
| 16 |  |  |  |  |  |  |  |  |  |  |  |  |  |  |  | (16) | 1 | 2 | 3 | 4 | 5 | 6 | 7 | 8 | 9 | 10 | 11 | 12 | 13 | 14 | 15 |
| 17 |  |  |  |  |  |  |  |  |  |  |  |  |  |  |  |  | (17) | 3 | 2 | 5 | 4 | 7 | 6 | 9 | 8 | 11 | 10 | 13 | 12 | 15 | 14 |
| 18 |  |  |  |  |  |  |  |  |  |  |  |  |  |  |  |  |  | (18) | 1 | 6 | 7 | 4 | 5 | 10 | 11 | 8 | 9 | 14 | 15 | 12 | 13 |
| 19 |  |  |  |  |  |  |  |  |  |  |  |  |  |  |  |  |  |  | (19) | 7 | 6 | 5 | 4 | 11 | 10 | 9 | 8 | 15 | 14 | 13 | 12 |
| 20 |  |  |  |  |  |  |  |  |  |  |  |  |  |  |  |  |  |  |  | (20) | 1 | 2 | 3 | 12 | 13 | 14 | 15 | 8 | 9 | 10 | 11 |
| 21 |  |  |  |  |  |  |  |  |  |  |  |  |  |  |  |  |  |  |  |  | (21) | 3 | 2 | 13 | 12 | 15 | 14 | 9 | 8 | 11 | 11 |
| 22 |  |  |  |  |  |  |  |  |  |  |  |  |  |  |  |  |  |  |  |  |  | (22) | 1 | 14 | 15 | 12 | 13 | 10 | 11 | 8 | 9 |
| 23 |  |  |  |  |  |  |  |  |  |  |  |  |  |  |  |  |  |  |  |  |  |  | (23) | 15 | 14 | 13 | 12 | 11 | 10 | 9 | 8 |
| 24 |  |  |  |  |  |  |  |  |  |  |  |  |  |  |  |  |  |  |  |  |  |  |  | (24) | 1 | 2 | 3 | 4 | 5 | 6 | 7 |
| 25 |  |  |  |  |  |  |  |  |  |  |  |  |  |  |  |  |  |  |  |  |  |  |  |  | (25) | 3 | 2 | 5 | 4 | 7 | 6 |
| 26 |  |  |  |  |  |  |  |  |  |  |  |  |  |  |  |  |  |  |  |  |  |  |  |  |  | (26) | 1 | 6 | 7 | 4 | 5 |
| 27 |  |  |  |  |  |  |  |  |  |  |  |  |  |  |  |  |  |  |  |  |  |  |  |  |  |  | (27) | 7 | 6 | 5 | 4 |
| 28 |  |  |  |  |  |  |  |  |  |  |  |  |  |  |  |  |  |  |  |  |  |  |  |  |  |  |  | (28) | 1 | 2 | 3 |
| 29 |  |  |  |  |  |  |  |  |  |  |  |  |  |  |  |  |  |  |  |  |  |  |  |  |  |  |  |  | (29) | 3 | 3 |
| 30 |  |  |  |  |  |  |  |  |  |  |  |  |  |  |  |  |  |  |  |  |  |  |  |  |  |  |  |  |  | (30) | 1 |
| 31 |  |  |  |  |  |  |  |  |  |  |  |  |  |  |  |  |  |  |  |  |  |  |  |  |  |  |  |  |  |  | (31) |

## $L_{32}(2^1 \times 4^9)$

| 试验号 \ 列 号 | 1 | 2 | 3 | 4 | 5 | 6 | 7 | 8 | 9 | 10 |
|---|---|---|---|---|---|---|---|---|---|---|
| 1 | 1 | 1 | 1 | 1 | 1 | 1 | 1 | 1 | 1 | 1 |
| 2 | 1 | 1 | 2 | 2 | 2 | 2 | 2 | 2 | 2 | 2 |
| 3 | 1 | 1 | 3 | 3 | 3 | 3 | 3 | 3 | 3 | 3 |
| 4 | 1 | 1 | 4 | 4 | 4 | 4 | 4 | 4 | 4 | 4 |

续表

| 试验号＼列号 | 1 | 2 | 3 | 4 | 5 | 6 | 7 | 8 | 9 | 10 |
|---|---|---|---|---|---|---|---|---|---|---|
| 5 | 1 | 2 | 1 | 1 | 2 | 2 | 3 | 3 | 4 | 4 |
| 6 | 1 | 2 | 2 | 2 | 1 | 1 | 4 | 4 | 3 | 3 |
| 7 | 1 | 2 | 3 | 3 | 4 | 4 | 1 | 1 | 2 | 2 |
| 8 | 1 | 2 | 4 | 4 | 3 | 3 | 2 | 2 | 1 | 1 |
| 9 | 1 | 3 | 1 | 2 | 3 | 4 | 1 | 2 | 3 | 4 |
| 10 | 1 | 3 | 2 | 1 | 4 | 3 | 2 | 1 | 4 | 3 |
| 11 | 1 | 3 | 3 | 4 | 1 | 2 | 3 | 4 | 1 | 2 |
| 12 | 1 | 3 | 4 | 3 | 2 | 1 | 4 | 3 | 2 | 1 |
| 13 | 1 | 4 | 1 | 2 | 4 | 3 | 3 | 4 | 2 | 1 |
| 14 | 1 | 4 | 2 | 1 | 3 | 4 | 4 | 3 | 1 | 2 |
| 15 | 1 | 4 | 3 | 4 | 2 | 1 | 1 | 2 | 4 | 3 |
| 16 | 1 | 4 | 4 | 3 | 1 | 2 | 2 | 1 | 3 | 4 |
| 17 | 2 | 1 | 1 | 4 | 1 | 4 | 2 | 3 | 2 | 3 |
| 18 | 2 | 1 | 2 | 3 | 2 | 3 | 1 | 4 | 1 | 4 |
| 19 | 2 | 1 | 3 | 2 | 3 | 2 | 4 | 1 | 4 | 1 |
| 20 | 2 | 1 | 4 | 1 | 4 | 1 | 3 | 2 | 3 | 2 |
| 21 | 2 | 2 | 1 | 4 | 2 | 3 | 4 | 1 | 3 | 2 |
| 22 | 2 | 2 | 2 | 3 | 1 | 4 | 3 | 2 | 4 | 1 |
| 23 | 2 | 2 | 3 | 2 | 4 | 1 | 2 | 3 | 1 | 4 |
| 24 | 2 | 2 | 4 | 1 | 3 | 2 | 1 | 4 | 2 | 3 |
| 25 | 2 | 3 | 1 | 3 | 3 | 1 | 2 | 4 | 4 | 2 |
| 26 | 2 | 3 | 2 | 4 | 4 | 2 | 1 | 3 | 3 | 1 |
| 27 | 2 | 3 | 3 | 1 | 1 | 3 | 4 | 2 | 2 | 4 |
| 28 | 2 | 3 | 4 | 2 | 2 | 4 | 3 | 1 | 1 | 3 |
| 29 | 2 | 4 | 1 | 3 | 3 | 2 | 4 | 2 | 1 | 3 |
| 30 | 2 | 4 | 2 | 4 | 4 | 1 | 3 | 1 | 2 | 4 |
| 31 | 2 | 4 | 3 | 1 | 1 | 4 | 2 | 4 | 3 | 1 |
| 32 | 2 | 4 | 4 | 2 | 2 | 3 | 1 | 3 | 4 | 2 |

$L_{36}(2^3 \times 3^{13})$

| 试验号＼列号 | 1 | 2 | 3 | 4 | 5 | 6 | 7 | 8 | 9 | 10 | 11 | 12 | 13 | 14 | 15 | 16 |
|---|---|---|---|---|---|---|---|---|---|---|---|---|---|---|---|---|
| 1 | 1 | 1 | 1 | 1 | 1 | 1 | 1 | 1 | 1 | 1 | 1 | 1 | 1 | 1 | 1 | 1 |
| 2 | 1 | 1 | 1 | 1 | 2 | 2 | 2 | 2 | 2 | 2 | 2 | 2 | 2 | 2 | 2 | 2 |
| 3 | 1 | 1 | 1 | 1 | 3 | 3 | 3 | 3 | 3 | 3 | 3 | 3 | 3 | 3 | 3 | 3 |
| 4 | 1 | 2 | 2 | 1 | 1 | 1 | 1 | 1 | 2 | 2 | 2 | 2 | 3 | 3 | 3 | 3 |
| 5 | 1 | 2 | 2 | 1 | 2 | 2 | 2 | 2 | 3 | 3 | 3 | 3 | 1 | 1 | 1 | 1 |
| 6 | 1 | 2 | 2 | 1 | 3 | 3 | 3 | 3 | 1 | 1 | 1 | 1 | 2 | 2 | 2 | 2 |
| 7 | 2 | 1 | 2 | 1 | 1 | 1 | 2 | 3 | 1 | 2 | 3 | 3 | 1 | 2 | 2 | 3 |
| 8 | 2 | 1 | 2 | 1 | 2 | 2 | 3 | 1 | 2 | 3 | 1 | 1 | 2 | 3 | 3 | 1 |
| 9 | 2 | 1 | 2 | 1 | 3 | 3 | 1 | 2 | 3 | 1 | 2 | 2 | 3 | 1 | 1 | 2 |
| 10 | 2 | 2 | 1 | 1 | 1 | 1 | 3 | 2 | 1 | 3 | 2 | 3 | 2 | 1 | 3 | 2 |
| 11 | 2 | 2 | 1 | 1 | 2 | 2 | 1 | 3 | 2 | 1 | 3 | 1 | 3 | 2 | 1 | 3 |
| 12 | 2 | 2 | 1 | 1 | 3 | 3 | 2 | 1 | 3 | 2 | 1 | 2 | 1 | 3 | 2 | 1 |

续表

| 试验号＼列号 | 1 | 2 | 3 | 4 | 5 | 6 | 7 | 8 | 9 | 10 | 11 | 12 | 13 | 14 | 15 | 16 |
|---|---|---|---|---|---|---|---|---|---|---|---|---|---|---|---|---|
| 13 | 1 | 1 | 1 | 2 | 1 | 2 | 3 | 1 | 3 | 2 | 1 | 3 | 3 | 2 | 1 | 2 |
| 14 | 1 | 1 | 1 | 2 | 2 | 3 | 1 | 2 | 1 | 3 | 2 | 1 | 1 | 3 | 2 | 3 |
| 15 | 1 | 1 | 1 | 2 | 3 | 1 | 2 | 3 | 2 | 1 | 3 | 2 | 2 | 1 | 3 | 1 |
| 16 | 1 | 2 | 2 | 2 | 1 | 2 | 3 | 2 | 1 | 1 | 3 | 2 | 3 | 3 | 2 | 1 |
| 17 | 1 | 2 | 2 | 2 | 2 | 3 | 1 | 3 | 2 | 2 | 1 | 3 | 1 | 1 | 3 | 2 |
| 18 | 1 | 2 | 2 | 2 | 3 | 1 | 2 | 1 | 3 | 3 | 2 | 1 | 2 | 2 | 1 | 3 |
| 19 | 2 | 1 | 2 | 2 | 1 | 2 | 1 | 3 | 3 | 3 | 1 | 2 | 2 | 1 | 2 | 3 |
| 20 | 2 | 1 | 2 | 2 | 2 | 3 | 2 | 1 | 1 | 1 | 2 | 3 | 3 | 2 | 3 | 1 |
| 21 | 2 | 1 | 2 | 2 | 3 | 1 | 3 | 2 | 2 | 2 | 3 | 1 | 1 | 3 | 1 | 2 |
| 22 | 2 | 2 | 1 | 2 | 1 | 2 | 2 | 3 | 3 | 1 | 2 | 1 | 1 | 3 | 3 | 2 |
| 23 | 2 | 2 | 1 | 2 | 2 | 3 | 3 | 1 | 1 | 2 | 3 | 2 | 2 | 1 | 1 | 3 |
| 24 | 2 | 2 | 1 | 2 | 3 | 1 | 1 | 2 | 2 | 3 | 1 | 3 | 3 | 2 | 2 | 1 |
| 25 | 1 | 1 | 1 | 3 | 1 | 3 | 2 | 1 | 2 | 3 | 3 | 1 | 3 | 1 | 2 | 2 |
| 26 | 1 | 1 | 1 | 3 | 2 | 1 | 3 | 2 | 3 | 1 | 1 | 2 | 1 | 2 | 3 | 3 |
| 27 | 1 | 1 | 1 | 3 | 3 | 2 | 1 | 3 | 1 | 2 | 2 | 3 | 2 | 3 | 1 | 1 |
| 28 | 1 | 2 | 2 | 3 | 1 | 3 | 2 | 2 | 2 | 1 | 1 | 3 | 2 | 3 | 1 | 3 |
| 29 | 1 | 2 | 2 | 3 | 2 | 1 | 3 | 3 | 3 | 2 | 2 | 1 | 3 | 1 | 2 | 1 |
| 30 | 1 | 2 | 2 | 3 | 3 | 2 | 1 | 1 | 1 | 3 | 3 | 2 | 1 | 2 | 3 | 2 |
| 31 | 2 | 1 | 2 | 3 | 1 | 3 | 3 | 3 | 2 | 3 | 2 | 2 | 1 | 2 | 1 | 1 |
| 32 | 2 | 1 | 2 | 3 | 2 | 1 | 1 | 1 | 3 | 1 | 3 | 3 | 2 | 3 | 2 | 2 |
| 33 | 2 | 1 | 2 | 3 | 3 | 2 | 2 | 2 | 1 | 2 | 1 | 1 | 3 | 1 | 3 | 3 |
| 34 | 2 | 2 | 1 | 3 | 1 | 3 | 1 | 2 | 3 | 2 | 3 | 1 | 2 | 2 | 3 | 1 |
| 35 | 2 | 2 | 1 | 3 | 2 | 1 | 2 | 3 | 1 | 3 | 1 | 2 | 3 | 3 | 1 | 2 |
| 36 | 2 | 2 | 1 | 3 | 3 | 2 | 3 | 1 | 2 | 1 | 2 | 3 | 1 | 1 | 2 | 3 |

$L_{36}(2^{11}\times 3^{12})$

| 试验号＼列号 | 1 | 2 | 3 | 4 | 5 | 6 | 7 | 8 | 9 | 10 | 11 | 12 | 13 | 14 | 15 | 16 | 17 | 18 | 19 | 20 | 21 | 22 | 23 |
|---|---|---|---|---|---|---|---|---|---|---|---|---|---|---|---|---|---|---|---|---|---|---|---|
| 1 | 1 | 1 | 1 | 1 | 1 | 1 | 1 | 1 | 1 | 1 | 1 | 1 | 1 | 1 | 1 | 1 | 1 | 1 | 1 | 1 | 1 | 1 | 1 |
| 2 | 1 | 1 | 1 | 1 | 1 | 1 | 1 | 1 | 1 | 1 | 1 | 2 | 2 | 2 | 2 | 2 | 2 | 2 | 2 | 2 | 2 | 2 | 2 |
| 3 | 1 | 1 | 1 | 1 | 1 | 1 | 1 | 1 | 1 | 1 | 1 | 3 | 3 | 3 | 3 | 3 | 3 | 3 | 3 | 3 | 3 | 3 | 3 |
| 4 | 1 | 1 | 1 | 1 | 1 | 2 | 2 | 2 | 2 | 2 | 2 | 1 | 1 | 1 | 1 | 2 | 2 | 2 | 2 | 3 | 3 | 3 | 3 |
| 5 | 1 | 1 | 1 | 1 | 1 | 2 | 2 | 2 | 2 | 2 | 2 | 2 | 2 | 2 | 2 | 3 | 3 | 3 | 3 | 1 | 1 | 1 | 1 |
| 6 | 1 | 1 | 1 | 1 | 1 | 2 | 2 | 2 | 2 | 2 | 2 | 3 | 3 | 3 | 3 | 1 | 1 | 1 | 1 | 2 | 2 | 2 | 2 |
| 7 | 1 | 1 | 2 | 2 | 2 | 1 | 1 | 1 | 2 | 2 | 2 | 1 | 1 | 2 | 3 | 1 | 2 | 3 | 3 | 1 | 2 | 2 | 3 |
| 8 | 1 | 1 | 2 | 2 | 2 | 1 | 1 | 1 | 2 | 2 | 2 | 2 | 2 | 3 | 1 | 2 | 3 | 1 | 1 | 2 | 3 | 3 | 1 |
| 9 | 1 | 1 | 2 | 2 | 2 | 1 | 1 | 1 | 2 | 2 | 2 | 3 | 3 | 1 | 2 | 3 | 1 | 2 | 2 | 3 | 1 | 1 | 2 |
| 10 | 1 | 2 | 1 | 2 | 2 | 1 | 2 | 2 | 1 | 1 | 2 | 1 | 1 | 3 | 2 | 1 | 3 | 2 | 3 | 2 | 1 | 3 | 2 |
| 11 | 1 | 2 | 1 | 2 | 2 | 1 | 2 | 2 | 1 | 1 | 2 | 2 | 2 | 1 | 3 | 2 | 1 | 3 | 1 | 3 | 2 | 1 | 3 |
| 12 | 1 | 2 | 1 | 2 | 2 | 1 | 2 | 2 | 1 | 1 | 2 | 3 | 3 | 2 | 1 | 3 | 2 | 1 | 2 | 1 | 3 | 2 | 1 |
| 13 | 1 | 2 | 2 | 1 | 2 | 2 | 1 | 2 | 1 | 2 | 1 | 1 | 2 | 3 | 1 | 3 | 2 | 1 | 3 | 3 | 2 | 1 | 2 |
| 14 | 1 | 2 | 2 | 1 | 2 | 2 | 1 | 2 | 1 | 2 | 1 | 2 | 3 | 1 | 2 | 1 | 3 | 2 | 1 | 1 | 3 | 2 | 3 |
| 15 | 1 | 2 | 2 | 1 | 2 | 2 | 1 | 2 | 1 | 2 | 1 | 3 | 1 | 2 | 3 | 2 | 1 | 3 | 2 | 2 | 1 | 3 | 1 |
| 16 | 1 | 2 | 2 | 2 | 1 | 2 | 2 | 1 | 2 | 1 | 1 | 1 | 2 | 3 | 2 | 1 | 1 | 3 | 2 | 3 | 3 | 2 | 1 |
| 17 | 1 | 2 | 2 | 2 | 1 | 2 | 2 | 1 | 2 | 1 | 1 | 2 | 3 | 1 | 3 | 2 | 2 | 1 | 3 | 1 | 1 | 3 | 2 |
| 18 | 1 | 2 | 2 | 2 | 1 | 2 | 2 | 1 | 2 | 1 | 1 | 3 | 1 | 2 | 1 | 3 | 3 | 2 | 1 | 2 | 2 | 1 | 3 |

续表

| 试验号＼列号 | 1 | 2 | 3 | 4 | 5 | 6 | 7 | 8 | 9 | 10 | 11 | 12 | 13 | 14 | 15 | 16 | 17 | 18 | 19 | 20 | 21 | 22 | 23 |
|---|---|---|---|---|---|---|---|---|---|---|---|---|---|---|---|---|---|---|---|---|---|---|---|
| 19 | 2 | 1 | 2 | 2 | 1 | 1 | 2 | 2 | 1 | 2 | 1 | 1 | 2 | 1 | 3 | 3 | 3 | 1 | 2 | 2 | 1 | 2 | 3 |
| 20 | 2 | 1 | 2 | 2 | 1 | 1 | 2 | 2 | 1 | 2 | 1 | 2 | 3 | 2 | 1 | 1 | 1 | 2 | 3 | 3 | 2 | 3 | 1 |
| 21 | 2 | 1 | 2 | 2 | 1 | 1 | 2 | 2 | 1 | 2 | 1 | 3 | 1 | 3 | 2 | 2 | 2 | 3 | 1 | 1 | 3 | 1 | 2 |
| 22 | 2 | 1 | 2 | 1 | 2 | 2 | 2 | 1 | 1 | 1 | 2 | 1 | 2 | 2 | 3 | 3 | 1 | 2 | 1 | 1 | 3 | 3 | 2 |
| 23 | 2 | 1 | 2 | 1 | 2 | 2 | 2 | 1 | 1 | 1 | 2 | 2 | 3 | 3 | 1 | 1 | 2 | 3 | 2 | 2 | 1 | 1 | 3 |
| 24 | 2 | 1 | 2 | 1 | 2 | 2 | 2 | 1 | 1 | 1 | 2 | 3 | 1 | 1 | 2 | 2 | 3 | 1 | 3 | 3 | 2 | 2 | 1 |
| 25 | 2 | 1 | 1 | 2 | 2 | 2 | 1 | 2 | 2 | 1 | 1 | 1 | 3 | 2 | 1 | 2 | 3 | 3 | 1 | 3 | 1 | 2 | 2 |
| 26 | 2 | 1 | 1 | 2 | 2 | 2 | 1 | 2 | 2 | 1 | 1 | 2 | 1 | 3 | 2 | 3 | 1 | 1 | 2 | 1 | 2 | 3 | 3 |
| 27 | 2 | 1 | 1 | 2 | 2 | 2 | 1 | 2 | 2 | 1 | 1 | 3 | 2 | 1 | 3 | 1 | 2 | 2 | 3 | 2 | 3 | 1 | 1 |
| 28 | 2 | 2 | 2 | 1 | 1 | 1 | 1 | 2 | 2 | 1 | 2 | 1 | 3 | 2 | 2 | 2 | 1 | 1 | 3 | 2 | 3 | 1 | 3 |
| 29 | 2 | 2 | 2 | 1 | 1 | 1 | 1 | 2 | 2 | 1 | 2 | 2 | 1 | 3 | 3 | 3 | 2 | 2 | 1 | 3 | 1 | 2 | 1 |
| 30 | 2 | 2 | 2 | 1 | 1 | 1 | 1 | 2 | 2 | 1 | 2 | 3 | 2 | 1 | 1 | 1 | 3 | 3 | 2 | 1 | 2 | 3 | 2 |
| 31 | 2 | 2 | 1 | 2 | 1 | 2 | 1 | 1 | 1 | 2 | 2 | 1 | 3 | 3 | 3 | 2 | 3 | 2 | 2 | 1 | 2 | 1 | 1 |
| 32 | 2 | 2 | 1 | 2 | 1 | 2 | 1 | 1 | 1 | 2 | 2 | 2 | 1 | 1 | 1 | 3 | 1 | 3 | 3 | 2 | 3 | 2 | 2 |
| 33 | 2 | 2 | 1 | 2 | 1 | 2 | 1 | 1 | 1 | 2 | 2 | 3 | 2 | 2 | 2 | 1 | 2 | 1 | 1 | 3 | 1 | 3 | 3 |
| 34 | 2 | 2 | 1 | 1 | 2 | 1 | 2 | 1 | 2 | 2 | 1 | 1 | 3 | 1 | 2 | 3 | 2 | 3 | 1 | 2 | 2 | 3 | 1 |
| 35 | 2 | 2 | 1 | 1 | 2 | 1 | 2 | 1 | 2 | 2 | 1 | 2 | 1 | 2 | 3 | 1 | 3 | 1 | 2 | 3 | 3 | 1 | 2 |
| 36 | 2 | 2 | 1 | 1 | 2 | 1 | 2 | 1 | 2 | 2 | 1 | 3 | 2 | 3 | 1 | 2 | 1 | 2 | 3 | 1 | 1 | 2 | 3 |

# 习　题

## 第1章　习　题

1. 举例说明什么是间接测量？什么是组合测量？
2. 什么是随机误差？随机误差的特性是什么？
3. 量程为10A的0.5级电流表经检定在指示值为5A处的指示值误差最大，其值为15mA，问该电流表是否合格？
4. 对某物理量 $x$ 在等精度的重复测量下，得 $n=10$ 次的值 $x_i$ 分别为：134.2，139.5，133.0，136.6，129.4，130.6，136.5，135.3，131.9，138.1. 求平均值 $\bar{x}$、算术平均误差 $\delta$、标准误差 $s$，写出测量结果表达式.
5. 什么是测量的准确度？什么是测量的不确定度？它们的作用如何？

## 第2章　习　题

1. 设误差 δ 服从正态分布，标准差为1.0mm，计算 δ 落在[−2.0mm，2.0mm]的概率.
2. 利用下表中的数据，计算出（当 $\alpha=0.01$ 时）测量结果，并求出转速在子样平均值 ±0.1 范围内的概率.

**转速实测数据表**

| | | | | | |
|---|---|---|---|---|---|
| 4753.1 | 4749.2 | 4750.3 | 4748.4 | 4752.3 | 4751.6 |
| 4757.5 | 4750.6 | 4753.3 | 4752.5 | 4751.8 | 4747.9 |
| 4752.7 | 4751.0 | 4752.1 | 4754.7 | 4750.6 | 4748.3 |
| 4752.8 | 4753.9 | 4751.2 | 4750.0 | 4752.5 | 4753.4 |
| 4752.1 | 4751.2 | 4752.3 | 4751.0 | 4752.4 | 4753.5 |
| 4752.7 | 4755.6 | 4751.1 | 4754.0 | 4749.1 | 4750.2 |

3. 对某物理量重复测量15次，测量结果如下（单位mm）：2.74，2.68，2.83，2.76，2.77，2.71，2.68，2.86，2.78，3.05，2.72，2.75，2.76，2.75，2.79. 试判断该组数据是否含有坏值.
4. 已知 $x_1$ 和 $x_2$ 的测量值及标准误差分别为：$x_1=15.6$cm，$s_1=0.2$cm，$x_2=16.5$cm，$s_2=0.5$cm. 求 $\bar{x}$ 和 $s$，写出结果表达式.
5. 欲求某长方体的体积 $V$，对其边长 $a$，$b$，$c$ 进行测量，测量值为：$a=18.5$mm，$b=32.5$mm，$c=22.3$mm，它们的系统误差分别为：$\Delta a=0.9$mm，$\Delta b=1.1$mm，$\Delta c=0.6$mm. 求体积 $V$、绝对误差 $\Delta V$、相对误差和结果表达式.
6. 已知某测量量 $x_1$ 和 $x_2$ 是组合测量量，测量方程为：

$$\begin{cases} y_1 = 2x_1 + x_2 \\ y_2 = x_1 - x_2 \\ y_3 = 4x_1 - x_2 \end{cases}$$

测量数据为 $l_1=5.1\text{cm}$, $l_2=1.1\text{cm}$, $l_3=7.2\text{cm}$, $m_1=1$, $m_2=3$, $m_3=2$.

求:(1)测量量 $x_1$ 和 $x_2$ 的测量结果;

(2)测量量 $x_1$ 和 $x_2$ 的标准误差;

(3)写出结果表达式.

7. 对一批新水泥试样进行抗压强度试验,抽取其中 5 个样品,数据分别为(单位 MPa):54.5,54.0,53.5,55.0,54.5. 而过去测得同样的水泥试样的平均值为 54.6. 问这批水泥试样与过去的有无显著性的差异($\alpha=0.05$).

8. 对平炉炼钢试验进行工艺改革,先用原方法炼一炉,然后用改革工艺后的方法炼一炉,以后这样交替进行,各炼 10 炉,考察指标如下表:

| 原方法 | 78.1 | 72.4 | 76.2 | 74.3 | 77.4 | 78.4 | 76.0 | 75.5 | 76.7 | 77.3 |
|---|---|---|---|---|---|---|---|---|---|---|
| 新方法 | 79.1 | 81.0 | 77.3 | 79.1 | 80.0 | 79.1 | 79.1 | 77.3 | 80.2 | 82.1 |

假设这两个样本互相独立,分别用 $t$ 检验和 $F$ 检验判定原方法和工艺改进后的方法有无显著性的差异($\alpha=0.01$).

9. 某化学反应在催化剂作用下产物转化率影响的试验数据如下表所示. 催化剂为 4 水平,每一水平下重复试验 3 次,共计 $3\times4=12$ 次试验,试用方差分析法分析催化剂对此化学反应有无显著性影响($\alpha=0.05$).

| 催化剂 | $A_1$(0.2%) | $A_2$(0.3%) | $A_3$(0.4%) | $A_4$(0.5%) |
|---|---|---|---|---|
| 1 | 98 | 96 | 91 | 88 |
| 2 | 92 | 90 | 89 | 83 |
| 3 | 93 | 95 | 93 | 81 |

## 第3章 习 题

1. 做试验设计要考虑些什么? 试举例说明.
2. 有一个 2 因素 4 水平的试验,试用全组合试验设计的方法进行设计,列出试验设计方案.
3. 试用一个实例说明分割试验设计的优点和缺点.
4. 试验误差控制的方法有哪些? 试举例说明.
5. 试验结果的数据处理方法有哪些? 试举例说明.

## 第4章 习 题

1. 某炼铁厂为了提高铁水温度,需要通过试验选择最好的生产方案,经初步分析,主要有 3 个因素影响铁水温度,它们是焦比、风压和底焦高度,每个因素都考虑 3 个水平,具体情况如下表所示. 问对这 3 个因素 3 个水平如何安排试验设计,才能获得最高的铁水温度(试验指标分别为 1365℃,1395℃,1385℃,1390℃,1395℃,1380℃,1390℃,1390℃,1410℃).

| 因素 / 水平数 | $A$ 焦比 | $B$ 风压(kPa) | $C$ 底焦高度 |
|---|---|---|---|
| 1 | 1:16 | 170 | 1.2 |
| 2 | 1:18 | 230 | 1.5 |
| 3 | 1:14 | 200 | 1.3 |

2. 为提高烧结矿的质量,做下面的配料试验.各因素水平如下表(单位 t):

| 水平 \ 因素 | A 精矿 | B 生矿 | C 焦粉 | D 石灰 | E 白云石 | F 铁屑 |
|---|---|---|---|---|---|---|
| 1 | 8.0 | 5.0 | 0.8 | 2.0 | 1.0 | 0.5 |
| 2 | 9.5 | 4.0 | 0.9 | 3.0 | 0.5 | 1.0 |

质量好坏的试验指标为:含铁量,越高越好.选择 $L_8(2^7)$ 的正交表安排试验.各因素依次放在正交表的 1~6 列上,8 次试验所得含铁量(%)依次为:50.9,47.1,51.4,51.8,54.3,49.8,51.5,51.3.试对试验结果进行分析,找出最好的试验方案.

3. 某厂生产液体葡萄糖,要对生产工艺进行优选试验.因素水平如下表所示:

| 水平 \ 因素 | A 粉浆浓度(%) | B 粉浆酸度 | C 稳压时间 | D 工作压力($10^5$Pa) |
|---|---|---|---|---|
| 1 | 16 | 1.5 | 0 | 2.2 |
| 2 | 18 | 2.0 | 5 | 2.7 |
| 3 | 20 | 2.5 | 10 | 3.2 |

试验指标有两个:①产量,越高越好;②总还原糖,在 32%~40%之间.用正交表 $L_9(3^4)$ 安排试验,9 次试验所得结果如下:

产量(kg):498,568,568,577,512,540,501,550,510;

还原糖(%):41.6,39.4,31.0,42.4,37.2,30.2,42.2,40.4,30.0.

试用综合平衡法对结果进行分析,找出最优的生产方案.

4. 今有某一试验,试验指标只有一个,它的数值越小越好,这个试验有 4 个因素 $A,B,C,D$,其中因素 $C$ 是 2 水平的,其余 3 个因素都是 3 水平的,具体数值如下表所示.试安排试验,并对试验结果进行分析,找出最好的试验方案(试验指标为:45,36,12,15,40,15,10,5,47).

| 水平 \ 因素 | A | B | C | D |
|---|---|---|---|---|
| 1 | 350 | 15 | 60 | 65 |
| 2 | 250 | 5 | 80 | 75 |
| 3 | 300 | 10 | | 85 |

5. 在梳棉机上纺粘棉混纱,为了提高质量,选了 3 个因素,每个因素有 2 个水平,3 因素之间有一级交互作用.因素水平如下表所示:

| 水平 \ 因素 | A 金属针布 | B 产量水平(kg) | C 速度(r/min) |
|---|---|---|---|
| 1 | 甲地产品 | 6 | 238 |
| 2 | 乙地产品 | 10 | 320 |

考查指标为:棉结粒数,越小越好.用 $L_8(2^7)$ 安排试验,8 次试验所得试验指标的结果依次为:0.3,0.55,0.40,0.30,0.15,0.40,0.50,0.35.试对试验结果进行分析,选出最佳工艺条件.

6. 某钢铁厂,为了提高冲天炉的焦铁比和铁水出炉温度,对冲天炉的工艺参数进行研究.经技术研究决定,重点考察 $A$ 炉型、$B$ 风口尺寸、$C$ 焦比和 $D$ 风压 4 个试验因素,每个因素有 3 个水平,如下表所示.考察指标为:①铁水温度,②熔化速度,③提高总焦铁比,其权重分别为 3:3:4,选用 $L_9(3^4)$安排试验,试采用综和评分法进行分析,找出最好的试验方案.

| 因素 / 水平 | A 炉型(mm) | B 风口尺寸(一排) | C 焦比 | D 风压(kPa) |
|---|---|---|---|---|
| 1 | $\phi760\times\phi620$ | $\phi40\times6$ | 1:14.5 | 21.33 |
| 2 | $\phi740\times\phi550$ | $\phi30\times6$ | 1:12.5 | 17.33 |
| 3 | $\phi720\times\phi550$ | $\phi20\times6$ | 1:13.5 | 20.00 |

| 次数 / 指标 | 1 | 2 | 3 | 4 | 5 | 6 | 7 | 8 | 9 |
|---|---|---|---|---|---|---|---|---|---|
| 铁水温度(℃) | 1408 | 1397 | 1409 | 1409 | 1405 | 1412 | 1415 | 1413 | 1419 |
| 熔化速度 | 5.3 | 5.2 | 5.6 | 5.2 | 4.9 | 5.1 | 5.4 | 5.3 | 5.1 |
| 焦铁比 | 11.7 | 13.2 | 12.3 | 11.9 | 12.5 | 13.0 | 13.3 | 12.2 | 13.5 |

7. 某钢铁厂生产的某种牌号的钛合金,在冷加工工艺中需要进行一次退火热处理,以降低硬度,便于校直、冷拉.根据冷加工变形量,在该合金的技术要求的范围内,硬度越低越好.经分析,考察的因素有 3 个:$A$ 退火温度,取 4 个水平;$B$ 保温时间,$C$ 冷却介质,都取 2 个水平.其因素水平表如下表所示.试验结果为 31.6,31.0,31.5,30.5,31.2,31.0,33.0,30.3.试进行试验分析,找出最好的配方方案.

| 因素 / 水平 | A(退火温度℃) | B(保温时间 h) | C(冷却介质) |
|---|---|---|---|
| 1 | 730 | 1 | 空气 |
| 2 | 760 | 2 | 水 |
| 3 | 790 | | |
| 4 | 820 | | |

8. 某化学试验,检查指标为产品的转化率,显然是越大越好.根据经验所知,影响产品转化率的因素有 4 个:反应温度 $A$,反应时间 $B$,原料配比 $C$,真空度 $D$.每个因素都是 2 个水平,具体情况如下:$A_1$ 为 60℃,$A_2$ 为 80℃;$B_1$为 2.5h,$B_2$ 为 3.5h;$C_1$ 为 1.1:1,$C_2$ 为 1.2:1;$D_1$ 为 66500Pa,$D_2$ 为 79800Pa,并考虑 $A$,$B$ 的交互作用.选用正交表 $L_8(2^7)$安排试验,按试验号逐次进行试验,得出试验结果分别为(%):86,96,94,91,88,95,91,83.试进行分析,找出最好的方案.

9. 在低合金重轨钢成分试验中,探讨主要化学成分对屈服强度 $\sigma_s$ 的影响.考察指标为屈服强度 $\sigma_s$(越大越好),分别为:66.5,78.0,68.5,63.6,65.5,70.0,74.5,70.5,60.0.试对试验结果进行方差分析,找出最好的试验方案.

| 因素 / 水平 | A(钒 V) | B(碳 C) | C(硅 Si) | D(锰 Mn) |
|---|---|---|---|---|
| 1 | 0.04~0.08 | 0.05~0.58 | 0.48~0.58 | 0.65~0.75 |
| 2 | 0.09~0.13 | 0.61~0.69 | 0.70~0.80 | 0.95~1.05 |
| 3 | 0.14~0.18 | 0.72~0.78 | 0.90~1.00 | |

10. 采用阿达玛矩阵构造正交表的方法,试构造出 $L_{12}(2^{11})$和 $L_{16}(2^{15})$.

11. 采用正交拉丁方构造正交表的方法,试构造出 $L_{16}(4^5)$.

12. 采用混合正交表的构造方法,试利用 $L_{16}(2^{15})$构造出 $L_{16}(8\times2^8)$.

## 第5章 习 题

1. 对某建材产品进行 10 次测试,测试结果如下表所示:

| $x$ | 20 | 30 | 33 | 40 | 15 | 13 | 26 | 38 | 35 | 43 |
|---|---|---|---|---|---|---|---|---|---|---|
| $y$ | 7 | 9 | 9 | 11 | 5 | 4 | 8 | 10 | 9.5 | 12 |

已知 $x,y$ 之间存在线性关系，试求：①做出数据$(X,Y)$的散点图；②利用线性回归的方法求出回归方程，并进行显著性检验检验其正确性；③计算出当 $x=23$ 时，$y$ 的估计值.

2. 测量某导线在一定温度 $x$ 下的电阻值$y$，得到结果如下表所示：

| $x$(℃) | 12 | 13 | 15 | 16 | 18 | 20 | 22 | 24 | 26 |
|---|---|---|---|---|---|---|---|---|---|
| $y$(Ω) | 52 | 55 | 60 | 65 | 70 | 75 | 80 | 85 | 90 |

已知 $x,y$ 之间存在线性关系，试求：①做出数据$(X,Y)$的散点图；②利用线性回归的方法求出回归方程，并进行显著性检验；③计算出当 $x=19$ 时，$y$ 的估计值.

3. 测量某导线在一定温度 $x$ 下的电阻值$y$，得到结果如下表所示：

| $x$(℃) | 19.1 | 25.0 | 30.1 | 36.0 | 40.0 | 46.5 | 50.0 |
|---|---|---|---|---|---|---|---|
| $y$(Ω) | 76.30 | 77.80 | 79.75 | 80.80 | 82.35 | 83.90 | 85.10 |

已知 $x,y$ 之间存在线性关系.试利用直线回归的方法求出回归方程，并进行显著性检验.

4. 某非金属矿矿物的单位生产成本 $y$ 与产量$x$ 有关，根据生产数据得到如下结果：

| $x$(千吨) | 289 | 298 | 316 | 322 | 327 | 329 | 331 | 329 | 350 |
|---|---|---|---|---|---|---|---|---|---|
| $y$(元) | 43.5 | 42.9 | 42.1 | 39.6 | 39.1 | 38.5 | 38 | 38 | 37 |

已知 $x,y$ 之间存在线性关系.试求：①做出数据$(X,Y)$的散点图；②利用线性回归的方法求出回归方程，并进行显著性检验.

5. 退火温度对黄铜延性影响的试验结果数据如下表所示：

| 退火温度 $x$(℃) | 300 | 400 | 500 | 600 | 700 | 800 | 900 |
|---|---|---|---|---|---|---|---|
| 黄铜延性 $y\times100$ | 40 | 50 | 55 | 60 | 67 | 70 | 73 |

求：①$x,y$ 之间的线性回归方程，并检验回归方程的正确性.②退火温度 550℃时，黄铜延性是多少？③如果黄铜延性在 50%～60%之间，退火温度应控制在什么范围内？

6. 某实验得出 $x,y$ 数据如下表所示：

| $x$ | 10 | 15 | 20 | 25 | 30 | 35 | 40 | 45 | 50 | 55 |
|---|---|---|---|---|---|---|---|---|---|---|
| $y$ | 4.25 | 3.51 | 2.92 | 2.52 | 2.20 | 2.00 | 1.81 | 1.70 | 1.52 | 1.40 |

采用典型曲线 $y=ax^b$ 回归方法，试求 $x,y$ 之间的回归方程，并检验回归方程的正确性.

7. 混凝土的抗压强度随养护时间的延长而增加，将一批混凝土做成 12 个试块，得出养护时间 $x$ 与抗压强度$y$ 数据如下表所示：

| $x$(d) | 2 | 3 | 4 | 5 | 7 | 9 | 12 | 14 | 17 | 21 | 28 | 56 |
|---|---|---|---|---|---|---|---|---|---|---|---|---|
| $y$(kg/cm²) | 35 | 42 | 47 | 53 | 59 | 65 | 68 | 73 | 76 | 82 | 86 | 99 |

采用典型曲线 $y=\alpha+\beta\ln x$ 回归方法，求出 $x,y$ 之间的回归方程，并检验回归方程的正确性.

8. 测量某半导体的两参量 $x$ 和$y$ 所得数据如下表所示：

| $x$ | 1.5 | 4.5 | 7.5 | 10.5 | 13.5 | 16.5 | 19.5 | 22.5 | 25.5 |
|---|---|---|---|---|---|---|---|---|---|
| $y$ | 7.0 | 4.8 | 3.6 | 3.1 | 2.7 | 2.5 | 2.4 | 2.3 | 2.2 |

求:①做出数据($x,y$)的散点图,确定回归曲线的形式;

②若选定曲线类型为 $y = ae^{b}$,求出回归方程,并进行显著性检验.

③若选定曲线类型为 $y = a + b\dfrac{1}{x}$,求出回归方程,并进行显著性检验.

④比较所选取的两个方程类型的优劣.

9. 炼焦炉的焦化时间 $y$ 和炉宽 $x_1$ 及烟道管相对湿度 $x_2$ 的数据如下表所示:

| $x_1$ | 1.32 | 2.69 | 3.56 | 4.41 | 5.35 | 6.20 | 7.21 | 8.87 | 9.80 | 10.65 |
|---|---|---|---|---|---|---|---|---|---|---|
| $x_2$ | 1.15 | 3.40 | 4.10 | 8.75 | 14.82 | 15.15 | 15.32 | 18.18 | 35.19 | 40.40 |
| $y$ | 6.40 | 15.05 | 18.75 | 30.25 | 44.85 | 48.94 | 51.55 | 61.50 | 100.44 | 111.42 |

求:回归方程 $y = b_0 + b_1x_1 + b_2x_2$,并进行显著性检验和讨论 $x_1,x_2$ 对 $y$ 的影响。

# 参考文献


[1]贺才兴,童品苗编.上海普通高校“九五”重点教材——工程数学与教学软件,概率论与数理统计．北京:科学出版社,2000

[2]宋明顺主编．测量不确定度评定与数据处理．北京:中国计量出版社,2000

[3]朱长山,徐通模编．试验设计与数据处理．西安:西安交通大学出版社,1988

[4]吴贵生主编．试验设计与数据处理．北京:冶金工业出版社,1997

[5]陈魁主编．试验设计与分析．北京:清华大学出版社,1997

[6]虞鸿祉,杨玉,鲍弋正编著．工业试验设计技术——数理统计在工业技术中的应用．南京:东南大学出版社,1990

[7]张绍镛主编．质量管理中的试验设计方法．北京:北京理工大学出版社,1991

[8]屠秉恒主编．农业机械试验设计与直观分析选优法．北京:农业出版社,1982

[9]上海师范大学数学系概率统计教研组编．回归分析及其试验设计．上海:上海教育出版社,1978

[10]本书编写组．正交试验设计法．上海:上海科学技术出版社,1979

[11]栾军编著．现代试验设计优化方法．上海:上海交通大学出版社,1995

[12]朱中雨,戴云春编著.化工数据处理与实验设计.北京:烃加工出版社,1989

[13]孙炳耀编著．数据处理与误差分析基础．郑州:河南大学出版社,1990

[14]漆德瑶,肖明耀,吴芯芯编．理化分析数据处理手册．北京:中国计量出版社,1990

[15]杨青云编著．数据处理方法．北京:冶金工业出版社,1993

[16]沙定国编著．实用误差理论与数据处理．北京:北京理工大学出版社,1993

[17][美]Kathy lvens Conrad Carlberg 著．微软 2000 程序设计系列(二)中文 Excel 2000 参考大全．北京:北京希望电子出版社,1999

[18]王庆,王克显著．中文 Excel 2000 使用详解．北京:机械工业出版社,1999

[19]宇传华等编著．Excel 与数据分析．北京:电子工业出版社,2000